机电工程新技术

(2020)

中国安装协会　组织编写

中国建筑工业出版社

图书在版编目（CIP）数据

机电工程新技术．2020/中国安装协会组织编写．—
北京：中国建筑工业出版社，2020.3（2021.8 重印）
ISBN 978-7-112-24821-6

Ⅰ．①机…　Ⅱ．①中…　Ⅲ．①机电工程　Ⅳ．①TH

中国版本图书馆 CIP 数据核字（2020）第 022567 号

本书由中国安装协会组织编写，内容共 5 章，包括建筑工程安装新技术；一般工业工程安装新技术；石油化工工程安装新技术；电力工程安装新技术；冶金工程安装新技术。

本书适合安装行业从业人员使用。

责任编辑：张　磊　李春敏
责任设计：李志立
责任校对：赵听雨

机电工程新技术
（2020）
中国安装协会　组织编写

*

中国建筑工业出版社出版、发行（北京海淀三里河路 9 号）
各地新华书店、建筑书店经销
霸州市顺浩图文科技发展有限公司制版
北京建筑工业印刷厂印刷

*

开本：787×1092 毫米　1/16　印张：20　字数：493 千字
2020 年 4 月第一版　　2021 年 8 月第三次印刷
定价：**78.00** 元
ISBN 978-7-112-24821-6
（35337）

审定委员会

主　　任：杨存成

委　　员：相咸高　郝继红　郑建华　刘建伟　王清训　殷炜东
李云岱　王利民　宋　健　刘冬青　张　勤　杜正义
范　凯　吴　瑞　唐艳明　杜　旭　马建国　陈　伟
李学庆　黄尚敏　郭峰祥　纪勇军

编写委员会

主　　编：杜伟国

副 主 编：刘福建　徐贡全　汤志强　石玉成　禤丽婷

编写单位

主编单位：中国安装协会

参编单位：中国电力建设企业协会
中国化工施工企业协会
上海市安装行业协会
上海市安装工程集团有限公司
中建安装集团有限公司
中国机械工业建设集团有限公司
中建一局集团建设发展有限公司
陕西建工安装集团有限公司
山西省工业设备安装集团有限公司
青岛安装建设股份有限公司
苏华建设集团有限公司

上海宝冶集团有限公司
中国核工业二三建设有限公司
江苏启安建设集团有限公司
中建五局第三建设有限公司
兴润建设集团有限公司
陕西建工第一建设集团有限公司
陕西建工第三建设集团有限公司
南通市中南建工设备安装有限公司
福建省工业设备安装有限公司
中安建设安装集团有限公司

前　言

为展现当今我国工业与民用建筑及一般工业、石油化工、冶金、电力、医药、电子等领域的机电工程新技术，推动机电工程的技术进步和发展，由中国安装协会组织部分国内知名安装施工企业、行业协会，借鉴近年来安装行业机电工程建设项目的创新技术和科技成果，编写了《机电工程新技术（2020）》一书。该书记录了近年来广大安装企业的工程技术人员和科技工作者不畏艰难、勇于探索的奋斗之路，展现了安装行业创新发展、技术进步的辉煌成就，凝聚了安装人的智慧和心血，是对机电工程新技术探索的实践总结和理论升华。这本书的编辑出版对安装企业的改革创新和行业的技术进步将起到积极的推进作用。

《机电工程新技术（2020）》按行业分类设为建筑工程、一般工业工程、石油化工工程、电力工程、冶金工程等 5 章，甄选了 125 项新技术，统一按技术内容、技术指标、适用范围、工程案例的格式进行编写，简要介绍新技术概况、新技术工艺和技术参数等，涉及专业齐全，内容丰富。其中建筑工程收录 26 项新技术，一般工业工程收录 28 项新技术，石油化工工程收录 11 项新技术，电力工程收录 38 项新技术，冶金工程收录 22 项新技术，这些新技术既有单个专业、单个系统如新型减振降噪技术、薄壁不锈钢洁净管道施工技术、冷梁系统施工技术，也有内容全面的成套技术如大型纸浆项目施工综合技术、大型乙烯裂解炉整体模块化建造施工技术，还有引领科技创新潮流的工业化、信息化建造技术如三维扫描点云技术及三维模型放样技术、基于 BIM 的工业管道安装技术、基于“互联网+BIM”的机电项目管理技术等。这些技术体现了安装行业“大安装”“高、精、尖”“智能化”的鲜明特点。后期我们将编写机电工程新技术实施指南，供广大安装业技术人员参考、借鉴。

《机电工程新技术（2020）》一书在编写过程中，得到了中国电力建设企业协会、中国化工施工企业协会、上海市安装行业协会以及上海市安装工程集团有限公司、中建安装集团有限公司、中国机械工业建设集团有限公司等单位领导的高度重视和大力支持，在此一并表示感谢。

鉴于本书内容丰富，收录机电工程新技术多，且编写人员众多、编写时间有限，书中难免有疏漏和不妥之处，恳请读者批评指正。

中国安装协会
2020 年 1 月

目　　录

1 建筑工程安装新技术

1.1 三维扫描点云技术及三维模型放样技术

1.1.1 技术内容

三维扫描点云技术是指利用三维激光扫描仪快速获得被测对象表面每个采样点空间立体坐标，得到被测对象的采样点（离散点）集合即点云，导入点云分析软件中，生成三维点云模型。从点云模型中提取三维特征构建三维模型，通过在三维模型表面粘贴彩色纹理，可进行空间仿真、虚拟现实等可视化模拟操作。三维扫描设备包括扫描头、云台、三脚架和点云分析系统。

三维模型放样技术是指将三维建模软件导出的三维格式文件转换为移动端格式文件，用于移动端信息读取及建立放样任务，链接移动端设备与放样机器人，通过移动端设备进行可视化操控，实现自动化、高精度放样。三维模型放样设备包括移动端设备和放样机器人。

(1) 技术特点

1）三维扫描点云技术：

① 测量速度快：快速获取结构、建筑、机电等大部分实体的精准三维坐标位置。

② 测量精度高：根据具体扫描对象及环境，通过采集精度及距离设置，实现对实体构件高精度扫描及模型获取。

③ 扫描范围广：采用的扫描仪具有 360°视角扫描功能，并通过多扫描站点设置及模型拼装技术实现目标扫描区域的全覆盖。

④ 扫描过程自动化：选择监测基点并设置扫描参数，扫描仪可自动完成扫描操作。

2）三维放样技术：

① 放样设备携带方便，仪器操作简单快捷。

② 基于三维模型放样，放样过程直接、直观、可视化。

③ 测量数据后台自动记录，同步实测，自动检查放样结果。

④ 放样过程自动化，减少人工出错的可能，放样精度高。

(2) 三维扫描技术施工工艺

1）工艺流程：现场踏勘 → 测量点布设 → 施工控制网布设 → 测量标志点布设 → 外业扫描测量 → 全站仪坐标联测 → 数据拼接预处理及转换输出 → 施工误差色谱分析模拟

2）测量点布设：踏勘三维扫描区域后，清理现场可能会影响扫描实施的因素（如建筑垃圾、现场工人施工等），按照测量需求和测量精度布设合理扫描站点，并根据现场光照、人为影响因素等条件确定数据采集计划和扫描时间。

3）施工控制网布设：根据现场施工精度要求，确定测区等级和布网形式。复核土建轴网，选择合适的测量控制点位置，用测量专用的木方和带有十字丝的测量钉进行标记。

4）测量标志点布设：将扫描坐标系和施工坐标系（轴网坐标）进行高精度匹配，并将用于扫描仪和全站仪联测的标志点提前布设好。在扫描仪的各个站点布设用于联测扫描坐标系和施工坐标系球形标靶。

5）外业扫描测量：按照测量需求和范围，兼顾扫描的数据精度和效率，合理布设站点。扫描前对扫描仪的各类参数（扫描分辨率、扫描质量等）进行合理设置以最大限度地控制噪点的产生。扫描时利用扫描仪内置的相机，完成现场的全景彩色照片。

6）全站仪坐标联测：利用高精度全站仪，对已经布设的球形标靶进行测量，保留测量数据，留作后期坐标系配准使用。

7）数据拼接预处理及转换输出：将三维激光扫描仪采集的原始点云数据，通过扫描过程中布设的人工参考或自然参考进行整体拼接，拼接完成后，对整体的点云数据进行去噪及冗余数据剔除，并与施工坐标系或现场轴网配准。

8）施工误差色谱分析模拟：将得到的完整点云数据模型及深化设计管线综合后的施工模型导入专业误差色谱分析软件。软件自动叠合模型，并进行模型分析，得到色谱分析图、偏差点数据分布表及偏差分布柱状图。根据软件分析得到的数据，针对偏差大小，采取相应的纠偏措施。

（3）三维放样技术施工工艺

1）工艺流程：数据准备→新建任务→现场设站→现场放样→导出放样成果

2）数据准备：将三维模型以特定格式导出，通过转换软件把大体量三维模型文件转换为轻量移动端设备格式。

3）新建任务：在模型上直接提取、手工输入或导入数据文件的方式选择放样点，将需要放样的点位制成列表，然后关联至相应的 BIM 模型上，建立放样任务。

4）现场设站：设备自动整平后将移动端设备与机器人连接，进行后方交会自由设站。架设仪器，用棱镜引导仪器跟踪测量两个或更多已知点（如控制点或现场与模型上能对应上的特征点），系统建立 BIM 模型与现场坐标系统的对应关系，完成设站。

5）现场放样：按照模型中的三维坐标，定位到现场的准确位置，指定一个放样点（地面点、墙面点、空间点），仪器锁定并跟踪棱镜，直到完成精确定位。

1.1.2 技术指标

（1）三维扫描技术应满足《底面三维激光扫描作业机技术规程》CH/Z 3017 的要求。

（2）扫描仪球形标靶和全站仪棱镜的配准精度≤1.5mm。扫描数据整体拼接精度≤2mm。

（3）单站点云数据体量一般控制在 1G 内，并最大限度还原现场情况。

（4）放样机器人架设的倾斜角度应控制在 5°以内。

1.1.3 适用范围

适用于工业与民用建筑工程机电系统的测量及放样。

1.1.4 工程案例

北京中国尊、深圳国际会展中心、长沙国金中心、厦门国际会议中心等。

(提供单位：中建安装集团有限公司。编写人员：吴金龙、何苏建、余雷)

1.2 基于“互联网+BIM”的机电项目管理技术

1.2.1 技术内容

基于“互联网+BIM”的机电项目管理技术以BIM集成平台为核心，通过三维模型数据接口，集成项目机电、土建模型，将机电施工过程中的进度、质量、工艺、安全、材料等信息集成到同一平台，利用BIM模型的形象直观、可计算分析的特性，结合以互联网为载体的云计算分析能力，为施工工程中的进度管理、现场协调、材料管理、质量管理等关键过程提供可靠分析数据，使管理人员能够进行有效决策和精细化管理，减少施工变更，缩短工期、控制项目成本、提升施工质量的项目管理技术。

(1) 技术特点

1) 采用互联网+BIM技术对工程项目全过程信息、数据有效集成化，参与各方可进行协同办公和数据共享，使数据信息公开化、透明化。

2) 通过对各环节的仿真，优化管理流程，控制项目的施工成本，达到机电项目精细化管理的目标。

3) 构建多方参与的协同工作信息化管理平台，并建立数据标准，为运维管理者提供标准化的数据存储和共享方式，将宏观管理和精细化管理的功能结合，提升管理的效率和集成度。

4) 积累项目管控信息，通过项目管控数据的大数据分析，辅助公司进行各项重大决策，降低决策风险。

(2) 施工工艺

1) 工艺流程：平台搭建→模型上传→挂接项目信息→云计算分析对比及预警提示→施工过程管控→管控信息更新至平台

2) 平台搭建：针对项目需求与公司管控需求，搭建BIM协同管理平台，进行权限分配。以项目为单元，通过互联网形式，实时共享项目数据。

3) 模型上传：将原模型根据要求格式转换后上传至平台，并在后续过程中对模型不断更新。

4) 挂接项目信息：将图纸、变更、进度、质量、物资等项目管理信息与BIM模型挂接，按照项目本身需求，平台软件自动分类归档各类清单及报表资料。

5) 云计算分析对比及预警提示：通过平台软件云计算能力，将BIM模型与挂接的项目管理信息进行对比分析，自动生成分析报告。针对各类项目管控节点，平台软件根据云计算所得对比数据，进行预警提示。

6) 施工过程管控：通过平台生成的预警提示，各类分析报告等信息，项目管理人员对项目管理全过程中出现的偏差，制定相应应对措施，对现场施工中的质量问题整改、安全施工管控、施工进度调整、物资管控等。

7）管控信息更新至平台：项目上的各类措施文件、影像资料等管控信息及时上传至平台，更新平台模型信息，进行管理信息反馈，完成信息闭环，实现项目的精细化管理。

1.2.2 技术指标

（1）《建筑工程设计信息模型制图标准》JCJ/T 448；

（2）《建筑信息模型施工应用标准》GB/T 51235；

（3）《建筑信息模型应用统一标准》GB/T 41212；

（4）《建筑信息模型分类和编码标准》GB/T 51269。

1.2.3 适用范围

适用于工业与民用建筑工程机电系统的设计、施工、运维全周期信息的动态管理。

1.2.4 工程案例

西安丝路国际会议中心、西安丝路国际展览中心、深圳地铁九号线、徐州地铁一号线等。

（提供单位：中建安装集团有限公司。编写人员：刘彬、何苏建、徐艳红）

1.3 新型预留预埋技术

1.3.1 技术内容

新型预留预埋技术包括填充墙体不开槽暗埋管技术、清水混凝土机电暗埋技术以及装配式建筑机电暗埋技术。

（1）填充墙体不开槽暗埋管技术

填充墙体不开槽暗埋管技术（如图 1.3-1 所示），通过在墙体砌筑时使用事先切好沟槽的砖进行砌筑，使管线嵌固在做了切割处理的砌块形成的间隙内，线管用砌筑的砂浆填槽进行固定，砌筑一次完成不需要进行墙面修补，保证了墙面的美观和整体性，避免了大面积剔槽对墙体的损坏，杜绝了由于开槽造成的质量通病，不产生建渣和粉尘，满足施工现场安全文明施工的要求，提高工作效率，降低施工成本。

图 1.3-1 填充墙体不开槽暗埋管效果图

1）技术特点

① 线管一次测量安装到位，砌墙砖集中进行切割，施工速度快，提高工效。

② 不需要进行已砌筑墙体的切槽、剔槽、

后期的墙体修补和建渣清运，减少劳动用工，提高效率，降低成本。

③ 线管暗埋于墙体内避免了外部的机械伤害，提高了线管暗埋施工质量。

④ 满足安全文明施工要求，对环境影响小，施工完成后墙体观感质量好。

2）施工工艺

① 工艺流程：集中切槽→集中堆码→测量定位→安装线管→配合砌筑

② 集中切槽：墙体砌块切槽采用湿式集中切割，使得施工效率明显提升，降低了机械切槽带来的不安全因素，粉尘及噪声污染易于控制，建渣方便集中清理，节约了施工成本。

③ 测量定位：在楼板内配管时，根据土建放线定位好的空心砖墙体及1m标高线，先对即将施工的墙体提前配管。当与线槽或吊顶内配管对接时，施工前应做好吊顶内各专业的综合管线排布，以确定填充墙体配管吊顶处坐标及标高。

④ 安装线管：配管完成后，用与电管直径配套的管堵封堵管口，并用胶带密封接线盒，防止砌筑砂浆及填槽砂浆在此处渗漏进管和盒内。

⑤ 配合砌筑：管道预埋处砌块砌筑后，应及时清理间隙内浮浆及残渣，线管用砌筑的砂浆填槽进行固定，为保证间隙处砌筑砂浆灌注密实可靠，沿砌筑高度不超过500mm进行一次砌筑砂浆灌注，随砌随灌并振捣密实。

(2) 清水混凝土机电暗埋技术

清水混凝土一次浇筑成型，表面平整光滑、色泽均匀、棱角分明、无碰损和污染，不做任何装饰，表面仅刷涂一层或两层透明的保护剂。清水混凝土对机电安装暗埋技术提出了严格的施工要求，即机电预埋点位需一次成型，后续安装管线需整齐、简洁大方，衬托清水装饰效果。

1）技术特点

① 线盒、套管一次性成型，避免后期修补。

② 减少了土建专业吊模堵洞费用。

③ 支吊架预埋件减少后期登高作业及修补增加的成本。

④ 使用四内耳线盒减少了打磨钢钉人工成本。

2）施工工艺

① 工艺流程如图1.3-2所示：

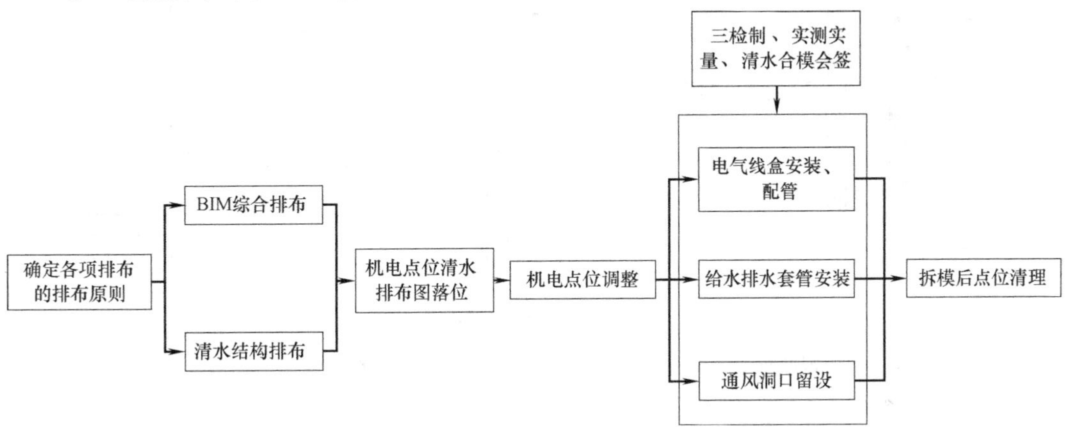

图1.3-2 清水混凝土机电工程施工技术工艺流程图

② BIM综合排布：利用BIM技术对于清水区域的机电综合排布。土建专业完成清水结构禅缝、螺栓孔排布后，底图发安装专业。机电综合排布在保证规范、系统功能前提下进行点位落位、调整。

③ 清水区域套管预留：套管预留采用新型套管留洞装置（如图1.3-3、图1.3-4所示），完成套管一次预留成型。清水墙板套管留设增加定位衬板以及对拉通丝，严格按照机电末端点位排布图定位，定位允许偏差±2mm。

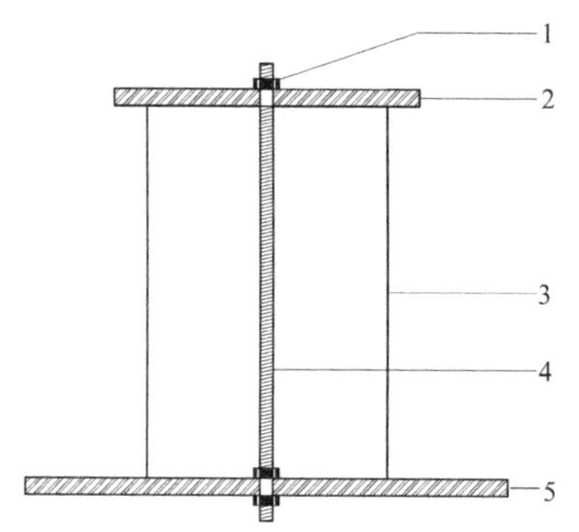

图1.3-3 清水混凝土顶板区域预留套管

1—螺帽；2—保护盖板（防止混凝土灌入）；3—预留套管；4—通丝吊筋；5—结构模板

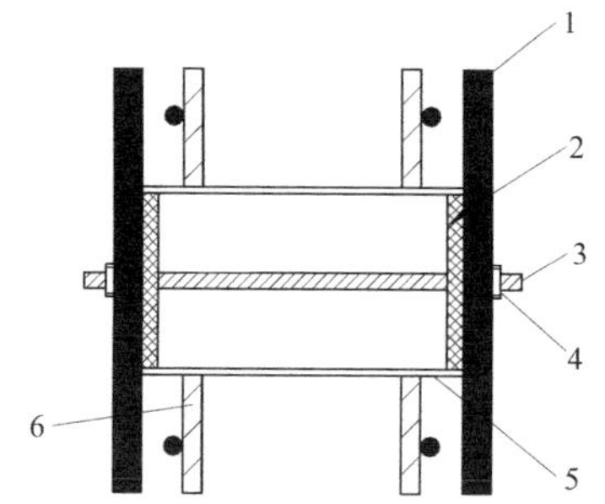

图1.3-4 清水混凝土区域墙体预留套管

1—18mm清水木模板；2—10mm普通木模板；3—ϕ10通丝吊筋；4—螺帽；5—可伸缩式套管；6—结构钢筋

④ 电气线盒预埋：清水顶板线盒预埋所采用的四内耳线盒及清水墙体预埋线盒均增加定位衬板、对拉通丝技术措施（如图1.3-5、图1.3-6所示），确保线盒与模板关联，保证线盒贴模板。该技术定位尺寸严格按照机电末端点位排布图定位，线盒预留偏差允许范围±2mm。

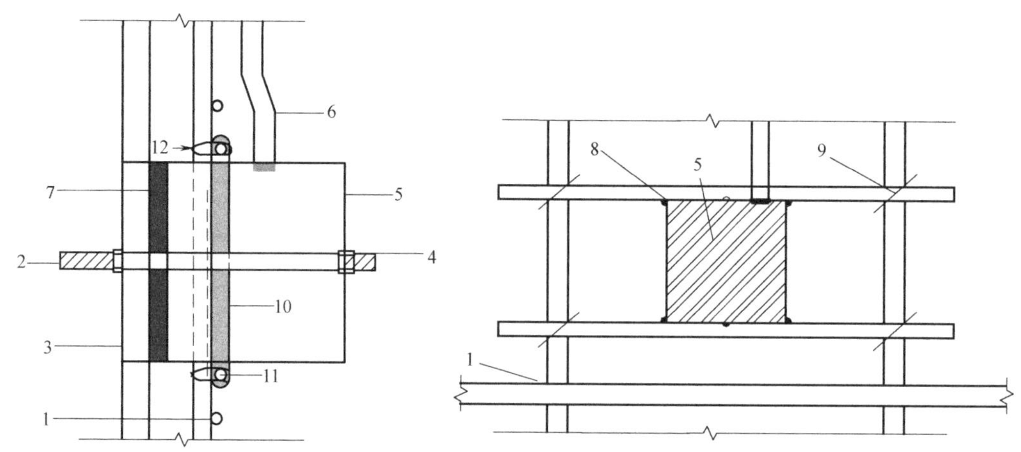

图1.3-5 墙面预埋线盒施工细部节点做法

1—纵横双向结构钢筋；2—ϕ8通丝吊筋（紧固用）；3—结构混凝土模板；4—PVC管帽；5—86金属穿筋盒；6—预埋线管；7—木质衬板；8—圆钢与线盒焊接点；9—圆钢与钢筋绑扎点；10—薄钢片；11—ϕ6圆钢；12—扎丝

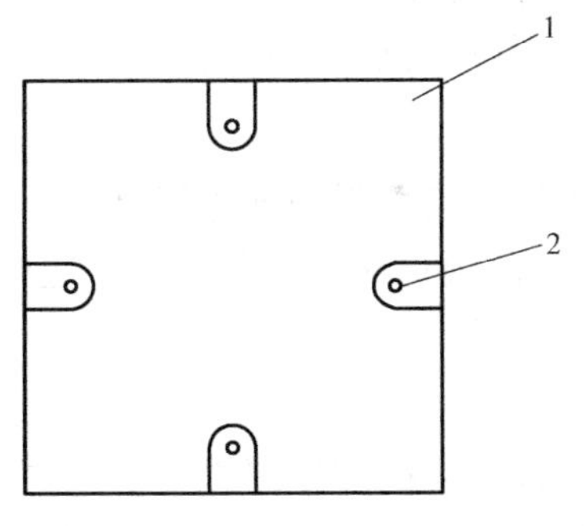

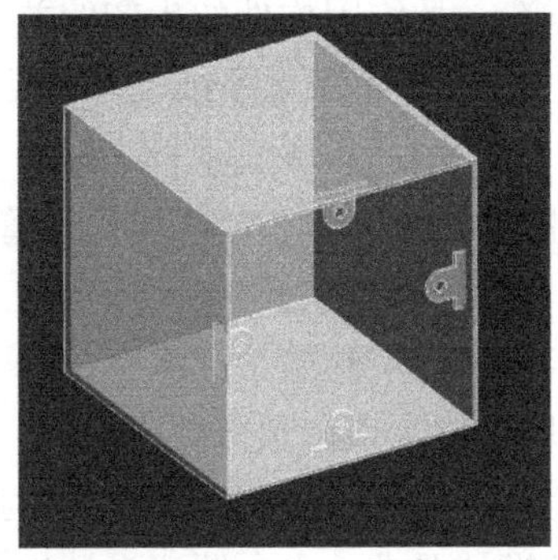

图 1.3-6 顶板四内耳线盒

1—钢制接线盒；2—线盒内耳（4 个）

⑤ 支吊架预埋件：支吊架固定点采用结构螺栓预埋件方式进行施工，需在前期完成BIM 综合排布，施工过程中需进行成品保护。机电管线后期安装时采用预埋件固定支吊架如图 1.3-7 所示。

(3) 装配式建筑机电暗埋技术

装配式建筑的机电暗埋技术主要包括可调节预埋接线盒技术、装配式结构预埋墙扳手孔区域机电安装技术、新型预埋件排水点位预留技术等，可避免施工过程中由于管路错位而对建筑结构造成的破坏。

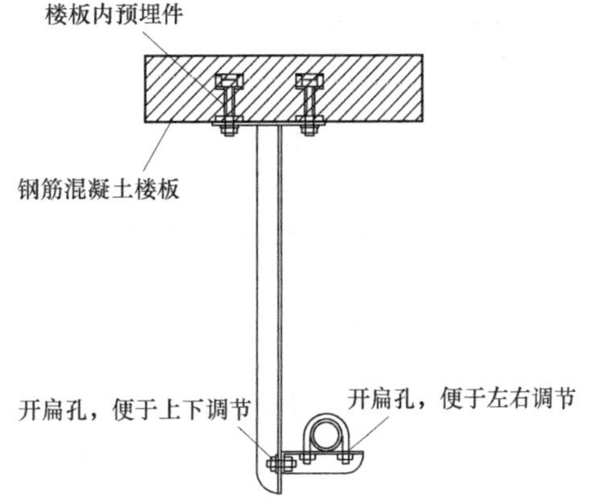

图 1.3-7 支吊架安装示意图

1）技术特点

① 提高了预埋线管与预制墙板线管对接的准确性，减少了对结构的破坏。

② 当预埋线管出现细微偏位时，依然能与预制墙板线管顺利对接。

③ 对构件预留手孔的进行封堵作业时，能使封堵作业一次性合格，减少工作量，同时不破坏构件，不打孔，保证构件外观的平整性及美观性。

2）可调节预埋接线盒技术

① 将调节盒嵌插于盒体内，并将螺钉插于通孔内并使得螺钉与螺纹孔连接，同时调节盒侧面的开口槽与穿线孔位置对应的开口槽位置，避免对穿线孔造成遮挡。

② 将盒体以及调节盒整体预埋于墙体内，当调节盒的表面与墙体表面不平时，可以通过调节螺钉旋入深度来调节调节盒与盒体的相对位置。

③ 当调节盒高出墙体表面时，可以将螺钉向着螺纹孔内旋入，弹簧被压缩，调节盒向着盒体内下移；当调节盒低于墙体表面时，可以将螺钉向外旋出，弹簧放松，调节盒向着盒体外移动，由于弹簧的设置，可以使得调节盒与盒体位置固定，防止螺钉松动而导致两者位置发生变化。

④ 调整完以后，将开关盒面板通过螺钉与调节盒上面板连接件内的螺母进行连接。

3）装配式结构预埋墙扳手孔区域机电安装技术

① 对图纸进行深化，确保施工平面图与构件深化图机电点位标高及尺寸、位置吻合，

安排人员驻厂监造，杜绝因构件的生产偏差，造成线管偏位。

② 现场定位时，依照深化图纸尺寸，使用卷尺现场测量并确定定位钢筋位置，然后焊接定位钢筋。定位钢筋须保证垂直，焊接牢靠。

③ 墙板吊装完成后，将平台预埋线管管头切短与墙板预埋线管对接。运用可调方向的快速转接头，可快速解决受限空间内错位线管的快速对接，既可以保证对接管路通畅，又可以降低施工难度，节约施工成本。

4）新型预埋件排水点位预留技术

① 模具的设计制作：定位模具在设计时，首先应确定参照边，参照边作用为替代墙体轴线；按图纸设计要求，由参照边设计出各预留孔洞的位置；合格模具由挤塑板及不锈钢钢板组成，先制作挤塑板粗加工样品至现场检验校核。

② 模具的检验校核：粗加工模具应在现场进行检验校核，避免设计失误；使用粗加工模具在现场测试使用后，复核各预留孔洞距墙体轴线位置的距离，对比施工图设计要求，判断设计图及粗加工模具的精度；反复检验校核，直至模具满足技术要求。

③ 模具的现场使用：合格定位模具在现场使用时严格遵守使用说明书及技术交底，以确保模具的合理使用；模具使用时应保护参照边完整，保证模具的准确性；模具贴紧结构模板，结构模板污染严重时，应进行清理，使用标识清晰的记号笔标识预埋件的固定点。

④ 预埋件固定：按定位模具使用后标识的定位点固定预埋件，采用长度适中的不锈钢钢钉固定，确定预埋件的固定牢固，避免浇筑混凝土时的损坏；预埋件上口应封堵完整，避免混凝土浇筑时预埋件内部进浆堵塞。

1.3.2 技术指标

（1）填充墙体不开槽暗埋管技术

1）《建筑电气工程施工质量验收规范》GB 50303。

2）《砌体结构工程施工质量验收规范》GB 50203。

3）《砌体结构设计规范》GB 50003。

（2）清水混凝土的机电暗埋技术

1）清水区域套管预留允许偏差±5mm。

2）清水墙板套管定位允许偏差±2mm。

3）电气线盒预埋允许偏差±2mm。

4）支吊架预埋件定位允许偏差±5mm，单处多固定点预埋件间允许偏差±5mm。

1.3.3 适用范围

适用于工业与民用建筑工程机电系统的预留预埋，特别适用于装配式建筑。

1.3.4 工程案例

成都百铭广场项目、歌尔科技产业项目、上海浦东新区民乐大型居住社区项目等。

（提供单位：中建八局第一建设有限公司、四川省工业设备安装公司、中国建筑第八工程局有限公司。编写人员：汤毅、王克阳、何碧琼）

1.4 用于装配式支吊架的哈芬槽预埋技术

1.4.1 技术内容

哈芬槽是一种建筑用的预埋装置，由C型槽钢、T型螺栓和填充物组成。施工时将C型槽钢预埋在混凝土中，填充泡沫或条形填充材料以防止混凝土或杂物进入槽内，待浇筑完成后取出填充物，再将T型螺栓的T型端扣进C型槽，使用相匹配的螺母、垫圈将要安装的构件进行固定。哈芬槽由于其体积小、重量轻、承载能力高、调节方便、安装省时等特点，在装配式支吊架安装中被广泛使用。

(1) 技术特点

1) 质量稳定：哈芬槽采用标准化产品，产品质量稳定，且具有通用性和互换性；哈芬槽预埋的垂直度及与结构主体墙面贴合较好，能够进一步保证装配式支架的安装效果。

2) 安装便捷：无需电焊、油漆等作业，安装操作简易、高效，安全环保。

3) 灵活调节：T形螺栓位置可调，可根据安装需求灵活调节支吊架标高及位置。

图 1.4-1 哈芬槽实物图

(2) 施工工艺

1) 工艺流程

哈芬槽预埋件检查 → 哈芬槽预埋定位与固定 → 验收检查 → 清理

2) 哈芬槽式预埋件检查

检查钢材材质证明单、镀锌质量检测报告、埋件出厂合格证、抗拉试验报告、焊缝高度是否达到设计要求、焊角没有咬边现象、防锈漆涂刷是否均匀、所有材料是否符合设计要求、加工尺寸与图是否一致。

3) 哈芬槽预埋件定位与固定

① 预埋件埋设之前，首先进行技术交底，特别要说明转角位置埋件的埋设方法。

② 按照预埋点位布置图及标高尺寸，进行现场测量定位，确保哈芬槽标高以及间距满足深化设计及设计规范要求。

③ 预埋槽道初定位：绑扎网片钢筋时，依照规划方位，测量出预埋槽道方位，并将槽道就位；在槽道后部铆钉处，垂直槽道方向距离绑扎几根短筋，将其挂在钢筋网上。

④ 预埋槽道准确定位及固定：将螺栓穿过模板上预留长孔，找到并调整槽道方位，锁紧螺栓，使槽道紧贴模板进行准确定位。

4) 验收检查

预制段或预制块拼装时核对组对编号，避免施工错误；保证哈芬槽的贴膜度、垂直度等符合质量验收要求。

5）清理

完成混凝土浇筑及拆除模板后，清理粘附在埋件外表面上混凝土，露出其表面，将槽内部的填充物取出。

1.4.2 技术指标

（1）《室内管道支架和吊架》03S402。

（2）《金属、非金属风管支吊架》19K112。

（3）《电缆桥架安装》04D701-3。

（4）《装配式室内管道支吊架的选用与安装》16CK208。

（5）《管道支吊架》GB/T 17116。

（6）《建筑机电抗震设计规范》GB 50981。

1.4.3 适用范围

适用于工业与民用建筑工程中各类管线预埋型装配式支吊架安装，特别适用于地铁隧道、地下综合管廊工程。

1.4.4 工程案例

西安市地下综合管廊建设项目、肇庆新区综合管廊、青岛地铁八号线等。

（提供单位：中建安装集团有限公司。编写人员：李伟、卓旬、潘春宇）

1.5 综合支吊架技术

1.5.1 技术内容

综合支吊架技术是对建筑安装工程中给水排水、暖通空调、消防、喷淋、强电、弱电等专业的管道、风管、电缆桥架支吊架进行统筹规划设计，综合成整体支吊架，在保证各专业施工工艺和工序的前提下满足多专业对支吊架的不同需求，实现安装空间的合理分配与资源共享。

（1）技术特点

综合支吊架技术运用BIM技术实现绿色设计理念，采用工厂标准化预制，现场模块化安装的方式，具有耐腐蚀能力强、使用寿命高、安装灵活、更换便捷、可重复利用等特点，显著提高了施工效率和管线安全系数。

（2）施工工艺

1）工艺流程：BIM模型搭建→管线综合→综合支吊架布置→综合支吊架组合选型→组合件计算和校核→综合支吊架详图确定→综合支吊架制作及采购→综合支吊架装配、安装

2）BIM模型搭建：利用BIM软件搭建建筑模型，按照设计图纸，标定模型中设备、管线的位置。

3）管线综合：基于BIM模型，进行管线综合，根据建筑标高要求及机电各专业设计、施工、验收标准中关于管线的间距要求，进行管线的综合排布。

4）综合支吊架布置：根据已确定的管线综合排布图及机电各专业设计、施工、验收标准中关于支吊架间距要求，结合建筑结构特点进行布置。

5）综合支吊架组合选型：根据支吊架点位详图及点位处管线剖面图及相关图集，结合建筑结构特点，进行支吊架组合选型。

6）组合件计算和校核：根据支吊架组合形状，支吊架所承载的管线重量荷载，对支吊架组合件（横担、立柱、连接件、固定件等）进行强度、刚度、稳定性等计算。

7）综合支吊架详图确定：根据已确定的管线综合排布图，支吊架的布点图及点位处管线剖面图及组合件计算校核结果，形成支吊架详图。

8）综合支吊架制作及采购：根据已确定的支吊架点位详图，进行支吊架的制作加工或采购。

9）综合支吊架装配、安装：根据支吊架装配图、详图进行散件装配组合并编号，按支吊架点位布置图逐件逐套测量、定位、安装。

1.5.2 技术指标

(1) 主要性能

1）综合支吊架布置间距应满足各专业相关规范要求。

2）综合支吊架应进行强度、刚度、稳定性验算，抗震支吊架还应根据其承受的荷载进行抗震验算。

(2) 技术规范标准

1）《管道支吊架　第1部分：技术规范》GB/T 17116.1。

2）《管道支吊架　第2部分：管道连接部件》GB/T 17116.2。

3）《管道支吊架　第3部分：中间及建筑结构连接件》GB/T 17116.3。

4）《通风与空调工程施工规范》GB 50738。

5）《通风管道技术规程》JGJ/T 141。

6）《建筑给水排水及采暖工程施工质量验收规范》GB 50242。

7）《通风与空调工程施工质量验收规范》GB 50243。

8）《建筑电气工程施工质量验收规范》GB50303。

9）《建筑结构荷载规范》GB 50009。

10）《钢结构设计规范》GB 50017。

11）《钢结构工程施工质量验收规范》GB 50205。

12）《室内管道支架及吊架》03S402。

13）《金属、非金属风管支吊架》19K112。

14）《电缆桥架安装》04D701-3。

1.5.3 适用范围

适用于工业与民用建筑、市政工程的通风与空调系统、建筑给水排水及采暖系统、建筑电气系统、消火栓与喷淋系统的支吊架安装。

1.5.4 工程案例

国家会展中心（上海）项目、深圳前海深港集中供冷项目等。

（提供单位：上海市安装工程集团有限公司、广东省工业设备安装有限公司。编写人员：汤毅、张佳文、卓旬）

1.6 永临结合技术

1.6.1 技术内容

临时设施是为保证施工和管理的正常进行而临时搭建的各种建筑物、构筑物和其他设施，在基本建设工程完成后拆除。永临结合技术是将部分建筑工程永久性设施提前施工，并取代临时设施，实现节材、节能和缩短工期的技术，如消防系统永临结合、地下通风永临结合、电梯永临结合等技术。

（1）技术特点

1）节约成本。减少临时材料的使用量以及临时设施搭建、拆除所需的工时，降低工程措施费。

2）缩短工期。将永久性设施提前施工，减少实际项目工期，同时避免临时设施与永久性设施交叉造成的工期延误。

3）质量可控。因临时设施仅服务于项目的施工阶段，对材料品质和施工过程管控要求低，采用永久性设施服务施工，可提高施工过程对安全及质量的管控。

（2）消防系统永临结合技术

根据规范要求，建筑高度大于24m或单体体积超过30000m^{2}的在建工程，应设置临时室内消防给水系统，将永久消防设施提前至施工阶段临时使用，可避免临时消防系统的安装拆除，减少工期、工作量、临时设备及材料。

1）工艺流程：设备及管道设计选型→临时消防施工→临时转正式施工

2）设备及管道设计选型主要包括：临时消防设备选型、室外储水水箱选型、临时消防及施工用水管道选型、转输水箱设计等。

3）临时消防施工：

① 主要工艺流程：施工准备→管道加工→管道支架制作及安装→室外管道安装→室内干管安装→室内立管安装→水泵及其附属设备安装→消火栓及其他附件安装→通水试验→后续立管及附件随施工作业层安装

② 低层可采用市政压力供水，高层采用临时高压系统供水。

③ 超压部分可通过设置减压阀和减压稳压消火栓进行改善。

4）临时转正式施工

① 主要工艺流程：临时消防系统停止使用 → 正式消防系统其余部分进场 → 临时水箱及加压泵拆除 → 正式水箱及加压泵安装 → 接口处理 → 通水试验 → 消防验收

② 临时消防泵安装在预留水泵位置，并在永久消防泵位置预留管道接口阀门。

③ 永久消防泵安装调试完成后，可作为临时消防泵的备用泵使用，待永久消防泵投入使用后，将临时消防泵接口阀门关闭，并拆除临时消防泵。

④ 转换时以竖向区域内的消火栓立管为基本单元，每次只进行一个竖向立管消火栓的转换，转换前将该立管泄空。

(3) 地下通风永临结合技术：地下综合管廊主体工程在主体完成初期，由于环控系统无法运行，廊内存在缺氧和有毒有害气体超标的不安全因素，为排除此风险，通过提前完成廊内通风机的安装，利用钢筋混凝土结构风道对管廊内进行换气。风机的供电系统采用临时用电，在临时人员出入口设置风机启停控制箱和气体探测仪，每个控制区域内的风机供电单独设置回路，达到既满足换气要求，又节约用电的目的。

(4) 排水系统永临结合技术：正式排水管道作为临时排水管，和地漏、雨水管道、集水坑连接，可局部设置临时的管道、阀门、泵。施工前合理选取排水点，主要工艺流程同消防系统永临结合技术，施工时保证坡度、关键部位标高及位置的准确。

(5) 排污系统永临结合技术：正式排污管道和临时卫生间连接，局部设置临时管道、化粪池，主要工艺流程同消防系统永临结合技术。

(6) 供电系统永临结合技术：利用正式工程暗敷的照明电线管或其他电气回路，为施工提供临时照明用电。

(7) 电梯永临结合技术：将正式电梯提前安装，通过验收合格后作为施工垂直运输工具，在保证现场施工管理的同时，节省施工成本。

(8) 自然采光系统永临结合技术：提前安装自然采光系统，并应用于地下室建造过程，以实现在满足施工照明要求的情况下进行节能降本。

1.6.2 技术指标

(1)《建筑给水排水设计规范》GB 50015。

(2)《民用建筑电气设计规范》JGJ 16。

(3)《自动喷水灭火系统设计规范》GB 50084。

(4)《电气装置安装工程　低压电器施工及验收规范》GB 50254。

(5)《给水排水管道工程施工及验收规范》GB 50268。

(6)《消防给水及消火栓系统技术规范》GB 50974。

(7)《城镇道路工程施工与质量验收规范》CJJ 1。

(8)《通风与空调工程施工质量验收规范》GB 50243。

(9)《缺氧危险作业安全规程》GB 8958。

(10)《工作场所空气有毒物质》GBZ/T 160。

(11)《作业环境气体检测报警仪通用技术要求》GB 12358。

1.6.3 适用范围

适用于工业与民用建筑工程的临时设施搭设。

1.6.4 工程案例

北京中国尊项目，广州环球都会广场项目，西安地下综合管廊建设PPP项目等。

（提供单位：中建安装集团有限公司。编写人员：余雷、周航、牛月桂）

1.7 集成式卫生间安装技术

1.7.1 技术内容

集成式卫生间是指由工厂生产的楼地面、吊顶、墙板和洁具设备及管线等集成并主要采用干式工法装配完成的卫生间，是在工厂化组装控制条件下，遵照给定的设计和技术要求进行精准生产，在质量和成本上达到最优控制。一套成型的集成式卫生间产品包括顶板、壁板、防水底盘等外框架结构，也包括卫浴间内部的洁具、五金、瓷砖、照明以及水电风系统等内部组件，可以根据使用需要装配在酒店、住宅、医院等环境中，为“即插即用”的成型产品。

（1）技术特点

1）与建筑的构架分开独立，实现良好的负重支撑。

2）采用同层排水，管道连接方便。

3）模压底盘整体化，有效提高防水防漏性能。

4）具有装配式建筑施工周期短、质量可控等优点。

（2）施工工艺

1）工艺流程：测量放线→设备末端及支管管线安装→底盘安装→墙板及附件安装→顶板及其余零件的安装→内部设备安装→接口连接→接缝处理

2）设备末端及支管管线安装：安装下水口、排污管及给水系统管架等。

3）底盘安装：对底盘进行安装固定，用微调螺栓调平。

4）墙板及附件安装：先安装底盘边缘上墙板，将接缝处卡子打紧，并在各接缝处用密封胶嵌实；安装浴盆，并将下水口接好，调平浴盆；再安装其余墙板，并嵌好各道接缝。

5）顶板及其余零件的安装：先安装两侧顶板，然后安装中间顶板，最后把顶板缝用塑料条封好，随后安装门口、门窗，用螺丝紧固。

6）内部设备安装：按图纸设计要求摆放卫生设备，连接各管道接口。

7）接口连接：各种卫生器具石面、墙面、地面等接触部位使用硅酮胶或防水密封条密封。底盘、龙骨、壁板、门窗的安装均使用螺栓连接，顶盖与壁板使用连接件连接。底盘底部地漏管与排污管使用胶水连接，在底盘面上完成地漏和排污管法兰安装。定制的洁具、电气与五金件等采用螺栓与底盘、壁板连接。给水排水管与预留管道连接，使用专用接头，胶水粘结。台下盆须提前安装在人造石台面预留洞口位置，采用云石胶粘接牢固，接缝打防霉密封胶。

8）接缝处理：完成集成式卫生间与建筑结构主体风、水、电系统管线的接驳后，经验收合格方对整体式卫生间底板与降板槽缝隙进行灌浆。所有板、壁接缝处打密封胶。螺栓连接处使用专用螺母覆盖，外圈打密封胶。底板与墙板、墙板与墙板之间及顶板之间均用特制钢卡子连接。

1.7.2 技术指标

(1) 卫生间安装质量检验

部件质量检验要求表 **表 1.7-1**

部品	安装内容	质量要求与标准
底盘	干、湿区地漏、面盆排水管	去孔周边毛刺，清理灰尘，拧紧，排水管 PVC 胶涂抹均匀饱满
	底盘调整水平	安装水平稳固，无空响、损伤、积水，平板底盘排水坡度为 10%
墙板	墙板与墙板加强筋	表面平整，上下平齐，墙板拼接缝隙≤1mm，安装螺钉间距为 250～300mm
	冷、热给水管，管夹	管夹间距为 500mm，水管上热下冷，横平竖直
	墙板、冷热给水管	墙板连接件插入到位，阴、阳角为 90°，组装缝隙≤1mm，表面平整、垂直
	门上加高墙板	墙板表面与门框内表面平齐，墙板两端头与门框竖边平齐，平整度≤1mm
	平开门	门框水平垂直，垂直度误差≤1mm，门开关无异响，门叶四周间隙均匀
	墙板固定夹	固定夹间距为 600mm，每边单块墙板要求安装 2 个，墙板与底盘挡水边沿平齐稳固
天花板	测量出天花板内空尺寸与底盘内空尺寸一致	内空尺寸与底盘内空尺寸一致，误差≤1mm
	天花板	表面平整垂直，拼接缝隙小，平整度误差≤1mm
踢脚线	从阳角处依次踢脚线	阴、阳角为 90°，拼接缝隙<1mm
附件	洗面台/洗面盆与洗面盆水嘴	台面水平，稳固，水平误差≤1mm，水嘴按左热右冷控制，表面无损失
下水管	PVC 管	横向支管排污管坡度为 2%
试水	排水系统	用看与触摸的方式检查浴室内、外各排水接点无渗漏
试电	通电实验	各用电气灯具、插座、排气扇等通电、开关正常

(2) 技术规范/标准

1）《住宅室内装饰装修工程质量验收规范》JGJ/T 304。

2）《卫生陶瓷》GB/T 6952。

3）《坐便洁身器》JG/T 285。

1.7.3 适用范围

适用于工业与民用建筑工程的集成式卫生间安装。

1.7.4 工程案例

中建科技成都绿色建筑产业园研发中心机电安装工程等。

（提供单位：成都建工工业设备安装有限公司。编写人员：王海川、许庆江、林吉勇）

1.8 模块化装配式机房施工技术

1.8.1 技术内容

模块化装配式机房施工技术是以建筑信息模型（BIM）为基础，科学合理的拆分、组合机电模块单元，采用工业化生产的方式对模块单元进行工厂化预制加工，结合现代物料追踪、配送技术，实现机房机电设备及管线高效精准的模块化装配式施工。

（1）技术特点

1）缩短机房深化设计时间：使用标准化模块族进行BIM建模，缩短前期设计时间，加快工程进度。

2）提高施工质量：标准化模块单元在工厂采用固定流水线生产模式，将模块制作从完全定制变成部分批量生产，有效地提高施工质量。

3）提升施工效率：采用标准构件进行工厂化加工，现场装配式安装，既可以实现快速装配，又可以在类似项目通用。

（2）施工工艺

1）工艺流程：基于BIM的机电设备及管线模块化→机电设备及管线模块工厂预制加工→物联网化运输配送信息管理→机电设备及管线预制模块装配式综合施工→机电设备及管线预制装配误差综合补偿

2）基于BIM的机电设备及管线模块化：根据机电设备的选型、数量、系统分类和管线的综合布置情况，综合考虑预制加工、吊装运输等各环节限制条件，将机电设备及其管路、配件、阀部件等“化零为整”组合形成机电设备及管线整体装配模块。形成装配模块的标准构件库，实现机电设备和管线装配模块的快速设计，提升BIM深化设计的效率。

3）机电设备及管线模块工厂预制加工：BIM设计软件中的设计信息和预制信息，通过插件一键提取出不同样式、不同规格的预制加工构件的预制加工信息，形成数据表格，工厂操作工人根据数据表格中的预制加工信息，在工厂进行机械化流水制造，实现高效率的机械生产。

4）物联网化运输配送信息管理：针对装配模块等预制构件在运输、装配等环节的物料信息追溯，利用基于BIM的建筑信息全生命周期管理系统，进行手持端和电脑端的双向追溯管理，及装配模块构件信息的批量扫描管理和远程扫描管理，提高建筑信息的可追溯性和管理效率。

5）机电设备及管线预制模块装配式综合施工：采用栈桥式轨道移动、预制管排整体提升、组合式支吊架、天车系统辅助吊装等施工技术组成的综合装配技术，进行“地面拼装、栈桥移动、整体提升、支吊架后装”，完成机房机电设备及管线装配模块的快速安装。

6）机电设备及管线预制装配误差综合补偿：对模块尺寸进行微调来弥补机电设备及管线预制加工误差；设置装配模块（泵组模块作为控制段，与其连接的管线模块进行递推式安装），在装配模块间设置现场制作的补偿段以消除误差。

1.8.2 技术指标

（1）《建筑给水排水及采暖工程施工质量验收规范》GB 50242。

（2）《建筑工程施工质量验收统一标准》GB 50300。

（3）《现场设备、工业管道焊接工程施工规范》GB 50236。

1.8.3 适用范围

适用于工业与民用建筑工程机房设备与管线的模块化装配式施工。

1.8.4 工程案例

天津鲁能绿荫里等。

(提供单位：中建八局第一建设有限公司、成都建工工业设备安装有限公司。编写人员：刘益安、王海川、朱静)

1.9 高效机房管路优化技术

1.9.1 技术内容

高效机房管路优化技术是通过机房设备综合布局、低阻力阀件选型、管路优化降阻、先进管道制作、综合支架排布、预制化加工等手段，提高机房管道的节能降耗效果。

(1) 技术特点

1）降低管路阻力，减少管道振动和噪声。

2）提高机房空间利用率和整齐度。

3）降低泵的能耗，提高机房综合效能。

4）提高施工效率，减少施工工期。

(2) 施工工艺

1）工艺流程：机房设备布局→低阻力阀件选型→管路优化降阻→管道制作→综合支架排布→预制化加工

2）机房设备布局：结合传统制冷机房布置的特点，综合考虑新型设备的外形尺寸及重量、布置位置，充分利用机房空间，选择最佳的布置方案。设备布置应简洁整齐、经济合理、便于安装维护。机组与墙之间的净距离不应小于 1.0m；机组之间及其他设备之间的净距，不应小于 1.2m。机组上方不宜走水管，且与上方管道、电缆桥架的净距，不应小于 1.0m。预留设备检修通道，预留空间应便于蒸发器、冷凝器等设备清洗、维修的距离。水泵宜采用立式安装，水泵之间及与墙体之间间距不应小于 0.8m。

3）低阻力阀件选型：低阻力阀件采用静音止回阀和直角式过滤器。根据与不同厂家不同止回阀阻力损失的对比及同一静音止回阀不同流速阻力损失对比来看，静音止回阀比其他止回阀更具有降低阻力的效果。直角式过滤器的一端直接与水泵连接，减少了管件数量，从而降低沿程阻力。

4）管路降阻优化：管路优化的最终目的是降低设备长期能耗，管路布置应平正、顺直、无急弯，避免不合理的管路布置，尽量减少直角弯头、变径等管件设置，必要时多使用顺水弯头或顺水三通。

5）管道制作：管道弯头使用高精准设备放样定位横、纵向管道连接，焊接口平滑、接口无残留、内口无毛刺等。

6）综合支架排布：根据管道优化排布设置高度可自由调整的综合支架，支架固定牢固、无晃动。

7）预制化加工：对优化完成的高精度三维模型进行拆分，转化为二维平面图。加工厂根据加工图纸进行管道制作，工厂预制化保证了制作质量，提高了作业效率，改善了施工环境。

1.9.2 技术指标

（1）《建筑给水排水设计规范》GB 50015。

（2）《采暖通风与空调设计规范》GB 50019。

（3）《民用建筑电气设计规范》JGJ 16。

（4）《建筑给水及采暖工程施工质量验收规范》GB 50242。

（5）《通风与空调工程施工质量验收规范》GB 50243。

（6）《电气装置安装工程　低压电器施工及验收规范》GB 50254。

1.9.3 适用范围

适用于工业与民用建筑工程制冷机房设备、管道的安装。

1.9.4 工程案例

广州市轨道交通十三号线、广州白天鹅宾馆更新工程等。

（提供单位：广东省工业设备安装有限公司、成都建工工业设备安装有限公司。编写人员：莫永红、王超、邓韬）

1.10 新型减振降噪技术

1.10.1 技术内容

对于常规空调系统，一般通过设置各类减振垫、减振器、消声器和风管优化等技术进行减振降噪，对于噪声敏感的歌剧院、广播厅和高等级电影院等场所，需要采用更有效的消声减振措施。新型减振降噪技术包括隔声毡降噪技术、双重地面减振消音技术、消声装置结构优化技术、气流组织预测技术。

（1）隔声毡降噪技术

隔声毡具有较高的面密度，有效抑制中低频声波的传播，同时具有较好的拉伸性能便于施工，可用于风管、水管及设备的隔声。

1）工艺流程（以风管隔声为例）：清理风管表面→隔声毡下料→隔声毡刷胶→风管表面刷胶→贴隔声毡→割除多余隔声毡→隔声毡加固→清理隔声毡表面

2）贴隔声毡：使用刮刀将隔声毡内气泡挤出并压平，再使用木榔头将剩余不平整处敲平。

3）隔声毡加固：一般采用镀锌钢条。

4）隔声毡的储存和粘贴应选择在通风良好的干燥环境。

（2）双重地面减振消音技术

双重地面减振消音技术是指采用浮筑地面与设备减震器进行双重减震的技术，有效阻止振动传递到噪声敏感区域。

1）工艺流程：测量放线→基层找平→固定减震垫块→基层清理→铺放水泥压力板→防潮层施工→放置钢筋网片→地坪浇筑→安装设备减震器

2）固定减震垫块：减震垫块用建筑胶固定在楼板表面。

3）铺放水泥压力板：根据定位图逐一检查布点，检查合格后在减震垫垫块上放置水泥压力板，放置压力板时应保持水平轻放，压力板下部严禁有任何杂物。

4）防潮层施工：施工前要确保水泥压力板平整、干净、板缝封堵严密无渗漏，防潮层不得出现堆积、裂纹、翘边、鼓泡或分层现象。

5）安装设备减震器：基础养护完毕后安装设备和弹簧减震器；基础养护前已经做了地脚螺栓或基础螺栓的，安装设备之前先安装减震器。

（3）消声装置结构优化技术

阻性消声器是利用声波在多孔且串通的吸声材料中摩擦转化进行消声，一般有直管式、片式、蜂窝式、折板式和声流式等，其中片式较为常见，消声装置结构优化技术主要通过设置加固构件改善消声装置性能。

1）在消声片壳体内腔与穿孔板固定连接加固件，防止吸声材料因受重力作用下沉造成密度不均匀及穿孔板变形，提高消声器消声效果的稳定性；扩大离心玻璃吸音棉的选择范围，可选用高密度离心玻璃棉以提高吸声系数。

2）喇叭口形的进出口降低气流压降和再生噪声。

3）优化后消声器阻力比一般消声器大，风机选型时需进行系统阻力核算。

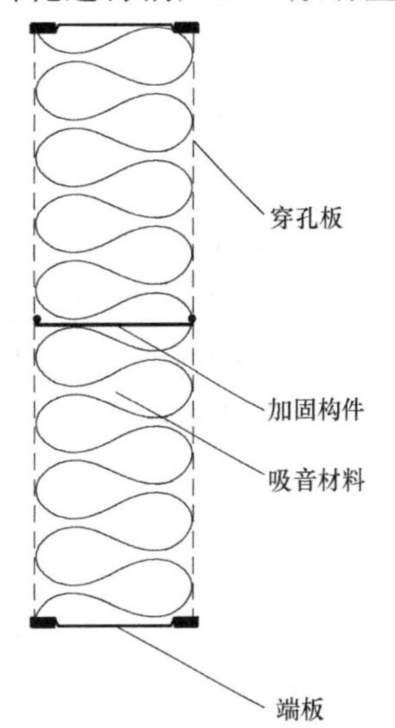

图 1.10-1　阻性片式消声器优化结构剖面图

（4）气流组织预测技术

对于对噪声控制严格的场所，利用 CFD（计算流体动力学）数值模拟仿真，在工程建设前对气流组织进行预测模拟，发现不合理的流速区，在深化设计中进行优化使得室内气流更均匀，从而起到降噪的作用，同时能提高室内温度场的均匀性。

1.10.2 技术指标

（1）《消声室和半消声室技术规范》GB 50800。

（2）《聚氨酯橡胶减震垫》HG/T 5328。

（3）《声环境质量标准》GB 3096。

（4）《水泵隔振技术规程》CECS59：94。

（5）《城市区域环境振动标准》GB 10070。

1.10.3 适用范围

适用于对噪声控制较为严格的工业与民用建筑工程机电设备、管线安装。

1.10.4 工程案例

上海交响乐团迁建工程、上海上音歌剧院、北京三星大厦等。

（提供单位：上海市安装工程集团有限公司。编写人员：汤毅、余雷、葛兰英）

1.11 低温送风空调系统安装技术

1.11.1 技术内容

低温送风空调系统是送风温度低于常规数值的全空气空调系统。常规送风系统设计温度为12～16℃，而低温送风空调系统一般设计温度为≤11℃。低温送风系统主要由冷却盘管、风机、风管及末端空气扩散设备等组成，本技术主要包括严密性控制、保温层校核、高诱导比风口安装等。

（1）技术特点

相对于常规空调系统，低温送风空调系统最突出的特点是送风温差大，具体有以下主要特点：

1）降低系统设备费用

较低的送风温度和较大的供回水温差减少了所要求的送风量和供水量，降低了空调机组、风机和水泵以及风管和水管的投资，从而降低了系统设备的费用。

2）降低建筑投资费用

较小的风管和水管可以降低楼层高度的要求，使建筑结构、围护结构及其他一些建筑系统的费用得到节省。

3）提高房间的热舒适性

因供水温度低，低温送风系统能维持较低的相对湿度，提高了热舒适性。

4）降低运行费用

低温送风系统由于送风量和供水量的减少，可以有效地减少风机和水泵能耗，从而降低运行费用。一般低温送风系统的风机和水泵的能耗可降低约30%。

(2) 施工工艺

1) 优化风管安装工艺，控制风管严密性

低温送风的风管选用镀锌铁皮法兰连接，风管安装完成后的漏风量检测按中压系统的标准执行，可以利用红外热成像仪辅助漏风检测，确保风管的严密性。

2) 空调管道保温层厚度的校核计算

施工前对空调管道的保温层保温厚度进行校核计算，常用的计算方法有三种：经济厚度计算法、防结露法和热（冷）损失法，选用原则详见表 1.11-1，并结合实际采购的保温材料的制造规格进行整合和优化。

管道保温材料厚度计算方法选用表　　表 1.11-1

计算方法 / 管道类型	经济厚度法	防结露法	热损失法	厚度取值
单冷管道	√	√		两者较大值
单热管道	√		√	两者较大值
冷、热合用管道	√(冷、热)	√(冷)	√(热)	四者较大值

3) 低温风阀的保温

低温送风系统的调节阀（防火阀）的保温应确保风阀保温层覆盖率，避免凝结露现象，且不影响操作和使用功能。

4) 热芯式高诱导比低温风口的安装

低温送风系统的风口须确保低温风不会沉降到空调区，不会产生穿流现象，热风不会漂浮，不产生结露现象，故常采用热芯式高诱导比风口，风口的采购选型应运用 CFD 气流模拟分析计算软件，辅助进行气流组织模拟。

热芯式高诱导比自带静压箱，其标准接口为椭圆形，采用风管开椭圆接口加椭圆铝箔软管的做法（如图 1.11-1 所示），铁皮椭圆接口与软管端口采用内平咬口方式连接，并用镀锌铁铆钉固定（如图 1.11-2 所示）；椭圆接口与主风管连接采用咬口方式，连接处用环保密封胶密封处理。

图 1.11-1　椭圆软接分别与风口、风管连接示意图

1.11.2 技术指标

(1) 主要性能

低温送风空调系统的施工应符合《通风与空调工程施工质量验收规范》GB 50243 中

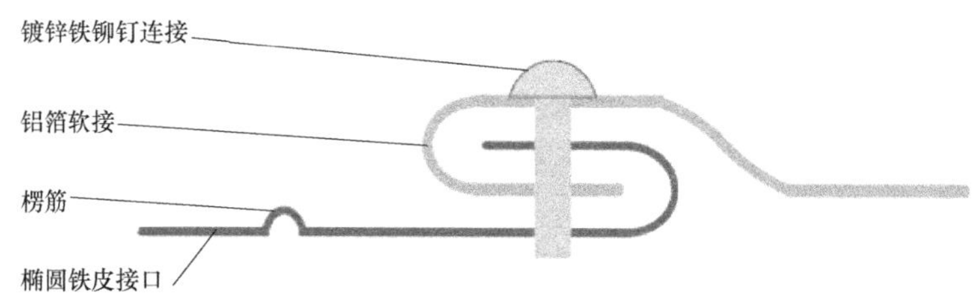

图 1.11-2　椭圆接口与铝箔软接内平咬口连接节点

规定：低温送风空调系统风管的严密性应符合中压风管的规定，试验压力应为 1.2 倍的工作压力，且不低于 750Pa；矩形金属风管在工作压力下的允许漏风量可按公式 $Q_m \leqslant 0.0352P^{0.65}$ 计算。

（2）技术规范/标准

1）《民用建筑供暖通风与空气调节设计规范》GB 50736。

2）《设备及管道绝热设计导则》GB/T 8175。

3）《通风与空调工程施工质量验收规范》GB 50243。

4）《通风空调工程施工规范》GB 50738。

1.11.3　适用范围

适用于工业与民用建筑工程的低温送风空调系统，特别适用于空调负荷增加而又不允许加大风管、降低房间净高的改造工程。

1.11.4　工程案例

中国石油大厦、北京国家开发银行办公楼、华能大厦等工程。

（提供单位：中建一局集团建设发展有限公司。编写人员：高惠润、张仟、吴正刚）

1.12　燃气红外辐射采暖系统施工技术

1.12.1　技术内容

燃气红外辐射型采暖是利用天然气、液化石油气或人工煤气等可燃气体，在特殊的燃烧装置——辐射管内燃烧，产生的热流体在辐射管/板中循环流动，使辐射管表面产生远红外辐射波，直接作用于需要供暖的人或设备等，燃烧产生的尾气由真空泵排出室外。燃气红外辐射采暖系统由三部分组成：热能发生装置（发生器）、热流体供暖管板系统（辐射管/板和反射板）和自动控制及安全设备，安全设备主要包括集水器、真空泵、排气管等。

（1）技术特点

1）燃气辐射采暖省去了将高温烟气热能转化为低温热媒（热水或蒸汽）热能的环节，且排烟温度低，热效率高。

2）红外辐射加热器构造简单轻巧、发热量大、安装方便、初投资和运行费用低、操作简单，可在地面装配成形后，集中吊装；高强度陶瓷板式红外辐射加热器通常为整体进场，直接吊装，辐射加热器的施工劳动强度低，效率高，易于保证质量及施工进度。

3）采用低压天然气为热源，且只有一根燃气管道与发热设备连接，施工和试压工作简单。

4）发生器装有自动式点火装置，室内辐射管（发热元件）外表无明火，燃烧加热在管内负压进行，低于大气压力，无有害气体泄露，安全性有充分保障。

5）天然气燃烧尾气由真空风机排出室外，对大气环境几乎无任何污染，具有环保洁净等优点。

6）可以对高大空间、半开放式空间、室外及局部区域进行供暖；可以根据使用时间随时起停。

(2) 施工工艺

1）施工工艺流程如图 1.12-1 所示。

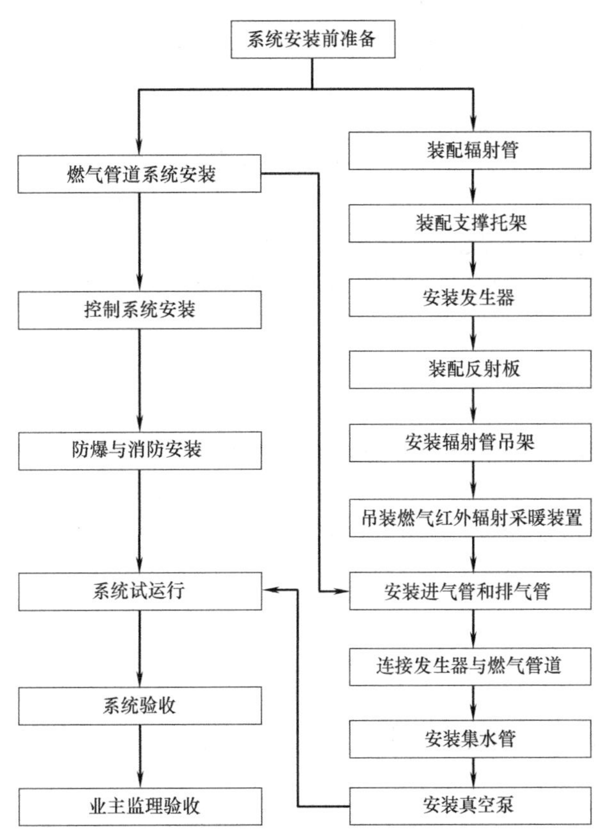

图 1.12-1　燃气红外辐射采暖系统施工工艺流程图

2）辐射管分为无涂层辐射管和有涂层辐射管；无涂层辐射管之间、无涂层辐射管与有涂层辐射管之间的连接使用普通型接头，有涂层辐射管之间的连接使用耐腐型接头。

3）反射板应按顺序搭接，搭接部分至少为 180mm。

4）根据每个发生器需要一个反射板、每个反射板配合一个辐射管、反射板之间的搭接长度和辐射管的数量，可以确定两个发生器之间所需的反射板数量。如相邻两个发生器之间有 n 段管道，则需要等距离地设置 n 个反射板托架，等距离地设置 $n-1$ 个辐射管与反射板的吊架，确保每段反射板上至少设置一个吊架或托架。

5）反射板之间应使用滑动连接避免其扭弯、折损或滑开脱落。在直线型反射板的末端和辐射管三通处反射板的起始端处，均应加装反射板端盖。

6）辐射管的安装应有一定坡度，安装坡度不应小于3‰，并坡向真空泵。

7）辐射采暖装置也可根据现场实际情况整体安装在墙上，但应注意整套采暖装置倾斜不能超过30°。

8）辐射采暖装置的新风按照设计形式不同，可分为室外采集和室内采集两种。

9）出建筑外的排气管应设在人员不经常通行的地方，距地面高度不低于2.0m；水平安装的排气管，排风口伸出墙面不少于0.5m；排气管穿越外墙或屋顶时加装金属套管并在穿管时做好防水工作；排气管出建筑外需做风帽，管口侧向的做防护网。

10）发生器与燃气管道连接应使用不锈钢金属软管，不锈钢金属软管与燃气管道连接处应装球阀，球阀必须与燃气入口平行。

11）真空泵的安装宜用专用支架，并应保证真空泵的水平度和垂直度。真空泵的进出口应设置硅胶衬钢软节，软节有允许的最高温度要求。

12）供暖系统控制箱、温感器的安装及接线由设备控制系统专业人员完成，系统的安装须符合《电气装置安装工程　爆炸和火灾危险环境电气装置施工及验收规范》GB 50257以及产品技术文件的规定。控制箱一般应安装于有人值班或便于操作的场所；温感器应安装在供暖区域内能正常反映室内温度的位置。

13）气体泄漏浓度检测及报警系统安装、调试和检测须按设计图纸施工并符合产品技术文件规定。

1.12.2　技术指标

（1）《电气装置安装工程　爆炸和火灾危险环境电气装置施工及验收规范》GB 50257。

（2）《城镇燃气室内工程施工与质量验收规范》CJJ 94。

（3）《工业金属管道工程施工规范》GB 50235。

（4）《火灾自动报警系统施工及验收规范》GB 50166。

（5）《燃气红外线辐射供暖系统设计选用及施工安装》03K501-1。

1.12.3　适用范围

适用于持续或间断性使用的封闭或半开放式高大空间的燃气红外辐射采暖系统。

1.12.4　工程案例

国电联合动力技术（包头）有限公司风力发电机齿轮箱项目、上海迪士尼乐园。

（提供单位：中建一局集团建设发展有限公司。编写人员：高惠润、张仟、许庆江）

1.13　地板下送风空调系统施工技术

1.13.1　技术内容

地板下送风空调系统（即UFAD系统）是利用结构楼板与可检视架空地板之间的敞

开空间（即地板下送风静压箱），将处理后的空气通过地板上或近地板处的末端送风口，直接送到房间使用区域内的空调系统。此空调系统仅需考虑工作区域空调负荷、在制冷工况下可以提高送风温度、能形成具有一定热力分层效果的下送上回气流组织，因此兼容了节能性、办公区分隔灵活性、人员舒适性与空气品质需求。

(1) 技术特点

1）地板下送风空调系统改传统的上送风方式为下送风，达到快速制冷，快速制暖的目的，具有静音、节能、除湿的效果。

2）在楼板上安装双面彩钢酚醛风管，使用H型PVC和铝合金法兰连接风管，和传统铁皮风管相比，落地侧风管连接密封性更加良好，从而减少风管漏风量；成品酚醛风管无需保温，安装轻便简洁，能够减少施工现场环境污染，降低成本，缩短工期。

3）采用地板静压箱隔断技术，相邻静压箱采用防火帆布隔断，降低送风过程中的温升问题，减少冷量损失。

(2) 施工工艺：

1）施工工艺流程如下：

施工准备→土建地坪处理和封堵→落地墙体和吊顶内及吊顶龙骨完成→楼板地坪清洁→架空地板弹线及清理→主风管安装→电气桥架安装→风管支管安装→线管敷设及穿线→相关弱电控制布线→地腔内风管保温→局部架空地板安装、防火帆布施工→地面动力型末端及条形风口安装→墙上温控面板安装→地腔内设备强弱电接线→地板送风系统调试

2）地板送风空调系统的地腔内风管采用复合材料酚醛风管，风管具体安装流程为：

地面清洁→风管清洁→粘贴密封填料→地面放线定位→风管就位→风管连接→支管阀门安装→支管安装→支管口成品保护

3）地板送风装置的安装

首先组装地面式风机动力型末端，并使用型钢和通丝杆固定，然后连接软管及末端条缝型风口，同时对条缝型风口和架空地板之间做密封处理；地面式风机动力型末端安装完成之后，连接电源线并完成传感器的安装。

4）地板静压箱的密闭性是地板下送风空调系统施工的重要环节，需要结构、幕墙、机电安装以及精装单位相互密切配合。

5）地板下的动力型送风末端、电控箱、传感器等设备对洁净度要求高。因此，施工之前要清洁地坪；在机电管线安装完毕之后，全面深度清洁地坪，然后安装地台送风设备、控制箱及传感器；安装完成之后，架空地板要立即封闭，防止灰尘落入静压箱。

6）地板下送风空调系统施工完成后，应按《通风与空调工程施工质量验收规范》的要求组织单机试运转、系统非设计满负荷条件下的联合试运转及调试。

1.13.2 技术指标

(1) 主要性能

1）地板下送风空调系统的送风温度不宜低于16℃。

2）热分层高度应在人员活动区上方，一般为1.2～1.8m。

3）静压箱应保持密闭，与非空调区之间有保温隔热处理。

4）空调区内不宜有其他气流组织。

5）系统采用有压静压箱时，地板静压箱在 12.5Pa 时漏风量允许偏差为－5%～＋10%。

（2）技术规范/标准

1）《建筑给水排水及采暖工程施工质量验收规范》GB 50242。

2）《通风与空调工程施工质量验收规范》GB 50243。

3）《民用建筑供暖通风与空气调节设计规范》GB 50736。

1.13.3 适用范围

适用于工业与民用建筑工程的地板下送风空调系统。

1.13.4 工程案例

深圳腾讯滨海大厦项目等。

（提供单位：中建一局集团建设发展有限公司。编写人员：高惠润、张仟、朱静）

1.14 冷梁系统施工技术

1.14.1 技术内容

冷梁系统是一种集制冷、供热和通风功能为一体的新型空调系统，与传统的风机盘管＋新风系统、中央空调系统等相比，它能够提供良好的室内气候环境、舒适的工作氛围及区域性控制功能。冷梁系统是在盘管内的水和管外空气之间的温差驱动下，形成气流循环，通过室内和盘管之间的空气对流和辐射来达到调节室内温度的系统。

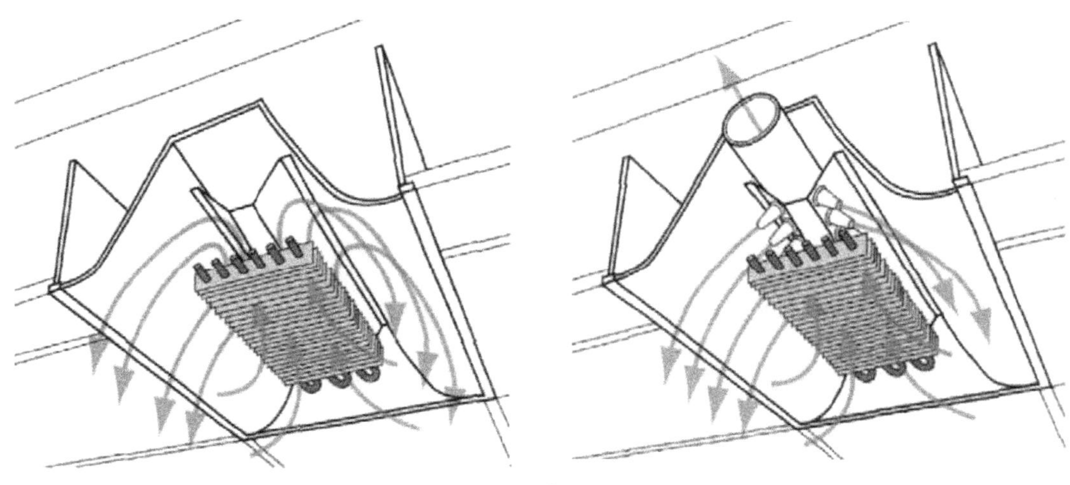

图 1.14-1 冷梁原理图

（1）技术特点

1）根据冷梁是否有室外新风供给，可以分为主动式冷梁和被动式冷梁，目前市场上主动式冷梁的应用较多。主动式冷梁因无电动设备，噪声小，适合用于安静环境中；被动式冷梁较传统的风机盘管具有舒适、低噪声、节能和低维护等优点。

2）使用较高温度的循环冷水，可以提高空调系统能效比和降低能量损耗。

3）安装简易，冷梁设备具有不同的规格尺寸，能方便地融合到各种材料的吊顶中。

(2) 施工工艺

1）技术工艺流程如图 1.14-2。

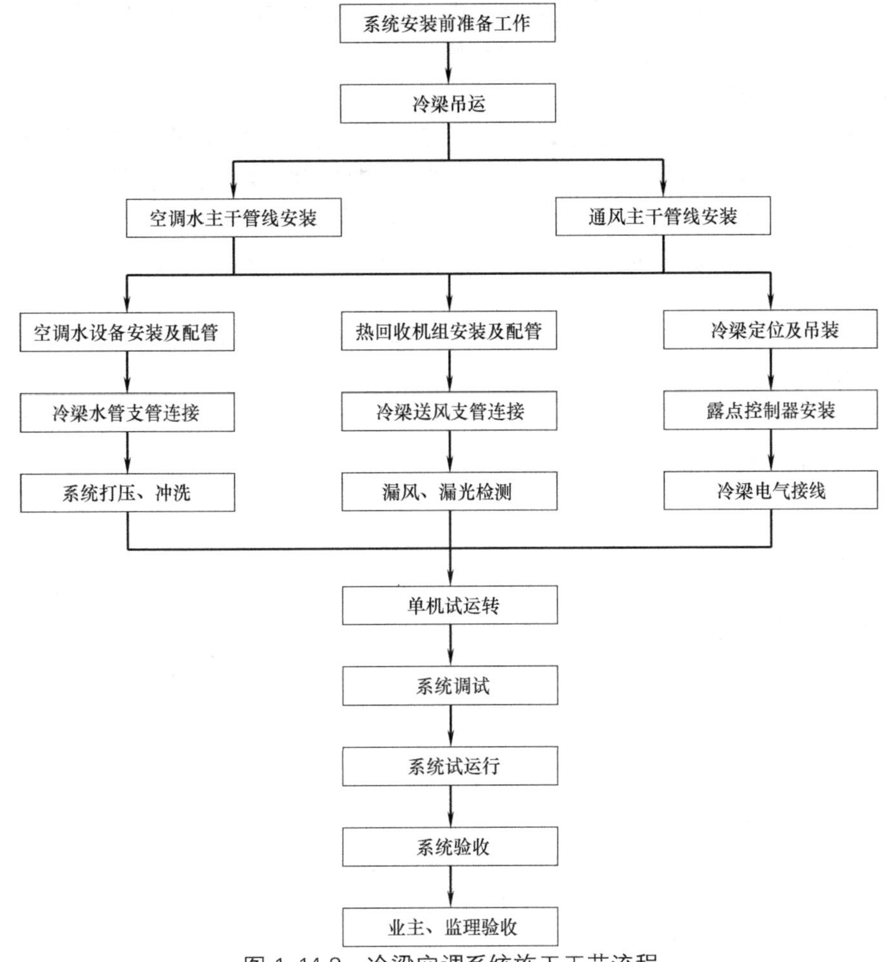

图 1.14-2 冷梁空调系统施工工艺流程

2）系统安装前，对运至现场的冷梁进行开箱检查，根据设备材料清单核对规格、型号和数量。

3）冷梁的搬运：

冷梁在进场时一般都是由薄膜包装采用角钢固定，冷梁在拆箱检查和搬运过程中，要注意冷梁面板及表面的喷涂，避免磕碰、挤压变形；搬运过程中，要注意保留冷梁水管接口处的临时封堵，直至水管连接，以免有杂质进入铜管堵塞盘管；冷梁的铜管连接段不能作为冷梁搬运和抬举的手柄；冷梁内的盘管连接管是铜管，应确保不受压，否则可能会破坏铜管导致漏水。

4）有吊顶区域，冷梁支架直接吊装在混凝土楼板上，一端用膨胀螺栓固定在混凝土板上，另一端固定在冷梁的支架上。在无吊顶区域，冷梁吊装可采用C型钢综合支吊架系统。

5）冷梁的水管连接方式主要有紧固式连接和金属软管快速插接式连接。空调水主管应比冷梁高，以确保冷梁铜管内不会存空气。

6）冷梁的通风管道接口为圆形，在连接风管之前，应确保冷梁的风管接口一直保护严密，防止灰尘等杂物进入，堵塞喷嘴。

7）冷梁属于干式系统，露点感应器要装在冷梁的进水管上，确保能及时感应到水管的结露情况。主动型冷梁需要电气专业连接电动两通阀、温控面板和露点控制器；被动型冷梁只需要连接风机与温控面板。电气接线均与风机盘管温控面板接线相同。

8）冷梁系统调试

① 冷梁系统调试前，应将冷梁支管上的阀门全部关闭，对空调水系统管路进行冲洗。

② 冷梁通风系统阀门采用定风量阀，调试时主要控制空调机组送回风量。根据冷梁静压箱内的风压值可以判断空调机组送回风参数是否满足设计要求。

③ 空调水系统调试时，先运行循环水泵和冷冻机组及板式换热器，确保水系统总流量及温度正常运行。

④ 系统运行一定时间后，进行测试调整确保室内温度达到设计温度。

9）冷梁系统试运行与验收

冷梁系统试运行时，应先开启空调机组向室内吹风30min以上，再对冷梁温控面板开启调节。系统调试及试运行完毕，各项数据应符合设计及验收规范要求，通过监理及相关各方检验。

1.14.2 技术指标

（1）主要性能

1）诱导比是反应冷梁性能的一个重要参数，它的大小反映了在同样的一次空气量情况下，冷梁冷却/制热能力的大小。冷梁的诱导比越大，其冷却/制热的能力越大。冷梁的诱导比通常在2.5～4范围内。

2）一般冷梁使用的冷水供水温度要略高于露点温度1～2℃，通常为18℃左右。

（2）技术规范/标准

1）《民用建筑供暖通风与空气调节设计规范》GB 50736。

2）《通风与空调工程施工质量验收规范》GB 50243。

3）《工业金属管道工程施工规范》GB 50235。

4）《现场设备、工业管道焊接工程施工规范》GB 50236。

5）《建筑节能工程施工质量验收规范》GB 50411。

1.14.3 适用范围

适用于工业与民用建筑工程的空调冷梁系统，尤其适用于实验室、办公区、精装区等区域。

1.14.4 工程案例

北京泰德制药股份有限公司综合楼等。

（提供单位：中建一局集团建设发展有限公司。编写人员：高惠润、张仟、许庆江）

1.15 玻璃纤维内衬金属风管制作安装技术

1.15.1 技术内容

玻璃纤维内衬材料由离心玻璃纤维浸润硬化树脂粘合制作而成，表面覆有一层聚丙烯材料的涂层，在传统的镀锌钢板风管制作过程中，将玻璃纤维内衬材料贴敷在风管内侧，能够达到优于外保温风管的效果。

(1) 技术特点

玻璃纤维内衬金属风管具有金属风管强度高和非金属风管吸声性能好的特点，提高施工效率、节省安装空间，同时可实现工厂化生产。

1) 防止结露：内衬材料可以与外保温风管一样防止金属风管表面结露。

2) 吸声降噪：纤维材料可以有效地吸附气流运行发出的噪声和机械设备的串音，具有良好的消声降噪特性。

3) 减损防污：聚丙烯涂层在减少送风过程中能量损失的同时，可以有效防止灰尘污物侵入基质，降低霉菌及细菌滋生可能性。

4) 无危害性：玻璃纤维无致癌性。

5) 高效率：风管通过数控流水线一次成型，无需现场保温，节省人工成本。

6) 安装简便：现场直接吊装，缩短施工工期。

7) 空间利用：可贴壁、贴梁、贴顶安装，有效利用建筑空间。

(2) 施工工艺

相较于传统普通薄钢板法兰风管的制作流程，内衬粘贴玻璃纤维的金属风管加工制作工艺，增加了喷胶、贴棉和打钉三个步骤，其他步骤相同，生产效率与薄钢板法兰风管接近。

1) 玻璃纤维内衬金属风管制作流程

风管内壁喷胶 → 敷设玻璃纤维内衬 → 焊接保温钉 → 数控切割下料 → 风管版面连接及法兰成形 → 风管折方

2) 玻璃纤维内衬金属风管加工制作

① 粘结剂应喷涂均匀，保证风管内表面满布率达 90%以上。

② 玻璃纤维内衬金属风管在完成喷胶和贴棉后，应根据内衬保温棉厚度选用相应长度的保温钉，通过流水线将保温钉直接焊接在风管内壁上，保温钉不得挤压保温材料超过 3mm（如图 1.15-1 所示）。

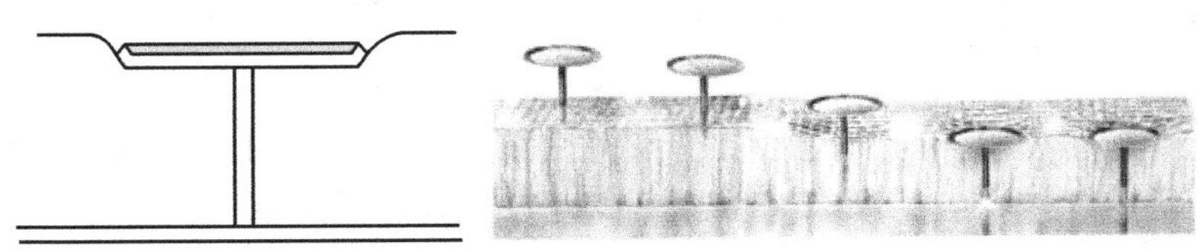

图 1.15-1 保温钉焊接固定示意图

③ 保温钉的排布与气流方向无关，需满足图 1.15-2 及表 1.15-1 的要求。

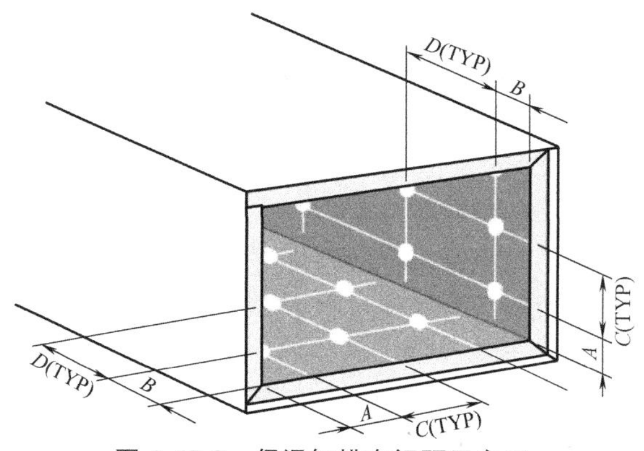

图 1. 15-2　保温钉排布间距示意图

保温钉排布间距表　　**表 1. 15-1**

尺　寸	风速,英尺/分钟(m/s)	
	0～2500(0～12.7)	2501～6000(12.7～30.5)
A(风管截面长边角落算起)	4″(100mm)	4″(100mm)
B(风管截面短边角落算起)	3″(75mm)	3″(75mm)
C(风管截面长边、短边中心算起)	12″(300mm)	6″(150mm)
D(风管长度方向中心算起)	18″(450mm)	16″(400mm)

④ 弯头的制作采用可编程数控等离子切割机进行切割下料。弯头内的导流片安装时，与风管接触的两端用 U 形构件作为支撑，U 形构件高度为内衬厚度，与风管壁铆接固定，U 形构件内部填充保温棉。

⑤ 为防止风管两端玻璃纤维内衬被吹散，在风管两端安装“［”形挡风条，将玻璃纤维卡入凹槽内，用抽芯铆钉将型钢与风管镀锌钢板铆接牢固，抽芯铆钉间距与保温钉间距一致。

3）玻璃纤维内衬金属风管的安装

① 内衬风管的安装与薄钢板法兰风管安装工艺基本一致，先安装风管支吊架，风管支吊架间距按相关规定执行，风管可根据现场实际情况采取逐节吊装或者在地面拼装一定长度后整体吊装。

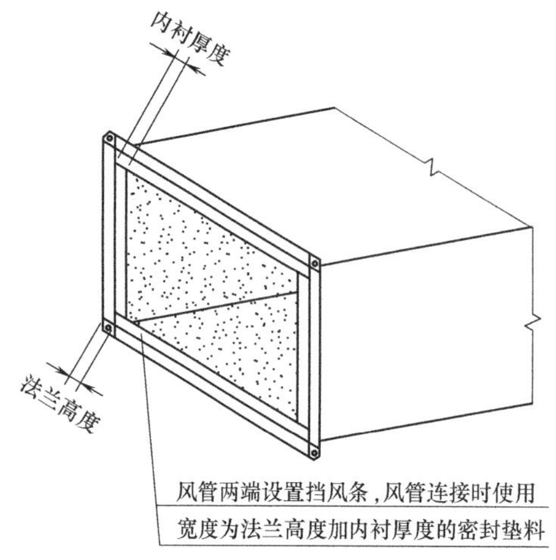

图 1. 15-3　玻璃纤维内衬风管法兰连接示意图

② 玻璃纤维内衬风管连接的实质是玻璃纤维内衬的连接。为防止漏风，选择宽度为法兰高度加上玻璃纤维内衬厚度（即挡风条宽度）的密封垫料（如图 1. 15-3）。

③ 玻璃纤维内衬风管与外保温风管、风阀、设备等连接时，外保温风管及风阀等的口径与玻璃纤维内衬风管内径一致，其法兰高度等于玻璃纤维内衬风管法兰高度加上内衬厚度。

④ 玻璃纤维内衬风管与风口连接时，选用风口的颈部尺寸比玻璃纤维内衬风管的外

径尺寸稍大，将风口套在玻璃纤维内衬风管的外侧，用自攻螺丝固定。

⑤ 风管安装完毕后须进行漏风量测试。

⑥ 玻璃纤维内衬金属风管应用于低温送风空调系统时，应按设计要求补充风管外保温。

1.15.2 技术指标

(1) 风管系统强度及严密性指标应满足《通风与空调工程施工质量验收规范》GB 50243 要求。

(2) 风管系统保温及耐火性能指标应分别满足《通风与空调工程施工质量验收规范》GB 50243 和《通风管道技术规程》JGJ/T 141 的要求。

(3) 玻璃纤维内衬金属风管的制作与安装，可参考国家建筑标准设计图集《非金属风管制作与安装》15K114 的相关规定。

(4) 采用的粘结剂应为环保无毒型。

1.15.3 适用范围

适用于工业与民用建筑工程的低、中压空调系统，不适用于净化空调、除尘或有腐蚀性气体及防排烟系统。

1.15.4 工程案例

上海迪士尼乐园梦幻世界、青岛地铁 3 号线、中海油大厦（上海）等。

(提供单位：上海市安装工程集团有限公司。编写人员：汤毅、于海洋、陈炫伊)

1.16 自成凸槽法兰高密封镀锌钢板风管施工技术

1.16.1 技术内容

自成凸槽法兰高密封镀锌钢板风管施工技术采用螺栓紧固风管钢板自身折边而形成的凸槽法兰口进行风管连接（如图 1.16-1 所示），相比传统的镀锌钢板风管共板法兰连接施工技术，可显著提高风管的密闭性能。

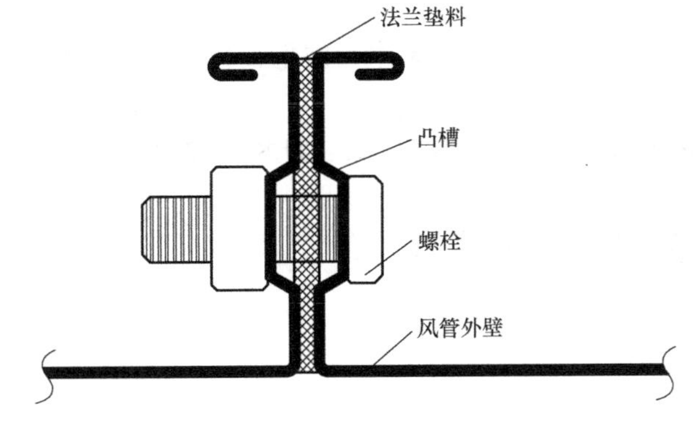

图 1.16-1 自成凸槽法兰高密封镀锌钢板风管法兰接点示意图

（1）技术特点

1）密闭性能好：增强法兰垫压缩率，加强了法兰口密封效果。

2）耐腐蚀性强：自成凸槽法兰高密封镀锌钢板风管系统（包含悬挂吊架）主材及辅材均为镀锌材料，其防腐性能显著高于角钢法兰风管系统。

3）生产效率高：风管加工在机械化自动数控生产线上完成，比角钢法兰风管制作减少下料、冲孔、焊接、防腐喷漆、铆接、翻边等六道工序，可大幅节约材料、人工、模具成本。

（2）施工工艺

1）工艺流程：风管制作（下料、冲孔、咬口、法兰成型）→风管安装（风管连接、风管加固、风管密封、风管支架安装）→风管检测（漏光检测和漏风检测）

2）自成凸槽法兰风管的连接采用镀锌钢板自身板材通过机械压制成型，通过在凸槽处的螺栓紧固，法兰接触面压强分布均匀，达到增强密封性的效果。

3）风管法兰密封垫料宜安装在凸槽法兰的中间，法兰密封垫料在法兰端面重合30～40mm。自成凸槽法兰风管4个法兰角连接须用耐火垫料密封，耐火垫料应设在风管的正压侧。

1.16.2 技术指标

（1）主要性能

1）应用于中压系统时，漏风量低于国家标准允许值5%。

2）应用于高压系统时，漏风量低于国家标准允许值10%。

（2）技术规范/标准

1）《通风与空调工程施工质量验收规范》GB 50243。

2）《通风管道技术规程》JGJ/T 141。

3）《通风与空调工程施工规范》GB 50738。

1.16.3 适用范围

适用于工业与民用建筑工程的空调风系统、通风系统、防排烟系统。

1.16.4 工程案例

天津市建筑设计院新建业务用房、天津三诚里文化中心、天津滨海新区文化中心等工程。

（提供单位：中建安装集团有限公司。编写人员：刘杰、于海洋、陈炫伊）

1.17 插接式法兰风管施工技术

1.17.1 技术内容

插接式法兰是将法兰插接在风管上，法兰之间采用勾码（又称螺杆卡）连接固定，法兰与风管之间采用焊接或铆接，法兰四角用螺栓锁紧（参见图 1.17-1）。

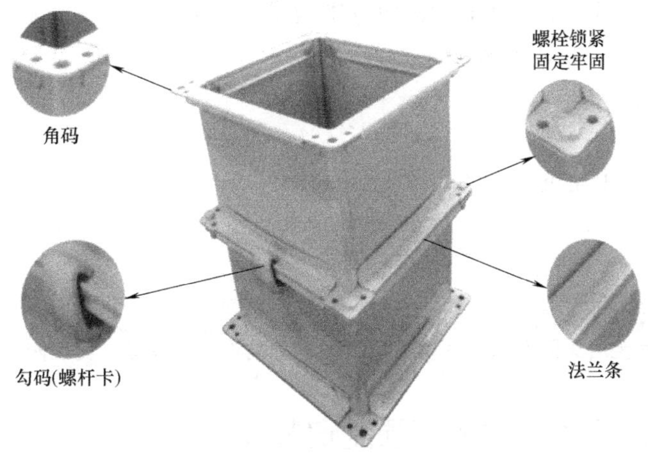

图 1.17-1 风管插接式法兰连接示意图

(1) 技术特点

1) 生产效率高：生产线机械化、自动化程度高，提高风管的制作效率及精度。

2) 节材环保：降低材料消耗，减少角钢型材及油漆使用。

3) 密封性好：法兰与风管采用焊接或铆接，固定牢固可靠，显著降低漏风量。

4) 安装简便：法兰与风管采用插接式连接，现场安装快捷，降低劳动力强度，节省安装时间。

5) 防腐蚀性能好：镀锌法兰代替碳钢角钢法兰，具有更好的防腐防锈性能。

(2) 施工工艺

1) 工艺流程：L 边与 L 边咬合 → 角码与法兰条组装 → 插接式法兰与风管安装 → 法兰与风管焊接或铆接 → 边角处涂密封胶 → 法兰间填充法兰垫片 → 法兰间螺母与螺杆锁紧固定

2) 法兰条切割为统一长度，切割前需要将法兰调直，切割时切口垂直，切割完成后，用打磨机将切口磨平。

3) 将法兰角码、法兰条放在固定模具上插接固定，测量对角线，合格后对法兰四个角码进行焊接固定。

4) 将制作完成的法兰插入拼接完毕的风管口，检查法兰角码连接是否紧密，风管四角是否有明显漏风孔洞，检查风管口法兰的平整度，并根据管口对角线复核风管是否扭曲变形。

5) 校正完毕后，将风管与法兰在焊接平台进行焊接固定，保证间距一致，排列整齐，无假焊、漏焊和不合格的焊点。法兰焊接固定完毕后，进行打胶处理。

6) 安装连接时使用专用法兰卡具，保证螺栓紧固，法兰卡具螺栓置于同一侧且螺栓露出长度适宜一致。

1.17.2 技术指标

(1) 风管系统强度及严密性指标应满足《通风与空调工程施工质量验收规范》

GB 50243 要求。

（2）风管系统保温及耐火性能指标应分别满足《通风与空调工程施工质量验收规范》GB 50243 和《通风管道技术规程》JGJ/T 141 要求。

1.17.3 适用范围

适用于工业与民用建筑工程的通风空调系统。

1.17.4 工程案例

深圳莲塘口岸旅检大楼、深圳坪山同维工业厂区项目等。

（提供单位：上海宝冶集团有限公司。编写人员：孙前锋、于海洋、吴正刚）

1.18 通风空调风系统检测节预制安装技术

1.18.1 技术内容

检测节预制安装技术是指从工程深化设计入手，设置独立的检测节代替传统的现场开孔测量，避免开孔测量造成绝热层损伤、开孔碎屑存留管内、风管局部强度降低及开孔效率低、安全风险高、环境污染大等问题。

（1）技术特点

1）通过预制安装检测节，可直接进行风系统检测，避免现场选点、开孔、修补保温等工序，减少检测人员，提高施工质量及安全性。

2）采用 BIM 技术在系统深化阶段预先确定系统检测节安装位置，确保检测精度与运行效果。

3）根据风管特性，选择检测节的测点布置方式，提高检测结果的准确性。

（2）施工工艺

1）工艺流程：测试准备 → 选择测量断面 → 检测节设计 → 预制检测节 → 检测节检查验收 → 检测节安装 → 系统测试与调整

2）测试准备：编写测试方案，明确空气参数测试精度、范围，拟定测点布置方法、检测仪器、记录表卡、数据处理方式、评判标准。

3）选择测量断面：

① 在工程深化设计阶段，按照通风空调系统性能检测的相关标准规范要求，采用 BIM 技术预先确定测量断面位置，避免现场选择的随意性。

② 测试断面应位于不小于局部阻力部件前两倍管径或长边长，且不小于局部阻力部件后的五倍管径或长边长的部位，以减少管内介质紊流对检测准确度的影响。

4）检测节设计：

① 检测节设计主要根据所检测系统管道材质、输送介质、断面形状、尺寸和连接方式进行。

② 检测节材质与系统风管材质相同，对于非金属风管和复合材料风管系统，检测节

材质可采用镀锌钢板。

③ 对于金属风管系统，检测节法兰结构形式可采用共板法兰或角钢法兰等，对于非金属风管系统，检测节与相邻风管采取角钢法兰连接。

④ 检测断面测点位置：参照国家标准 GB 50243 和国际标准 ISO 3966 的推荐方式，对于椭圆形螺旋风管，优先采取“等面积法”布置方式，对于矩形大截面风管，优先采取“切贝切夫法”布置方式，在减少开孔数量的条件下使检测结果更接近介质实际性能。

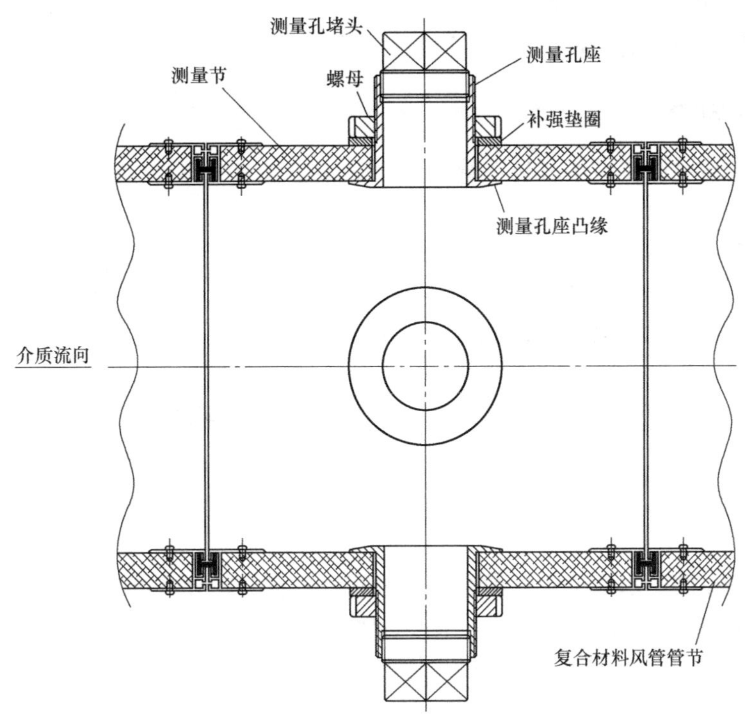

图 1.18-1 检测节结构简图

5）预制检测节：

① 按照深化设计阶段设计的检测节结构和数量，与风管加工同步预制独立的检测节。

② 对于金属风管系统检测节，采取共板法兰与相邻管节连接时，应保证法兰表面平整；对于输送潮湿和腐蚀性介质的系统，应保证检测节内表面复合保护层的喷涂均匀性和厚度。

③ 对于非金属风管系统检测节，在加工检测节法兰和相邻管节法兰螺栓孔时，应保证螺栓孔中心线的同一性。

图 1.18-2 检测节成品外观

6）检测节安装：检测节安装除应符合《通风与空调工程施工规范》GB 50738 相关规定外，还应达到以下要求：检测节安装位置应位于系统工程深化设计拟定位置，不得随意更改；测量孔堵头应随检测节同步安装，以免杂物进入；检测节与相邻管节法兰间的密封条材质应与输送介质相匹配；检测节采用共板法兰时，与相邻管节尽量采用顶丝卡连接。

1.18.2 技术指标

（1）《通风与空调工程施工规范》GB 50738。
（2）《通风与空调工程施工质量验收规范》GB 50243。
（3）《洁净室施工及验收规范》GB 50591。
（4）《风管测量孔和检查门》06K131。

1.18.3 适用范围

适用于工业与民用建筑工程风系统调试。

1.18.4 工程案例

陕西信息大厦、陕西宾馆会议中心等。

（提供单位：陕西建工安装集团有限公司。编写人员：李兴武、冯璐、余雷）

1.19 空调水系统管道化学清洗、内镀膜施工技术

1.19.1 技术内容

化学清洗是在循环水系统中投加酸、碱或有机螯合剂、分散剂等专用化学药剂，利用循环水系统的动力进行循环，在高效活化剂的作用下，使化学药剂与锈层、油污垢/水垢或微生物粘泥等杂物发生化学反应，使水垢溶于水中成乳状物排出系统。

内镀膜是在循环水系统中投加专用的高分子镀膜剂及镀膜催化剂，高分子镀膜剂均匀分布于管道内壁活泼的金属表面，发生化学反应并在管道内壁形成一层保护膜，以提高缓蚀剂抑制腐蚀的效果，保证系统及设备的使用寿命和安全。

（1）技术特点

1）空调水系统运行前采用化学清洗、内镀膜工艺，可有效地保证空调和采暖水系统的传热效率，延长设备及管道的使用寿命。

2）利用膨胀水箱或开式冷却塔集水盘作为清洗槽，投加配比好的化学药剂，通过水泵循环运转完成系统的清洗，工艺成本低、操作简单。

（2）施工工艺

1）工艺流程：药量计算→水力冲洗→粘泥剥离→管道化学清洗→管道内镀膜

2）药量计算：

① 计算循环水系统总水量：计算循环水系统不同规格管道总长度，计算管道总容积；计算各设备充水容积，水箱按设计有效容积计取，冷凝器、蒸发器、板式换热器、末端设备等按厂家提供资料计取。系统所有管道总容积与各设备总容积之和为系统总水量。

② 计算所需药剂量：按药剂浓度参考表中相应的浓度值乘以系统总水量为所需药剂量。建议大分子螯合物清洗剂、高分子化学镀膜剂浓度取上限值，高效活化清洗助剂、高

效镀膜催化剂、生物杀菌剂浓度取中间值进行计算。

3）水力冲洗：对水系统的管道进行常规水冲洗，其目的是要清除施工过程形成的杂物和垃圾。

4）粘泥剥离：粘泥剥离是清除设备及管道内壁上常规水冲洗无法祛除的锈层、油污垢等附着物。

5）管道化学清洗：根据各系统要求的不同清洗药剂浓度将配比好的大分子螯合物清洗剂、高效活化清洗助剂投入系统的膨胀水箱或开式冷却塔的集水盘内，开启泵循环，当浊度、总铁、pH 酸碱度、清洗剂浓度稳定后，清洗结束。

6）管道内镀膜：

① 内镀膜处理是在金属管道表面形成牢固致密的保护膜。

② 将配比好的高分子化学镀膜剂和高效镀膜催化剂投入系统的清洗槽内。开启泵循环，取样检测分析，测定 pH、M 碱度、浊度、镀膜剂浓度、钙硬度、总铁、电导率等，需符合要求。

1.19.2 技术指标

（1）《采暖空调系统水质标准》GB/T 29044。

（2）《工业设备化学清洗质量验收规范》GB/T 25146。

1.19.3 适用范围

适用于工业与民用建筑工程循环水系统施工。

1.19.4 工程案例

北京国家开发银行办公楼、北京央视新台址等。

（提供单位：中建一局集团建设发展有限公司。编写人员：高惠润、张仟、余雷）

1.20 复合橡塑保温材料水管保温技术

1.20.1 技术内容

复合橡塑保温材料是一种采用 A 级不燃的外绝热材料层，通过柔性融合技术与橡塑绝热材料复合而形成的具有优异防火性能和综合性能的橡塑复合绝热材料，主要用于水管保温。

（1）技术特点

1）复合橡塑保温材料具有保温性能好、安装便捷、颜色区分鲜明、外形美观等优点。

2）弯头和阀部件部位采用金属板材的下料及安装方式，解决材料因不具备拉伸性能，无法进行整板安装的问题。

（2）施工工艺

1）工艺流程

预制下料→保温层接缝刷胶→保温材料包裹→保温胶带粘贴→外观及平整度检验

2）预制下料

① 直管段下料：当管径小于 150mm 时，各部件保温时材料采用切斜口方式以缓解材料弯折的张力。

② 管材弯头下料：采用管材制作 45°弯头，接缝部位需切斜角，以保证弯头粘接成 90°直角时不会漏出管材；板材弯头下料：先按实际尺寸画出弯头侧面投影，再按线把每一个封闭线框图形分割成独立的图形。弯头下料须知道弯曲半径，厚度、节数，下料方法见图 1.20-1。

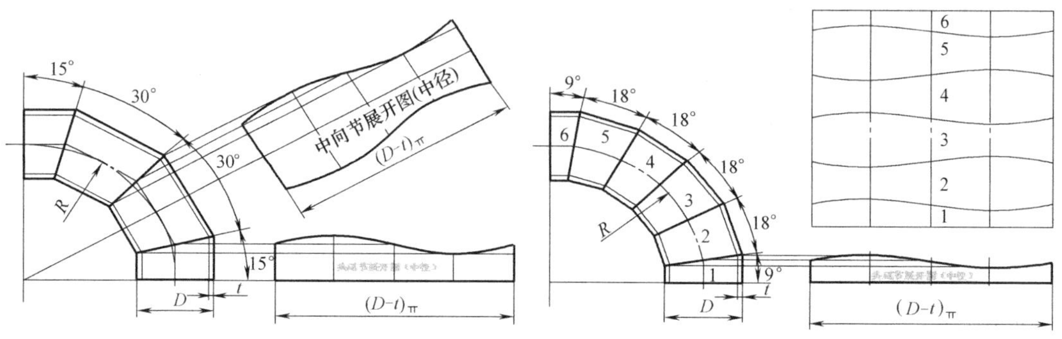

图 1.20-1　弯头下料方法示意图

③ 管材三通安装：小管径的管道三通位置安装保温时，下料方法可分为斜角结合法和圆角结合法，见图 1.20-2 和图 1.20-3；板材三通：根据三通主管管径和支管管径，按传统安装方式下料，见图 1.20-4；三通支管部分接口处做斜角处理，在斜角接口处涂上胶水紧贴在主管侧面，粘接时注意接口对齐，避免管道外漏。

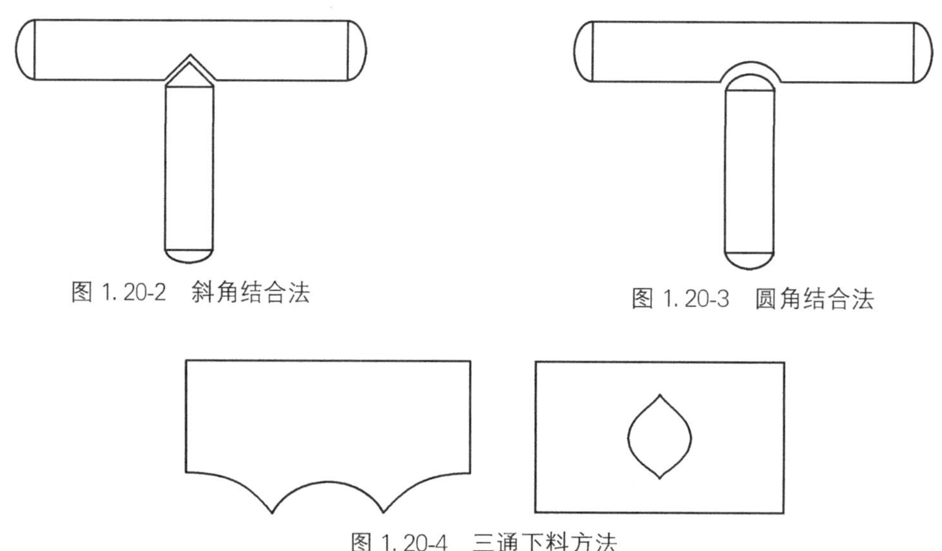

图 1.20-2　斜角结合法

图 1.20-3　圆角结合法

图 1.20-4　三通下料方法

④ 阀门（过滤器）下料：过滤器保温安装方式与三通安装基本相同，下料方式见图 1.20-5。

⑤ 设备封头下料：选取一张整板，根据封头的外圈半径下料取一张圆板，确定封头收口的内圆直径划线，根据圆板的外直径，将整圆板进行均分划线，根据划好的线进行裁

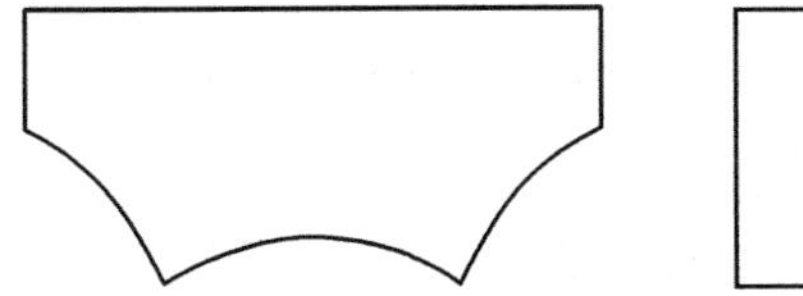

图 1.20-5 过滤器下料方法

剪和制作，见图 1.20-6。

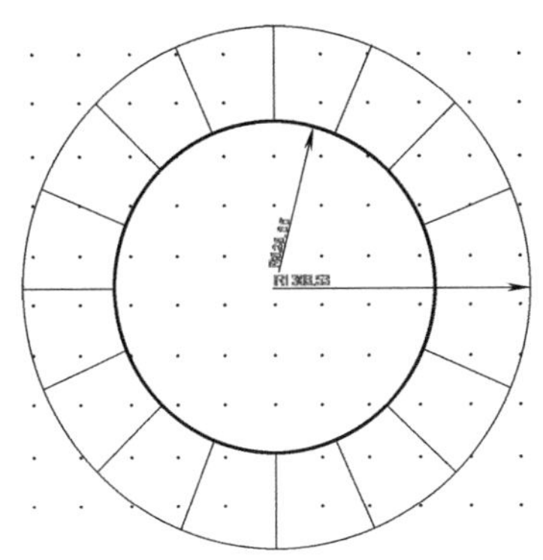

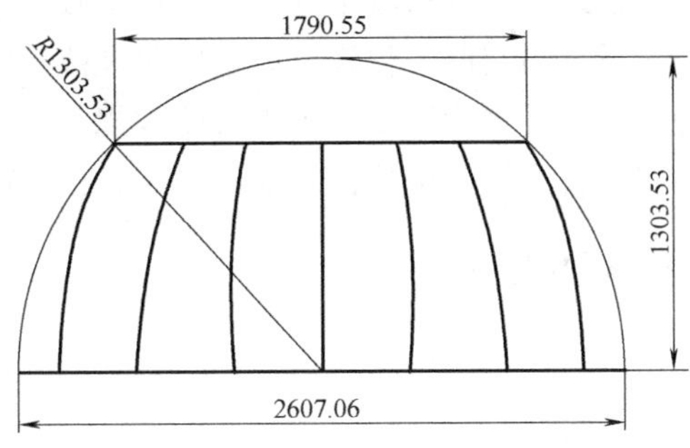

图 1.20-6 封头下料方法

3）保温层接缝刷胶

① 被粘表面要清洁干净无油渍、水渍、污渍、锈渍，并且表面干燥无水分。

② 涂胶要厚薄均匀，使用软质毛刷涂胶。

③ 使用胶水之前摇动容器，使胶水均匀。

④ 涂胶时要尽量朝一个方向涂，不要来回涂刷。

⑤ 在需要粘接的材料表面涂刷胶水时应该保证薄而均匀，待胶水干化到以手触摸不粘手为最好粘接效果。胶水自然干化时间按胶水说明书，时间的长短取决于施工环境的温度和相对湿度。

⑥ 粘接时，要掌握粘接时机，两粘贴面对准一按即可。

⑦ 如胶水已干透，要重新上胶再粘接。如果干胶超过两次，须把老胶水清除，再上胶粘接。

4）保温材料包裹

板材安装时，注意成排管道接缝位置的综合排布，让相邻板材接缝部位在一条线上；板材自身的接缝部位留在管道上方或者不容易发现的部位；板材接缝部位应顺直，胶水晾干后将接缝按压到位，避免接缝凹凸不齐，预防后期开裂，也为接下来胶带的粘贴提供良好条件。

5）保温胶带粘贴

① 保证接缝部位的清洁，无油渍、水渍、污渍、锈渍，并且表面干燥无水分。

② 不同部位适当裁切胶带的宽度，以保证粘接效果，胶带不具备拉伸性，要求下料精确。

③ 接缝部分尽量留在隐蔽处，以免影响美观。胶带粘接要用力适中，若用力过小，胶带容易脱落；若用力过大，会在贴面表面形成明显的褶皱。

6）外观及平整度检验

① 保温材料的各层间应粘结紧密，散材无外露，拼缝填嵌饱满。

② 接缝部位保温胶带粘贴顺直，搭接均匀。

③ 保温材料表面无施工过程中产生的凹痕或凸起，表面平顺。

④ 保温面层无残留胶水或其他污物。

1.20.2 技术指标

1）《建筑给水及采暖工程施工质量验收规范》GB 50242。

2）《通风与空调工程施工质量验收规范》GB 50243。

3）《给水排水管道工程施工及验收规范》GB 50268。

4）《设备及管道绝热技术通则》GB/T 4272。

1.20.3 适用范围

适用于工业与民用建筑工程管道保温施工。

1.20.4 工程案例

中国移动（山东济南）数据中心项目、印象济南机电安装工程等。

（提供单位：中建安装集团有限公司。编写人员：王玉波、刘长沙）

1.21 超高层建筑预制立管装配化施工技术

1.21.1 技术内容

超高层建筑预制立管装配化施工技术通过综合考虑管井的形状尺寸、建筑结构形式荷载、管井内立管的进出管线顺序、管组的运输、场地内水平垂直运输等具体条件，突破传统的工程立管逐节逐根逐层安装的施工方法，将一个管井内拟组合安装的管道作为一个单元，以一个或几个楼层分为一个单元模块，模块内所有管道及管道支架预先在工厂制作并装配，运输到施工现场进行整体安装。该技术可提高立管的施工速度，降低施工难度，提高施工质量，缩短垂直运输设备的占用时间。

（1）技术特点

1）立管模块工厂化加工，质量高、精度高、效率高。

2）立管模块吊装时焊接时间短、工作量少、人工使用少、机具使用率高、施工安全。

3）立管安装精度高：管道长度误差控制在±5mm（9m 之内）以内，管道中性线定位尺寸偏差在 3mm 内，管道全长平直度偏差在 5mm 内。

4）立管模块自带框架，减少了模板及压型钢板的使用量。

（2）施工工艺

1）工艺流程：管井立管资料收集→管井立管模块构造设计与构件计算→零部件加工图绘制→现场测量及下料制作→转立吊装试验→管组运输→预制立管吊装→

节间焊接

2）管井立管模块构造设计与构件计算

① 管井立管模块构造设计应基于管道系统的工作压力、工作温度、流体特性、环境和各种荷载，进行管道和管架的模块构造设计以及组合立管的热补偿设计，其构造设计应满足后续施工作业和检修、防火封堵设计、结构施工的协调性要求等施工规范及设计要求。

② 管井立管模块的构件计算主要包括管道支架上所有荷载组合的计算，组合立管的管道支架强度及变形计算和组合立管对结构的受力计算。其中组合立管的管道支架计算包括固定支架连接板的强度计算，套管撑板的强度计算，管道框架的强度和变形计算，可转动支架的强度和变形计算、紧固螺栓的强度计算，可转动支架连接板的强度计算，焊缝计算等。管井立管模块应进行吊装强度和变形验算。

3）零部件加工图绘制：利用建筑制图软件详细绘制各组件的零部件加工制作图。

4）现场测量及下料制作：进行现场测量，并根据加工图纸对管架和管道进行下料及预制加工，将管架和管道装配为预制组合立管。

5）转立吊装试验：预制组合立管单元节装配完成后宜进行转立吊装试验。预制组合立管单元节应进行全数检验。试验单元节由平置状态起吊至垂立悬吊状态后，部件在静置或者发生位移的情况下均无变形即为合格。

6）预制立管吊装：管组单元整体运输到施工现场，通过塔吊及卸料平台吊运至管井位置，再利用行车吊或塔吊等完成模块化管组的垂直吊装。

1.21.2 技术指标

1）《预制组合立管技术规范》GB 50682。

2）《通风与空调工程施工质量验收规范》GB 50243。

3）《现场设备、工业管道焊接工程施工规范》GB 50236。

4）《建筑给水排水及采暖工程施工质量验收规范》GB 50242。

5）《工业金属管道工程施工及验收规范》GB 50235。

6）《钢结构设计规范》GB 50017。

1.21.3 适用范围

适用于工业与民用建筑工程，尤其适用于超高层建筑竖井中的立管施工。

1.21.4 工程案例

北京中国尊、青岛海天中心项目、上海环球金融中心等。

(提供单位：中建一局集团建设发展有限公司、中建安装集团有限公司。编写人员：高惠润、王海川、朱静)

1.22 超高层建筑管井立管双向滑轨吊装施工技术

1.22.1 技术内容

超高层建筑竖向管井立管双向滑轨吊装施工技术采用自制的轨道梁和行车装置

（图 1.22-1），通过滑轮原理吊装整排集中布局的主干立管。其中，轨道梁固定于楼板上，行车装置上的定滑轮与动滑轮串联起来形成整体滑轮组。该施工技术能有效解决超高层建筑竖向管井中管道类型众多、规格尺寸不一、施工操作空间狭窄、吊装机械操作安全隐患大等吊装难题。

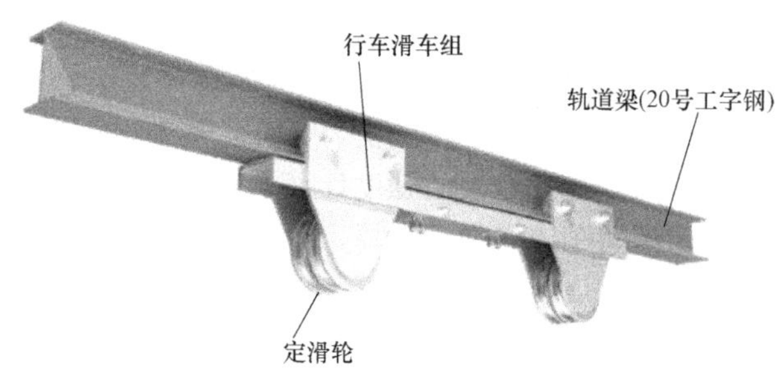

图 1.22-1　自制双向滑轨吊装装置示意图

（1）技术特点

传统的建筑立管管道安装一般采用人工安装或卷扬机吊装等方法，人工安装方式耗时耗力，卷扬机吊装方式难以克服机械惯性。双向滑轨吊装施工技术通过导轨上的定滑轮和动滑轮组合吊装建筑立管，操作便捷，解决了传统安装方式存在的问题，有效降低劳动强度，提高施工效率及操作安全性。

（2）施工工艺

1）工艺流程如图 1.22-2 所示。

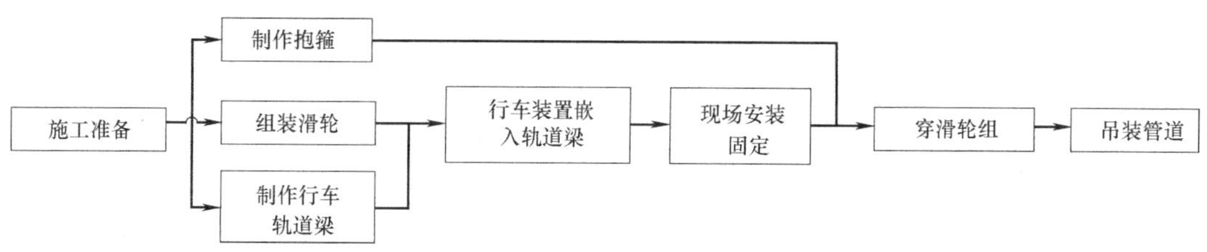

图 1.22-2　双向滑轨吊装管井立管的施工工艺流程图

2）制作抱箍：根据立管管径，用千斤顶把两块扁钢顶弯成半圆抱箍，在半圆抱箍两边开孔，利用螺栓组合成一个圆形抱箍。

3）组装滑轮：利用钢板气割成对滑轮耳朵，与滑轮组装在一起，将两个滑轮耳朵焊接固定于槽钢上，形成行车装置。

4）制作行车轨道梁：采用工字钢材料制作滑车组轨道梁，轨道梁长度应大于管井洞口长边的长度。

5）行车装置嵌入轨道梁：将吊装行车装置嵌入轨道梁，使行车装置在轨道梁上能自由滑动。

6）现场安装固定：利用膨胀螺栓把轨道梁两头固定在管井洞口两侧楼板上。

7）穿滑轮组：利用攀爬绳把固定于滑轨行车上的定滑轮与动滑轮一起串连起来，形成整体的滑轮组（见图 1.22-3）。

8）吊装管道：对现场组装好的整套吊装设备按设计方案进行验收，验收合格后进行

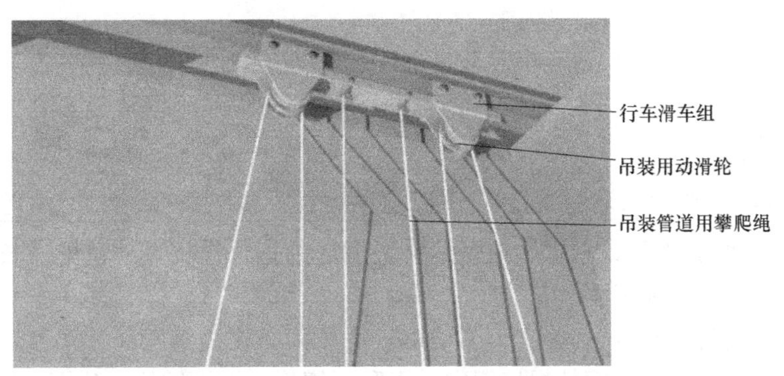

图 1.22-3 串联定滑轮、动滑轮效果图

管道的吊装工作。吊装过程中必须楼上楼下对讲机保持联系，保证吊装过程的安全性。

1.22.2 技术指标

1）吊装导轨和行车构造及构件计算应符合《钢结构设计规范》GB 50017 的相关规定。

2）吊装导轨和行车构件焊接应符合《钢结构焊接规范》GB 50661 的相关规定。

3）采用管井立管双向滑轨装置进行吊装施工应符合《建筑施工起重吊装工程安全技术规范》JGJ 276 的相关规定。

1.22.3 适用范围

适用于超高层建筑竖井管道安装，也适用于集中布置的整排风管、桥架的安装。

1.22.4 工程案例

广州市环球都会广场、南京金融城项目、东莞广盈大厦等。

（提供单位：中建安装集团有限公司。编写人员：郝冠男、张仟、徐艳红）

1.23 建筑立管管道吊运承托施工技术

1.23.1 技术内容

建筑立管管道吊运承托施工技术采用自制的管道吊运装置（如图 1.23-1 所示）对大口径管道进行吊装，吊运装置由用于管底承托的承托装置和用于管顶钢丝绳限位的限位装置两部分构成，采用槽钢、角钢、钢板、镀锌钢管及螺栓等材料制作，可吊装 *DN*100～*DN*500 范围内各种规格的管道，通过卡件滑移调节的方式保证管道吊装过程中始终处于垂直平稳状态。

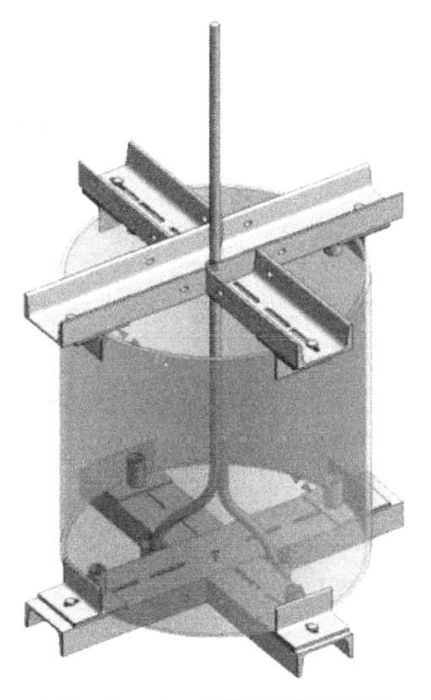
图 1.23-1 管道吊运装置

（1）技术特点

1）管道吊装装置结构简单，材料选用工地上常用的型

材，制作方便。

2）管道吊运装置能够保证管道吊装过程中始终处于垂直平稳状态，有效提高施工效率和安全性。

（2）施工工艺

1）工艺流程：管道吊运装置设计→管道吊运装置制作→管道吊运承托装置的安装

2）管道吊运装置设计：根据管道吊运装置吊运的管道规格尺寸范围及长度等情况进行设计和计算，并出具加工图。

3）管道吊运装置制作：选择主、副槽钢，按照国标无缝钢管尺寸及壁厚对主副槽钢限位孔进行开孔，将主副槽钢件焊接固定，再利用钢板、镀锌钢管、角钢及螺栓等制作卡件及钢丝绳套管，然后对制作的各部件进行组装，组装完成的管底承托装置和管顶限位装置见图 1.23-2、图 1.23-3。

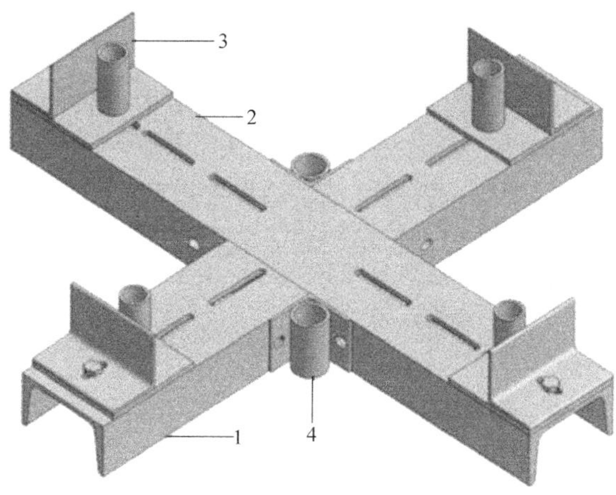

图 1.23-2　管底承托装置

1—主槽钢；2—副槽钢；3—卡件；4—钢丝绳套管

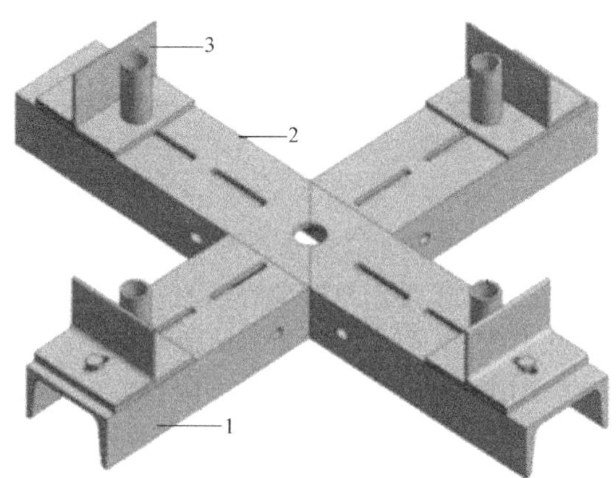

图 1.23-3　管顶限位装置

1—主槽钢；2—副槽钢；3—卡件

4）管道吊运承托装置的安装

根据吊装管道的规格尺寸和壁厚，将吊装承托装置的卡件限位至槽钢对应位置，并通过滑移卡件上的角钢来调节卡件镀锌钢管和角钢之间的距离，确保卡件可以抱死吊装钢管。吊装承托装置及吊装顶盖装置的卡件限位调整好之后，使用钢丝绳穿过吊装承托装置的钢丝绳套管，并用钢丝绳卡件固定。将钢丝绳另一端牵引穿过吊装钢管内部，在吊装钢管另一端利用吊装顶盖装置锁定钢丝绳，使钢丝绳保持在管道正中心。调节吊装顶盖装置卡件，锁死吊装钢管。穿出的钢丝绳端部固定在吊装电动葫芦上。

1.23.2 技术指标

(1) 主要性能

立管管道吊运承托装置的构件应进行受力分析与计算，计算主要包括吊运承托装置上所有荷载组合的计算、装置各构件的强度及变形计算、紧固螺栓的强度计算，焊缝计算等。另外吊运承托装置应进行吊装强度和变形验算。

(2) 技术规范/标准

1)《现场设备、工业管道焊接工程施工规范》GB 50236。

2)《建筑施工起重吊装工程安全技术规范》JGJ 276。

3)《钢丝绳弯曲疲劳试验方法》GB/T 12347。

4)《钢结构设计规范》GB 50017。

1.23.3 适用范围

适用于建筑工程大口径管道的吊装。

1.23.4 工程案例

北京中国尊等。

(提供单位：中建三局安装工程有限公司。编写人员：吴舜斌、张仟、徐艳红)

1.24 长距离输水管线试压施工技术

1.24.1 技术内容

长距离输水管线试压施工技术是一种“一次灌水、整体升压、分段试压、互为后背”的水压试验方法。水压试验时整个试压管段一次性灌水、同步升压至最低试验压力，然后逐段进行试压，试压过程中各相邻段互为后背，取消了传统试压方法中的后背结构。

(1) 技术特点

1) 解决了传统试压方法中需预留后背土、不能连续开挖管道沟槽的问题，保障了管道施工的连续性，缩短了工期。

2) 通过控制试压段安全压差，利用管道的自重、管道与土壤之间的摩擦力抵消压力，利用检修阀门井两侧的拖拉墩提高安全系数，可有效替代传统的双靠背设置方式，省去了大型靠背的制作与安装。

3) 有效克服水压试验过程中水源、地质、气象条件等不利影响因素，试压用水可循环利用。

（2）施工工艺

1）工艺流程

输水管道安装 → 装配式管道试压装置设计与制作 → 装配式管道试压装置安装 → 灌水系统施工 → 管道灌水 → 管道试压 → 排水 → 试压装置的处理与利用

2）输水管道安装

输水管道安装前划分好试压段，确定各试压段的工作压力以及试验压力，各试压段的划分尽量预留在检修阀门井及排气井位置。输水管道按照规范施工，回填土分层夯实，管顶覆土厚度达到设计要求，防止管道起拱。

3）装配式管道试压装置设计与制作

① 试压装置设计。根据施工图及有关规范计算检修阀门、伸缩节、排气三通等管件、附件长度，然后按照管件、附件长度计算装配式管道试压装置长度，根据各试压段工作压力以及试验压力确定各类型号管材、法兰、阀门等附件。装配式管道试压装置如图 1.24-1 所示。

② 试压装置制作。试压装置使用钢管制作，其长度以能在其管段上布置连通管、压力表、支管、隔板及肋板、两端法兰等要求计算，一般以 600～1200mm 为宜。钢管与输水管道一致，钢管厚度不小于 14mm，钢管两端焊接法兰，与输水管道连接。在钢管长度中点位置的管内焊接隔板，将钢管分隔为不相通的两部分。隔板厚度不小于 16mm，加焊 2 道 30B 工字钢肋板进行加强。在隔板两侧焊接 *DN*100 旁通管，并调止回阀，作为两个试验段间的沟通管道。

③ 试压装置检测。装配式管道试压装置制作完毕后，应检测其规格尺寸和焊接质量，合格后方可进行水压试验。

4）装配式管道试压装置安装

装配式管道试压装置与预留试验段同步安装，为了保证安装质量及提高效率，采用气动扳手安装螺栓，安装时注意螺栓位置，保证螺栓孔与水压试验后安装的阀门等附件的垂直度及平整度。

5）灌水系统施工

根据管道试压灌水量设计灌水系统，包括水池、过滤设施、抽水设备等。

浇筑水泵基础，当混凝土基础达到设计强度后安装灌水泵，然后连接管路、各类阀门、压力表等附件。

6）管道灌水

输水管道灌水前应检查：①输水管线覆土符合要求；②弯头、支墩处混凝土达到设计要求；③排水管路安装完毕。

在靠近水源部位预留的旁通阀处，安装灌水泵进行灌水，将准备试压的 3～5 段管道充满水，最大用水量仅为试压管道内容积。试压管段试压合格后，即可将管内的水排至下一试压管段，试压水重复利用。

7）管道试压

试验段管道内灌满水后，按施工规范要求充分浸泡。用试压泵缓慢分组升压（每级 0.1MPa），在整体升压过程中先打开各试压段的试压装置旁通阀，达到各段工作压力时关

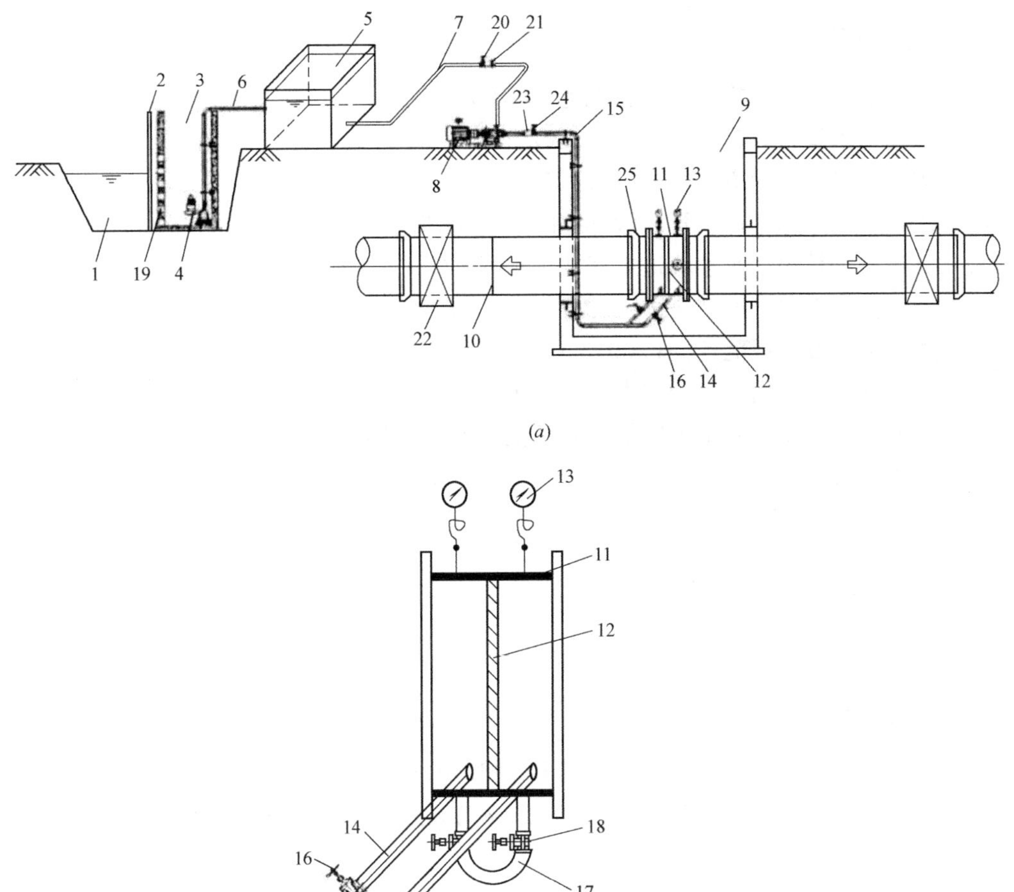

图 1.24-1 装配式管道试压装置

(a) 试压装置布置；(b) 试压装置详图

1—水池；2—钢网；3—渗井；4—潜污泵；5—水箱；6—供水管；7—输水管；8—灌水泵；9—阀门井；10—柔性接口输水管道；11—装配式装置中的钢管；12—装配式装置中的隔板；13—压力表；14—支管；15—灌水管；16—第一止回阀；17—连通管；18—第二止回阀；19—进水口；20—第一闸阀；21—第三止回阀；22—拖拉墩；23—第四止回阀；24—第二闸阀；25—承盘短管

闭试压装置连通管闸阀。为保证试压装置不因两侧压力差过大而引进轴向移动，一般情况下控制钢隔板两侧压力差在 0.5MPa 范围内。

8）排水

在试压区间放空管三通口用盲板封堵，堵板预留闸阀，试验完成后将旁通阀打开，先均压后降压，压力降至零时打开放空阀进行排水。

9）试压装置的处理与利用

试压水排空后，拆除试压装置中的隔板、肋板、旁通管等附件，对旁通管三通口焊接封堵，防腐处理后可再次安装使用。

1.24.2 技术指标

1）《给排水管道工程施工及验收规范》GB 50268。

2）《室外给水管道附属构筑物》05S502。

3）《柔性接口给水管道支墩》03SS505。

4）《水及煤气用球墨铸铁管、管件和附件》GB/T 13295。

5）《城镇供水长距离输水管道工程技术规程》CECS193：2005。

6）《给水排水工程管道结构设计规范》GB 50332。

7）《室外给水设计规范》GB 50013。

8）《施工现场临时用电安全技术规范》JGJ 46。

9）《工业金属管道工程施工质量验收规范》GB 50184。

10）《钢结构设计规范》GB 50017。

11）《钢管焊接及验收规范》SY 4103。

1.24.3 适用范围

适用于输水管线工程水压试验。

1.24.4 工程案例

加纳凯蓬供水扩建工程、安徽凤阳污水处理厂输水管线工程等。

（提供单位：安徽水安建设集团股份有限公司。编写人员：王广林、王平、陈静）

1.25 金属导管抗震离壁敷设技术

1.25.1 技术内容

该技术是利用热镀锌C型钢特殊的结构形式，与专用管卡（蝴蝶卡）相结合固定在墙壁上，使金属导管离壁安装，起到抗震、防潮作用。

（1）技术特点

1）C型钢与蝴蝶卡配套操作，施工便捷、高效。

2）金属导管安装牢固，能够承受地铁车辆运行等的强烈震动。

3）有效防止墙壁凝结水渗入金属导管，保证线管安全使用。

（2）施工工艺

1）工艺流程

金属导管煨弯 → 支架位置确定 → C型钢支架固定 → 箱、盒固定 → 导管敷设与连接 → 变形缝处理 → 跨接地线

2）金属导管煨弯

采用手动型弯管器进行冷煨。

3）支架位置确定

均匀布置支架固定点，固定点与金属导管终端、转弯中点、电气器具或接线盒边缘的距离为150～500mm之间。

4）C型钢支架固定

根据现场情况及回路数量确定C型钢支架的长度，对C型钢进行截断，C型钢两端的断面进行防锈处理，采用M6×8不锈钢膨胀螺栓方式固定。C型钢支架固定线管示意图如图1.25-1所示。

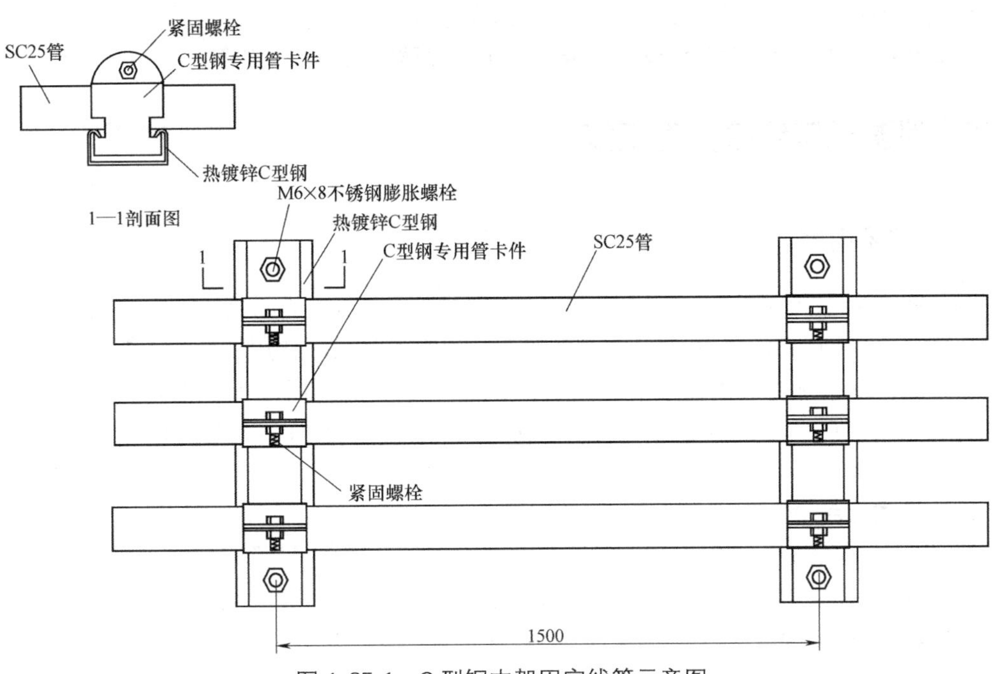

图1.25-1 C型钢支架固定线管示意图

5）箱、盒固定

接线盒、配电屏等设置正确，固定可靠。金属导管进入箱、盒处顺直，管口位置正确。

6）金属导管敷设与连接

先敷设弯曲段导管，后敷设直管段导管。金属导管与箱、盒的连接一般采用螺母连接，导管之间一般采用套丝连接。明配管可每隔3～4m采用U形卡加固固定。

7）变形缝处理

管线经过建筑物的伸缩缝处，要局部采用金属软管连接。

8）跨接地线

跨接地线应紧密牢固，接地（接零）线截面选用正确，防腐涂漆均匀无遗漏，线路走向合理，色标准确。

1.25.2 技术指标

1）《建筑电气工程施工质量验收规范》GB 50303。

2）《建筑电气工程施工工艺标准》J 10703。

3）《智能建筑工程质量验收规范》GB 50339。

4）《地下铁道工程施工质量验收标准》GB/T 50299。

1.25.3 适用范围

适用于地下轨道区间、风亭等震动强烈、环境潮湿场所的电气管线安装工程。

1.25.4 工程案例

广州市地铁六号线、深圳地铁九号线、西安地铁二号线等。

（提供单位：中建安装集团有限公司。编写人员：郝冠男、孟小军、陈静）

1.26 泄漏式电缆接头施工技术

1.26.1 技术内容

漏泄同轴电缆（Leaky Coaxial Cable）又称泄漏式电缆或泄漏电缆，它由内导体、绝缘介质和开有周期性槽孔的外导体三部分组成，具有信号传输作用和天线功能，广泛应用于地铁隧道内通信工程。泄漏式电缆（以下简称漏缆）接头用于漏缆与终端或与其他射频电缆连接，质量直接影响隧道内无线信号发射的驻波比，进而影响通信系统的各项性能指标。

（1）技术特点

1）根据漏缆的型号选定漏缆连接器件，将设备本身耦合损耗降至最低。

2）漏缆内外导体间绝缘电阻符合设计要求，线路传输损耗低，连接状态良好。

3）避免震动、潮湿环境对漏缆的影响，保证传输信号均匀覆盖。

（2）施工工艺

1）工艺流程

漏缆开剥→安装连接器组件→连接器紧固密封→接头测试

2）漏缆开剥

① 沿卡具端面匀速锯断电缆，断面平整、干净，内导体不带毛刺，且与漏缆轴向垂直。

② 削去150mm漏缆标志线，环切外护套25～30mm，并用斜口钳剥去外护套。

3）安装连接器组件

① 把连接器后壳体套入漏缆，将前壳体伞状内芯顺漏缆轴向插入内导体中。

② 使用扩孔工具对内导体进行扩孔，使内导体与连接器充分接触。

③ 套入连接器前外壳，使壳体后端到达安装到位标记处。

④ 连接器装配好后应进行质量检查。检查连接器螺丝坚固情况，用万用表检查内、外导体装接情况，保证连接器相关性能指标符合要求。

4）连接器紧固密封

① 使用热缩管将连接器进行热缩处理，热缩管加热完成后的最终状态应使热缩管贴紧漏缆与连接器，表面有热熔胶溢出。

② 依次沿电缆正方向缠一层防水绝缘胶带、反方向缠一层胶泥、正方向缠第二层防

水绝缘胶带。均匀缠绕胶带、胶泥并压紧，使各层间充分密贴无气隙。

5）接头测试

漏缆接头制作完成后需进行接头信号损耗测试，一般选一个基站及其有效覆盖范围内进行测试，使用场强测试仪对场强进行测试。

1.26.2 技术指标

(1) 技术指标

1）漏缆弯曲半径不得小于 2m，防止因为弯曲半径过小致使漏缆内导体受损。

2）切割外护套时严禁用力过猛导致内导体被损坏，切割深度不超过护套厚度的 2/3。

3）在基站侧进行场强测试，电压驻波比不大于 1.5。

4）上下行链路的每载频信号场强在要求的覆盖区内不小于－95dBm。

5）在场强覆盖区内，无线接收机音频输出端的信号噪声比不小于 20dB。

6）在满足信噪比的要求下，地铁轨行区内场强覆盖的地点、时间的可靠概率需满足 100％。

(2) 技术规范/标准

1）《通信线路工程验收规范》YD 5121。

2）《城市轨道交通通信工程质量验收规范》GB 50382。

3）《地下铁道工程施工质量验收标准》GB/T 50299。

1.26.3 适用范围

适用于地下轨道区间等震动强烈、环境潮湿场所的通信工程。

1.26.4 工程案例

南宁地铁二号线、徐州地铁一号线、西安地铁一号线等。

(提供单位：中建安装集团有限公司。编写人员：王宏杰、孟小军、陈静)

本篇编委：刘福建、史均社、胡茄、高慧润、陈建定、曾宪友、孟小军、汤毅、陈静、余雷

2　一般工业工程安装新技术

2.1　运载火箭高精炼推进剂超低温管道施工技术

2.1.1　技术内容

通过设置洁净加工区预制焊接接头/法兰，管道现场组装；采用海绵弹检测和高洁净气体吹扫、气检相结合的工艺原理，保证了火箭高精炼推进剂输送系统的洁净质量；设置专用支吊架解决介质输送时长输管路运行振动的控制问题；对管道的焊接采用内外氩气保护的全氩焊接及相关工艺，有效地防止了不锈钢焊口的晶间腐蚀，保证了管道的焊接质量。推进剂温度低至－196℃，对输送系统的保温性能要求极高，常规的保温方法容易造成保温层破损，难以保证超低温管道保温要求。采用管道现场发泡保温技术加快了施工速度，节约了施工成本；专用脱模材料，确保了保温层成型后外表面的观感质量；在管道外表面与保温层之间涂抹特殊防冻液，保证了不同材质之间收缩膨胀过程的同步性。

(1) 管道洁净度控制

管道、阀门、管件在安装前，必须严格按要求进行脱脂清洗酸洗钝化处理。清洗场地选用已建好的厂房且已做好地坪四周能封闭的房间，通风条件良好，现场环境应清洁干燥。管材采用海绵子弹蘸酒精清洗、压缩氮气吹扫。

(2) 焊接施工

1）在焊接施工前首先进行设计文件工艺性审查，然后根据管道材质、规格完成焊接工艺评定，最后制定出完整的焊接工艺。在工艺性审查和工艺制定中特别注意管道的特殊要求和介质情况。

2）在焊接施工的过程中，焊工应严格按照焊接工艺的规定进行各项焊接准备工作，经检查合格后完成焊接作业。

3）采用外对口器（图 2.1-1）组对，管口校正后，将卡管套初步安装在工作管 1 上，调正；然后将工作管 2 的管口放入卡管套的扩口段；调整对管管口的间隙，紧固粗调螺

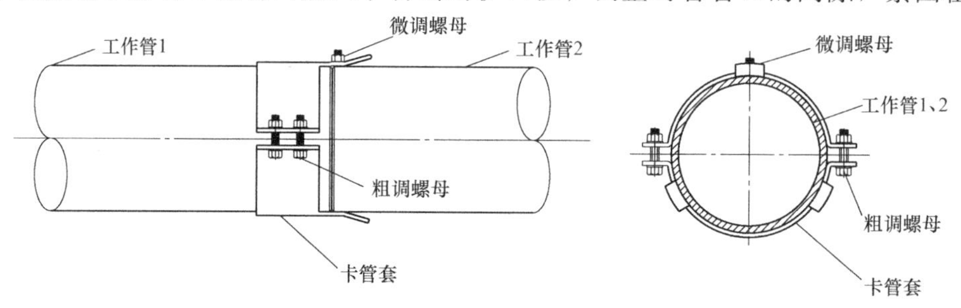

图 2.1-1　外对口器

母；检查工作管1、2相对标高、坐标，精细调整微调螺母；定位焊接。

(3) 管道支架的选用

1）采用的可调L形丝卡接（图2.1-2）结构简单，加工容易、成本低，在施工安装过程中可以方便地与内丝膨胀螺栓、通丝杆、丝卡接和管卡组成一组简单，易安装的管道吊架。在管状内丝段设有观察孔，可以观察丝杆进位状况，保证丝卡接或丝鼻子与丝杆的连接承力符合安全要求。

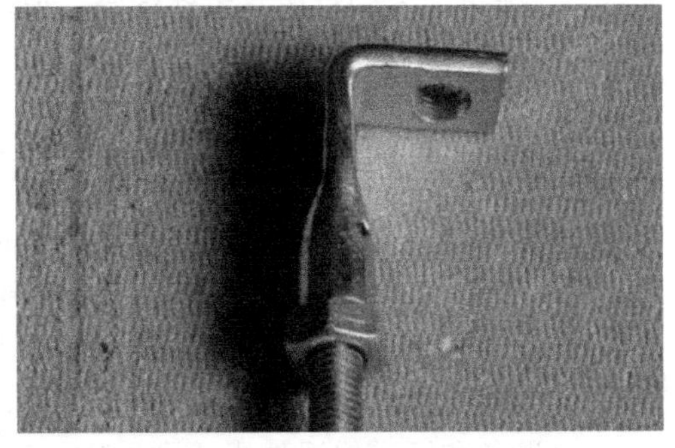

图2.1-2 可调L形丝卡接

2）采用的成排水平管道固定支架（图2.1-3）结构简单，加工容易、成本低，在施工安装过程中可以一次性对成排管道进行固定，保证了系统运行中的稳固性。本系统供气管线均采用不锈钢0Cr18Ni9，该部分管道密集、空间狭小，根据现场情况进行竖向成排布置，采用了镰刀形管卡支架（图2.1-4）。

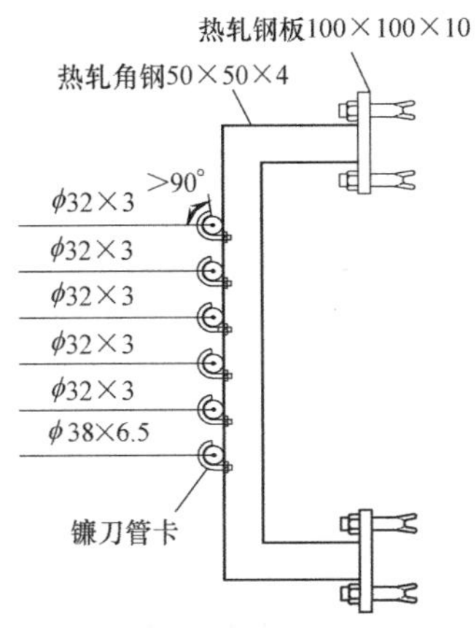

图2.1-3 镰刀形管卡支架成排布置

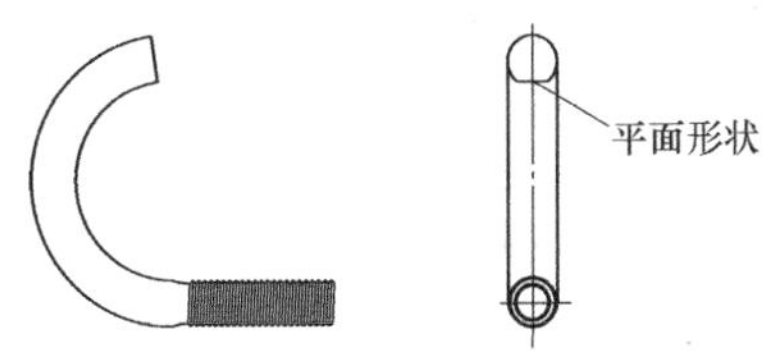

图2.1-4 镰刀形管卡示意图

3）外线成排管路采用限制径向位移的滑动支架进行固定（图2.1-5）。

图2.1-5 滑动支架

(4) 管道附件安装

在高精炼推进剂输送系统管道大量机械端面密封施工中，采用了1Cr18Ni9Ti金属和7805密封脂相结合的方式，提高了机械结合面的密封质量，保证了管道系统内部的洁净度要求。管道法兰密封垫采用聚四氟乙烯（F4）垫，具有优良的化学稳定性、耐腐蚀性、密封性、高润滑不粘性、电绝缘性和良好的抗老化性、耐温跨度大，可在196～250℃的温度下长期工作。

(5) 模具化发泡保温施工

设计制作适宜聚氨酯发泡保温材料分

段施工的保温模具，优化专用模具、脱模材料，配置特殊防冻液施工工艺，保证了保温层施工质量，解决了不同材质（不锈钢管、保温材料）之间收缩膨胀过程的同步性问题。

2.1.2 技术指标

（1）《现场设备、工业管道焊接工程施工规范》GB 50236。

（2）《工业金属管道工程施工规范》GB 50235。

（3）《金属熔化焊焊接接头射线照相》GB 3323。

（4）《金属和合金的腐蚀 不锈钢晶间腐蚀试验方法》GB/T 4334。

（5）《工业设备及管道绝热工程施工质量验收规范》GB 50185。

（6）《设备和管道保温技术通则》GB/T 4272。

（7）《设备及管道绝热效果的测试与评价》GB/T 8174。

2.1.3 适用范围

适用于运载火箭高精炼推进剂超低温管道工程，也可适用于石油化工不锈钢管道系统等类似管道工程。

2.1.4 工程案例

西昌卫星发射基地、海南文昌卫星发射基地等。

（提供单位：成都建工工业设备安装有限公司。编写人员：胡茄、曾宪友、林吉勇）

2.2 循环流化床锅炉烘炉技术

2.2.1 技术内容

循环流化床锅炉（CFB锅炉）烘炉曲线的制定过于粗放，烘炉所需时间较长，造成浪费；温度控制策略不严格，烟气温度和浇注料内部温度有差异，影响烘炉质量；加热控制方式落后，过程人工操作控温，反馈缓慢，调节精度低，经常会造成较大的温度偏差。本技术优化烘炉曲线，缩短烘炉时间；同时基于PLC和触摸屏开发烘炉过程自动控制系统，实现烘炉参数的自动采集和烘炉过程的集中控制，提高温度控制的精度，减少人力，同时降低由于温度波动引起的燃料浪费。

（1）编制方案

1）确定烘炉机数量、位置：根据CFB锅炉结构特点及相关设计参数，以炉墙均匀受热、避免“死角”及形成方向一致的烟气“走廊”为原则确定烘炉机数量、位置，见图2.2-1。

2）编制温升曲线图：根据耐火材料厂家提供的材料特性温升曲线，确定耐火材料特点并绘制温升曲线图，并经试验检验加以修正；厂家不能提供的，应做实质性的烘炉试验，而后绘制烘炉温升曲线图。优化后的锅炉烘炉为一个阶段，以下为经过试验的未考虑排湿孔的影响烘炉温升曲线，见图2.2-2。若考虑排湿孔的影响，烘炉曲线时间可进一步缩短。

（2）烘炉设备安装

1）烘炉机安装：利用锅炉钢平台，将烘炉机运至指定位置并安装固定。

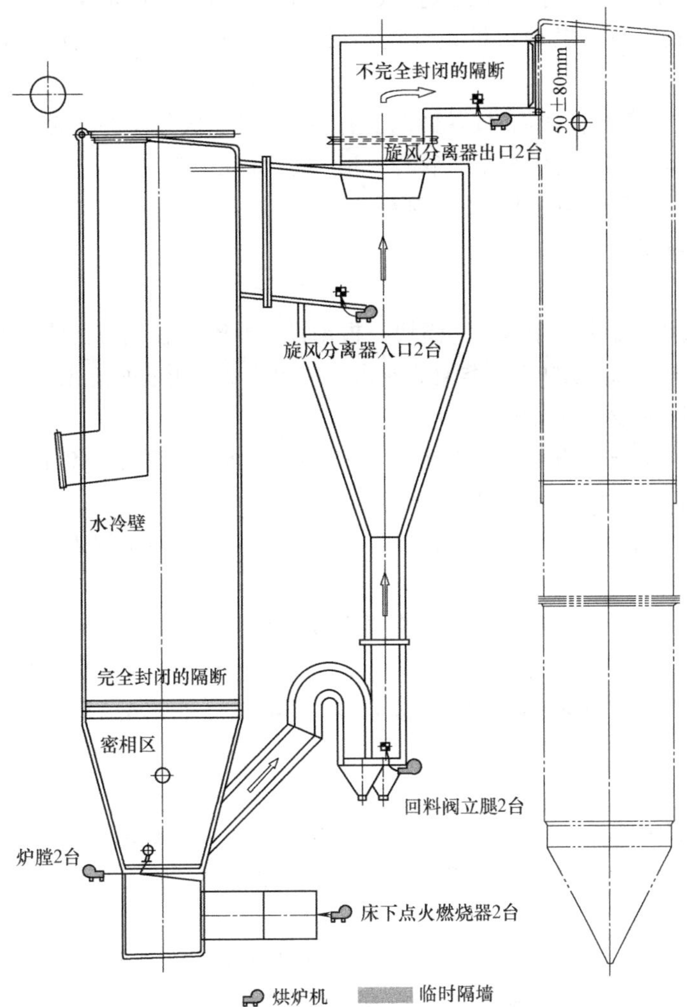

图 2.2-1　CFB 锅炉内烘炉机布置示意

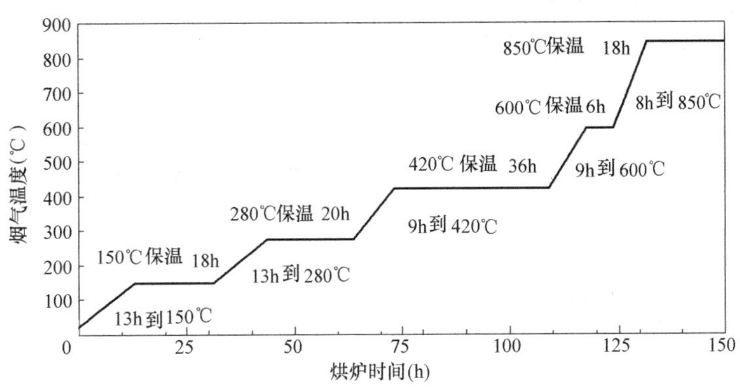

图 2.2-2　循环流化床锅炉烘炉升温曲线

2）燃油管道安装：临时油系统从正式的燃油系统引入，由电动调节阀引出，采用无缝钢管，焊接连接。每台烘炉机供油管径一般不小于 *DN*20，供油母管管径一般不小于 *DN*40，保证供油量 300～800kg/h（根据炉型不同调节，一般为 500kg/h）。

3）压缩空气管道安装：临时压缩空气通过变频器、从各层的压缩空气阀门处以管道接入各烘炉机。每台烘炉机压缩空气管径一般不小于 *DN*15。

4）电源线就近接入烘炉机电源控制箱。

（3）控制系统安装

1）选型

① 选用可编程控制器主机 CPU 模块。根据设备对输入输出点的需求量和控制过程的难易程度，估算 PLC 需要的各种类型的输入、输出点数，并据此估算出用户的存储容量。

② 选用模拟量输入/输出单元

模拟量输入模块采用的是，可以接入 K 型热电偶温度传感的 XC-E6TCA-P 模拟量输入模块，模拟量输出模块采用的是 XC-E2DA。

③ 选用 7 英寸 TH765-N 可触摸控制显示屏幕作为数字显示仪表。

④ 选型传感器

根据炉膛温度和允许误差值选择传感器型号。由于炉膛温度最高可以达到 850℃，因此温度传感器选用 K 型铠装热电偶。在 0～400℃的允许误差为±1.6℃，400～1000℃的允许误差为±0.4%t（注：t＝炉膛温度）。在锅炉以外的部分以补偿导线替代传感器导线。

⑤ 选型调节阀

燃油流量调节阀选择电子式电动精小型小流量调节阀。规格与技术参数：公称通径：20mm；工作压力：0～2.5MPa；可调范围：30∶1；阀座直径：3mm；额定电压：DC24V；连接方式：螺纹连接；流量系数（Kv 值）：0.08；控制信号：4～20mA；行程：5mm。

2）根据烘炉工作区域设置控制主界面。本工程主要工作区域为炉膛、床下点火燃烧器、旋转分离器进出口和回料阀立腿 5 个区域，每个区域有 4 个（或多个）温度测点以监测该区域的温度分布情况，系统运行时保持测点监测到的温度平均值和设定温度保持一致，见图 2.2-3。

（4）烘炉前准备工作

1）炉膛内临时隔墙的布置要求

① 炉膛内隔断：密相区出口搭设临时隔墙用可用脚手架做支架，上方铺设钢板，四周用纤维毡密封。

② 炉膛出口处隔断：制作一道隔墙，四周留一定间隙，满足炉膛烟气流动所需。

③ 旋风分离器出口隔墙：在旋风分离器出口利用省煤器引出管做骨架，铺设钢板，四周留一定间隙。

2）设置排湿孔

在床下点火燃烧器、回料阀等内部有耐磨耐火浇注料部位的外部筒体开排湿孔，烘炉过程中严密监视排汽情况，如果排汽量较大，在相应部位增加一些排湿孔。排湿孔采用每平方米切割出 4 条 5×200（mm）的长形孔为宜。

3）制作试块

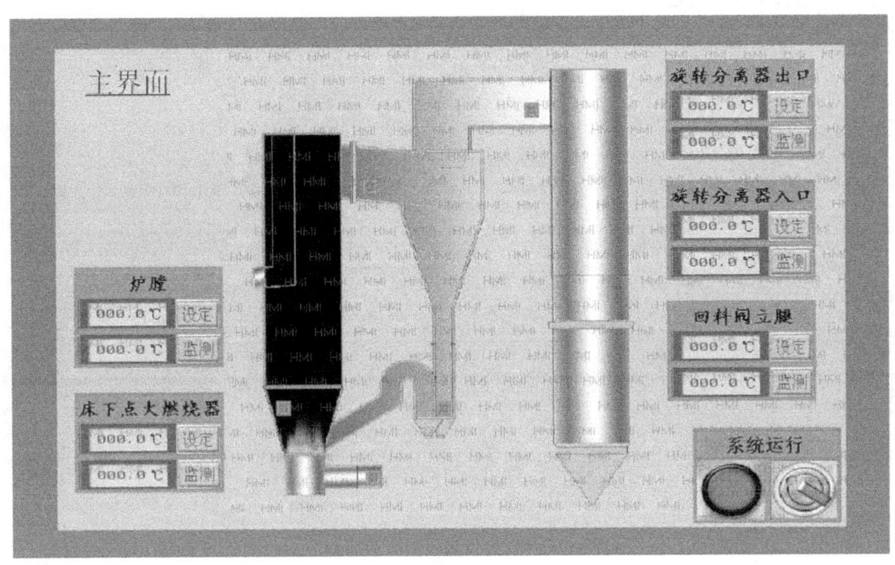

图 2.2-3　触摸屏组态主界面

① 为校验烘炉效果和耐磨耐火浇注料的性能，在炉墙施工的同时制作模拟炉墙的试块，通常尺寸为 200×200×200（mm），四边及底面用钢板密封，耐火耐磨层表面像炉墙一样裸露，底面开一个 ϕ10mm 左右的排湿孔。

② 试块设在有代表性的位置，一般不少于 5 块。

(5) 启动烘炉机

1）启动顺序：

点火风道烘炉机 → 炉膛烘炉机 → 回料阀立腿烘炉机 → 分离器烘炉机

2）启动原则：按烟气流向逐台启动，一般在温度达到 50℃之后再启动该区域的烘炉机。以小油量低烟温投运，稳燃后逐步加大油量，按温升曲线进行升温和恒温。

(6) 烘炉过程自动控制

1）温度控制：在主界面上，点击相应的 5 个位置，进入升温曲线设置界面。分别设置 5 个位置的升温曲线，升温曲线的段数可根据需要增加或减少，见图 2.2-4。每个设定点可以分多段设定温度。

烘炉过程启动之后，主界面显示各区域的温度，点击各位置显示设置的烘炉曲线和实际测点的温度随时间变化的情况。采用模糊 PID 法控制算法，根据区域的温度分布情况控制烘炉机的输出功率，通过电动调节阀控制油量，通过变频控制空气量。

当系统内部超温或温差超限时自动报警。当温度超标时，系统会自动减小喷油量或增加送风量，具体措施根据所处的烘炉阶段确定。

2）水位控制：在烘炉全过程中，始终保持锅筒水位在正常水位±50mm 之间，锅炉上水前水位应低于正常水位。

3）排污控制：烘炉过程中，根据需要对锅炉进行定期排污。烘炉 72h 后，每隔 8h 定期排污一次。

(7) 烘炉效果检验

1）烘炉结束待炉内温度降到室外温度后，进入炉膛、旋风筒分离器出口，检查耐磨

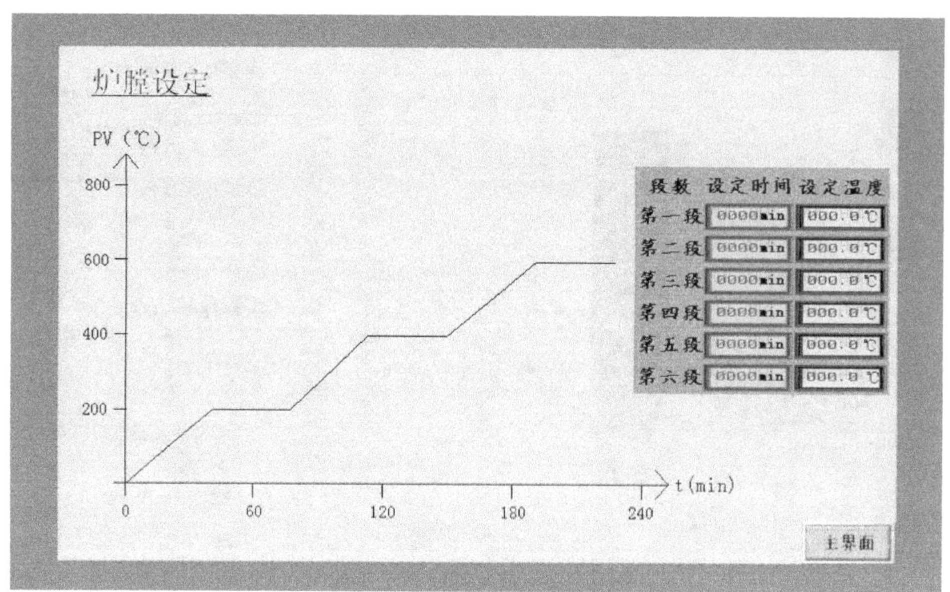

图 2.2-4　温升曲线设定界面

材料表面平整性和有无贯通性裂缝。用手锤轻敲炉墙衬里，发出清脆的回声，炉墙衬里无松动、脱落现象。

2）取出预设试块送有资质的实验检验部门进行含水率测试，其含水率小于 2.0%为合格。

2.2.2　技术指标

（1）《电力建设施工技术规范 第 2 部分：锅炉机组》DL 5190.2。

（2）《锅炉安装工程施工及验收规范》GB 50273。

（3）《石油化工循环流化床锅炉施工及验收规范》SH/T 3559。

2.2.3　适用范围

适用于各种型号的循环流化床锅炉的烘炉。

2.2.4　工程案例

青岛东亿供热 116MW 锅炉一期安装工程，青岛东亿供热 116MW 锅炉二期安装工程等。

（提供单位：青岛安装建设股份有限公司。编写人员：张广、孔庆宝、杨威）

2.3　超高立体自动仓储货架制作技术

2.3.1　技术内容

立体货架超高、高制作精度的特点，使得其施工难度大、安全隐患多，质量不易保证。而采用模具化生产，可有效减少同类型货架之间的差异，省略人工测量步骤，施工工艺简单，标准化、程序化，不仅便于施工控制和管理，而且还能提高工效、保证精度。

(1) 确定货架零件图与装备图一致，对进场材料抽检，合格后将材料放置在各自的加工区域。

(2) 按照图纸尺寸制作一个货架单体，见图 2.3-1，焊接完成后测量货架长度，计算货架立柱的焊接变形量，确定立柱的下料尺寸，用圆锯机加工全部立柱。

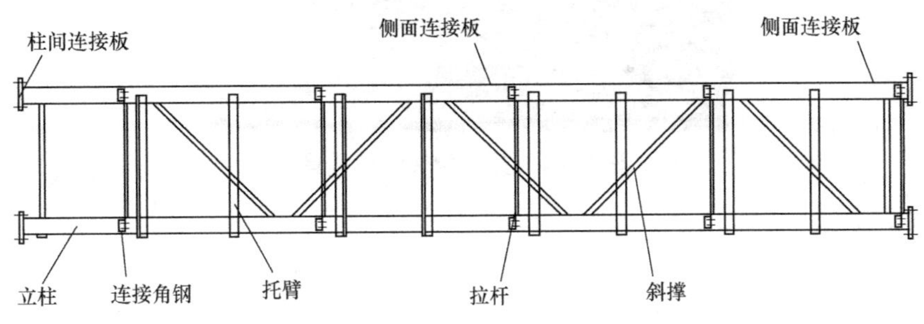

图 2.3-1 货架单体

(3) 根据图纸制作连接板，板厚 $\delta=10\text{mm}$ 以上用铣床、以下的用冲床加工，并以眼距为基准加工连接孔。用冲床加工连接角钢，长度宜为立柱宽度的 1/2，并在一边中心位置加工连接孔。用拉杆模具制作拉杆，见图 2.3-2。

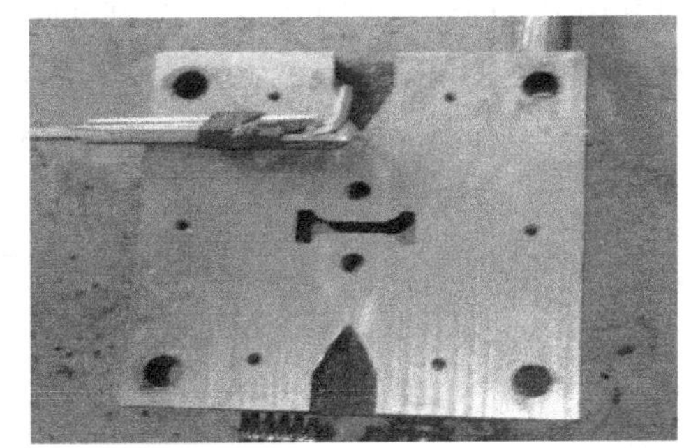
图 2.3-2 拉杆模具

根据图纸斜撑尺寸，调节圆锯机角度并在机器后方设置挡板，定尺加工斜撑。用圆锯机切割托臂方管，放置在托臂组装模具（图 2.3-3）上，用橡胶锤敲击落实并用夹具固定，点焊成型，再放置托臂翻转焊接模具（图 2.3-4），用夹具夹紧并满焊，放置平地用磨光机打磨平整。将制作好的附件材料放在模具两侧位置备用。

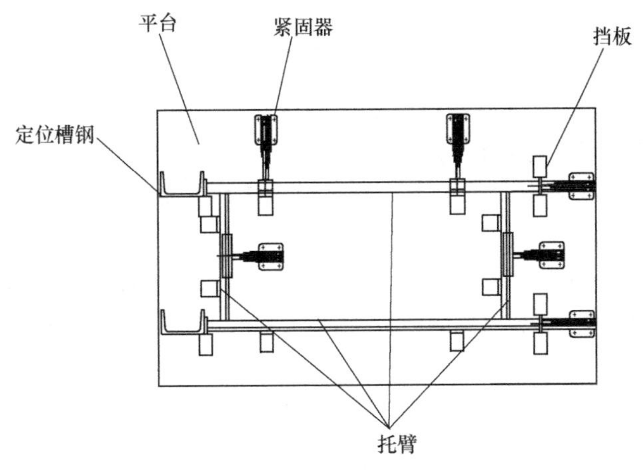

图 2.3-3 托臂组装模具构

图 2.3-4　托臂翻转焊接模具

（4）货架组装

1）固定组装模具，调整模具平台的下垫片，用水平仪找平。

2）在平台非托臂及非连接件位置每间隔 3m 用二氧化碳保护焊点焊固定支撑 H 钢，将立柱放在 H 钢上，用螺栓连接组装模具底板与货架底连接板、模具顶板与货架顶连接板，再用紧固器顶紧立柱。

3）在立柱上标注托臂近货架底板侧位置线，用二氧化碳保护焊点焊托臂支撑，放置托臂并用夹具固定，见图 2.3-5。与基准同侧，根据图纸在模具上、与底部挡板同侧点焊侧板挡板、连接角钢挡板、斜撑挡板。点焊立柱与连接板、托臂、侧板、连接角钢、斜撑，开启夹具与紧固器，沿模具顶板方向移动货架并取出。

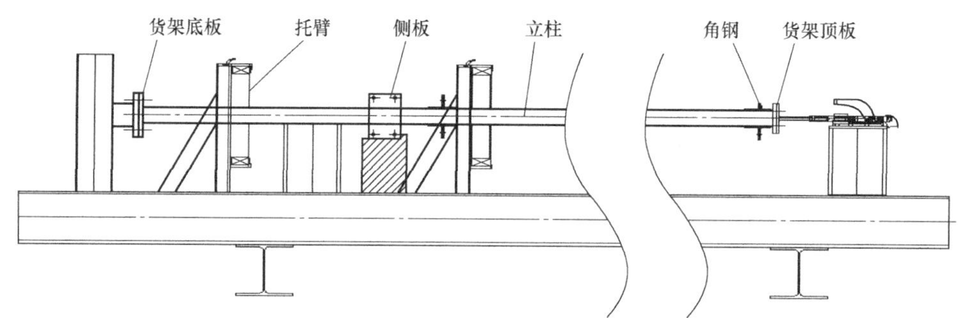

图 2.3-5　货架组装示意

4）检验货架单体合格后，加固托臂支撑和连接件挡板。待模具固定完成后，利用模具制作货架。将货架顶板和立柱放置在模具上，用顶紧器固定。依次将托臂、斜撑和固定角钢、侧板等放置在托臂相应位置，用夹具夹紧。用二氧化碳保护焊点焊各个部件。完成后将货架从模具中取出。

（5）将货架单体放在焊接翻转平台的滚轴上，见图 2.3-6，满焊正面，移动货架至转胎 U 形口，启动翻转按钮，将货架翻转至另侧滚轴，满焊货架。清理焊口焊渣，并打磨平整。

（6）用行车移动货架单体至喷砂机悬链，根据锈蚀程度选择喷砂机运行速度和喷头开启数量，启动喷砂机对货架除锈，用压缩空气清除覆砂，检验喷砂效果直至达到 Sa2 级。喷砂机速度和喷头开启数量选择参数见表 2.3-1。

图 2.3-6 货架翻转焊接

喷砂机运行参数选择 表 2.3-1

序号	锈蚀程度	运行速度(m/min)	喷头开启数量(个)
1	轻锈	1～1.2	4～6
2	中锈	0.8～1	6～8
3	重锈	0.6～0.8	10～12

(7) 用行车移动货架单体至喷塑设备悬链，开启燃煤炉，炉温升至 180～200℃时，启动输送电机运送货架。当货架通过喷粉室时采用自动喷粉加人工补粉法对货架全面覆粉，通过烘箱时塑化表面粉媒，通过降温区时用风扇清除余热。在喷塑设备出口用测厚仪检验塑粉厚度在 0.08～0.12mm 之间为合格。

(8) 检查货架总长、对角线、托臂位置、连接板位置、焊接质量、喷塑质量等符合要求，并集中存放合格货架。

2.3.2 技术指标

(1)《自动化立体仓库 设计规范》JB/T 9018；

(2)《立体仓库组合式钢结构货架 技术条件》JB/T 11270；

(3)《立体仓库焊接式钢结构货架 技术条件》JB/T 5323；

(4)《自动化立体仓库的安装与维护规范》GB/T 30673。

2.3.3 适用范围

适用于大批量同类型的立体货架制作，尤其适用于高精度要求的货架制作。

2.3.4 工程案例

青岛耐克森轮胎有限公司完制品轮胎自动仓库工程、盐城摩比斯货架工程、青岛耐克森模具自动仓库工程等。

（提供单位：青岛安装建设股份有限公司。编写人员：赵韶嘉、蔡军强、张祥翼）

2.4 新型铝合金洁净管道施工技术

2.4.1 技术内容

在食品行业和医药行业中出现的新型连接形式的铝合金洁净管道系统，其没有成熟工艺指导施工。新型铝合金洁净管道施工工艺在管道、管件连接端加工40°～50°内坡口，使用两道O形圈密封，管道安装一次合格率高，不易泄漏；采用模块化设计，开口和连接简单，方便扩展，使安装和改动更灵活快速；管件、法兰均采用螺栓连接，简单可靠，无需焊接，大大节约人工成本，减少环境污染；可大大减少吊拉机具的使用，并且对管道支架固定位置强度要求低，可使用丝杆，减少使用重型支架，节约能源。

（1）检查管材包装物破损情况及管材质量无问题后分类存放，施工时轻拿轻放，防止管道撞击变形。

（2）按图2.4-1和图2.4-2制作操作平台，平台上铺厚度10mm的PP板，槽钢挡块和夹具接触面垫厚度3mm的橡胶板防止管道外表面氧化层被划伤。使用螺栓将铝合金型材切割机与平台底部连接，切割机操作台与操作平台平齐，检查切割机锯片与平台面垂直，确保型材切割机固定可靠牢固。在平台右侧支腿间焊接钢板将磁座式气动攻丝机固定，确保丝锥与管道断面垂直并且旋臂能在管道断面平面内自由移动。

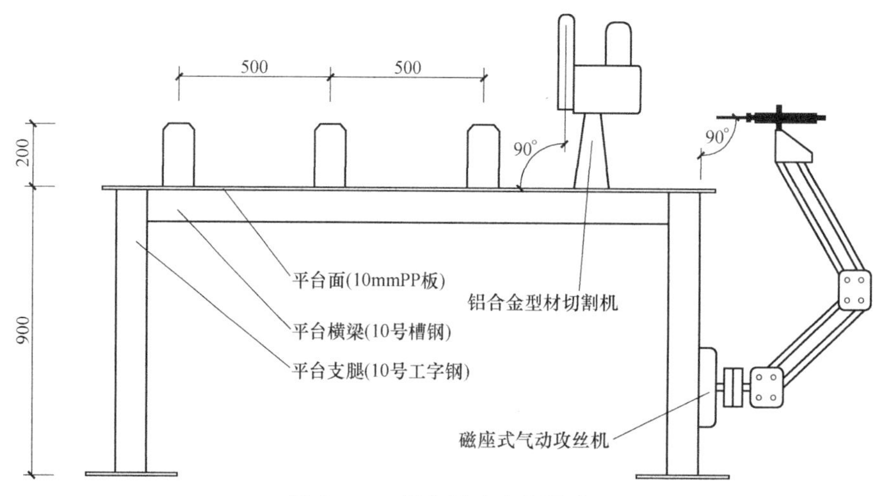

图2.4-1 操作平台立面示意

（3）将管道放置在操作平台上，根据图纸用记号笔在管道上做切割标记，使用夹具将管道夹紧固定，接通型材切割机电源，沿切割标记均匀用力按下型材切割机切割管道。

（4）将需攻丝的一端移动到平台边缘再次固定，使用固定在平台右侧的气动攻丝机配合专业后柄加长型丝锥，在丝锥上涂抹凡士林作为润滑、冷却剂后，移动气动攻丝机旋臂将管道匀速均匀用力攻丝，至其一端4个螺栓孔全部攻丝完毕。

（5）使用专用刮刀加工管道内壁坡口倒角，以免锋利的管道内壁断面划伤管件的O

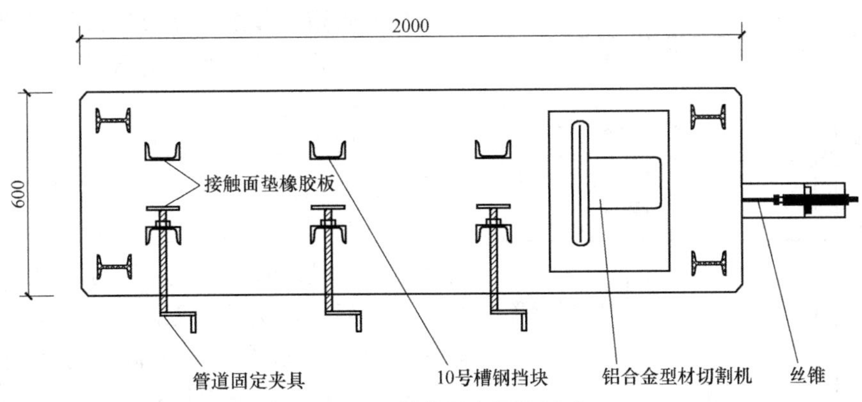

图 2.4-2 操作平台平面示意

形密封圈，倒角角度应为 45°，允许偏差±5°。使用压缩空气和抹布将切割、攻丝、内坡口加工产生的金属碎屑清理干净。使用三氯乙烯加稳定剂进行管道脱脂，使用无纤维脱落的清洁毛巾擦拭法将管道、管件等进行脱脂。

(6) 管件（包含弯头、三通、异径管）与管道连接。在管件连接处套好橡胶圈并涂抹润滑剂，均匀用力且轻微旋转插入管道，对齐管件、管道的螺栓孔。使用拐尺工具检查管件连接面与管道平直度合格后，用内六角螺栓将螺栓以对角线方式拧紧，见图 2.4-3。法兰、阀门连接方式与管件相同，阀门安装时阀门手柄方位应以操作方便为原则，见图 2.4-4。盖好防尘盖，防止异物进入。

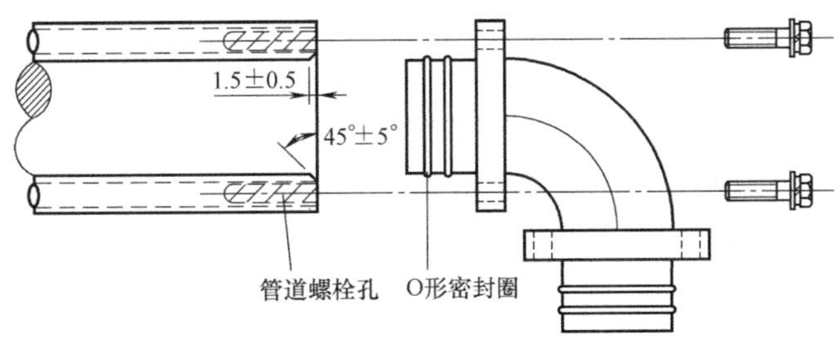

图 2.4-3 管件连接示意

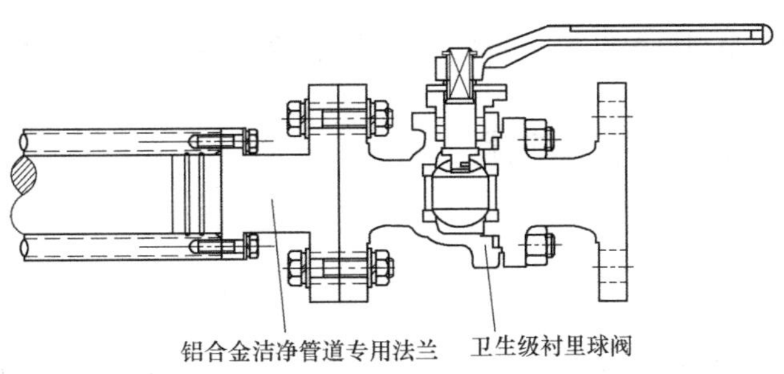

图 2.4-4 阀门连接示意

(7) 因铝合金洁净管道重量轻，管道支架使用轻型丝杆吊架，吊架间距为 3m，主管道每隔 30m 设置一个防晃支架，分支管道两端分别设置一个防晃支架，见图 2.4-5。

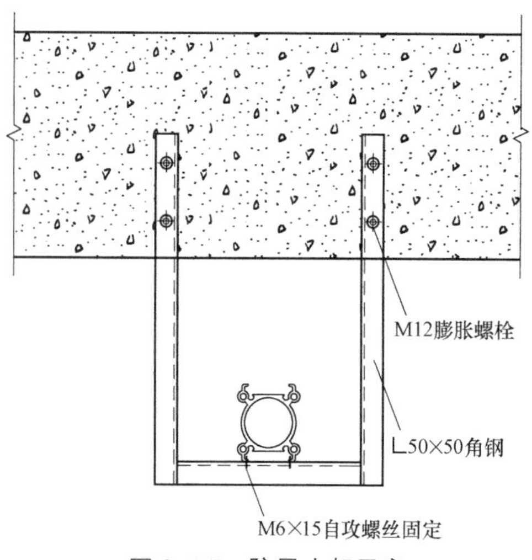

图2.4-5 防晃支架示意

（8）管道分段组装完成后进行安装时应先主管，后支管。预先组对的管件在管道安装时应注意保护，防止损坏。

（9）压力试验采用水压试验，强度试验压力为设计压力的1.5倍。升压过程应平稳并分段升压，升到设计压力时，检查管件连接部分应无渗漏，继续升压至试验压力，稳压10min，检查管道所有连接部位无渗漏、压力表压力不降表示强度试验合格，再将压力降至设计压力，稳压30min，再次检查管道所有连接部位无渗漏、压力表压力不降表示严密性试验合格。

（10）使用压缩空气将管道内的水吹扫干净。

2.4.2 技术指标

（1）《工业金属管道施工及验收规范》GB 50235；

（2）《建筑给水排水及采暖工程施工质量验收规范》GB 50242；

（3）《制药机械（设备）实施药品生产质量管理规范的通则》GB 28670；

（4）《食品工业用不锈钢管道安装及验收规范》QB/T 4848；

（5）《食品生产企业通用要求》GB/T 27341的规定。

2.4.3 适用范围

适用于食品、医药行业等对介质洁净度要求严格的无腐蚀性气体、液体等介质，介质温度范围为5～65℃，工作压力≤3.0MPa，直径≤150mm的铝合金洁净管道工程。

2.4.4 工程案例

华仁药业（日照）有限公司安装工程、湖北华仁同济药业有限责任公司综合制剂楼一期安装工程等。

（提供单位：青岛安装建设股份有限公司。编写人员：吴东申、武广伟、生锡陆）

2.5 锅炉膜式水冷壁施工技术

2.5.1 技术内容

锅炉膜式水冷壁多采用先安装水冷壁集箱，再逐片安装水冷壁管的传统工艺施工，其吊装烦琐，安装周期长，高空作业多，劳动生产率低。结合水冷壁设备的结构特点，采取地面组合、预控尺寸，高空分层找正定位，减少高空作业，改善水冷壁焊接条件，加快施工速度、保证工程质量及施工安全性，降低成本。

（1）根据水冷壁组件的尺寸和形状设计组装平台，高度宜为900～1000mm，用工字钢制作。

（2）根据集箱与水冷壁的相对位置做集箱临时支架（图 2.5-1），临时支架与组装平台间距宜为 1000mm。

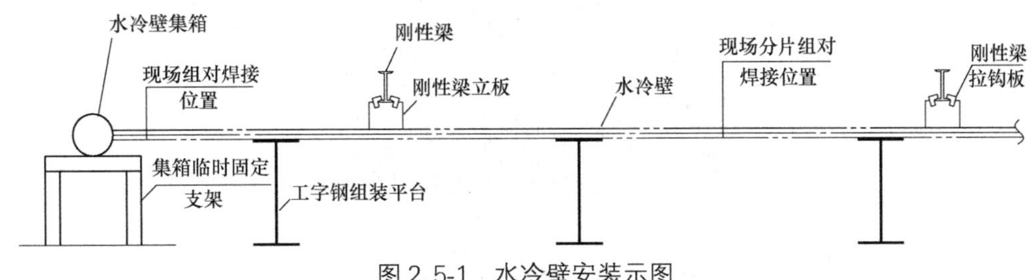

图 2.5-1　水冷壁安装示图

（3）根据现场组装平台的位置，按如下顺序进行地面组合和吊装：右水冷壁、后水冷壁、前水冷壁、左水冷壁（图 2.5-2）。

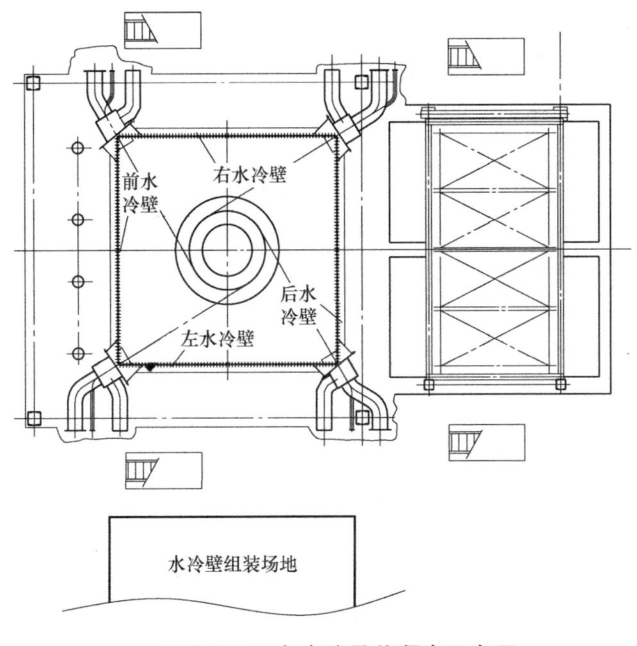

图 2.5-2　水冷壁吊装顺序示意图

（4）用吊车将水冷壁管排吊至组装平台，炉膛外侧朝上平铺放置，用钢卷尺检查单片水冷壁管排外形尺寸合格，并做通球试验合格。在水冷壁管排近上集箱约 800mm 处焊接两个钢板吊耳，钢板厚度根据受力情况确定。根据水冷壁管排管口错边量大小，将鳍片在焊口处用气割切割长 200～300mm 的焊口调节间隙。

（5）用吊车将集箱吊至集箱临时支架，调整集箱与管排管口的标高和水平度一致。

（6）根据设计图纸校对管排间横向和对角尺寸，验收合格后将多片水冷壁焊接成整片，将水冷壁鳍片从中间至两侧对称焊接。

（7）调整所有管排焊口间隙为 2mm，用氩弧焊点焊固定后满焊连接（图 2.5-3）。

（8）对整片水冷壁检验，合格后，在水冷壁上根据图纸标高标记刚性梁的标高位置线，在标高位置线上焊接刚性梁立板，用琴线检查并调整所有立板在同一条水平线上。将

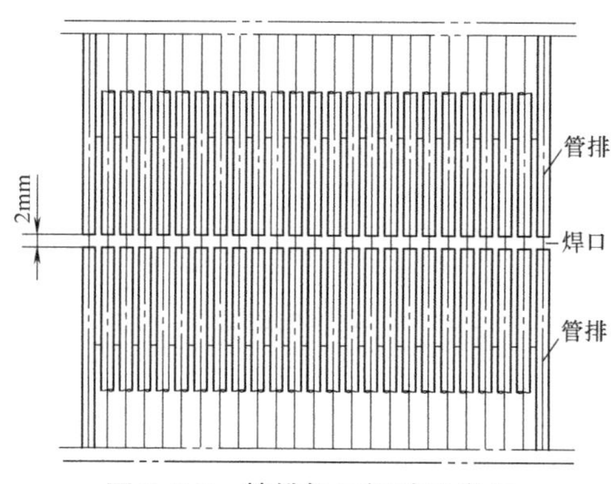

图 2.5-3　管排焊口间隙示意图

刚性梁放在立板的中心线上，焊接刚性梁拉钩板。

（9）用卷扬机和滑轮组将整片水冷壁按（3）的顺序吊装，并用吊杆将上部水冷壁集箱和锅炉框架大梁螺母连接（图 2.5-4）。

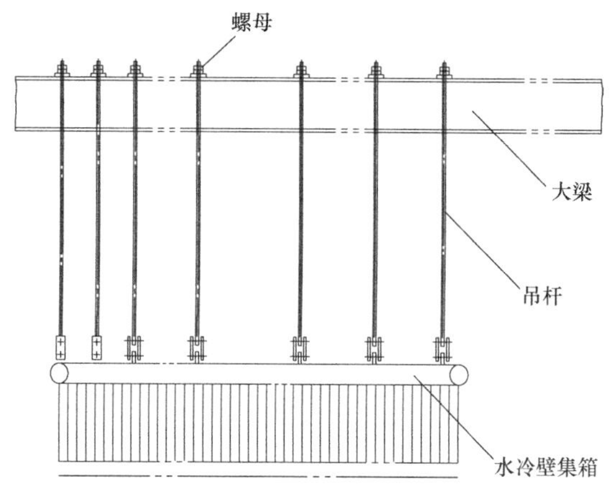

图 2.5-4　上部水冷壁安装示意图

（10）找正上部水冷壁集箱，整体锅炉钢架以左立柱 1m 标高线为准，用卷尺从左立柱 1m 标高线引上至汽包标高作为基准标高线。从基准标高线用 U 形水平仪引出测量每一个集箱的中心标高。用钢卷尺测量集箱间距和对角线，找正后按图纸要求固定。

（11）组对下部水冷壁与下集箱，方法同上。

（12）吊装下部水冷壁与上部水冷壁对接。用 ϕ16mm 圆钢制作挂钩将操作平台挂在上部水冷壁鳍片吊耳上，利用倒链和撬棍调整两水冷壁组件的焊口间隙及对口偏折度达到焊接条件，在平台上进行焊接。

（13）待下部水冷壁对接完毕后，清除水冷壁的临时吊耳，并用角磨机打磨干净。其他三面水冷壁组对制作方法同上。将四面水冷壁间隙用钢板焊接密封。

2.5.2　技术指标

（1）《电力建设施工技术规范　第 2 部分：锅炉机组》DL 5190.2；

（2）《锅炉安装工程施工及验收规范》GB 50273。

2.5.3　适用范围

适用于 35～200t/h 锅炉膜式水冷壁的施工。

2.5.4　工程案例

莱西蓝宝石酒业有限公司 75t/h 锅炉安装工程、青岛东亿热电厂 75t/h 循环流化床锅炉安装工程等。

（提供单位：青岛安装建设股份有限公司。编写人员：吴东申、张广）

2.6　电缆敷设机械化施工技术

传统的人力敷设电缆工作，是需要数十人，甚至数百人的共同协作才能完成工作。这种敷设电缆方式的人员构成复杂，大部分人员不专业，不仅劳动效率低下，而且还影响了很多人正常的业务工作。本技术就是针对人力敷设电缆工作的缺陷，充分利用了电缆输送机的特点而研发的。

2.6.1　技术内容

电缆敷设机械化施工技术是根据电缆输送机的自身特点，采用一台牵引机牵引、若干台输送机传输的方法，应用速度同步控制技术，实现电缆敷设。电缆敷设时，根据电缆敷设长度及施工环境布置若干台敷设机，输送机大约 50m 设置一台，转弯处适当增加敷设机数量，敷设机固定牢固，输送机电源与分控箱连接牢固，并接好接地线，电缆端部使用专用电缆牵引套防止牵引时损坏电缆，再通过牵引机进行牵引。每台输送机的功率、转速相同，牵引机与输送机转速也相同，牵引机和输送机全部通过总控箱与分控箱进行连接，使多台设备达到启、停同步，正、反转一致；当解除同步时还可以达到随意一台输送机单独运行。

输送机之间用电缆敷设专用导向尼龙滑轮来减少电缆与桥架间的摩擦，减小输送机的负荷，保证电缆外绝缘完好，输送尼龙滑轮平均 4～7m 一个，转弯处增设支撑输送滑轮，并将滑轮进行固定，并保持滑轮与输送机在同一直线上。

电缆盘支撑装置：电缆盘中间装设轴，电缆盘及轴放置于支架上，轴两端装有支撑轴承能够保证电缆盘轻松旋转，支架上装设千斤顶，可以调节电缆盘高度，使电缆盘始终保持水平。

施工工艺流程：施工准备→电缆盘支撑就位→牵引机、输送机、电缆支撑输送滑轮就位→控制调试→电缆敷设、整理→收尾。

2.6.2　技术指标

（1）《电气装置安装工程质量检验及评定规程》DL/T 5161；

（2）《电气装置安装工程　电缆线路施工及验收标准》GB 50168；

（3）《电力建设安全工作规程》DL 5009。

2.6.3 适用范围

适用于工业工程的大、中型电力电缆长距离室外高空桥架内敷设、地下电缆沟敷设、巷道敷设施工。

2.6.4 工程案例

内蒙古庆华集团三期焦化项目、阳泉煤业平定化工有限责任公司 2×20 万吨/年乙二醇项目、张家港扬子江石化有限公司 40 万吨年聚丙烯热塑性弹性体（PTPE）项目、河北中煤旭阳焦化有限公司 $8000\times104Nm^3/a$SNG 及余热发电项目等。

（提供单位：山西省工业设备安装集团有限公司。编写人员：张文裕、韩巨虎、孟汉现）

2.7 多晶硅生产线冷氢化装置 800H 管道焊接技术

2.7.1 技术内容

多晶硅生产线冷氢化装置中的 800H 管道具有耐高温高压、耐腐蚀、耐磨等特点。800H 材质属镍合金 Ni-Fe-Cr 系（本文简称 800H 管道），Ni 的含量高达 32.0%，焊接时，熔池金属的流动性差，且表面易形成难熔的氧化膜（NiO），使得熔透性差，焊缝易形成杂物，造成焊接热裂纹及气孔。本技术所采用的小电流、小摆动、多道焊的焊接方法，可消除 800H 管道焊接过程中出现的裂纹、气孔、夹渣等缺陷，提高 800H 管道焊接合格率。

（1）技术要求

1）控制焊缝坡口角度，避开了因母材液态金属流动性差，易造成未熔合缺陷，接头熔合良好。

2）控制焊接层间温度，分层多道焊接，避开了因焊接温度不适，易造成焊缝金属晶粒粗大，降低焊缝的力学性能及耐蚀性。

3）小电流、小摆动，避开了因母材液态金属流动性较差，易造成焊缝裂纹缺陷，接头熔合良好。

4）焊接质量高，可有效减少焊缝返工次数，缩短施工工期，降低施工成本。

（2）施工工艺流程

施工准备→进场材料验收→管道下料→管道坡口打磨→管道对口→充氩保护→氩弧焊打底→管道清根→测量层间温度→标识记录→紫光灯检测→焊接完成

（3）材质特性分析

从 800H 的化学成分表 2.7-1 得知，Ni 的含量占 32.0%，具有能溶解较高的耐蚀元素的高 Ni 基体，使该合金在焊接时，熔池金属的流动性差，且表面易形成难熔的氧化膜（NiO），使得熔透性差，焊缝易形成杂物。因此，焊接选材及焊接过程中要严格控制 C、S、P 等杂质的含量，并确保焊材及焊缝坡口表面的清洁。选用 UTP A 2133 MN ϕ2.4 焊丝和 UTP 2133 MN ϕ2.4 焊丝。

800H 管道化学成分表 **表 2.7-1**

成分	C	Si	Cr	Ni	Al	Ti	Fe
含量	0.072	0.31	20	31.31	0.25	0.37	46.33

(4) 焊接方法选择

800H 线膨胀系数较大（介于奥氏体不锈钢与普通碳钢之间）、热导率小（20℃时为 10.9），焊接时焊缝中的一些杂质元素和低熔点物质容易在晶界偏析和集聚并在熔池的凝固过程中与镍形成低熔点共晶体，且表面易形成难熔的氧化膜（NiO），使得熔透性差，焊缝易形成杂物，造成焊接热裂纹。同时，由于镍合金焊缝液态金属的流动性比较差，焊缝金属的冷却速度比较快，使熔池中的气体来不及逸出，造成气孔，且氧气、二氧化碳和氢气等气体在液态镍中溶解度也比较大，冷却时溶解度又明显减少，进而形成气孔。因此，从防止焊接热裂纹和气孔等方面入手是控制焊接镍合金质量的关键。选用钨极氩弧焊（GTAW）和焊条电弧焊（SMAW）的焊接方法，对小于 6mm 的构件选用纯 GTAW 焊接，大于 6mm 的构件选用 GTAW 打底，焊条电弧焊盖面或焊条电弧焊双面焊接工艺。

(5) 坡口形式

由于该合金液态金属流动性较差，如果坡口形式等不合适时，会发生未熔合现象，因此，为保证接头熔合良好，坡口应适当增大角度（相对于普通不锈钢），适当减少钝边厚度，以 *DN*80 管道为例，开 V 形坡口见图 2.7-1。

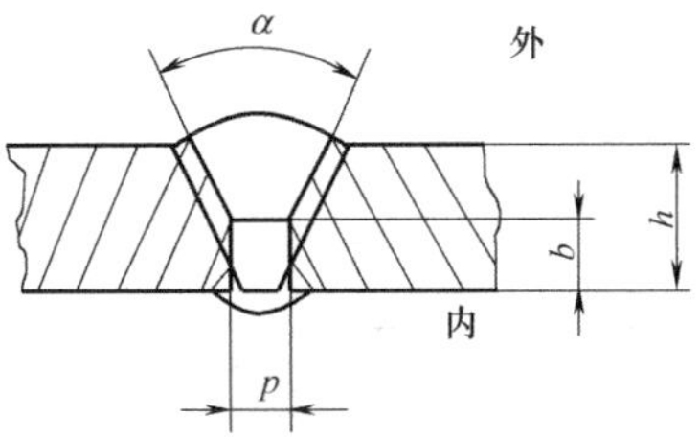

b=1.8mm；α=70°～75°

图 2.7-1 坡口示意图

(6) 层间温度

800H 焊接层间温度控制要求比较严格，过高的温度会造成焊缝金属晶粒粗大，降低了焊缝的力学性能及耐蚀性，经过多次实验最终确定层间温度必须控制在 150℃以下。

(7) 焊接过程中电流、焊接速度等操作参数（见表 2.7-2）

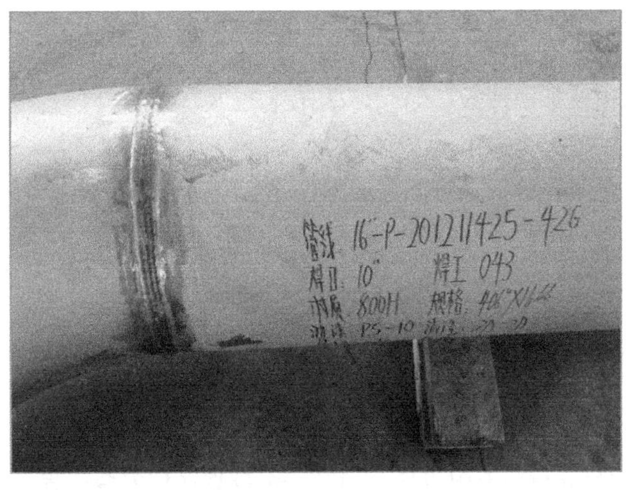

图 2.7-2 800H 管道焊接完成

800H 焊接参数一览表 **表 2.7-2**

焊道/焊层	焊接方法	填充金属		焊接电流		电弧电压(V)	焊接速度(cm/min)	线能量(kJ/cm)
		牌号	直径	极性	电流(A)			
1	GTAW	UTP A2133Mn	ϕ2.4	DC+	80～100	10～14	6～8	
2	SMAW	UTP 2133Mn	ϕ3.2	DC−	95～110	18～24	8～10	
3	SMAW	UTP 2133Mn	ϕ3.2	DC−	95～110	18～24	8～10	
4	SMAW	UTP 2133Mn	ϕ3.2	DC−	100～115	18～24	8～10	
5	SMAW	UTP 2133Mn	ϕ3.2	DC−	100～120	18～26	8～10	

拉伸试验　　　实验报告编号：20160901057

试样编号	试样宽度(mm)	试样厚度(mm)	横截面积(mm^2)	最大载荷(kN)	抗拉强度(MPa)	断裂部位和特征
PQR-08-1	38	δ=11			539	母材处断裂
PQR-08-2	38	δ=11			538	母材处断裂

弯曲试验　　　实验报告编号：20160901057

试样编号	试样类型	试样厚度(mm)	弯心直径(mm)	弯曲角度	试验结果
PQR-08-1	侧弯	10	40	180°	合格
PQR-08-2	侧弯	10	40	180°	合格
PQR-08-3	侧弯	10	40	180°	合格
PQR-08-4	侧弯	10	40	180°	合格

2.7.2 技术指标

(1)《现场设备、工业管道焊接工程施工规范》GB 50236；
(2)《工业金属管道工程施工规范》GB 50235；
(3)《承压设备焊接工艺评定》NB/T 47014；
(4)《石油化工工程焊接通用规范》SH/T 3558；
(5)《石油化工金属管道工程施工质量验收规范》GB 50517；
(6)《承压设备无损检测》NB/T 47013.1～47013.13。

2.7.3 适用范围

适用于直径 *DN*20～*DN*600、壁厚 5.5～26mm、材质为 800H 镍基合金管道的焊接。

2.7.4 工程案例

陕西有色天宏瑞科硅材料有限责任公司 Silane 硅烷区域安装工程、陕西天宏 2750 吨/年多晶硅项目工艺管道安装工程、陕西天宏 1250 吨/年多晶硅项目工艺管道安装工程等。

(提供单位：陕西建工安装集团有限公司。编写人员：田阳、寇建国、闫宝强)

2.8 高压自紧法兰施工技术

2.8.1 技术内容

高压自紧式法兰（图 2.8-1）是一种更利于高压、高温、高腐蚀等工况恶劣情况下管道连接的新型高压法兰。传统法兰是靠密封垫塑性变形以达到密封的作用，均属软密封，而高压自紧式法兰的核心是独有的新式密封，即依靠密封环的密封唇（T 形臂）的弹性变形形成密封，属于硬密封。利用套节、卡套、密封环的筋骨组合，形成了一个强大的刚性体，使连接部位的强度远远大于管道母材自身强度。在受压时，筋和唇分别起强度和密封的作用，既能自紧密封，又能加固管道，极大地加强了连接部位的整体强度，在此领域，是一个划时代的进步。

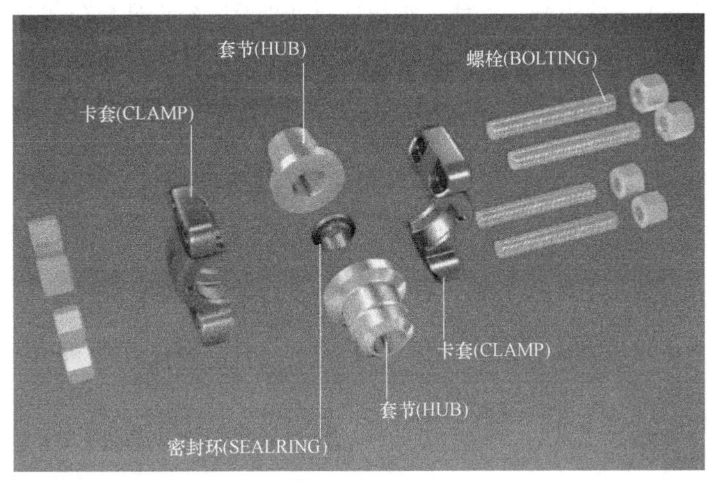

图 2.8-1　高压自紧式法兰结构示意图

(1) 施工流程

施工准备→检查法兰部件完整度→清洗法兰各部件→检测合格→预安装各部件→正式安装→复检终扭矩值→气压试验→系统移交

(2) 清洁法兰

高压自紧式法兰密封（图 2.8-2）依靠卡套与密封环接触，并通过球形螺栓压紧从而形成硬密封。因此控制套节、卡套同心度及套节、卡套和密封环接触面的洁净度，才能保证各部件紧密连接。现场施工使用洁净手套和软绸布清洁套节、卡套和密封环的接触面，并用紫光灯检测，确保法兰的密封性能。

(3) 预安装法兰

将清洁好的法兰零件组装成一体后，完成与管道的连接预装；在将两个套节焊接端与管道定位并同时点焊好，拆下球形螺栓取出密封环后，再完成套节与管道的焊接；待焊缝无损检测合格后，再次装上密封环、装上球形螺栓并拧紧。

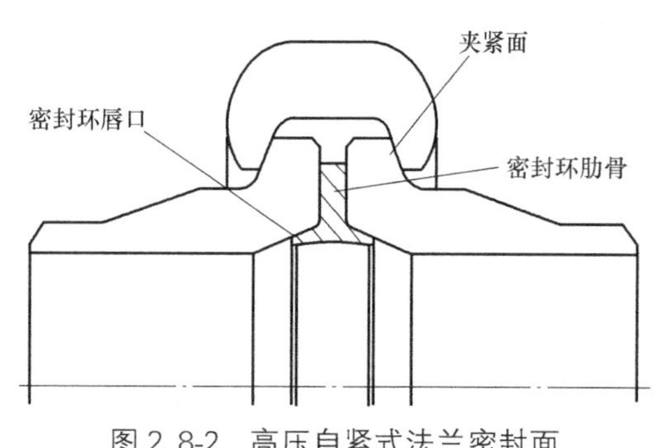

图 2.8-2 高压自紧式法兰密封面

(4) 紧固法兰

球形螺栓应按对角顺序的方式，依次、对称、逐步、均匀地拧紧。在逐步拧紧的过程中，应使用木槌或铜棒敲击卡套，保证两个卡套有对称的位置，使卡套真正到位、卡紧。最后，按照说明书的扭矩要求紧固螺母，如此反复 1～3 次直到扭矩达到要求、不再有变化为止。

(5) 焊后热处理

1）焊接完毕后，进行消除焊接应力或稳定化热处理时，必须将密封环取出，使套节的密封面裸露在外，绝不能把套节包裹在一起加热，造成套节变形，不能形成密封。

2）当受现场施工条件限制，不能进行焊后热处理时，经设计单位或建设单位同意后，可采用奥氏体或镍基材料焊接，在设计温度不高于 315℃时可选用高铬镍（25%Cr-13%Ni）奥氏体焊接材料，在设计温度高于 315℃时可选用镍基材料。

(6) 密封面洁净安装

高压自紧式法兰应该按照传动设备安装要求进行，零部件的清洗到位，不能沾染杂质和异物（图 2.8-3）。

图 2.8-3 现场密封面洁净安装

2.8.2 技术指标

（1）《工业金属管道工程施工规范》GB 50235；

（2）《工业金属管道工程施工质量验收规范》GB 50184。

2.8.3 适用范围

适用于高温、高压、腐蚀性、有毒介质等对密封要求高的系统法兰连接。

2.8.4 工程案例

陕西有色天宏瑞科硅材料有限责任公司电子及光伏新材料产业化项目 Silane 硅烷区安装工程、陕西有色天宏瑞科硅材料有限公司硅烷区机电安装二期扩建工程等。

（提供单位：陕西建工安装集团有限公司。编写人员：田阳、寇建国、王小飞）

2.9 水冷壁堆焊现场焊接技术

2.9.1 技术内容

（1）堆焊分析

非表面防护法的共同之处在于，一定程度上可以减轻水冷壁的腐蚀，但并不能真正做到防止其腐蚀。而且有些方法在实际运行中会因为各种原因而不能有效地实施，甚至个别方法还存在争议。故有必要采用效果更好的表面防护法。

对受腐蚀件表面覆盖耐腐蚀的隔离层，是最直接有效的防腐蚀措施，其防护方法主要有：

1）涂刷法：涂刷的涂层塑性、热膨胀性等不能适应锅炉内环境及脱硫装置，使用中易产生脱层。

2）电镀、热浸镀：镀层的覆盖性及结合度较好，但受工件尺寸限制，镀件在现场拼焊中镀层也会出现薄弱环节，降低使用性能，且无法对已有设施进行再次防腐。

3）热喷涂：适合现场操作，涂层材料选择范围宽，组合方式多，但母材受热影响大，易造成母材的变形。

4）镍合金堆焊：电流稳定起弧，热影响小，变形量小。由于水冷壁溶深要求特别高，成片堆焊在加工车间完成，技术成熟质量有保证，但堆焊成片的水冷壁现场对接是薄弱环节，现场焊接的质量直接影响整体水冷壁堆焊质量。

（2）堆焊技术应用

目前，针对垃圾焚烧锅炉、生物质锅炉、冶金行业余热锅炉水冷壁对耐腐蚀功能的要求，在锅炉主要零部件模式水冷壁上堆焊一层甚至多层高温耐腐蚀镍基材料，具有优秀的耐腐蚀性和抗氧化性，从低温到 980℃，均具有良好的拉伸性能和疲劳性能，并且能耐盐雾气氛下的应力腐蚀，起到显著提高模式水冷壁使用寿命的作用。堆焊水冷壁样品见图 2.9-1。

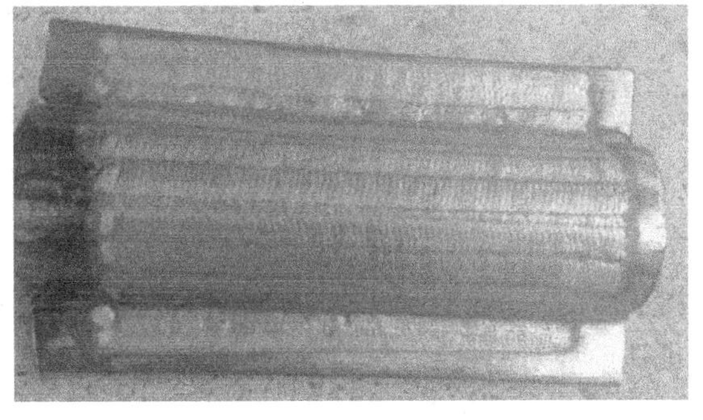

图 2.9-1 堆焊模式壁样品

堆焊成片的水冷壁出厂后需要在现场拼接。普通水冷壁和堆焊水冷壁不同见图 2.9-2 和图 2.9-3。

图 2.9-2　普通水冷壁

图 2.9-3　堆焊水冷壁

(3) 水冷壁现场堆焊

1）堆焊水冷壁现场焊接主要内容：

堆焊水冷壁的现场焊接包括：鳍片对接，管口对接，接口处堆焊等工作。堆焊模式壁比普通的模式壁现场焊接工艺复杂、质量控制难，尤其是堆焊模式壁的管口对接。

2）管排对接：

① 管排组对，整体尺寸控制，一般 3～4 片组成一面水冷壁，单片尺寸校核后进行组对成大片，验收整体尺寸包括对角线后进行点焊；典型的拼接形式如图 2.9-4 所示。

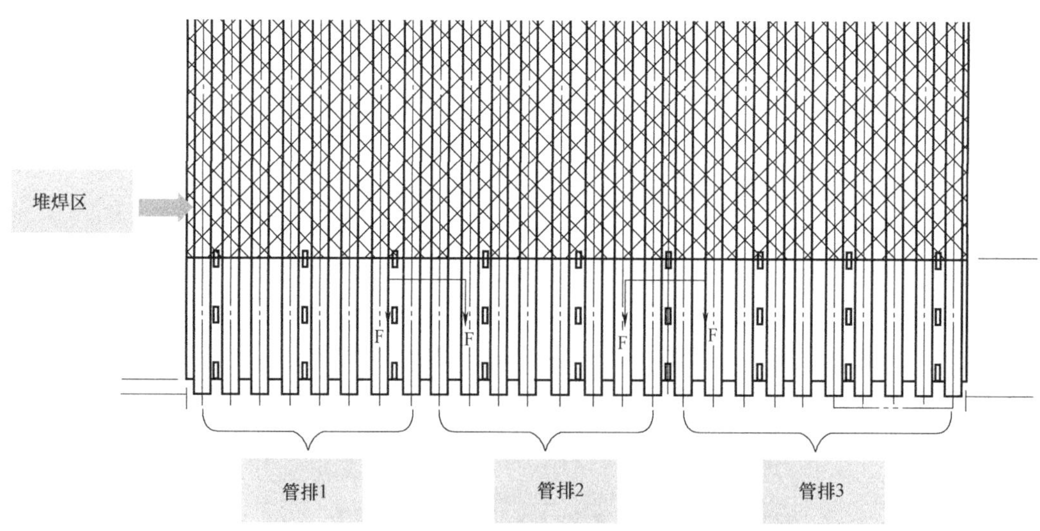

图 2.9-4　现场堆焊水冷壁拼接示意图

② 管排的焊接，单面堆焊焊接如图 2.9-5 所示。只对碳钢面进行焊接，焊接完成后对内部密封进行堆焊，堆焊前要对对接处进行打磨预处理，堆焊满足相应厚度的要求。外观应平滑整齐并与相邻堆焊表面光滑过渡。

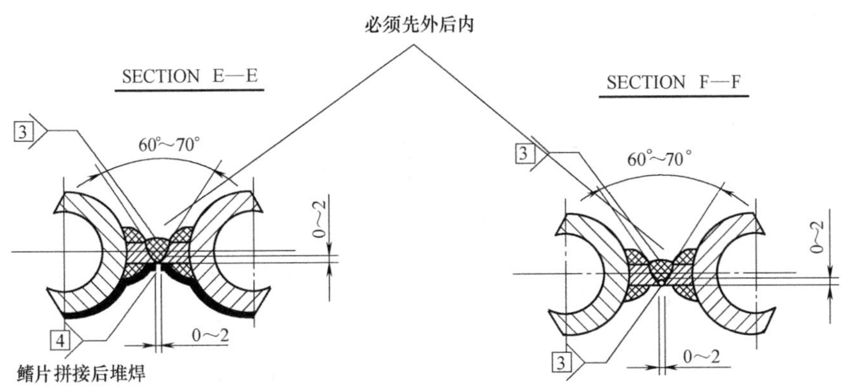

图 2.9-5　堆焊焊接示意图

③ 管排的对接，如果是双面堆焊，鳍片应预留 2～3mm 对接完成后堆焊，碳钢拼接后注意焊缝不能过高。

3）管口对接焊：

图 2.9-6　管口堆焊未预留距离

① 按图 2.9-7 所示，炉内侧第一层打底焊及第二层填充焊采用母材的焊接工艺进行，如 20G 管对接，采用 ER50-6 焊丝进行（表 2.9-1）；如 12Cr1MoVG 管对接，则采用 R31 焊丝；如出现异种钢 20G+12Cr1MoVG 对接的，则根据相应焊接评定进行焊接。焊后表面应低于堆焊层表面往下 3～3.5mm，避免上述焊丝与堆焊层金属相溶。

② 打底焊接完成 24h 后，对焊缝进行磁粉或 RT 射线检测，如果堆焊水冷壁管堆焊层离焊缝距离较近或者堆焊过程控制不当会造成焊口处材质融合，打底焊容易出现裂纹。

③ 打底焊合格后，用堆焊焊丝（INCO625）进行盖面焊，盖面焊至少 2 层填满，可分多层多道进行焊接。焊接参数见表 2.9-2。

④ 焊接注意事项，收弧弧坑要填充饱满并打磨平滑，避免弧坑裂纹；层间温度要控制好；确保多层多道施焊；焊前检查保护气体，确保 Ar 气保护良好；碳钢或合金钢打底/填充层严禁与堆焊层搭接熔焊，否则会出现裂纹；盖面完成后接头要打磨平滑。焊接完成后根据图纸要求进行无损检测。

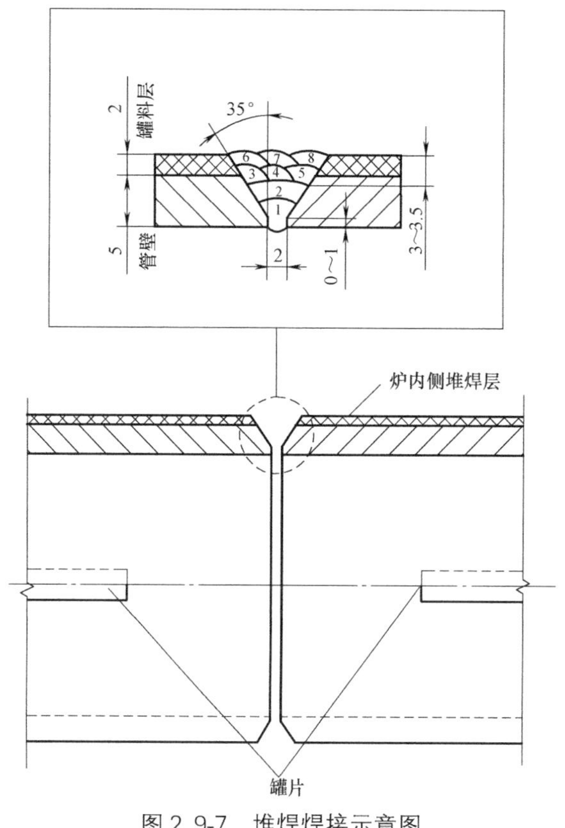

图 2.9-7　堆焊焊接示意图

水冷壁管口焊接工艺卡　　表 2.9-1

水冷壁管坡口形式与接头简图：

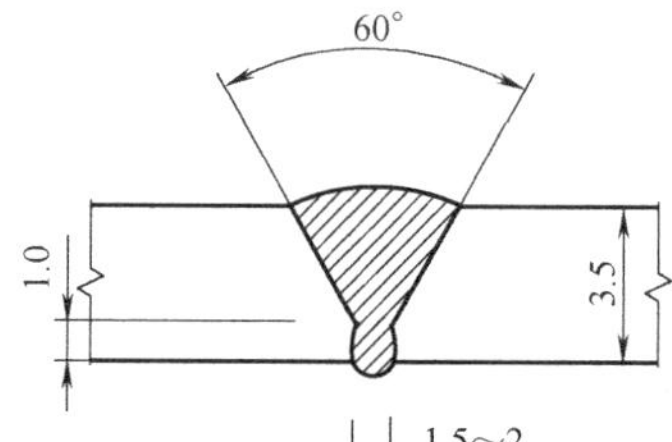

焊接预热	加热方式		预热温度(℃)		层间温度(℃)		加热区域	测温方式	
	—		—		≤200		—	红外线测温仪	
焊接材料	填充材料		保护气体		钨极		焊剂		
	牌号	规格(mm)	气体成分	纯度	类型	规格(mm)	牌号	烘干温度(℃)	
	ER50-6	ϕ2.5	氩气	>99.99%	铈钨极	ϕ2.5	—	—	
工艺参数	焊缝编号	焊接层次	焊接电流		电弧电压(V)	焊接速度(cm/min)	线能量(kJ/cm)	气体流量(L/min)	
			极性	电流(A)				保护气	背面保护气
	—	1/2	正接	90～100	18～20	8～9	10.8～15.0	8～10	6～8
	—	2/2	正接	90～110	18～20	8～9	10.8～16.5	8～10	—

焊接工艺参数 表 2.9-2

焊丝	INCO625	Ar 气(%)	99.995
焊丝规格(mm)	2.4mm	层道布置	多层多道
焊接方法	GTAM	层间温度(℃)	≤150
焊接电流(A)	100～120	焊接电压(V)	12～15

⑤ 管口对接，如果堆焊层到管口位置预留 5cm 以上（图 2.9-8），管口对接按正常施工工艺进行，焊口不能高于母材，焊接检测合格后统一进行堆焊。

图 2.9-8 堆焊水冷壁鳍片切割

(4) 堆焊水冷壁施工注意事项：

① 管排堆焊表面具有高硬度，不适合切割及焊接的特点。所以任何情况下，禁止在其上焊接任何临时附件，如临时耳板或临时连接板等；禁止在其上切割临时吊装孔等；禁止在其上连接焊接电源地线或地线夹等，特别是裸漏铜线的地线；禁止在其上焊接划弧引弧；禁止在其上用碳钢或低合金钢摩擦接触，避免污染其表面；禁止重物撞击锅炉管排，避免管子被撞变形产生凹缺陷。

② 如确有需要焊接，应事先在设计时考虑，并尽量避开堆焊区进行相应吊耳或吊装孔的设计；如不可避开，应在锅炉厂相应工艺支持下进行焊接或处理。

③ 如确有需要切割吊装孔，应与锅炉厂相关技术人员进行沟通，且切割必须使用等离子切割机进行，在离开管边 3mm 左右的鳍片上切割，否则极易割伤或割穿管子。

2.9.2 技术指标

(1)《火力发电厂焊接技术规程》DL/T 869；

(2)《火力发电厂异种钢焊接技术规程》DL/T 752；

(3)《电力建设施工质量验收规程 第 5 部分：焊接》DL/T 5210.5。

2.9.3 适用范围

适用于垃圾焚烧发电项目、燃煤热电厂循环流化床锅炉锅炉水冷壁带堆焊区域的现场焊接。

2.9.4 工程案例

光大国际（临沭）环保能源有限公司500t垃圾焚烧锅炉安装项目、西安蓝田生活垃圾无害化处理焚烧热电联产项目3×750t垃圾焚烧项目等。

（提供单位：盛安建设集团有限公司。编写人员：王耀松、李宝英、岳莹）

2.10 汽车生产线拆迁工程

2.10.1 二手轿车焊装生产线拆迁技术

二手轿车焊装生产线设备拆解设备类型多、零部件种类多、数量大；设备经拆卸、包装、运输造成不同程度的变形、精度降低或部件丢失，给后期设备恢复安装、调试造成不同程度的难题；为保证设备可恢复性拆解、解决安装、检修、改造、调试上的各种难题，经过多项拆迁工程的实践基础上，运用计算机拆包运信息控制软件，对拆迁设备从拆卸、包装、交付运输、国内掏箱、仓储、安装物流进行施工搬迁全控制管理，最终形成了二手轿车焊装生产线拆迁技术。该技术从拆解前的鉴定、分析该设备存在的问题，制定解决方案，经过安装调试，恢复了加工精度和加工性能。保证了生产线的产品质量、提高了施工工效。

1. 技术内容

（1）技术特点

1）二手轿车焊装生产线拆迁技术包括：国外测绘、设备编号、资料收集、设备拆解、包装、交付运输等工艺环节；国内的掏箱、仓储、二次搬运、安装调试等全过程。

2）焊装线生产线设备大部分是自动化生产线，设备种类繁多，根据二手轿车焊装生产设备的拆迁特点，采用的新技术：

① 过程控制。应用自行编制的一套计算机设备信息管理软件，对设备搬迁物流进行控制。

② 可恢复性拆卸工艺。在安装过程中对设备进行必要的标记、编号、鉴定、检修和更换部件、重新涂装翻新，经调试后恢复生产能力。

3）关键技术：设备的可恢复性拆卸工艺、设备信息管理。

（2）工艺原理

1）研发物流软件对全流程控制

对国外轿车焊装生产线的二手工艺设备，先按生产线，再按系统、按区域、按设备类型、单台或成组分割成若干个作业区域，进行专业化的可恢复性拆解、适合海运的包装；国内掏箱、仓储、安装、检修、改造、翻新、调试流水作业的国外二手设备可恢复性拆迁工艺，运用自行开发的物流软件对二手设备、部件从拆解到安装全流程的控制。

2）依据机械原理、误差分析理论，恢复二手设备的加工精度

对各台二手设备、各个工序阶段之间的交叉和衔接接口进行控制。在拆解过程中，依据机械原理、误差分析理论，对二手设备的结构、装配关系进行分析，制定拆解方案，检查设备及部件的完好状态，进行必要的修复和更换，经安装调试，恢复二手设备的加工精

度，达到生产能力，形成全厂各条焊装生产线都能生产出合格的产品，达到原生产能力。

(3) 操作要点

1）二手设备安装遵循原拆原装的原则，设备及工件、管线均为国外拆迁运回件，应本着以原来的固定和联接方式执行，若有改变除有设计图的技术要求除外。

2）在安装过程中检查设备及部件的完整性和完好程度，记录缺损的部件，经确认后，进行必要的检修和更换部件。

3）二手轿车焊装生产线的数量较多，可以分区域、按生产线各自为单元展开。

各焊装生产线的设备一般有：地面或空中工件输送装置、气动焊接夹具、焊接机器人、涂胶机器人、悬挂焊机、空中工艺钢构，焊装生产线的拆解。

4）单台机组的设备是包边压机、门铰链焊接，可以按单机考虑拆解。

(4) 设备零部件物流信息的控制技术

1）该技术通过建立设备信息数据库，将大量设备及其部件的相关信息，快速、准确地录入软件管理系统，进行设备信息数据化管理，通过前期将设备鉴定信息、编号名称、参数、照片、包装号等信息按系统要求录入（如有电子版设备清单可直接导入系统），系统自动对录入设备编号、名称等信息进行纠错、筛选归类，并能随时、快速查询和提取设备其他收录的信息，施工人员在包装、运输、出入库、安装过程中对照系统导出的设备信息和表单，能够快速准确地获取设备及其附件的堆放、储存位置和安装信息。

2）设备拆卸、包装、装箱、交付运输及国内接货、仓储，国内外两个施工现场之间的协调，使用该物流信息传递的计算机应用软件，可以解决在拆卸前、过程中的设备编号、拆解、包装的信息采集，处理归类，反映到装箱单上，以装箱单的形式记录了箱号、船期。国内收到装箱信息邮件，可以准备接货、仓储地方。用此软件还可以把设备的仓储地点准确的描述，便于寻找。

(5) 典型焊装设备安装

1）包边压机的安装；

2）焊接机器人及附件的安装；

3）大地板总成焊装线设备安装；

4）车身总成、左右侧围及前、后地板焊装生产线的设备安装。

2. 技术指标

(1) 性能指标：运用针对国外二手设备拆迁到国内重新安装调试的拆装工艺——可恢复拆迁工艺和物流控制软件，进行拆迁工程施工，实际达到的性能指标：

1）二手设备经拆卸、安装、检修、调试完好率达 100%；

2）二手设备加工精度恢复达到 100%；

3）二手轿车焊装生产线达到原国外生产产能；

4）二手轿车焊装生产线，生产的产品合格率 99.5%；

5）二手设备拆迁工程的工期、质量达到合同规定的要求。

(2) 汽车线设备拆迁，有设备的说明书、资料，可以按说明书进行拆装，无资料，可以与业主、工艺设计方商定，依据拆解前设备鉴定记录的参数和精度，确定采用的标准或参考国家相关通用施工规范。

3. 适用范围

适用于二手轿车焊装生产线的拆迁及类似工程。

4. 工程案例

西班牙 SIAT 轿车生产线拆迁工程、英国 ROVER 轿车生产线拆迁工程、意大利 FIAT 轿车发动机、焊装生产线设备拆迁工程等。

（提供单位：中国三安建设集团有限公司。编写人员：王鑫）

2.10.2 汽车生产线可恢复性拆迁及安装、调试技术

1. 技术内容

汽车生产线包括焊装、冲压、发动机、总装等生产线，涉及设备类型多，零部件大小各异，数量繁多，如果设备在拆卸、包装、运输等过程中管理或操作不当，将造成变形、精度降低或部件丢失等现象，给设备的恢复安装、调试造成不同程度的影响。为保证设备可恢复性拆解，解决恢复安装、调试上的各种问题，本技术总结了 20 多年的国内、外汽车生产线设备拆迁工程中的经验，利用计算机信息管理控制软件、电子标签二维码信息管理新技术，采用激光几何测量仪器、大型液压龙门等先进的专业施工机具，形成了可恢复性拆解工艺与信息管理技术相结合的综合性新技术。

（1）技术特点

1）本技术根据焊装、冲压、发动机、总装生产线的特点，按照生产线的工艺路线对设备进行拆迁前的鉴定、测绘、编号、拆解、设备基础测量、海运包装、运输、掏箱、仓储、安装、调试等工序进行优化，对拆迁全过程进行信息化管理，在操作上、管理上、过程上提高了生产线的拆迁效率，保证了拆迁的质量。

2）利用自主研发的计算机信息管理控制软件进行全程控制，利用二维编码技术进行过程控制，实现拆迁全过程的跟踪与管理。

3）采用高精度激光几何测量仪器对设备拆迁前的精度和恢复安装后的精度进行测量及控制，保证了设备拆迁的质量。

4）采用大型液压龙门等先进的专业施工机具进行拆迁施工和恢复安装施工，提高了工效及安全性。

（2）工艺原理

对于汽车生产线的工艺设备，按系统、按区域、按设备、按搬运能力、按运输能力进行优化，分解界面，单台或成组分割成若干个作业区域，进行专业化的可恢复性拆解、适合海（陆）运的包装；国内掏箱、仓储、安装、检修、改造、翻新、调试流水作业的国外设备可恢复性拆迁工艺，以及运用的设备拆包运物流软件对设备、零部件从拆解到安装全流程的跟踪控制。以实现全过程的管理，对各台设备、各个工序阶段之间的交叉和衔接接口进行控制。在拆解过程中，对设备的结构、装配关系进行分析，制定拆解方案，检查设备及部件的完好状态，进行必要的修复和更换，经安装调试，恢复设备的加工精度，达到原生产能力。

（3）关键工序工艺流程（图 2.10-1）

（4）技术要点

1）设备拆解前，对设备原始状态进行鉴定，完成精度测量，并根据数据分析对设备

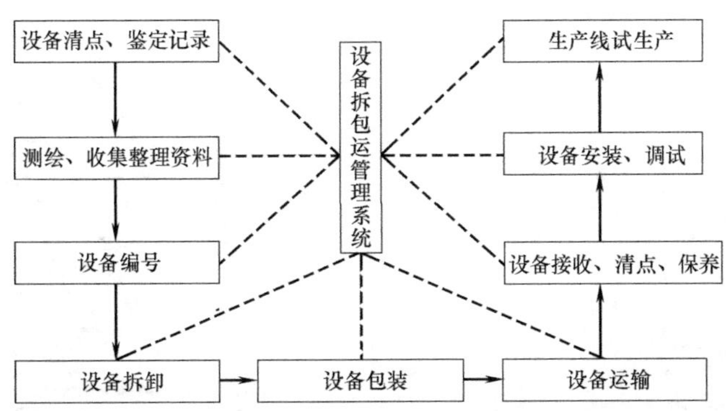

图 2.10-1 设备拆包运管理系统全过程管理工艺流程图

精度的偏差方向进行重点标记和记录。同时将安装方向、设备分解记号标记，在设备明显位置、相应结合面进行标记，并做好书面和影像记录。设备安装时，将按这些原始标记、精度数据、偏差方向进行恢复。

2）设备及工件、管线均为拆迁部件，设备安装遵循原拆原装的原则，按拆卸前的连接和固定方式进行恢复，但有设计变更的安装除外。

3）设备（零）部件信息跟踪技术的应用。

通过建立设备信息数据库，将所有设备及其部件的相关信息，快速、准确地录入软件管理系统，进行信息数据化分类管理。将前期设备鉴定信息、编号名称、参数、照片、包装号等信息按系统要求录入（如有电子版设备清单可直接导入）系统，自动完成设备编号，同时对名称等信息进行纠错、筛选归类，并随时提供快速查询和提取设备信息的服务。施工人员在包装、运输、出入库、安装过程中对照系统提供的设备信息和表单，能够快速准确地获取设备及其附件的堆放、储存位置和安装信息，软件的操作界面见图 2.10-2。

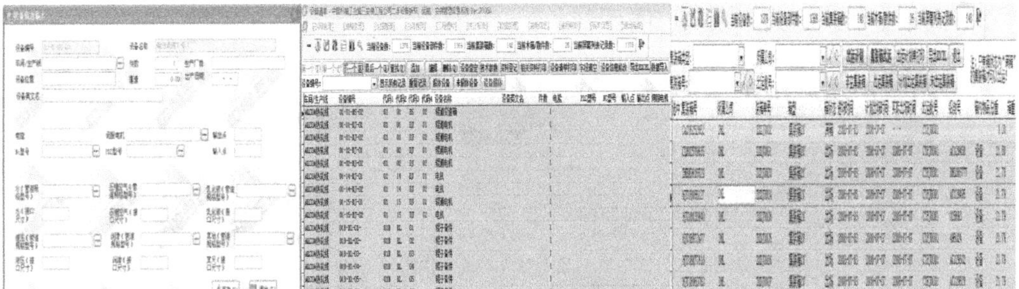

图 2.10-2 设备零部件物流信息计算机应用软件操作页面

4）电子标签二维码查询技术的应用。

引入的二维码查询技术，根据系统导出的设备信息表单，打印制作二维码标签，在设备包装、封箱时做好标记；在设备发运、接收、找件安装过程中，通过现场扫描二维码标签，便可快速查询设备信息，见图 2.10-3 所示。

5）设备安装高精度调整技术的应用。

① 设备的定位根据设备的平面布置图尺寸放线。设备重要部位的定位及放线基准点

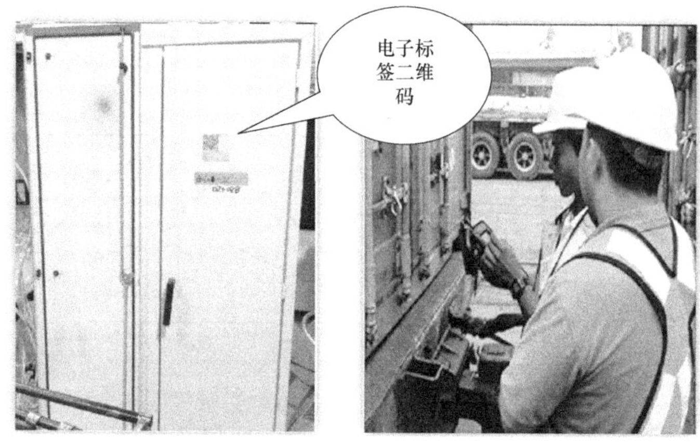

图 2.10-3　电子标签二维码查询技术

图 2.10-4　高精度全站仪应用

确认后，根据车间平面布置图进行放线定位，设备的中心轴线利用高精度全站仪，高效、准确放线、定位调整（图 2.10-4）。

② 设备底座的水平度调整在空间受限的情况下，可采用激光几何测量仪来测量，如采用瑞典 Easylase 激光几何测量，完成空间受限的几何测量（图 2.10-5）。

2. 技术指标

（1）性能指标：运用针对国内外设备拆迁、重新安装调试的拆装工艺—可恢复拆迁工艺和物流控制软件，进行拆迁工程施工，实际达到的性能指标：

1）设备经拆卸、安装、检修、调试完好率达 100%；

2）设备加工精度恢复达到 100%；

3）汽车生产线达到原生产产能；

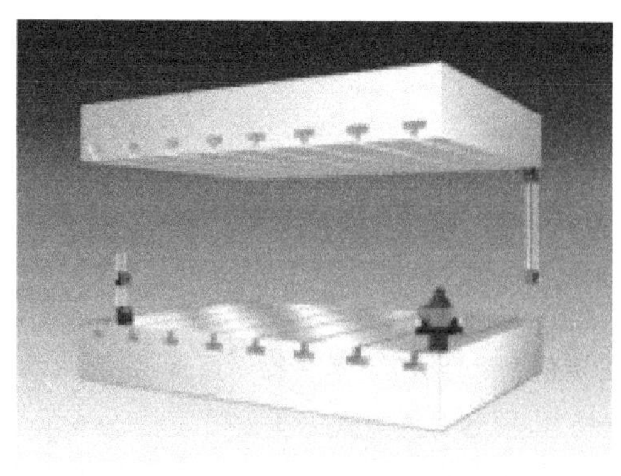

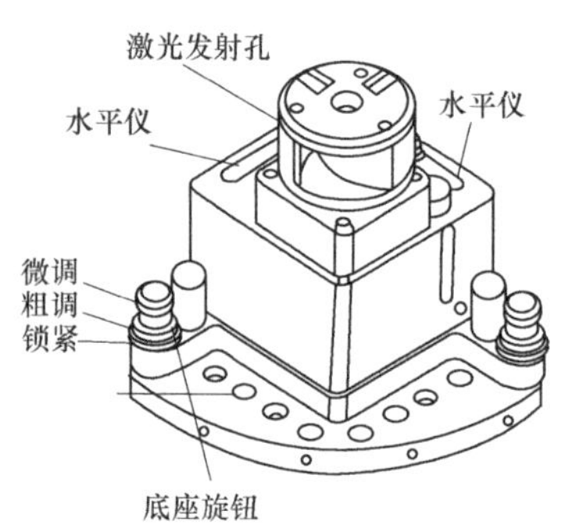

图 2.10-5　平行度测量

4）汽车生产线生产的产品合格率 99.5%；

5）设备拆迁工程的工期、质量达到合同规定的要求。

（2）汽车线设备拆迁，有设备的说明书、资料，可以按说明书进行拆装，无资料，可以与业主、工艺设计方商定，依据拆解前设备鉴定记录的参数和精度，确定采用的标准或参考相关国家通用施工规范。

3. 适用范围

适用于汽车生产线拆迁、安装调试及类似的工程。

4. 工程案例

2009年～2010年英国LDV商用车焊装、冲压、总装生产线、设备整厂拆迁工程。2010年～2012年澳大利亚三菱公司和瑞典萨博拆迁冲压和变速箱生产线拆迁工程。2015年～2016年柳州某汽车厂多条焊装生产线国内拆迁工程。2015英国宝马HAMSHALL工厂发动机线英国搬迁项目。2016年南京某汽车厂的冲压线生产线及其附属设备国内拆迁工程等。

（提供单位：中国三安建设集团有限公司。编写人员：王鑫、杨慧清、姚宏晅）

2.11 大型离合器式螺旋压力机安装技术

大型压力机是关系国家安全、经济发展的战略性设备，也是电力、航空、军事等制造业的基础性设备。离合器式螺旋压力机为机械驱动的模锻压力机，该类型的设备应用于热工件的模锻、预锻及精锻，设备控制系统采用最新计算机模块化技术及总线技术，通过精密复杂的液压系统，调节进入离合器的油压以精确控制打击力，同时可调节打击行程及打击速度，工艺适用范围广泛。

2.11.1 技术内容

（1）关键技术

大型离合器式螺旋压力机设备单件重量大、数量多，安装装配精度高，而往往车间内只有一台常规吨位的桥式起重机（辅助安装及检修生产用），无法满足整个设备安装的需要；大型汽车吊又受现场作业面所限而无法使用，致使设备吊装就位难度很大。

本技术把计算机控制液压提升＋滑移的新技术应用到大型设备部件的吊装上，并设计了配套的《大型设备提升滑移组合龙门架》吊装装置（图2.11-1），用来完成大型设备部件卸车、翻身、吊装、就位调整工作，即：

1）将液压同步提升技术用来解决垂直升降问题；

2）用液压爬行器滑移解决水平移位问题；

3）用组合式提升滑移龙门架解决结构承载问题。

（2）安装实施流程

1）进行地基处理、放线，安装桅杆底座。

2）根据构件的分解图进行制作，制作内容涵盖桅杆底座、桅杆标节、桅杆顶节、主梁卸车跨、主梁设备就位跨、端头梁、滑移梁、提升缸底座等。

3）将工装的各构件运至现场，按设计要求在地面组装好；然后将组装好的桅杆、主梁、滑移组合梁分模块整体吊装就位，在工装没成整体之前，桅杆竖立过程中要在其顶部拉四根风绳，确保安全。

4）将4台油压千斤顶（提升油缸）的钢绞线安装好，用天车将提升油缸安装至滑移

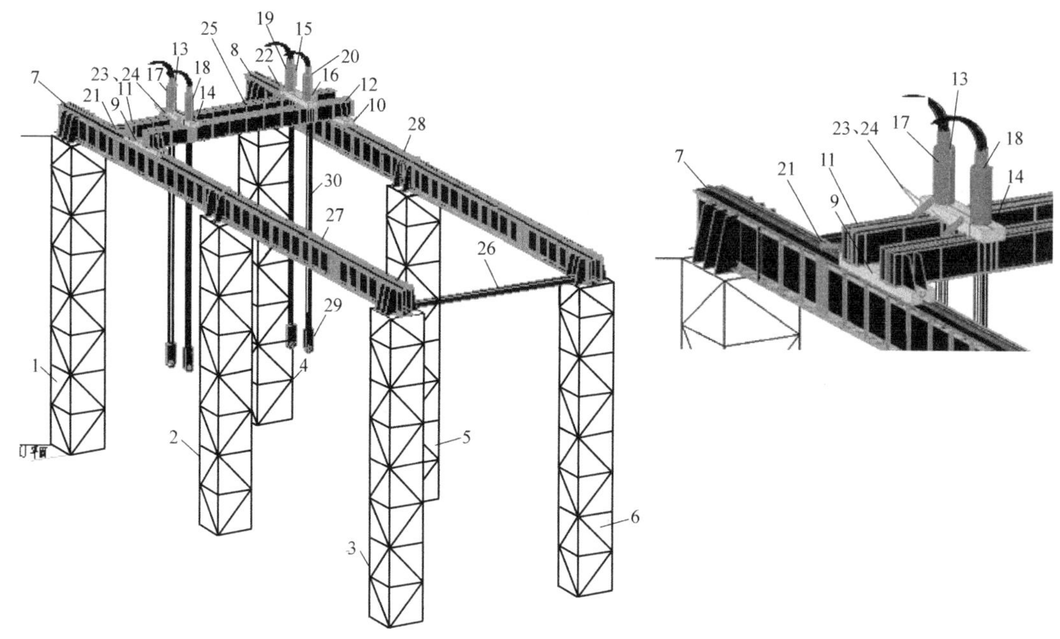

图 2.11-1　大型设备提升滑移组合龙门架示意图

1～6—立柱桅杆；7～8—主梁；9～10—端头梁；11～12—吊装滑移梁；13～16—底座；17～20—提升缸；21～24—液压爬行器；25～26—连接小梁；27～28—方钢导轨；29—专用吊具；30—钢铰线

梁上部的提升缸底座上，继而安装提升托架的下锚点。

5）安装工作台下部设备（转盘、下螺母、顶出器、底板），同时安装爬行器和液压站及液压管道，进行调试，完毕后将工作台的吊点与提升缸的下锚点用 4 根 100t 柔性吊带连接。

6）设置传感监测系统，在每个提升吊点下面设置激光测距仪，随时测量设备的提升高度及主梁与滑移梁的挠度变化值。

7）提升系统上各主要受力处，设置应变片，布线与主控计算机连接。

8）进行试起升，检查整体提升系统的工作情况，起升离地面 100mm 停滞 2～3h，之后对工装及提升设备进行全面检查。

9）进行正式起吊，正式吊装时按照 6）、7）的内容进行密切监视。

10）进行预滑移，全面检查液压系统的状态，加载按照爬行器最初加压为所需压力的 40%、60%、80%，在一切都稳定的情况下，可加到 100%。

11）在一切正常情况下可正式开始滑移，滑移时按 10）的内容进行，首先是分级加载，直至系统上显示有位移为宜，停止加载，进行正式滑移。

12）滑移至安装位置，对设备进行回落，因设备本身装配精度较高，设备落至定位环处后，对设备的前后左右进行微调，上下调整其水平度，一切就绪后，同步液压缸按 12～2mm/次进行回落设备。

13）安装工作台定位环、立臂、滑块、主螺母、导轨板、主螺杆、平衡缸等设备，之后进行上横梁的吊装（图 2.11-2），提升滑移就位方法同工作台。之后进行上部设备及附属部件的安装。

14）设备调试。

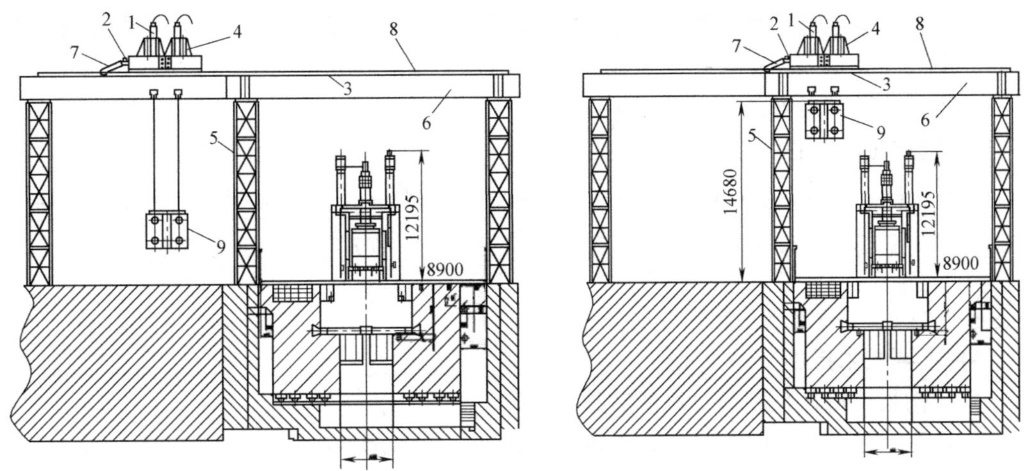

图 2.11-2　上横梁吊装就位示意图

1—提升缸；2—端头梁；3—滑道；4—滑移梁；5—桅杆；6—主梁；7—爬行器；8—方钢；9—上横梁

2.11.2　技术指标

（1）《锻压设备安装工程施工及验收规范》GB 50272；

（2）《工业金属管道工程施工质量验收规范》GB 50184；

（3）《电气装置安装工程　低压电器施工及验收规范》GB 50254；

（4）《给水排水管道工程施工及验收规范》GB 50268。

2.11.3　适用范围

适用于大型压力机及类似设备的安装工程。

2.11.4　工程案例

无锡透平叶片有限公司 3.5 万吨离合器式螺旋压力机安装项目等。

（提供单位：中国机械工业第五建设有限公司。编写人员：杨琦、朱友文、贺刚）

2.12　大吨位、大跨度龙门起重机现场建造技术

大吨位、大跨度龙门起重机具有跨度大、起重能力强的特点，是大型船舶建造等行业不可缺的技术装备。大吨位、大跨度龙门起重机由主梁、刚性腿、柔性腿等三大结构件组成。由于尺寸庞大，制作精度要求高，总重量达数千吨，无法在结构加工车间拼装成整体运往安装现场，只能先在钢结构生产车间加工成合适尺寸的结构构件及结构单元，待运往施工现场后拼装成三大整体构件，再通过三大整体构件的提升、空中组对等安装方法，最终完成龙门吊结构的建造。

2.12.1　技术内容

（1）建造的重点和难点

1）结构复杂，尺寸庞大，异形件多，制作和安装精度要求高。

2）钢板及型材厚度大，焊缝充填量大，焊接变形大，现场施工条件差，质量难以保证。

3）吊装工作量大，整体提升风险高。

4）机械传动配套部件多、装配精度高。

（2）建造工艺流程

结构材料采购进厂 → 材料预处理 → 板单元预制 → 段单元组装 → 段单元喷涂 → 三大结构件现场总体拼装 → 配套设施及电气安装 → 整体提升 → 高空对接与调整 → 电气安装调试 → 试车竣工验收

（3）主要技术措施

1）结构板片构件预制与分段拼装技术

① 采用大型钢结构加工厂专业装备和设施进行板单元预制加工

由于受施工现场、外部环境等条件的限制，为保证质量、加快施工进度，采用大型钢结构加工厂专业装备和设施进行板单元预制加工，各工序如材料预处理、数控切割下料等，均采用专业化生产线进行。考虑结构尺寸大，变形不易控制的情况，在板片加劲肋焊接时采用反变形胎架，以抵消板片焊接角变形。专业加工设备、加工工装如图 2.12-1～图 2.12-4 所示。

图 2.12-1 钢材预处理自动生产线

图 2.12-2 磁力吊起重搬运

图 2.12-3 数控火焰切割机切割下料

图 2.12-4 板单元组焊胎具

② 段单元拼装流程

段单元拼装胎架的搭设 → 拼装底层侧面板 → 完成底层侧面板的拼装 → 安装横隔板 →

安装上弦面板→安装下弦面板→安装顶侧面板

③ 线下两拼技术要点

a. 板片吊装前，先对对接坡口处进行打磨除锈，并保证清除焊缝两侧 50mm 内的水、油污及其他杂物；

b. 将面板吊装至两拼胎架，使用千斤顶、倒链等工具调整，使其横基线对齐，并保证纵基线间距达到设计值，同时根据板厚和焊接工艺参数，预留 3～5mm 焊接收缩余量，保证焊接后的基线间距（基线间距 $L=A_1+A_2+B+C$，其中 A_1、A_2 为基线到板边尺寸，B 为焊缝间隙，C 为焊接收缩量），见图 2.12-5；

c. 为防止焊接角变形，应预设 10～20mm 反变形起拱量；

d. 拼装检查合格后，将两块面板用马板固定，并用 L 形码板和楔铁将焊缝位置调平（图 2.12-6），保证其对接口错边量小于 1mm；

e. 采用二氧化碳气体保护焊完成拼接缝的焊接。每一层焊接之前，对前一层焊缝进行检查，清除有可能出现的夹渣、气孔、裂纹等缺陷。同时，使用红外测温仪控制焊缝的层间温度在 150℃以下。

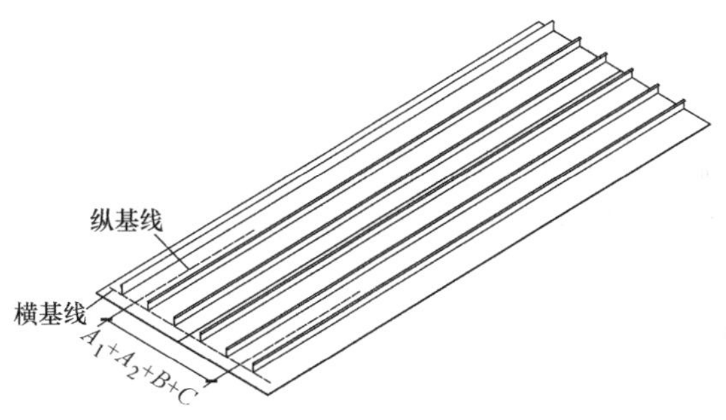

图 2.12-5　面板两拼尺寸保证示意图

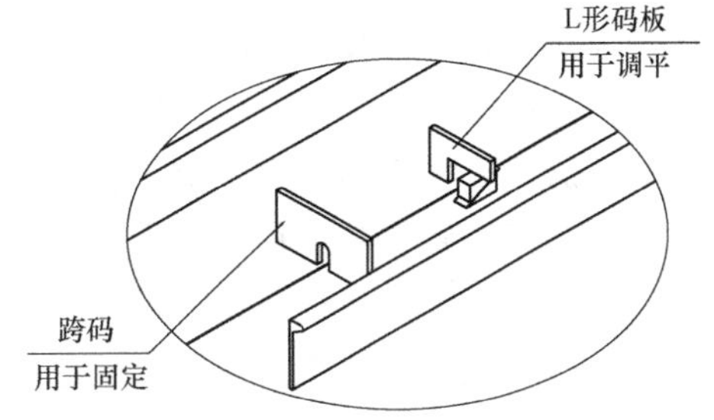

图 2.12-6　面板两拼码板调整示意图

f. T 形材与加筋强安装、焊接。以结构件板片构件制作横基线为基准组装 T 形材与加筋强，并完成焊接（图 2.12-7）。

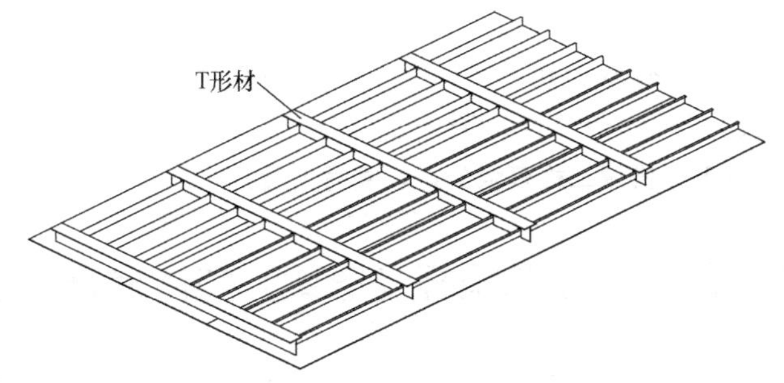

图 2.12-7　T 形材与加强筋布置

2）总拼装与主梁起拱技术

主箱梁段单元在组装和总体预拼装过程中，考虑到钢梁结构自重及负重时会有一定的下挠，因此在节段预拼装时需要按照一定曲线进行预拱，以确保结构使用时能够达到理想的设计状态。主要采用折线起拱的方法进行拱度预设，主梁按起拱折线进行分段制作，总组胎架墩按折线起拱搭设，考虑结构制作应力的影响，在设计给定的起拱度的基础上另加附加拱度，保证龙门吊主梁的起拱不小于设计拱度。

3）测量与控制技术

测量是尺寸保证的关键，本项目采用徕卡全站仪（1201+）作为现场拼装时的主要测量仪器，在拼装和提升过程中，龙门起重机的所有尺寸控制均使用徕卡全站仪无棱镜模式测量，不仅在主梁，刚性腿，柔性腿选取合适的尺寸控制点，而且在地面上根据情况选取若干地样点共同控制起重机的整体尺寸。考虑到天气因素的影响，一些主要尺寸的测量在每天的同一时间段进行，每次测量后都要以书面形式记录测量数据。

4）吊装与整体提升技术

大吨位、大跨度龙门起重机组成构件多，重量大，建造施工中起重作业多，危险性大，项目的各个吊装和提升作业方案必须经过精确的科学计算，周密安排和部署，才能安全完成吊装任务。本项目采用 ANSYS workbench、SAP2000 等软件作为结构建模分析与计算手段，对吊点、吊具、提升门架、待吊构件等进行受力计算与验证，为编制吊装与提升方案提供科学依据，保证了吊装作业的安全可靠。

2.12.2 技术指标

（1）《起重机设计规范》GB/T 381；

（2）《造船门式起重机》GB/T 27997；

（3）《起重机械无损检测　钢焊缝超声检测》JB/T 10559；

（4）《电气装置安装工程　起重机电气装置施工及验收规范》GB 50256；

（5）《起重机安全规程　第 1 部分：总则》GB 6067.1；

（6）《起重设备安装施工及验收规范》GB 50278。

2.12.3 适用范围

适用于大吨位、大跨度门式起重机建造及安装工程。

2.12.4 工程案例

海洋石油工程（青岛）有限公司 800t×185m 龙门起重机建造工程、广州中船龙穴造船有限公司 600t 龙门起重机建造工程、厦门造船厂 300t×94m 龙门起重机工程等。

（提供单位：中国机械工业机械工程有限公司。编写人员：陈二军、杜世民）

2.13 大型桥式起重机直立单桅杆（塔架）整体提升安装技术

用单桅杆（塔架）整体提升大型桥式起重机是国内普遍采用的施工方法之一，通常在厂房结构不能利用或者现场空间受限无法使用吊车时采用，这种方法安全、经济、稳定性好，施工工法成熟，被诸多施工企业在桥式起重机安装工程中使用。

2.13.1 技术内容

（1）一次性整体提升桥式起重机就位

利用单桅杆（塔架）整体提升桥式起重机时，先将两片大梁运到起吊位置进行拼装，桅杆（塔架）直立在大车之间，再将小车、驾驶室安装就位，并把小车固定锁死，利用卷扬机和滑车组一次性整体吊装桥式起重机就位，见图 2.13-1。其优点是：

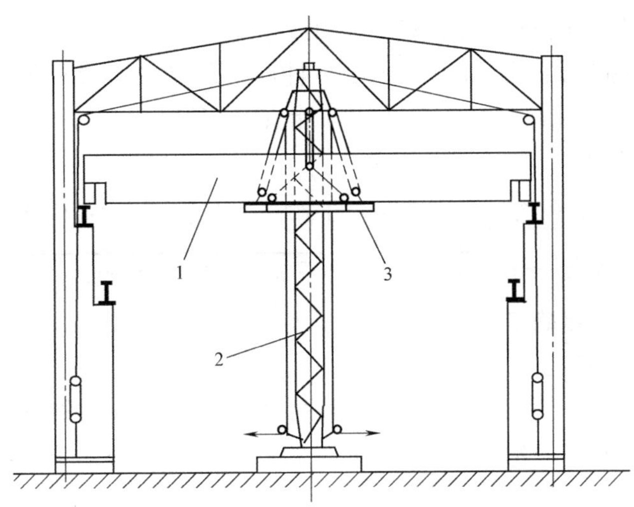

图 2.13-1 桥式起重机整体吊装示意图

1—桥式起重机；2—桅杆；3—自制专用托架

1）厂房建筑结构无吊装负荷；

2）大多数操作在地面完成，减少了高空组装作业，更安全、高效，起重机的组对安装质量更好；

3）桅杆（塔架）可以重复多次使用，吊装工程成本低；

4）操作性好，整个吊装过程易于控制，吊装工作安全可靠。

（2）条件特殊

1）四梁双小车起重机属冶金行业铸造炼钢等专用起重机，较同起重吨位桥式起重机超宽、超高、超重，其主要特征是有主副四根大梁和主副两台小车。

2）受厂房条件的限制，无法采用大型吊车进行吊装工作。

3）采用桅杆完成吊装作业，其准备周期长，环节多，需要投入的设备、机工具较多，相应的施工作业人员也多。

4）在生产车间内施工，施工区域和吊装空间受到限制，车间生产与施工交叉作业，要求安全技术措施必须可靠、到位。

（3）关键技术

1）采用计算机建模：吊装过程进行动态三维模拟，使起重机各部件在起升过程中不会与其他物体发生干涉，发生事故，从而起到事半功倍的效果。

2）自制端梁：为减小桥架外形尺寸，便于空中转体，吊装时主梁临时用自制端梁刚性连接。

3）夺吊大车行走机构：为减轻最重件桥架的起吊重量，将大车行走机构和桥架分别进行吊装。利用厂房钢结构，在两相对钢柱上端焊设吊耳，采用夺吊法预先将 4 组大车行走机构吊装到行车轨道上。

4）采用专用托架：桥架吊装时用自制专用托架代替传统的钢丝绳捆绑主梁的方法，此工艺消除了捆绑绳对主梁的水平分力，避免主梁侧弯变形，并降低了吊点高度，增大了吊装操作空间。吊索夹角减小，钢丝绳的受力亦相应减小。

5）设制小车捆绑支撑：为了有效降低小车捆绑高度，在小车架两侧加设刚性捆绑支撑，同时也避免了滑车组与小车两侧的挤靠，使小车能顺利提升。

（4）吊装工艺流程

夺吊大车行走机构（4组）→ 桥梁自制端梁组装 → 单桅杆整体提升桥架 → 大车行走机构、端梁组装 → 两片桥架分离 → 双桅杆抬吊小车 → 合拢连接桥架、小车就位

（5）桅杆位置和高度确定

1）桅杆站立位置确定

桅杆站立位置，一般应考虑在厂房两纵向柱的中心线上，以便桥式起重机顺利回转就位。

而确定厂房横向柱间的站位，则应根据大车（含大梁行走机构和端梁）重量、小车及驾驶室的重量与位置，并通过计算求得。桅杆不能竖立在车间跨距中心，而须向放置小车的一侧偏移。

2）桅杆有效高度的确定

根据大车轨面标高与屋架下弦的距离来确定，桅杆顶部距屋面下端留出0.3m的操作空间。

（6）桥式起重机回转就位可能性确定

桥式起重机吊装回转区域内的四根厂房立柱，其对角线净距应大于桥式起重机平面对角线尺寸，吊装回转就位方即可顺利进行；如厂房柱对角线尺寸大于起重机对角线尺寸时，可采用临时端梁固定的方法先提升两片大梁，然后再吊装对接端梁。

2.13.2 技术指标

（1）《起重机设计规范》GB/T 381；

（2）《起重设备安装施工及验收规范》GB 50278；

（3）《起重机安全规程　第1部分：总则》GB 6067.1；

（4）《电气装置安装工程　起重机电气装置施工及验收规范》GB 50256。

2.13.3 适用范围

适用于车间厂房内或露天大型、重型桥式起重机的提升就位，尤其适用于受限车间厂房内和其他难以采用汽车吊或履带吊的场合。

2.13.4 工程案例

德阳东方电机厂550t/250t×33m桥式起重机安装工程、江西新余钢厂180t/50t×27m四梁双小车铸造桥式起重机吊装工程。

（提供单位：中国机械工业第一建设有限公司。编写人员：尹波、罗宾、徐东）

2.14 薄壁不锈钢洁净管道施工技术

2.14.1 技术内容

(1) 技术特点

1) 采用BIM技术相结合的新型管道预制加工方式，大大提高了管道预制加工深度，减少了现场作业，不仅提高了功效，还有效地保证了焊接质量。

2) 采用数字化自动焊接技术，可以实现管材不开坡口，实行无间隙组对，通过母材自熔，形成焊接接头，采用内外充氩气保护的自动氩弧焊接，很好地满足了医药行业GMP对洁净管道的焊接技术要求，工效也大幅提升。

3) 采用充氩保护节气装置，解决管道内部长距离充氩保护用气量大、浪费严重的问题，保证了充氩气流的纯度和稳定性，起到了很好的保护效果。

(2) 应用BIM技术进行工厂化预制

应用BIM模型参数化的特点，对管道系统进行参数设置、管线综合以及碰撞检测等工作，通过调整模型和现场勘查比对、优化布局，确定工厂化预制的内容及加工图。BIM建模工艺流程如图2.14-1。

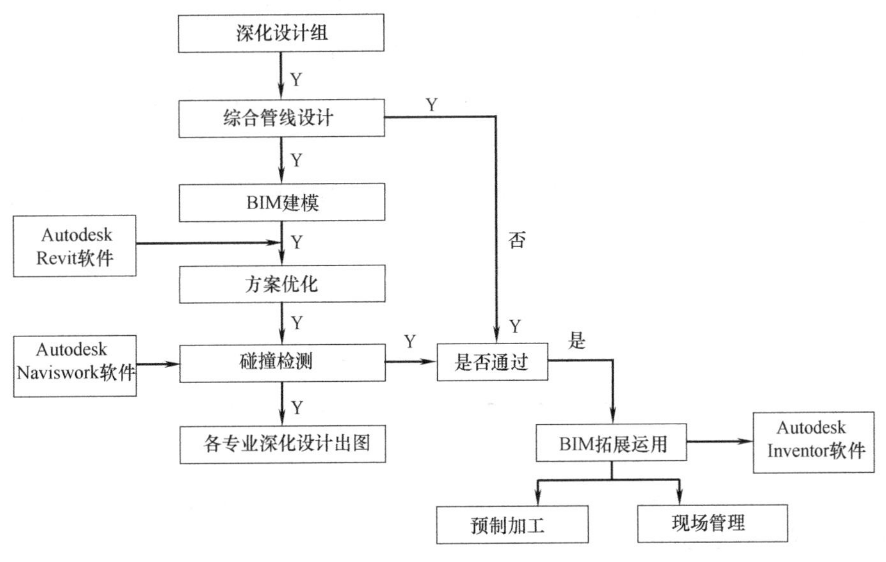

图2.14-1 BIM建模工艺流程图

1) 三维模型建立。利用Autodesk Revit软件进行建筑、结构建模，利用Magicad和CADworx软件进行暖通、给水排水、电气和工艺等专业建模工作，然后根据统一标准把各个专业的模型链接在一起，获得完整的全专业模型。

2) 方案优化。根据建立的三维综合管线模型，对不同的方案进行比较分析，选择最优布置方案。

3) 碰撞检测。将整体模型导入Navisworks分析工具中，利用Navisworks软件对模型进行碰撞检测，然后再分别回到 Revit、Magicad 和 CADworx 软件里将模型调整到“零”碰撞。

4）综合模型。按不同专业分别导出；在 Navisworks 软件里面将各专业模型叠加成综合管线模型进行碰撞检查；根据碰撞结果回到各自专业对应软件里对模型进行调整；确定最终支架布局方案。

5）将三维模型导入到 Inventor 软件里，制作预制加工图。

（3）管件组对

组对管端必须垂直于管中心轴线；管道在组对焊接前应对管口圆度进行检查与校正，管道组对定位焊采用不加丝手工钨极氩弧焊，禁止在母材上引弧。点焊时不得熔穿管端接口，应选用尽可能小的工艺参数进行点焊。

（4）焊接工艺参数程序设定

1）管材焊接区间的设定。按照全自动氩弧焊机的焊接区间功能确定焊接角度区。

2）焊接电流选择。在保持电弧稳定的前提下，应合理选择基值电流，便于控制热输入。

3）电流时间选择。一般峰值电流时间宜是基值电流时间的 1/3。

4）钨极与管材间距选择。安装钨棒时，钨棒顶端不应高于传动齿圈根部。

5）氩气流量及充气时间选择应符合要求。使用 99.96%以上的高纯氩气，供应方要提供检测报告和合格证，并经过实际焊接试验来验证气体的纯度。

6）焊前充气和焊后充气时间与选用的焊头型号和焊接的管径有关，一般情况下，TC76 焊头焊前、焊后充气时间各为 6～8s；TC116 焊头焊前、焊后充气时间各为 8～12s。

7）脉冲峰值/基值时间，管材壁厚可按表 2.14-1 取值。

脉冲峰值/基值时间与管材壁厚对照表　　表 2.14-1

管材壁厚(mm)	脉冲峰值/基值时间(s)
0.64	0.1/0.3
0.89～2.11	0.15/0.3
2.16～2.41	0.2/0.4

8）编制焊接程序

将上述各参数选定后，编制焊接程序，存入 M-207 存储器中，随时调用。

（5）焊接工艺试验要求

1）管材试件应端口平整、无毛刺及油污等。根据试件的规格选择对应的密封焊接机头及预设焊接程序进行试焊。

2）通过 RTC06 的遥控器实时显示功能，观察焊接过程的各种状态。通过对焊接试样的外观检查及内窥镜检测，依据设计要求及规范评定焊接质量。

（6）焊接工艺参数储存要求

1）将上述各参数选定后，在焊接电源电脑操作台上编制焊接程序。

2）焊接程序编制后要进行焊接试验，将该程序存入存储器中，待随时调用。

3）将经试验符合要求的程序和参数进行备份。

(7) 工厂化预制、储存和现场安装

1）根据已绘制的施工图，结合现场实际情况，对于能批量加工预制的管件可在加工区域采取大批量工厂化流水线预制（下料、平口、组对、焊接），以提高安装工效。

2）管材和预装配件的存放环境要洁净、通风、防腐蚀等。

3）管道现场装配。所有组装管件不应在受力下装配。

(8) 焊接充氩节气装置

自动焊节气装置包括两个节气辅助装置。管道焊接时，由于采取了上述节气装置，解决了管道内部长距离充氩保护用气量大、浪费严重的问题，保证了充氩气流的纯度和稳定性，起到了保护效果，保证了焊接质量。

(9) 管道支吊架制作安装

1）洁净管道支架按安装位置分为吊顶夹层内和车间明装两种。管子采用洁净管道专用管卡固定在支架上。所有不锈钢支架焊接完成后，必须酸洗钝化，焊缝必须打磨光滑。

2）在满足生产工艺的前提下，结合现场实际情况，对原有管线布局进行二次深化设计，合理布局工艺管线，使管线统一成排，整齐、美观。

(10) 管道压力试验

1）压力试验应以液体为试验介质。当管道的设计压力小于或等于 0.6MPa 时，也可采用气体为试验介质，但应采取有效的安全措施。

2）不需要进行压力测试的设备，在测试过程中应该与系统断开或使用其他合适的方式与测试系统隔离开。

3）管道试压时，阀门应在全开的位置，试验应符合规范要求。

4）试验结束后，应及时拆除盲板、膨胀节限位设施，排尽积液。排液时应防止形成负压，并不得随地排放。当试验过程中发现泄漏时，不得带压处理。消除缺陷后，应重新进行试验。

5）管材钝化处理。纯化水预冲洗，脱脂，酸洗，钝化。

6）管路在正式使用前还必须按工艺要求执行。

2.14.2 技术指标

(1)《化工企业静电接地设计规范》HG/T 20675；

(2)《给水排水管道工程施工及验收规范》GB 50268；

(3)《现场设备、工业管道焊接工程施工规范》GB 50236；

(4)《工业金属管道设计规范》GB 50316；

(5)《工业金属管道工程施工及验收规范》GB 50235；

(6)《洁净厂房设计规范》GB 50073。

2.14.3 适用范围

适用于洁净度 100～100000 级的洁净厂房中，壁厚 $\delta \leqslant 3$mm、管径≤116mm、设计压力 $P \leqslant 1.6$MPa 且设计温度＜400℃的薄壁不锈钢管道工程。亦适用于食品、饮料加工企业中薄壁不锈钢管道工程。

2.14.4 工程案例

成都康利托药业、神威药业集团有限公司注射剂车间、中药提取车间和神威药业（燕郊）新建注射剂车间等。

（提供单位：中国机械工业第二建设工程有限公司。编写人员：郝荣文）

2.15 大型纸浆项目施工综合技术

大型纸浆项目施工工艺复杂，设备、管道布置紧凑，介质涉及浓硫酸、稀硫酸、芒硝、二氧化氯、氢氧化钠、硫酸钠、过氧化氢等十多种化学品；设备、管道材质和种类多，焊接材料种类多。有316、316L、304、304L、Q345R、20号、Q235B钛管和钛罐、双相钢容器等管道、复合板容器。容器和管道需现场焊接施工。大型纸浆项目施工综合技术解决了工艺复杂、焊接要求高、设备单体重、精度要求高的起重技术，焊接技术、测量技术的难题。

2.15.1 技术内容

（1）纸浆项目主要工艺流程（图2.15-1）

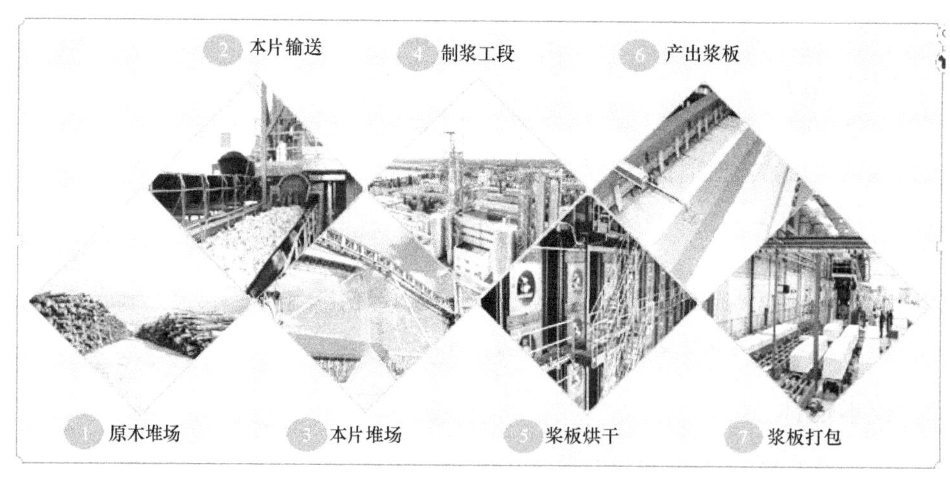

图2.15-1 主要工艺流程

（2）主要施工技术

1）双相不锈钢现场焊接技术

① 双相不锈钢特点。

兼有铁素体不锈钢和奥氏体不锈钢的优点，从而将奥氏体不锈钢所具有的优良韧性和焊接性与铁素体不锈钢所具有的较高强度和耐氯化物应力腐蚀性能结合在一起。

② 施工现场双相不锈钢焊接。

纸浆工程中的蒸煮塔、预水解塔、浓黑液槽等都是大型容器，材质均为双相不锈钢，在现场组对焊接条件差，为此制定了焊接工艺评定及质量保证措施。

③ 焊接线能量对双相组织的平衡起着关键的作用。

根据双相钢的金相组织情况，采用多层多道焊，后续焊道对前层焊道有热处理作用，为了避免上述情况的发生，最佳的措施是控制焊接线能量和层间温度。

2）浆板机安装技术

① 浆板机最重要的是湿部装置安装，湿部装置安装最重要的就是第一步——基础板的安装。在基础版施工前，需要埋设控制桩，控制桩用不锈钢制作，埋设高度不高于地平面，无沉降，无碰撞位置。

② 在混凝土立柱上部楼板处埋设不锈钢控制桩，采用高精度水准仪（0.01mm）进行测量和控制高程。应用信息化技术、集成高精度数字化测量仪器形成测控网，保证了超长、多点、大面积成套设备的安装精度。

3）倒锥型储罐倒装施工技术

① 大型纸浆项目喷放锅、P 塔、高浓浆塔等都属于倒锥型储罐。倒锥型储罐倒装施工技术主要针对空间狭窄，储罐下部是锥体，不适宜于我们传统的储罐提升法（如气顶法、正装法、液压提升法、传统群抱杆倒装法等）。

② 技术难度主要在锥体上设置裙抱杆和载荷计算；在锥体上部搭设平台进行操作，对于进板和提升难度都高于我们传统的地面操作。

③ 倒锥型储罐倒装施工采用储罐正装和倒装相结合。

4）石灰窑吊装技术

纸浆项目石灰窑筒体和轮带重 350t，高度 8～11m，厂房已完成施工。根据现场条件在狭小空间需要进行分段吊装，吊装难度很大，采取措施如下：

① 计算窑头重心，确定三台吊车的站位，统一指挥。

② 利用窑头基础和在室内增加过渡钢钢架，分两次进行抬吊。

③ 采用两台履带吊和一台汽车吊进行抬吊，协调进行作业。

2.15.2 技术指标

（1）《纸浆造纸专业设备安装工程施工质量验收规范》QB/T 6019；

（2）《现场设备、工业管道焊接工程施工质量验收规范》GB 50683；

（3）《机械设备安装工程施工及验收通用规范》GB 50231；

（4）《建材工业设备安装工程施工及验收规范》GB/T 50561。

2.15.3 适用范围

适用于大中型纸浆项目安装工程。

2.15.4 工程案例

白俄 40 万吨/年纸浆项目、山东太阳纸业项目、老挝太阳纸业项目等。

（提供单位：中国机械工业第一建设有限公司。编写人员：李永久）

2.16 大型糖厂项目施工综合技术

现代化的甘蔗糖厂的制糖工艺流程复杂，工艺先进，其中提汁工艺和澄清工艺分别采用了国际制糖先进技术的渗出法和臭氧洁净法；该项目糖线设备种类多，结构型式复杂，综合施工技术难度大，非标设备较多，半成品到货，现场组装量大，自动化控制程度高，控制仪表多，调试程序复杂，经采用本施工综合技术，达到了国际制糖标准。

2.16.1 技术内容

(1) 甘蔗制糖的工艺流程

设备布置根据甘蔗制糖的工艺流程、设备布置及设备自身特点，制糖工艺划分为三大板块：提汁、制炼和包装，其中提汁工艺含甘蔗接收与预处理、渗出、脱水等工段；制炼包含澄清、过滤、蒸发、煮糖、结晶、分蜜、干燥等工段；包装工艺包含装包和仓储等工段。

1）提汁：甘蔗渗出提汁工艺主要包括甘蔗接收与预处理、糖分渗出和湿蔗渣脱水等工序内容，其生产主要工艺设备及流程如图 2.16-1 所示。

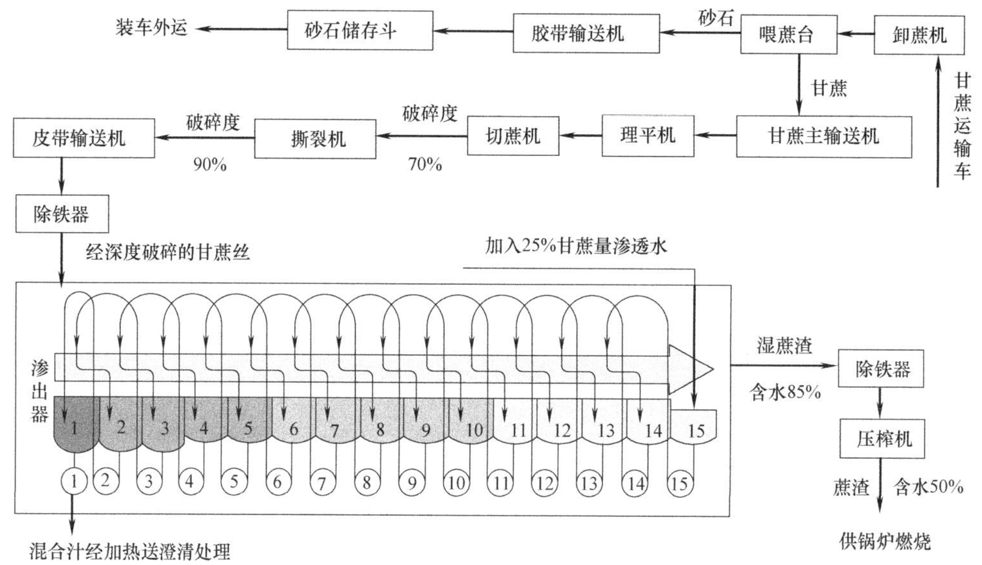

图 2.16-1 生产主要工艺设备及流程

2）澄清：是通过除去非糖成分以提高糖汁的纯度，并降低其黏度和色值，为煮糖结晶提供优质的原料糖浆，澄清过程按使用的澄清剂来命名，国内通常采用亚硫酸法、石灰法和碳酸法，三类方法各有利弊，近年来国外又出现一种较环保的技术—臭氧法，但目前技术操作成熟度有待进一步探索。

3）蒸发：是将经澄清处理的清汁通过五效连续蒸发去除水分，得到所需要的浓度糖浆的过程。澄清蒸发主要工艺设备及流程如图 2.16-2 所示。

4）煮炼及装包：从末效蒸发罐出来的粗糖浆经过进一步浓缩煮制至有蔗糖晶体析出，并使晶粒长到大小符合要求，这一操作过程，叫作煮糖（或结晶）；所煮得的蔗糖晶体与糖液（母液）的混合物叫作糖膏，糖膏自煮糖罐卸入助晶机，经逐渐降温的过程，帮助晶体继续长大，使蔗糖析出更加完全，叫作助晶；将助晶后的糖膏送入离心机，使晶粒与母液分离，叫作分蜜；原糖分蜜得到白砂糖，分离出的糖蜜作为下一级糖膏的原料，继续煮

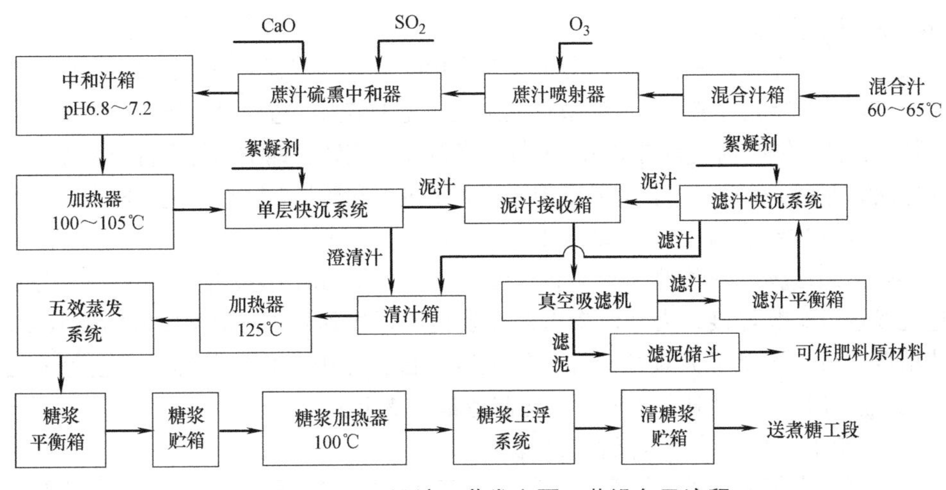

图 2.16-2　澄清、蒸发主要工艺设备及流程

炼得到的晶体可作为上一级结晶种子，到最末一级纯度低于 AP40 的糖蜜称为废蜜，可用于制作酒精原料；将白砂糖除去水分至符合要求的含水量，叫作干燥；干燥后的砂糖按规格大小用筛分类，叫作筛分；筛分后的合格砂糖便可装包作为成品。煮炼及装包主要工艺设备及流程如图 2.16-3 所示。

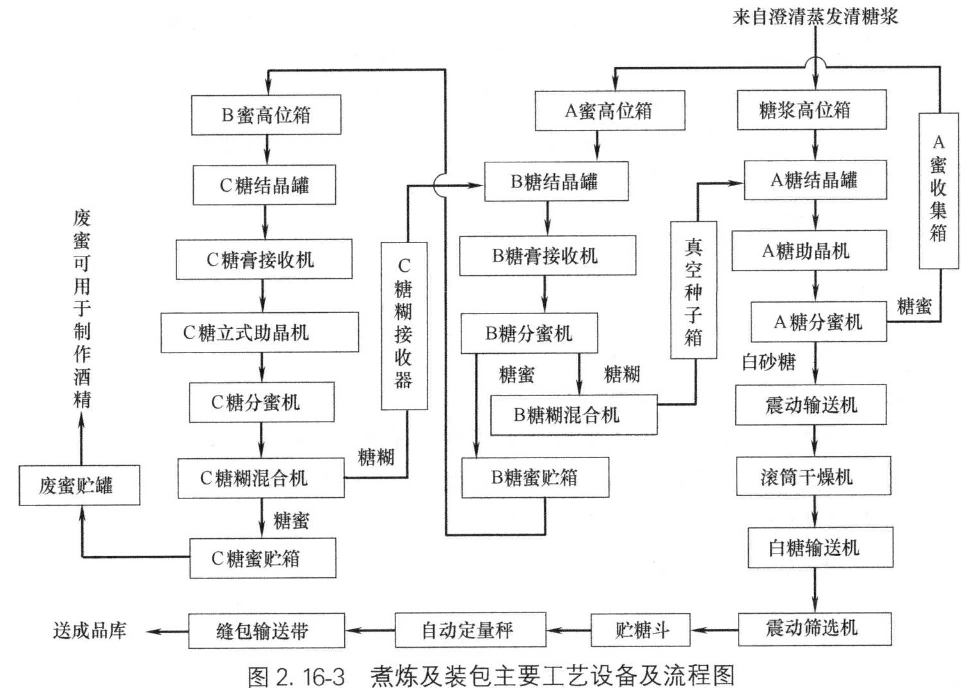

图 2.16-3　煮炼及装包主要工艺设备及流程图

(2) 主要技术内容

1) 基于 BIM 的 4D 施工管理技术

运用 BIM 技术建立糖厂数字化信息模型，进行可视化管理的综合管控。模拟施工过程，用于管线及吊装的碰撞检测；用于管线、钢结构及设备预制深度的控制；用于指导吊装及安装；用于交叉作业及施工进度的管控。

2）优化了工艺流程

针对糖厂工艺特点，在编制施工计划时充分考虑了工艺、资源、周期、成本等因素，以工艺调试节点确定安装完成节点、安装节点倒排土建完工节点，进行分区域、分层次的立体施工，将制桩打桩、钢结构安装与检测、非标设备制作与安装、钢结构与设备交叉作业以及设备调试与检测等同步依次进行，有效地控制了施工进度和质量，降低了施工成本。

3）研发了渗出器预制装配式安装技术

渗出器是渗出法糖厂的关键设备，空腔圆盘齿轮直径 8m，受运输条件限制，分 4 段运输到达现场进行组装焊接，为确保渗出器安装精度，达到德国 BMA 厂家的验收要求，保证组装精度，自主研发了大直径圆盘齿轮组装平台、专用夹具以及焊接工艺等成套技术，组装完成后经检测，达到了工厂标准化制造精度要求。

4）现场研制了一套简易微压仪表校验装置

该项目控制仪表较多，若采用常规手段，效率低、校验时间长，项目部自主研制了一套简易微压仪表校验装置，取得了良好的效果。该装置适用于校验所有有单座的智能变送器、三阀组智能变送器、所有压力开关、压力显示仪表等。还可校验单法兰液位智能变送器。保证了正压源及负压力源的供给平稳性，校验被测仪表的各种特性试验，用线性曲线整定零点、量程。该装置已申请发明专利。

5）研发了多种适用的施工工艺

境外糖厂建设地区，一般经济欠发达，地点比较偏僻，不像国内各种施工资源随时可以调用，在封闭、有限的施工环境下，我们研发了多种施工工艺，如为解决现场桩基静载试验问题，从实验原理进行研究，自行研制了一套试验方案，利用油压千斤顶和千分表，通过人工加载、记录、分析，完成了整个试验；为解决锅炉汽包吊装现场起重机械吊装能力不足的问题，我们研发了在狭小空间利用吊车、龙门架、卷扬机和滑轮组结合的吊装工艺，将汽包和电信设备吊装就位。

2.16.2 技术指标

（1）《机械设备安装工程施工及验收通用规范》GB 50231；

（2）《钢结构工程施工质量验收规范》GB 50205；

（3）《现场设备、工业管道焊接工程施工及验收规范》GB 50236；

（4）《电气装置安装工程电缆线路施工及验收规范》GB 50236；

（5）《建筑机械使用安全技术规程》JGJ 33；

（6）《施工现场临时用电安全技术规范》JGJ 46。

2.16.3 适用范围

适用于新建、改建的甘蔗糖厂或其他类似工业安装工程。

2.16.4 工程案例

圭亚那斯凯尔顿 8400 吨/日糖厂，玻利维亚圣布埃纳文图拉 7000 吨/日糖厂，埃塞俄比亚瓦尔凯特 12000 吨/日糖厂。

（提供单位：中国机械工业第二建设工程有限公司。编写人员：张意成）

2.17　医药洁净厂房机电施工技术

洁净厂房主要用于制药、医疗、化工、精密机械制造、光学、微电子等行业。就医药厂房机电技术而言，主要包括以下几部分：彩钢板隔断、净化空调、公用动力、制药工艺设备及工艺管道、电气照明以及自控系统等。在满足车间生产工艺要求的前提下，工艺布局应符合生产工艺流程及空气洁净度等级要求，综合考虑工艺设备安装和维修、管线布置、气流流型以及净化空调系统等，合理的建筑布局，能避免生产过程中的人员和物料间的交叉污染，从而在保证产品质量的前提下，最大限度发挥设计生产能力。

2.17.1　技术内容

（1）医药厂房机电安装技术关键

洁净室施工是医药厂房机电安装技术关键，每一个安装细节的污染物质，微生物是医药厂房洁净室环境控制的重中之重。医药厂房洁净区的设备、管道内积聚的污染物质，虽然不影响洁净度检测，但可以直接污染药品。洁净室关键在于控制尘埃和微生物。

（2）医药厂房洁净室系统组成

建筑结构（室内装修含彩钢板围护、自流坪地面等），净化空调系统排风除尘系统，公用动力系统，制药工艺设备及工艺管道系统，电气照明系统，通信消防安全设施系统，环境控制设施系统。

（3）关键技术

管线综合平衡技术；自熔焊接技术；管道焊缝内窥检测技术；气体保护焊节气技术；施工过程洁净控制技术；工厂化预制技术；不锈钢管道系统酸洗和钝化技术。

（4）质量控制

1）建筑围护结构（彩钢板隔断）安装质量控制

① 组合方式及特性：净化车间的洁净度，取决于围护结构的密闭性能，取决于墙体组合形式，工艺及选用的结构连接体（铝合金结构体）的形式。

② 二次设计：采用计算机排版技术。结构的二次设计根据设计院提供的各专业图纸，结合建设方的工艺要求，综合考虑暖通、管道、电气的专业配合，根据GMP认证检查标准，室内装修要符合要求。

2）净化空调安装质量控制

① 风管和部件应采用优质镀锌钢板，风管内表面必须平整光滑，不得在管内加固风管，咬接应采用联合角咬口，接缝必须涂密封胶。

② 高效过滤器安装前必须对洁净房间和净化空调系统全面清扫、擦洗，达到清洁要求后，开启净化空调系统连续试运行12h以上，再次清扫，擦洗洁净室，立即安装高效过滤器。

③ 高效过滤器安装前，应在安装现场拆开包装进行外观检查，应符合设计要求；检查和检漏合格后方能安装。

④ 施工成品主要是密封性和洁净要求较高，风管试压、保温在吊顶前做完，静

压箱、风口散流器、百叶配合吊顶施工以及中、高效过滤器在系统吹扫、检查合格后再装。

⑤ 净化空调综合调试，着重洁净室洁净等级测试和室内温湿度、风量、风压检测。

3）工艺洁净管道施工质量控制

洁净管道是构成医药生产工艺的重要组成部分，是医药生产过程中各种流体介质进行传输的重要媒介，保证施工质量的措施：

① 各工序作业前分工序做专业技术交底。

② 保证焊口内外光滑，耐腐蚀和洁净度，采用数字化自熔焊接技术。正式焊缝焊接前预先做出合格的焊接样件，确定各焊接参数。

③ 保证整个输送管路的坡度和流畅性，管路要尽可能短，尽量减少弯头。

④ 管道采用工厂化预制。洁净管道的材料放置和管道的预制，必须设置符合要求的专用洁净房间。

⑤ 进行管线重新布局和管路优化，尽量考虑共用管架，给后续洁净管道施工流出足够的安装空间，从而保证其管路坡度和流畅性要求，减少管路死角和存液问题。

⑥ 全自动氩弧焊机的焊接样件确认，每种规格的管子都要在正式焊缝焊接前预先做出合格的焊接样件，确定各焊接参数。

⑦ 加强过程的主要检查。GMP 验证需要焊接施工过程的记录，要及时如实建立。

（5）技术创新

1）首次对 304/316L 不锈钢薄壁管道采用了全数字化氩弧自熔焊接技术，很好地解决了医药 GMP 认证以及药品生产工艺对纯化水、注射水和物料等介质的无污染、耐腐蚀、内壁洁净光滑输送环境要求，在满足洁净管道焊接质量要求的情况下，极大地节省了人工成本，缩短了施工周期，取得了良好的经济和社会效益。

2）薄壁不锈钢洁净管道全数字自动焊接技术采用微处理控制 TIG 电源和全封闭式焊枪的自熔全焊透，实行全计算机控制，程序化操作，管材可以不开坡口，实行无间隙组对，通过母材自熔，形成焊接接头，采用内外冲氩保护自动氩弧焊接。

2.17.2 技术指标

（1）《洁净厂房施工及质量验收规范》GB 51110；

（2）《给水排水管道工程施工及验收规范》GB 50268；

（3）《工业金属管道工程施工及验收规范》GB 50235。

2.17.3 适用范围

适用于制药、医疗、化工、精密机械制造、光学、微电子等有洁净度要求的厂房工程。

2.17.4 工程案例

神威药业综合制剂车间技改工程、注射剂车间建设工程以及中药提取车间及配套工程的机电安装项目。

（提供单位：中国机械工业第二建设工程有限公司。编写人员：郝荣文）

2.18 二手纸机拆迁技术

在制浆造纸工业新建或扩建工程中，为节约项目建设资金，实现低成本扩张，从制浆造纸工业发达的欧美等国家引进二手机生产线不失为一个好的途径。二手纸机生产线具有设备种类多、管道材质多、电气、仪表种类复杂，因此二手纸机拆卸质量的好坏、拆卸标记的科学性、完整性将直接影响回国后纸机的检修、安装质量、工程进度、纸机的正常运转。传统的国外二手纸机拆迁，破坏性拆迁较多，拆卸标记不够科学、不够完整，造成回国后制造、检修量增加，制约了工程施工进度和施工质量。采用此二手纸机项目拆迁工法，就能保证二手纸机拆卸质量和拆卸标记的正确完整性，大大缩短回国后检修、改造、重新安装的施工工期，保证了二手设备质量，大大提高了劳动生产率和工程质量。

2.18.1 技术内容

二手纸机拆迁，要保证在拆迁的过程中设备零部件标注清晰、易于识别和利用；拆卸过程中要根据不同部位的要求采取适当的措施；包装过程中要保证重点部位得到切实有效的保护，防止出现损坏的情况；装箱时要进行优化组合，节省集装箱租赁和运输成本，同时利于重新安装时的查找和使用。

二手纸机拆迁技术主要包括技术资料的收集、编号和标记、拆卸技术、包装技术和装箱单管理。

(1) 技术资料收集

需要收集的资料包括工艺图纸、设备资料、成套设备手册，工艺操作手册，设备升级改造资料以及其他资料。料收集后要与现场设备实际情况进行核对，在收集图纸上或单独作出说明，以明确现有设备情况与哪套图纸及资料相符。

(2) 编号和标记技术

二手纸机拆迁按照纸机本体设备、单体设备、工艺管道、操作平台、电气盘柜、电力电缆、仪表盘柜、控制仪表、控制电缆等进行分类编号标记。编号要避免各分部设备之间、每一分部内部设备之间相互混淆，又能保证设备装箱运到安装地之后，迅速根据标记找到设备名称及安装位置。

根据设备原有标记均应以原始标记为标准进行标识并有拆迁字样。纸机以原始标记字头为准进行分段明确标识。在拆卸过程中，设备连接所用的螺栓等小件物品按分部操作侧、分部传动侧进行单独装入小包装箱内，并点清数量。

标记工作完成后，对所标记的设备、管路、阀门、自动化仪表设备等进行现场录像和照相而形成的影像及照片资料。因数码摄像机和数码照相机的普及及应用，使得资料的保存变得非常方便。

(3) 二手纸机拆卸技术

1）网部压榨部拆卸，将设备按安装顺序的倒序，本着从上而下，先附件后主要原部件的原则进行拆卸作业，先拆卸顶层导辊的刮刀、喷淋管等部件，然后拆除真空吸水箱及导辊，再拆除机架及悬壁梁和平台爬梯等部件，依次进行下一个层面的部件。在拆卸导辊时要用双钩同时起吊（如图 2.18-1），特别需要注意的是拆卸吸水箱时要注意做好陶瓷面板的防护工作，避免陶瓷面板被碰碎。拆卸流浆箱时要注意对唇板的保护，防止唇板磕碰变形。对压榨部靴辊的吊运不得将吊带放到靴套上，应将吊装位置设在轴头上，对于需做运输辅助支架的设备部件，按照外方专指导专家的意见提前做好准备工作，把支架做好。

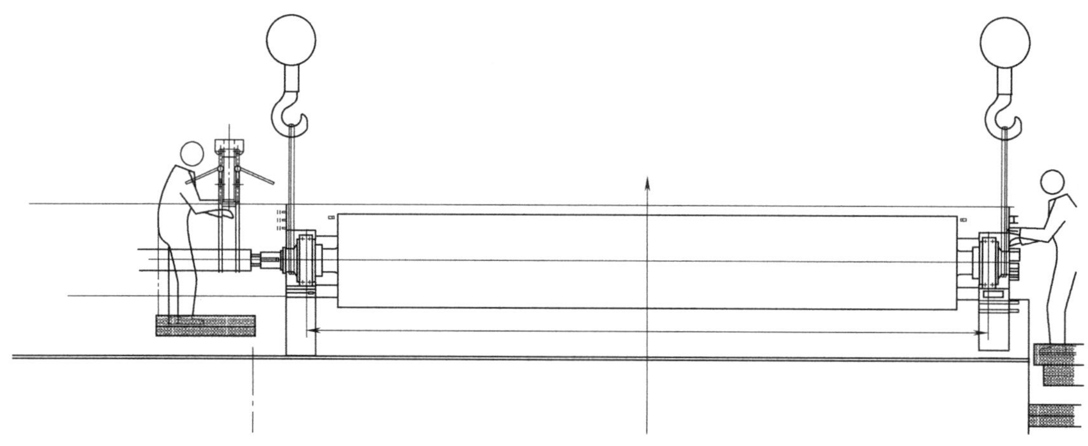

图 2.18-1　导辊吊装示意图

2）干燥部拆卸顺序为：传动拆卸、顶部张紧装置拆卸→上层导辊及其他附件拆卸→上层支架拆卸→对烘缸机架进行支撑、拆卸烘缸汽头→拆除横梁→拆卸烘缸→拆卸稳纸器、刮刀等→拆卸烘缸机架→拆卸真空缸→拆卸一楼导辊及张紧装置等→拆卸损纸输送带→拆卸损纸碎浆机。

3）压光机拆卸传动轴、上层和干部相连处机架、二压软辊刮刀、上层压辊、下层压辊、下层压辊刮刀、蒸汽喷箱、横向走台、机架内导辊和弧形辊、定距梁、机架。在吊运软辊要注意辊面保护。

4）卷纸机拆卸顶部搁纸架及摇臂和油缸、传动侧及操作侧盘柜、传动轴、卷纸缸两端活动机架、卷纸缸、刮刀及活动横走台、导辊及弧形辊和扫描架、顶部搁纸架立柱、机架。机架整体吊运，由于机架重量约为 26t，吊运时要注意安全。

5）复卷机拆卸：将提升门放下、压纸辊放下、踢纸辊复位并固定好连同机架整体拆卸包装，切纸部整体拆运，底部展纸辊、底部引纸部整体吊运。第一部分用专用吊具进行吊运，如图 2.18-2 所示。

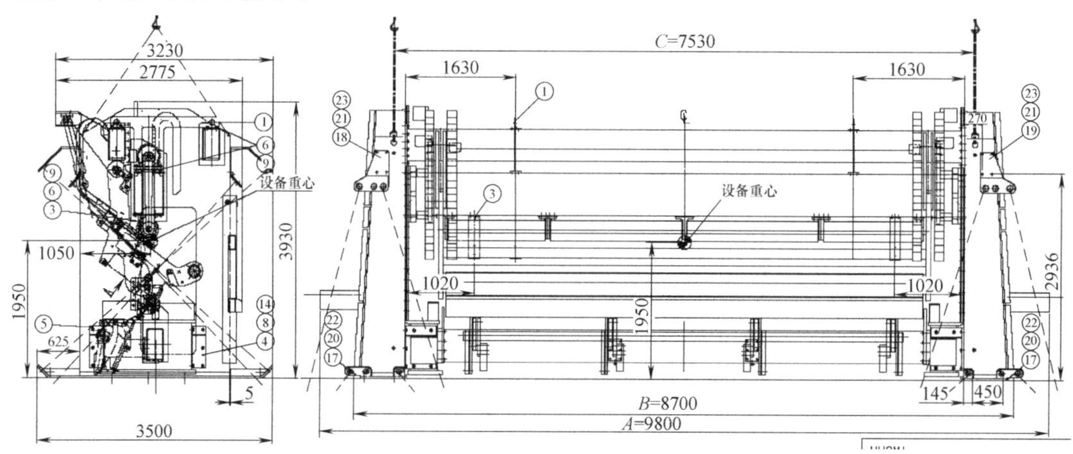

图 2.18-2　复卷机吊装示意图

(4) 包装技术

为了方便二手设备点件、清洗、检修，管线采用区域装箱方式，即一定区域内管线在同一集装箱内。设备、配电箱、仪表等精密仪器装箱后集中在一个集装箱内。

纸机所有胶辊辊面先毛毡包覆，再用纤维板包覆，包扎带捆扎。轴承室用塑料布裹严并捆扎好，做到防水防潮，放置在碳钢型材制作的支架上，并捆扎固定牢固。钢面导辊辊面先涂抹防锈油，再用牛皮纸包覆辊面，捆扎带捆扎，分层放置在碳钢型材制作的支架上，并捆扎固定牢固，再用塑料布包覆。机架用收缩塑料膜包覆，大架底部需要用特制的钢支架进行固定，满足长途陆路和海运要求。设备零散部件分门别类装入木箱，并固定牢固。

(5) 装箱单编制技术

1) 装箱单表头要包括集装箱号、密封条号、序号、日期、集装箱重量及装箱内容描述等内容。箱内的装箱单必须与箱内设备一致。装箱单还可附带集装箱及集装箱内部装箱情况照片，让人一目了然。

2) 设备的装箱单实行计算机统一管理，以便于检索设备存放的集装箱号，从而保证集装箱到达安装地后先检修的设备先掏箱。

2.18.2 技术指标

(1)《制浆造纸专业设备安装工程施工质量验收规范》QB/T 6019；

(2)《现场设备、工业管道焊接工程施工规范》GB 50236。

2.18.3 适用范围

适用于国内外各种类型的二手纸机拆迁项目。

2.18.4 工程案例

山东青州造纸有限公司中瑞合资造纸工程、东营华泰纸业有限公司16万吨杂志纸工程、浙江景兴日纸有限公司15万吨瓦楞原纸工程、山东泉林纸业有限责任公司6100工程等。

(提供单位：中国轻工建设工程有限公司。编写人员：温玉宏、李德辉、李仕海)

2.19 物流分拣输送系统施工技术

随着物联网时代的到来，该系统被广泛应用到了物流快递、机场仓储等行业。物流分拣输送系统主要由输送设备和分拣设备两大类组成，其设备组成部件多，空间布置高度集中复杂。通过仪器测量和应用BIM技术结合，制订安装方案，达到了物流分拣输送系统设备准确识别，高速处理并分拣货物，保证了工程快速、高效施工。

2.19.1 技术内容

(1) 测量定位采用多种先进适用的方法，保证输送系统整体放线的效率和精度。

输送系统放线根据厂房布置情况和设备的工艺要求，采用输送机中心线与关键设备位置点为基准进行放线。

1）为采取两点之间插入多点法验证中心线，保证输送机中心线的直线度，采用垂直基准线验证矫正的法，减小放线误差。

2）对于上下两层输送线有相对位置要求的区域放线，激光准直仪进行测量放线。对于多条并行输送线，其中心线采用同一基准线放线，并参考转弯输送机安装尺寸。

3）标高控制是输送机定位放线的关键。采用高程传递方式间接测量，测量点取在输送机的端头连接板上标高复核宜采用“闭合水准法”进行。

4）重点设备的相对位置需要采用“角度前方交会法”测量，以消除平面距离测量不准的弊端。

（2）标准输送段采用设备分类编码信息，标准设备流水施工法，保证输送段组装效率和精度。

1）设备分类编码信息

设备以散件、部件形式到场，查找设备时，先将需要查找的部件进行分类，再根据其特性和属性进行编码（充分利用部件已有的编码），编码包含的主要信息有：名称代码、区域代码、功能代码，最大程度反映出各部件的特征，方便准确查找。

2）标准设备流水施工法

每个输送段由多个基本零部件组成，采用统一工装，保证设备组装质量和进度。根据不同部件的组装精度及误差要求，制作简单实用的简易工装，既保证了装配精度，又提高了组装的效率。

（3）应用 BIM 技术，细化吊装方案，设计专用吊具，提高吊装作业效率和安全性。

物流分拣输送系统是立体的传输系统，系统分区，空间狭小，设备吊装困难。利用 BIM 技术细化各区域设备吊装方案，设计专用吊具，优化吊装顺序，细化吊装步骤，有效提高了设备吊装的安全性和效率。

（4）利用三维模型对空间区域进行模拟分析，确定设备吊装方案。

1）输送机布置在多层钢结构框架中，安装空间狭小，通用起重机械无法使用，选用单轨电动葫芦进行吊装（图 2.19-1）。

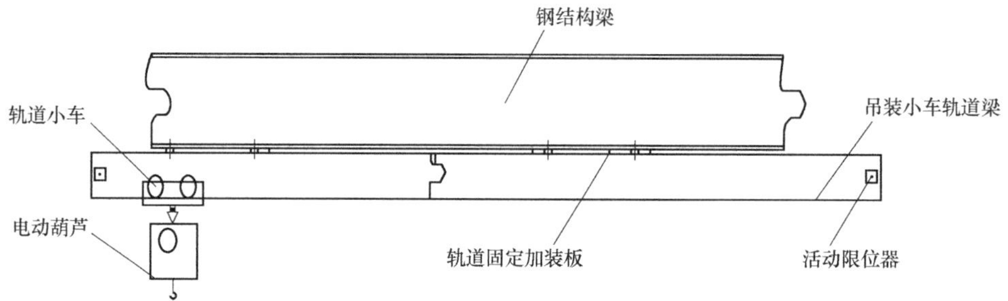

图 2.19-1　单梁葫芦安装示意图

2）设备吊装时由于无吊点且部件刚性差，设计了 HW100 型钢制作平衡梁，在梁上固定 600mm 长的吊带 4 组，以实现安全吊装作业。

3）对于施工空间大，安装位置高，上方没有钢构的区域设备，采用吊车。

4）其他区域设备吊装采用自行式液压升降机顶（抬）升。

5）在钢结构立体密集区域，采用一台或两台液压升降机协同安装。

（5）采用“专机标准化安装、调整法”，有效消除了同类设备由于安装和调整带来的差异，减少了后期设备调试阶段的机械调整工作量。

1）先按区域对设备部件进行分类，再依照标高位置，按规格型号，性能要求对设备进行再分类。

2）针对设备部件安装、调整要求，制定一一对应的标准化安装方法，保证同类设备安装连接的一致性。消除了同类设备由于安装和调整方法不同带来的差异，降低了后期调试阶段的调整量。

（6）采用先进的“PROFIBUS 总线调试技术”提高设备电气调试效率，缩短调试周期。

1）物流分拣输送系统是一个高度融合的系统，其仪控系统包括安全监督控制系统、电气系统、控制系统、操作界面共 4 部分，该控制系统有简单从站直至功能较强大的智能从站（图 2.19-2）。

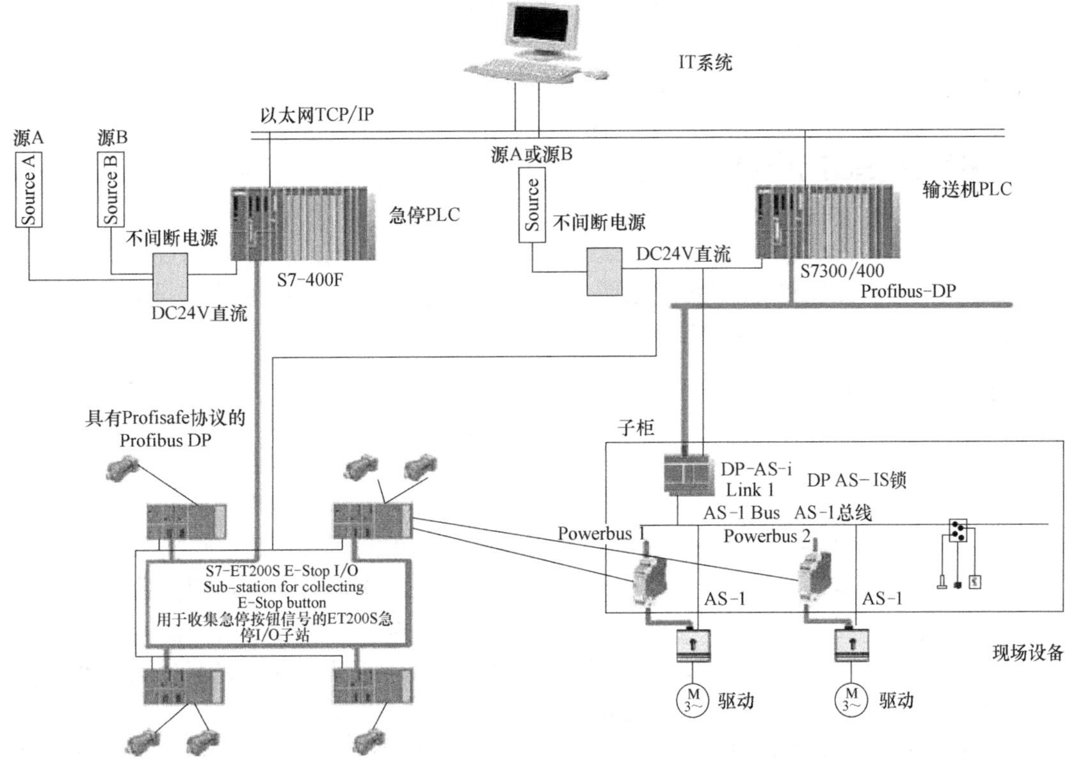

图 2.19-2 控制系统组成原理

2）全线以 SIEMENS S7300/400 系列 PLC 为 DP 控制主站，下设多个 DP 控制从站，各 DP 控制从站下挂 AS-I 总线系统连接设备层。

3）各系统通过 Profibus 现场总线和 ProfiSafe 安全协议互连、互通并实时交换数据，在软件配合下形成功能统一的控制整体。

2.19.2 技术指标

（1）《输送设备安装工程施工及验收规范》GB 50270；
（2）《机械设备安装工程施工及验收通用规范》GB 50231；
（3）《自动化仪表工程施工验收及规范》GB 50093；
（4）《电气装置安装工程 低压电器施工及验收规范》GB 50254；
（5）《工业安装工程质量检验评定统一标准》GB 50252。

2.19.3 适用范围

适用于机场航站楼行李输送系统、物流枢纽中心、货运站、仓储中心以及类似工业安装工程。

2.19.4 工程案例

首都机场T3航站楼行李输送系统、西安咸阳机场T3A航站楼行李输送系统、杭州SF速运全国航空快件运输枢纽工程、广州白云机场T3航站楼物流中心等。

（提供单位：中国三安建设集团有限公司。编写人员：潘兆祥、闫长波、付文辉）

2.20 传动长轴找正调节技术

燃煤电厂中的大型增压风机为解决绝热问题，一般均在风机与减速器间设有较长的传动轴（传动长轴），以隔绝热量传递至驱动系统。本技术在总结传统安装技术的基础上，给出了一种借助专用的找正调节装置，找正传动长轴的新方法。

2.20.1 技术内容

（1）技术原理

1）借助专用的找正调节装置，调节找正传动长轴与叶轮端、电机端的同心度。传统的找正方法是把叶轮端、电机端的联轴器连接在一起找正同心度，二个联轴器同时调整（二个变量），长距离、大重量（电机重30t）调整难度高、劳动强度大，调整数据不容易控制。利用专用工装找正解决了上述问题，先调整叶轮端联轴器与长轴联轴器一端的精度，专用工装上下左右都能调节，调整相对简单方便。以找正并且定位的长轴为基准，反过来再找正电机联轴器的精度（图2.20-1）。

2）找正要点：根据制造厂家随机文件技术要求的规定，传动轴保持开口数值及位置应符合技术要求。叶轮与传动长轴联轴器端面间隙保证下部间隙大于上部间隙，为下开口；传动长轴联轴器与电动机联轴器端面间隙保证上部间隙大于下部间隙，为上开口（图2.20-2）。

（2）步骤及要求

1）找正叶轮与传动长轴联轴器的径向与端面跳动，要求叶轮与传动长轴一起转动；找正传动长轴与主电机联轴器的径向与端面跳动，以传动长轴为基准，主电机可以不一起转动；百分表座架设位置如图2.20-3所示。

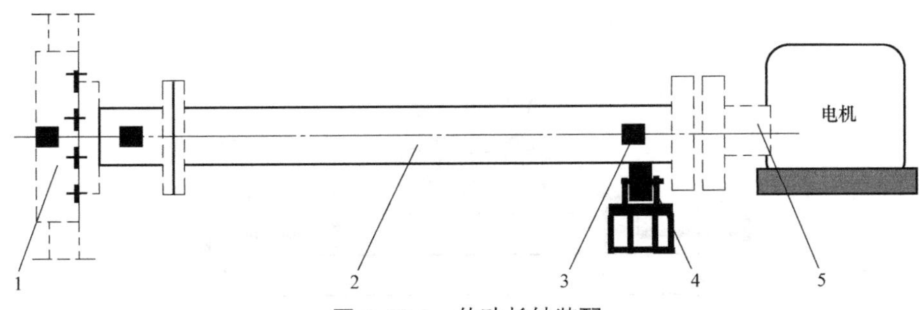

图 2.20-1 传动长轴装配

1—叶轮转毂；2—传动长轴；3—重力标记；4—找正调节装置；5—电机端联轴器

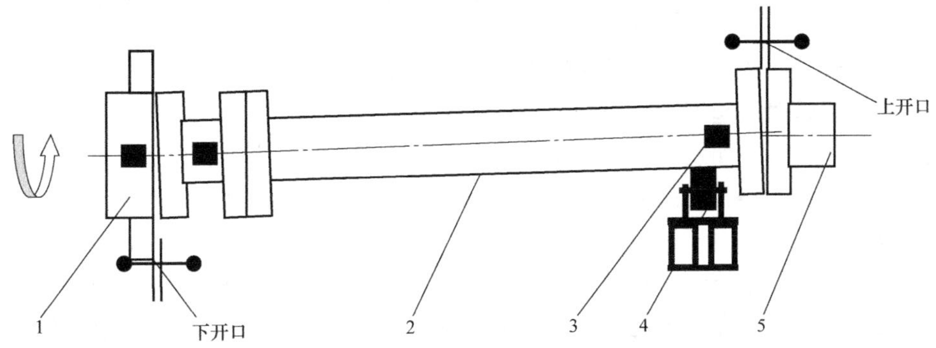

图 2.20-2 主电机与长轴找正

1—叶轮转毂；2—传动长轴；3—重力标记；4—专用找正调节装置；5—电机端联轴器

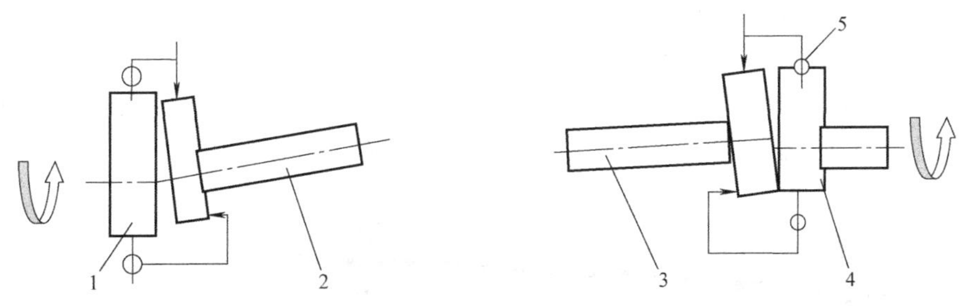

图 2.20-3 百分表座架设

1—叶轮端；2—传动长轴联轴器；3—传动长轴联轴器；4—电机端联轴器；5—百分表及表座

2）长轴找正专用工装（图 2.20-4），是左右、上下均可调节的，并用两个滚轮支撑，以实现跟随传动长轴转动。

3）长轴找正专用装置调节原理

传动长轴找正调节装置，包括传动长轴 3、固定底座 5、滑动底座 4、调节螺栓 1a/1b/1c/1d、滚轮 2 和轴承。固定底座 5 两侧设有左螺纹孔 1a 和右螺纹孔 1b，滑动底座 4 上部设有左右两个调节螺栓 1c/1d，分别穿过左、右螺纹孔装配在底座 5、4 上。滑动底座 4 在自身带有调节螺栓 1c/1d，并在固定底座 5 的左右调节螺栓 1a/1b 的作用下，可以左右、上下移动。传动长轴 3 在轴承架上支撑，两轴承 2 之间的距离大于传动长轴 3 的半

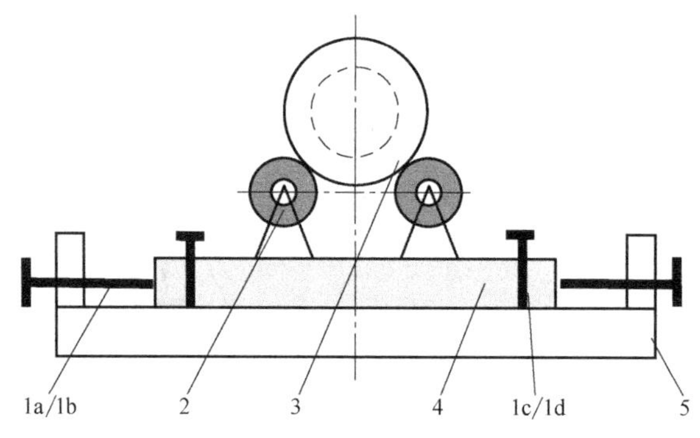

图 2.20-4　长轴找正专用装置

1a/1b、1c/1d—调节螺栓；2—滚轮；3—传动长轴；4—滑支底座；5—固定底座

径，小于传动长轴 3 的直径，找正时轴承与长轴一起转动。

(3) 设备运转时引起振动的控制

在风机设备运转中如发现振动值超过规定或振动报警时，应检查设备的地脚螺栓、转动部连接螺栓是否不够紧或已经松动，并用力矩扳手逐个检查处理。

经过整机运转后，由于轴承磨损间隙变大、叶轮变形等造成动平衡变化，引起风机振动值超过规定或振动报警。应对风机叶轮在现场进行动静平衡检查：用手盘动叶轮转动三次，其最后停止点应不在一个位置，认为现场静平衡检查符合要求；动平衡检查需拆除叶轮后，送制造厂家在动平衡机上检查并调整，同时检查主轴承磨损情况、轴隙等数据，如超过设计标准应予更换。

经过整机运转一段时间后，可能由于联轴器原来找正参数变化超值引起振动。利用传动长轴找正装置重新检查并找正长轴联轴器两端面间隙和轴向摆动、径向跳动偏差情况，如超出设计的规定值应给予调整。

联轴器上下开口初始差值变化超值引起振动，应按图 2.20-5 所示进行调整，用百分表检查长轴联轴器两端面间隙的上下开口差值，设计规定一般在 0.20～0.25mm。

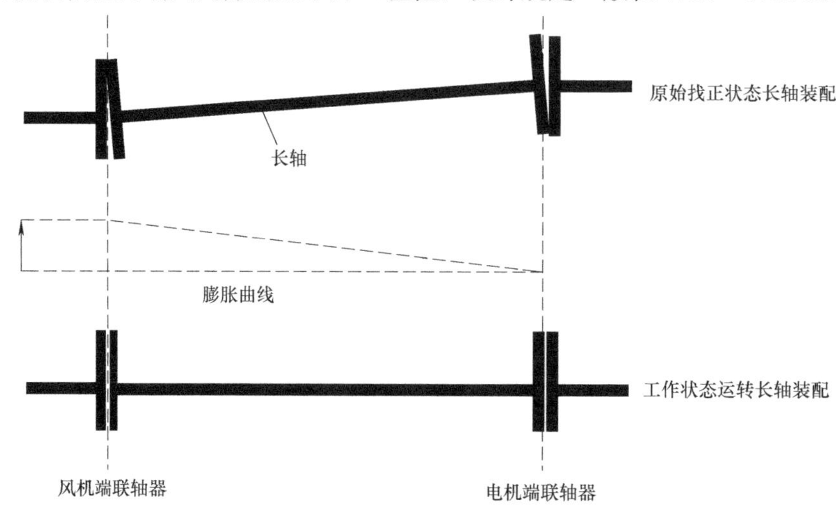

图 2.20-5　通过膨胀长轴工作示意图

由于风机工作的正常温度在250℃左右，属于在高温环境下运行工作。安装时是在常温下进行的，所以在安装时必须预留出足够的膨胀量。由于安装时膨胀量值预留值偏小，或主轴承间隙窜动偏大，在高温下运转可能引起风机振动或撞击。应重新检查长轴联轴器两端联轴器的膨胀量值是否符合要求，一般在现场应按公式2.20-1确定预留膨胀量：

△膨胀量值(mm)＝△轴承窜动量＋△联轴器端面误差＋△长轴膨胀量＋2mm （2.20-1）

式中：△膨胀量值（mm）——实际膨胀量值；

△轴承窜动量（mm）——经检查后测量所得；

△联轴器端面误差（mm）——经检查后测量所得（两个端面值和）；

△长轴线膨胀量（mm）——按实际温度计算线膨胀量。

风机旋转运动振动的产生，主要取决于旋转部件质量的不平衡程度及其对应的偏心距这两个参数。当风机传动轴系作圆周运动，不平衡质量绕轴心作圆周运动产生离心力，称为扰力（N），扰力越大其振动越大，其幅值P_0（N）计算公式：

$$P_0=m_0r_0\omega_0^2\times10^{-3}=1.1\times10^{-5}m_0r_0n_0 \quad (2.20\text{-}2)$$

式中：m_0——主要旋转部分的质量kg（定量值）；

r_0——偏心当量，mm（变量值）；

ω_0——角速度，rad/s（定量值），$\omega_0=2\pi n_0/60=0.105n_0$；

n_0——转速，r/min。

控制联轴器上下开口间隙及联轴器、风叶、长轴等径向跳动与轴向跳动和膨胀预量值，是控制风机运行时的产生振动的关键。控制好r_0偏心当量值，就能解决或控制振动问题，达到设备运行的最佳性能。

2.20.2 技术指标

（1）《机械设备安装工程施工及验收通用规范》GB 50231；

（2）《风机、压缩机、泵安装工程施工及验收规范》GB 50275；

（3）《石油化工机器设备安装工程施工及验收通用规范》SH/T 3538。

2.20.3 适用范围

适用于转动设备安装和检修过程中联轴器的找正。

2.20.4 工程案例

湖南益阳电厂2×330MW脱硫装置工程，内蒙古鄂尔多斯电厂1×350MW脱硫装置工程等。

（提供单位：浙江中天智汇安装工程有限公司。编写人员：李良军、郭梓森、王光智）

2.21 大型双拱桁架式门式起重机整体吊装技术

2.21.1 技术内容

（1）门式起重机整体提升的技术原理

1）双塔桅巨型自升降起重设备技术原理

双塔桅巨型自升降起重设备是由双塔桅包括横梁、液压泵站、提升油缸等组成，它是采用柔性钢制铰链实现跟携法整体提升双拱桁架式门式起重机，其技术原理分别是：液压同步提升原理、提升动作原理、“跟携法”提升原理、柔性铰链的工作原理。

2）计算机控制原理

将双塔桅上的液压系统和穿心式千斤顶的夹持器及推进机液压系统的控制系统全部连接在计算机上，按设计程序而实现整体提升，缆风绳弛度调整，两支腿底部兜尾移动等同时同步自动调整、移动、提升。

3）缆风绳弛度自动调整原理

双塔桅缆风绳通过穿心式千斤顶应用液压油缸和夹持器等动作使缆风绳钢绞线实现紧缩，而达到缆风绳的弛度自动调整。

4）自动移动推进器（也称自动移动推进提升机）

移动提升机是应用液压推进和自动连续循环运动，通过万向旋转多节梁配置槽形滑道和杠杆轮连接起重臂的工作原理，实现超限设备与结构的水平直线、转弯移动和提升。

（2）双拱桁架式门式起重机整体提升（吊装）流程

双拱门机整体提升流程见图 2.21-1。

（3）双拱桁架式门式起重机安装施工

1）门式起重机整体吊装之前先做好吊装设备索具的安装

双塔桅巨型自升降设备安装，依据门机总重及几何尺寸和现场情况，选择 2 组（四柱）5m×5m 的塔桅做门机整体吊装施工（图 2.21-2）。

安装完成后进行调试、调整、试运行等测试。

2）缆风绳及缆风绳装置安装

缆风绳是用来保证双塔桅垂直和稳定的重要部件，安装时必须严格按照工艺设计要求进行操作。

3）全自动移动推进机安装

移动推进机（器）是用来做门机两支腿下部在吊装时，跟随整体提升兜尾推进。

4）传感器的布置与安装

5）安装激光测距仪，监测吊装过程中的变化过程

6）计算机控制系统安装

7）现场实时网络控制系统连接必须完成整体调试及动作试验。

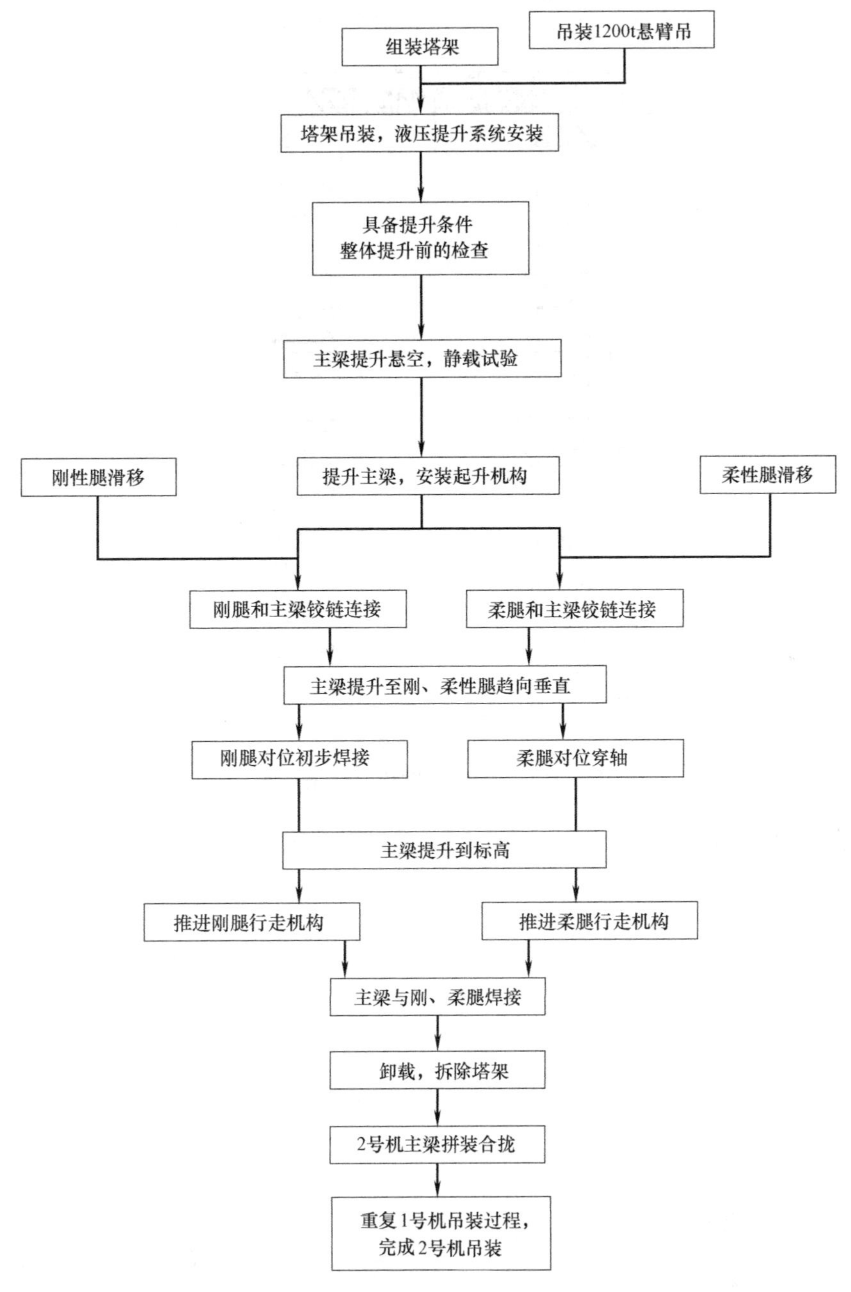

图 2.21-1　双拱桁架式门式起重机整体提升工艺流程图

8）门式起重机整体提升吊装施工

① 对吊装设备、吊装工装、索具各受力点的结构焊缝、吊耳进行检查，并填写检查记录，经业主、监理、施工三方签字确认后方可试吊。

② 大梁试吊做静载观察。开始提升时采取分级加载的方法，使其双塔桅受力完全符合施工设计规定。

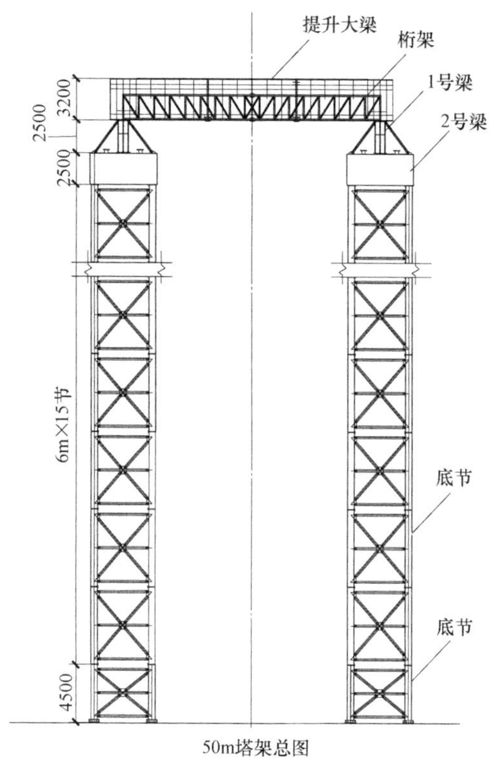

图 2.21-2　50m 双塔桅安装示意图

③ 对门机两支腿侧塔架承台进行动态监测，直至承载稳定。大梁提升如图 2.21-3 所示。

图 2.21-3　MDGH22000t 试吊示意图

9）柔性支腿和刚性支腿安装

① 主梁试提升静载观察完成，确认被吊件提升安全后，就开始提升大梁，直至 17m 高度。

② 将两支腿分别用自动推进机平移到大梁两侧的底部（支腿顶部），安装柔性铰链装置，并分别焊在大梁端部和支腿端部上面，使其提升时能自动转动。

③ 两支腿铰链安装。

④ 两支腿底部分别安装自动推进机（器），并将支腿底部固定在推进器平台上（选用转轴）。

⑤ 支腿随大梁跟携提升，支腿底部兜尾随大梁提升而自动移动提升，过程如图 2.21-4 所示。

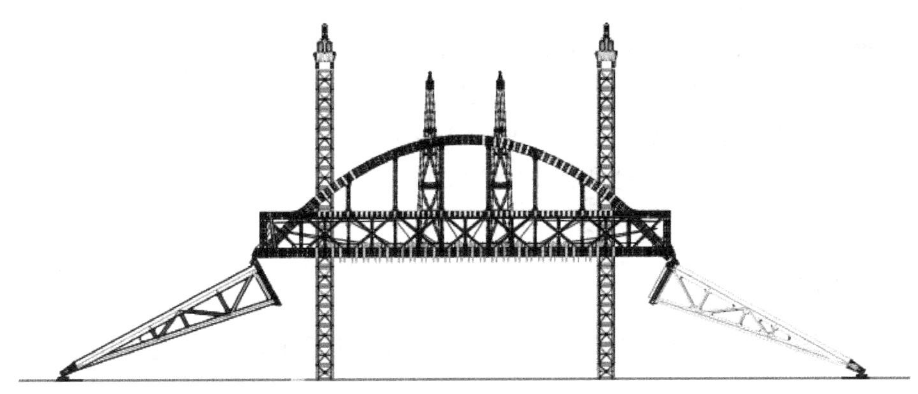

图 2.21-4　支腿随大梁跟携自动提升

10）整体提升

当两支腿铰链安装、焊接固定牢固后，可以缓慢提升大梁，检查铰链安装，检查底部兜尾推进机是否运转灵活，运载轨道是否平稳；继续提升大梁，使其两支腿随大梁提升而自动同步跟携提升，兜尾随大梁提升而自动同步移动提升到就位（图 2.21-5）。

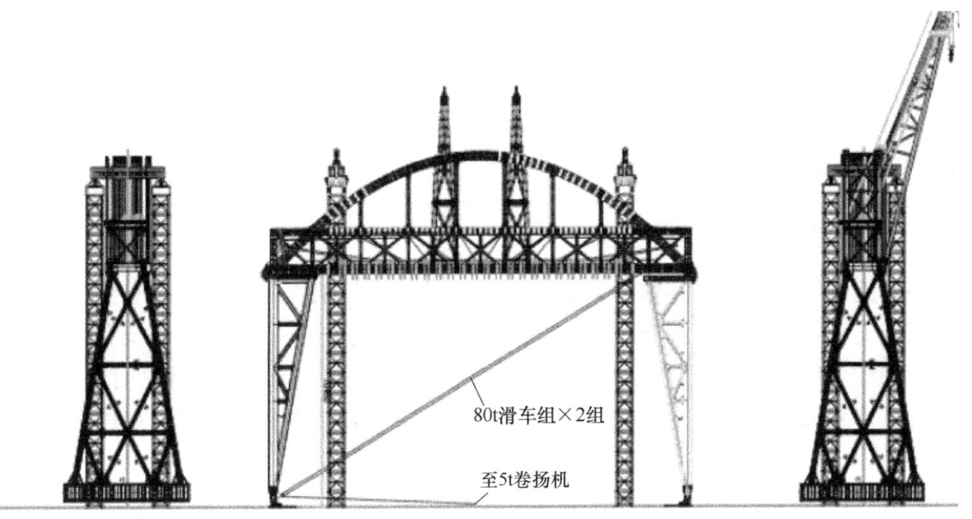

图 2.21-5　就位图

11）提升设备卸载

下载过程中应严格监控各结构受力情况，确保安全。

12）塔架拆除

塔架拆除前，锁紧门式起重机夹轨器，确保拆除塔架时门式起重机不会出现滑动。

（4）整体提升工艺核心技术

1）门式起重机支腿跟携整体提升专利技术。

2）穿心式千斤顶拉紧缆风绳装置＋自动调整缆风绳的弛度调整技术。

3）采用全自动推进机送进支腿下端技术。

4）设备与结构整体提升自动控制技术。

2.21.2 技术指标

（1）《重要结构与设备整体提升技术》GB 51162；

（2）《起重机械安全规范》GB 6067；

（3）《大型设备吊装工程施工工艺标准》SHJ 505；

（4）《起重机械试验验收规范和程序》GB 5905；

（5）《起重机设计规范》GB/T 3811。

2.21.3 适用范围

适用于超限超重门式起重机、塔式起重机、桥式起重机、港口起重机的整体提升工程。

2.21.4 工程案例

江苏宏华 MDGH22000t 双拱桁架式门式起重机整体提升等。

（提供单位：苏华建设集团有限公司。编写人员：史俊杰、陆娇、夏斌）

2.22 超限设备与结构整体提升施工技术

本技术所涉及的超限设备与结构主要是大型门式起重机、大型塔类设备、大型桥梁、大型屋面结构等，所涉及技术主要是针对高、大、重、特设备和结构进行整体吊装的双门架提升技术和单门架提升技术。

2.22.1 技术内容

典型的超限设备与结构整体提升成套技术，是以双门架提升大型门式起重机为代表的自升式门架支承系统、液压提升系统、缆风绳液压拉紧系统、溜尾跟进系统和计算机监测控制系统的组合应用形式。已经成套的系统技术包括：大型门式起重机双门架吊装技术、大型桥梁结构双门架吊装技术、大型塔类设备单门架吊装技术和大型屋面结构多门架提升技术。

（1）大型门式起重机双门架吊装技术

双门架吊装系统主要由自升式门架支承系统、液压提升系统、缆风绳液压拉紧系统、溜尾跟进系统和计算机监测控制系统组成。

1）双门架支承系统

本支承系统采用两组自升式门架沿起重机主梁的轴线，拉开一定距离横跨主梁竖立，用缆风绳固定形成吊装支承系统（图 2.22-1）。两门架间的距离、门架的宽度、门架的高度、缆风绳的数量、锚点的位置、缆风绳的数量拉力等应根据使用的具体条件、环境等因素确定，宗旨是以实现工程的目标为目的。

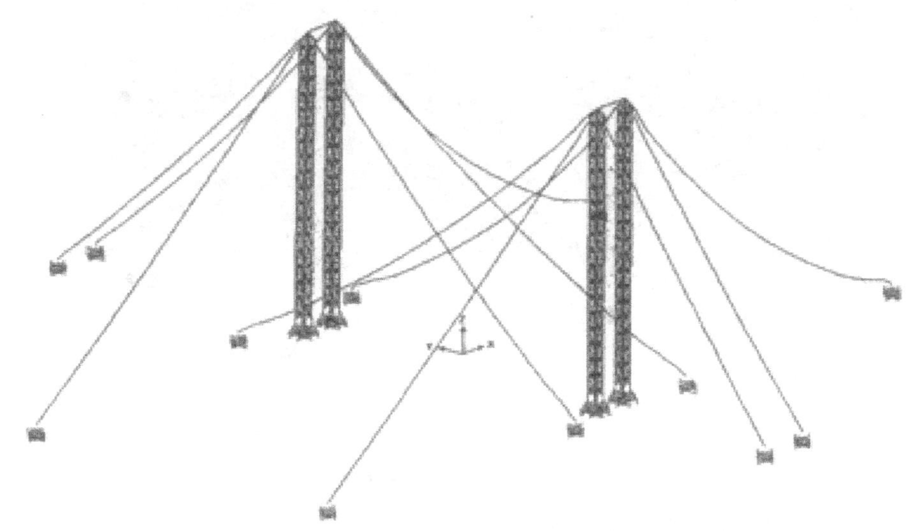

图 2.22-1 缆风绳安装示意图

2）液压提升系统

液压提升系统采用成熟、成套的 LSD 液压提升系统。该提升系统将 LSD 液压千斤顶、高强度低松弛钢绞线、液压泵站、液压分配阀组、传感器监测和计算机网络控制集成在一起，形成了集机、电、液、传感器监测、计算机网络控制等多专业技术于一体的现代计算机网络监测控制的液压提升系统。

3）缆风绳液压拉紧系统

采用穿心式千斤顶的缆风绳装置。将预先设定的参数输入计算机，通过传感器监测、计算机控制，控制穿心式千斤顶拉缆风绳装置按照预设的参数拉紧缆风绳，实时保持门架的垂直度在允许的范围内，避免了采用传统缆风绳系统的弊病，确保了安全。

4）溜尾跟进系统

溜尾跟进系统由自制的自动推进机与相配的轨道组成。采用液压推进，连续自动循环运动工作，可配合超限设备与结构在整体提升过程中，下部的溜尾跟随移动，也可以用于超限设备与结构水平运输、转动、爬坡和提升等。

5）计算机监测控制系统

由传感器、控制系统、计算机、网络、操作软件等构成。现场操作、监控人员少，可实现远程操作，也可实现自动控制，安全可靠，应用效果显著。

大型门式起重机的吊装工艺是集上述 5 个系统为一体，采用主梁携带支腿的提升工艺。刚性支腿上端和柔性支腿上端分别与位于主梁端部的临时吊装铰接连接，刚性支腿下端支垫在自动推进机上，柔性支腿下端支垫在行走机构上。当主梁提升时，带动支腿上端上升，在重力的作用下，刚性支腿下端随自动推进机向轨道靠拢，柔性支腿下端则随行走机构沿轨道相对靠拢，主梁到位时，支腿则跟随到位（图 2.22-2）。

图 2.22-2　门式起重机整体提升

（2）大型桥梁结构双门架吊装技术

大型桥梁结构双门架装技术是大型门式起重机双门架吊装技术的一种变型应用（图 2.22-3），特点如下：

1）因没有跟随构件，省去了跟随工艺；

图 2.22-3　桥梁整体吊装

2）门架通常是座在桥墩上的；

3）缆风绳的锚点通常设置在桥墩上；

4）吊点的起始位置，通常低于门架的基础平面。

(3) 大型塔类设备单门架吊装技术

大型塔类设备单门架吊装技术是根据塔类设备的特点，采用单门架吊装技术（图 2.22-4），特点如下：

1）吊装支承系统为单门架系统；

2）主吊点设在塔类设备的顶部；

3）设备底部通常采用溜尾推送法，将设备送入垂直状态；

4）设备底部可采吊车溜尾，也可采用自动推进机溜尾跟随；

5）占用施工场地面积小；

6）必须设置锚点。

图 2.22-4　塔类设备整体吊装

（4）大型屋面结构多门架吊装技术

现代公用建筑屋面的结构呈大型化、多样化的发展趋势，既有对称结构的，也有非对称结构的，给施工带来了挑战性的难题，多门架吊装系统也就随之应运而生，其基本的特点是：多门架吊装术是双门架吊装技术的组合应用。

1）对称屋面结构的吊装系统。由于屋面结构的对称性，通常情况下门架的布置一般是对称的，门架的载荷一般也是对称的，导致吊装系统的受力分析及设计相对简单一些。

2）非对称屋面结构的吊装系统。由于屋面结构的非对称性，门架的布置需要根据屋面结构的支承特点有选择的布置，需要对每一个吊点进行受力分析，并按载荷的大小对载荷进行分类，最后进行门架的设计选型。载荷应根据现有门架的承载能力进行分类，现有门架的级别多，分类相应的细一些，反之分类就粗一些。

3）由于多门架吊装系统的载荷体积庞大，缆风绳数量多，布置缆风绳时要注意缆风绳之间不能相互干涉、相互影响，还要注意缆风绳不能干涉、影响载荷的提升过程。

2.22.2 技术指标

（1）《起重机设计规范》GB/T 3811；

（2）《塔式起重机设计规范》GB/T 13752；

（3）《起重机安全规程 第1部分：总则》GB 6067.1；

（4）《重要结构与设备整体提升技术规范》GB 51162。

2.22.3 适用范围

适用于大型门式起重机、大型桥梁、大型塔类设备、大型屋面等结构吊装工程。

2.22.4 工程案例

俄罗斯《ZVEZDA》船厂1200t龙门起重机安装、江苏南通熔盛1600t门式起重机整体提升、广东中山铁路桥安装、大唐国际内蒙古1800tC3分离塔整体提升等工程。

（提供单位：苏华建设集团有限公司。编写人员：夏斌、黄晓舒、王磊）

2.23 核电站环行起重机安装技术

反应堆厂房环行起重机是压水堆核电站最重要的重型起重设备之一，安装于反应堆厂房内顶部，由环梁环轨（9段拼接而成）、两根主梁、主小车、副小车、辅助小车、液压安装小车和中央拱架、自备检修拱架等主要部件组成，其中主小车额定起吊重量200t，液压安装小车起吊重量550t，以满足反应堆厂房压力容器、蒸汽发生器等主设备的吊装要求。

2.23.1 技术内容

环行起重机的安装处于核岛安装的关键路径上，需要在核岛穹顶吊装前安装就位，其安装进度及质量状况，直接影响反应堆厂房内主设备的安装进展和质量。

环行起重机安装包括环梁环轨安装工艺及桥架、小车、拱架安装，主要技术包括环行起重机环轨地面组装测量技术、环梁及环轨吊装就位与调整技术、桥架地面预组装技术、环行起重机在核岛内的安装技术。

(1) 环梁环轨地面组装测量技术

根据环梁环轨的半径和重量（防城港二期环梁环轨半径 21.5m，单根环梁及环轨重量为 14.82t），设计支座地面组装调整工装，见图 2.23-1。

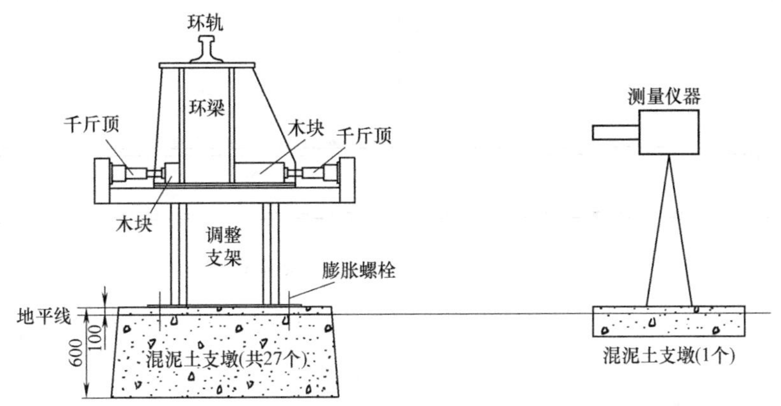

图 2.23-1　环轨测量示意图

(2) 环梁及环轨吊装就位与调整技术

1）环梁及环轨吊装就位

按连接部位标号图规定的标号依次吊装就位，环梁吊装前，仔细除去高强度螺栓接合表面的保护膜。就位前根据已测量牛腿标高，预先将环梁上的顶丝进行调整，确保调整后环梁标高满足设计值要求；或在牛腿上表面放置垫铁，将其调整至环梁下翼缘板的设计值标高。用定位销将环梁连接面组对成整体，安装环梁连接面的连接件和连接螺栓，再拧紧螺栓（连接面间无缝隙即可）。

2）环梁及环轨调整

利用已安装好的双向调整装置调整环梁下盖板内沿的半径和圆度（$R=20900\pm4$mm，圆度 $\Delta R\leqslant5$mm），根据测量员的指示使环梁向中心或反向移动。环梁调整完成后连接两环梁端面的螺栓，并紧固。紧固压板螺栓，再将环轨定位板焊接。将环梁与牛腿间的垫铁更换为加工好的垫板，并连接牛腿与环梁的 5 个连接螺栓。所有垫板安装完成后，对环梁圆度和半径进行检查，紧固环梁与牛腿连接的螺栓。对环梁及环轨进行最终尺寸检查；圆度、半径、标高、水平等各项要求均满足图纸和文件要求。

(3) 桥架地面预组装技术

1）桥架在组装场地的检查存放

两根主梁和两根端梁等部件到货，大件运输至大件堆场桥架组装场地的指定位置→开箱检查→主端梁连接面使用临时螺栓连接→调整返平桥架→测量组对后的桥架数据→桥架临时存放在大件堆场，做好设备保护工作（图 2.23-2）。

2）大车运行机构落轨后进行螺栓力矩检测

按图纸要求将大车运行机构分别安装在主梁两端（大车运行机构地面安装后，需按要求对连接螺栓打力矩，并经检查确认。大车运行机构落轨后，可不再进行螺栓力矩检测）。测量车轮的垂直偏斜和水平偏斜，满足车轮垂直偏斜≤1.5mm，外侧车轮的水平偏斜

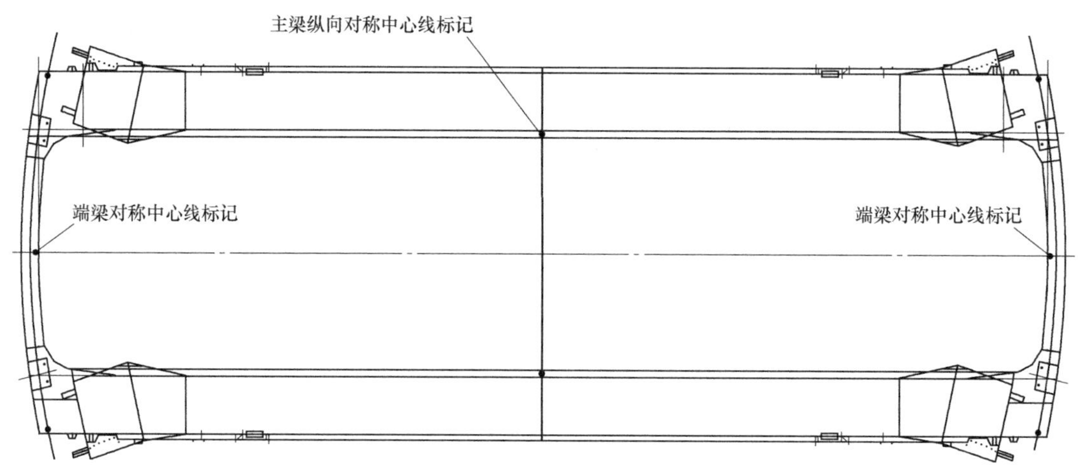

图 2.23-2　环吊桥架地面组装示意图

60.0±0.5mm、内侧车轮的水平偏斜 23.3±0.5mm 的要求；测量大车运行机构跨度偏差，满足直径 ϕ43000±8mm，半径 R21500±6mm 的要求。

（4）环行起重机在核岛内的安装技术

1）环行起重机就位

依据在地面上检测数据，在环轨上划出车轮落轨点，主梁吊装前拆除反钩并牢固固定在附近，防止反钩影响大件吊装就位，同时方便后续反钩的安装。

就位时注意如下事项：大件吊机先后将两根主梁落位至环轨上表面正上方约 100mm 时，吊钩缓慢下降，使主梁大车运行机构车轮底面与环轨上表面接触。

检查主梁水平，确认后，在大车运行机构的大平衡梁与主梁下底面的外侧（靠近安全壳）和内侧（靠近堆心侧）间隙处分别增加 H 型钢支架和圆管支架进行支撑，再根据实际情况增加调整用的 50t、20t 千斤顶及枕木调整大平衡梁的水平（详见如下示意图），调平前需对千斤顶和枕木做好防坠落措施，在最终调平后，对千斤顶进行拆除。

主梁就位到环轨上之后需进行防倾覆加固措施，（钢丝绳与主梁及牛腿连接的地方需要做好棱角保护）如图 2.23-3 所示。

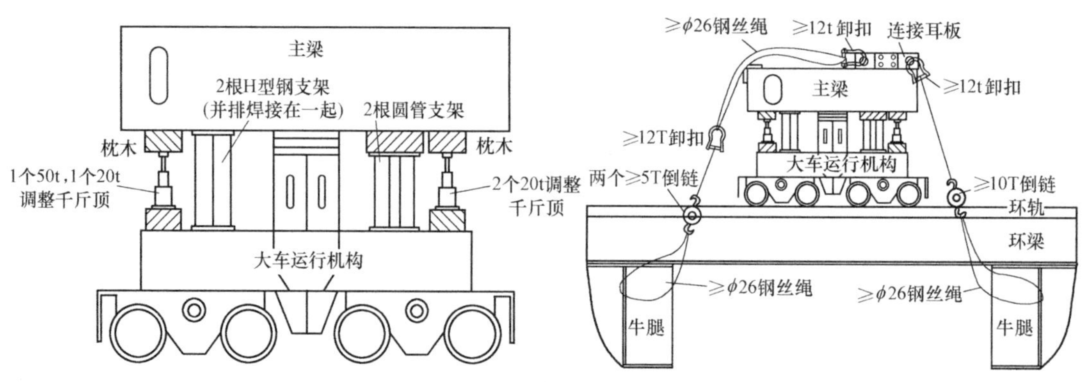

图 2.23-3　环吊就位后加固示意图

2）主、副小车安装

主、副小车就位后，安装运行编码器，主起升卷筒编码器、旋转开关加编码器，防震反钩。小车就位后开始敷设、端接连接电缆。辅助小车安装在副小车上后，安装防震反钩，辅助小车安全制动器与制动盘间隙与主小车和副小车的安装要求一致，辅助小车的吊耳在现场小车安装完毕后割去。

3）中央拱架安装

中央拱架就位后，安装铰轴，检查中央拱架的垂直度及跨度：垂直度要求≤$H/1000$，（H 为中央拱架高度，13782mm）；使用塔吊将拱形梯子就位于拱梯平台安装位置，将拱形梯子顶部就位于中央拱架支架平台上，按要求进行螺栓紧固。

4）自备检修拱架安装。将自备检修拱架就位在主梁上（需注意 10t 葫芦必须先安装到拱架横梁上并用封车带固定在横梁中间位置），检查自备检修拱架的垂直度≤$H/1000$，（H 为自备检修拱架高度，10265mm）；按要求紧固连接的螺栓，完成安装。

2.23.2 技术指标

（1）《起重设备安装工程施工及验收规范》GB 50278；

（2）《压水堆核电厂反应堆厂房环吊安装及试验技术规程》NB/T 20173。

2.23.3 适用范围

适用于环行起重机安装工程。

2.23.4 工程案例

防城港二期核电站核岛安装工程、福清核电厂核岛安装工程、阳江核电站核岛安装工程等。

（提供单位：中国核工业二三建设有限公司。编写人员：李雪建）

2.24 核电站波动管施工技术

核电站波动管其作用为调整一回路水压的输送通道。其结构主要由五段弧度及长度不等的奥氏体不锈钢管段组成：分别标记为 RCP010/01 段、RCP010/02 段、RCP010/03 段、RCP010/04 段、RCP010/05 段（以下简称 01 段、02 段、03 段、04 段、05 段）。波动管外径为 355.6mm，壁厚：35.7mm，材质：Z2CND18.12，总长为 19100mm。波动管将一环路主管道热段与稳压器下封头接管嘴连接起来，波动管管线呈空间曲线结构。

波动管安装技术可提高设备安装质量，通过波动管整体打压，使波动管内部所有焊缝均进行了水压试验，降低了波动管安装质量风险：采用专用工装辅助施工，降低了波动管坡口加工、波动管组对、波动管水压试验及焊接工作强度及安全风险，缩短了施工工期。

2.24.1 技术内容

波动管连接主管道和稳压器。安装前先放两条轴线（理论轴线、参考轴线），安装时通过起重就位调整，通过波动管错位组对，切除每段管段的余量并加工出坡口，现场焊接五根管段使波动管连接成一个整体，最终将反应堆冷却剂系统主管道的一环热段与稳压器连接起来。主要技术包括：波动管标记放线技术、余量切割与坡口加工技术、坡口组对技术、水压试验技术。

（1）波动管标记放线技术

根据波动管基准位置，结合主管道热段上波动管接管嘴和稳压器接管嘴的实际中心位置，在地板和水泥墙面上标记出冷态时波动管的理论中心线，再根据波动管的理论中心线放出偏移适当长度即波动管参考中心线。

（2）余量切割与坡口加工技术

1）预组对时，先将01段位置固定，即先将01段放到临时脚手架上，通过调节临时脚手架，使其中心与放出的参考中心线重合，标高的控制根据竣工图纸中01段A口的预留值计算出。

2）将02段放到临时脚手架上，高于（或低于）01段约360mm（相当于波动管的直径），调整管段，使02段中心轴线水平投影与参考中心线在水平面内的投影重合。

3）根据02段B端的端面重叠的位置关系，保证两段管的坡度符合设计要求，考虑组对间隙和错边量以及考虑焊缝收缩量（焊缝收缩量由焊接工艺评定给出）确定01段B端的切割线。

4）使用波动管坡口机进行01段B端余量切割，并根据图纸加工坡口。

5）通过临时脚手架的调节使01、02段的组合部分中心线与放出的参考中心线重合，并使其满足A口与主管道热段上的波动管接管嘴相贴合（保证两段管的坡度符合设计要求）。

6）通过临时脚手架的调节使03、04、05段的组合部分中心线与放出的理论中心线重合，使其低于01、02段组合部分360mm（相当于波动管的直径），并满足F口与稳压器波动管接管嘴平行（保证两段管的坡度符合设计要求）。

7）根据实际03段C口距理论中心线的距离，并考虑组对间隙和错边量以及考虑焊缝收缩量（焊缝收缩量由焊接工艺评定给出）计算出A口的切割量。

8）实测03、04、05段标高，计算出理论标高与实际标高的差值，并考虑组对间隙和错边量以及考虑焊缝收缩量（焊缝收缩量由焊接工艺评定给出）计算出F口的切割量。

9）根据此时02段C口与03段C口的重叠量，并考虑组对间隙和错边量以及考虑焊缝收缩量（焊缝收缩量由焊接工艺评定给出）计算出C口的切割量。

10）此处只确定波动管A口的最终切割量，确定切割线，但是不进行管段切割，待波动管水压试验之后，根据此处切割线进行最终尺寸切割。

（3）波动管组对技术

1）坡口组对前检查

①按照波动管坡口设计图对波动管坡口尺寸进行测量并记录；

②按照RCC-M MC7100和MC7200的规定对待焊表面及邻近母材区进行目视和表面粗糙度检查，表面粗糙度Ra≤6.3μm，待焊表面和邻近母材区不得存在水、油脂、油迹、氧化皮和其他可能影响焊缝质量的物质；

③按照RCC-M MC4000的规定对待焊坡口表面及邻近15mm区域进行液体渗透检验，验收按照RCC-M S7363.1中轧制母材待焊坡口1级质量规定执行，并出具液体渗透报告。

2）坡口组对

将管段调整到其参考中心线及标高位置后，固定临时脚手架的调整部分，使得波动管调整后固定不动，并使两管段端部的组对间隙在 1～4mm 之间，检查坡口内错边量≤0.5mm。

在焊接根部焊道至焊接厚度达到 50%左右过程中多次监测管段的坡度以及走向。

3）波动管 A 口和 F 口的最终组对

将波动管整体调整到理论中线及标高位置后，固定临时脚手架的调整部分，使得波动管调整后固定不动，并使管段端部的组对间隙在 1～4mm 之间，检查坡口内错边量≤0.5mm，使 A 口、F 口均满足组对条件。

（4）波动管水压试验技术

1）在温度稳定以后，应以不大于 1MPa/min 的速率升压，在压力升至运行压力、设计压力和水压试验压力时应进行保压，保压时间应能完成在波动管线上进行的各项检验；

2）波动管在各个阶段打压过程中最大升压及降压速度不能超过设计值；

3）波动管水压试验期间应对波动管本体进行目检，尤其是焊缝区域；

4）在各个阶段稳压时间约为 15min；

5）水压试验完成后进行波动管内部冲洗，并在空气中自然干燥。

2.24.2 技术指标

（1）《工业金属管道工程施工质量验收规范》GB 50184；

（2）《压水堆核电厂主管道、波动管及其支撑的安装及验收规范》NB/T 20047；

（3）《压水堆核电厂核岛超级管道安装及验收技术规程》NB/T 20376。

2.24.3 适用范围

适用于压水堆核电厂主系统波动管的安装及水压试验，亦可适用于类似工程。

2.24.4 工程案例

红沿河核电厂一期工程 1 号机组核岛安装工程、福清核电厂一期工程 2 号机组核岛安装工程、昌江核电厂一期工程 1 号机组核岛安装工程等。

（提供单位：中国核工业二三建设有限公司。编写人员：王瑞）

2.25 核电站 CV 倒装施工技术

安全壳容器由中间的圆柱形筒体及上下封头组成，其中 CV 底封头为半椭圆形结构，其上口内径为 43m，整体高度为 13.46m。CAP1400 核电工程项目从技术创新、节约成本和提高生产效率出发，在 CV 底封头组装过程中首次采用倒装法，并制定一系列施工技术措施保证 CV 底封头最终整体组装尺寸符合设计要求，此施工技术在 CAP1400 示范工程得到实际运用，并取得了良好的效果。

2.25.1 技术内容

根据 CV 底封头的结构特点和倒装法组装顺序，从上至下依次组装底封头各圈弧板。

在 18 根支撑柱上先组焊底封头第一圈的 36 张 BH1 板，在整圈 BH1 板上口标高和半径确定符合要求后，再以 BH1 板为基准在钢支撑环和中心支撑柱上依次组焊 30 张 BH2 板、15 张 BH3 板和 1 张 BH4 板，通过组对、焊接、测量和变形控制，最终使底封头组装精度符合设计要求。CV 倒装施工主要技术包括：测量放线技术、临时支撑短柱安装技术、CV 底封头组对技术、CV 底封头纵缝焊接技术、CV 底封头环缝焊接技术。

（1）测量放线技术

对施工场区已布置 18 根支撑柱的方位、顶面标高进行复测，找出底封头组装的中心点，作好标识并记录相关数据。参照核岛坐标系，在施工区域地面上划出 0°～180°和 90°～270°轴线（图 2.25-1）。

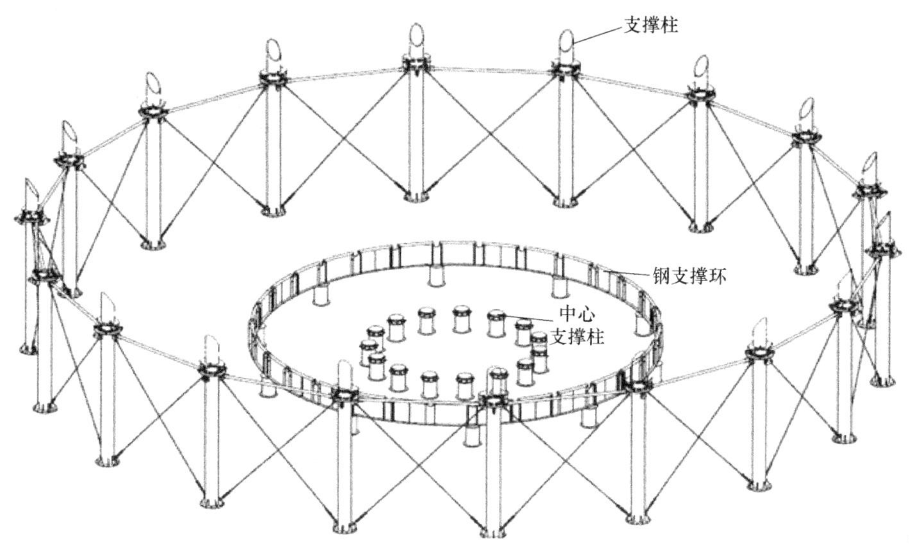

图 2.25-1　CV 底封头组装平台示意图

（2）临时支撑短柱安装技术（图 2.25-2）

1）将需要安装临时支撑短柱的 BH1 板吊装至辅助工装支架上，在 BH1 板内侧四个

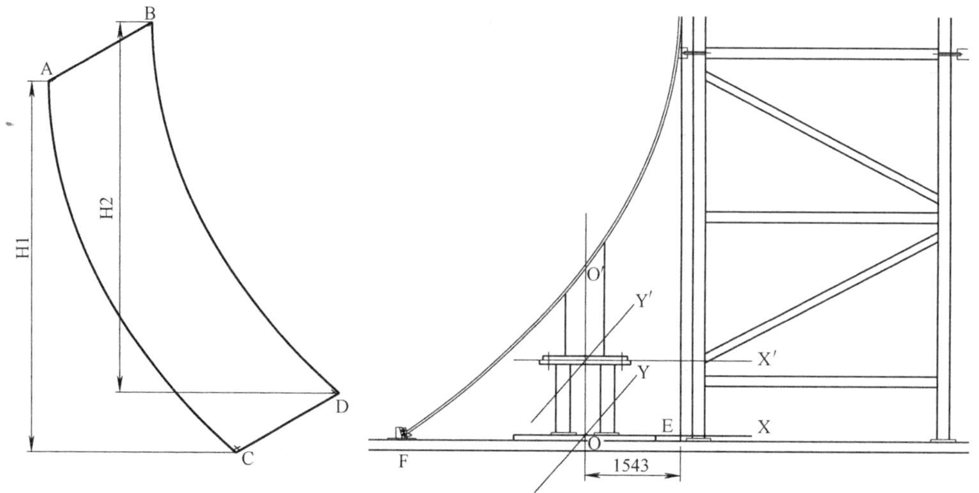

图 2.25-2　临时支撑短柱放线示意图

角的上下弧 30mm 处，分别设立 A、B、C、D 四点，调整 BH1 板，使 A 与 B、C 与 D 号点相对标高差不超过±6mm，使 A 与 C，B 与 D 的垂直距离 H1 和 H2 为 8090mm±10mm。

2）在地面上放出 BH1 板上、下缘中心投影点 E、F，通过 E、F 两点作轴线 X，按照图纸尺寸 1543mm，在 E、F 两点连线上找出 O 点，通过 O 点做垂直轴线 X 的 Y 轴线；放出 O 点在 BH1 板外侧面上的垂直投影点 O′，即为安装临时支撑短柱的中心点，以此为中心点在 BH1 板外侧画出临时支撑短柱与 BH1 板的相贯线。

3）将临时支撑短柱与支架用螺栓连接紧固，在临时支撑短柱的法兰上放出中心线 X′、Y′，沿 X 轴将临时支撑短柱推向 O 点，同时调整支架高度使临时支撑短柱上口与 BH1 板外侧上相贯线吻合，法兰中心线 X′、Y′的投影分别与轴线 X、Y 重合，测出临时支撑短柱法兰下表面与 BH1 板上缘之间的垂直距离，其值与 6627mm 之间的差值即为临时支撑短柱的切割量。

4）将最终加工好的临时支撑短柱安放到安装位置进行组对，复测合格后进行点焊固定。焊接时，应按照相应焊接工艺规程要求进行预热，并将整条焊缝分为 4 段，安排 2 名焊工从对称的位置同时开始焊接。

(3) CV 地封头组对技术

1）吊装 CV 底封头 BH1 板就位并组对，在组对过程中应连续观测已安装完成的 BH1 板的位置，根据实际位置与相对理论位置偏差值和方向，有针对性地规划 BH1 板的组对间隙大小，最终确保整圈 BH1 板的标高、半径、圆度等参数在设计公差范围内。调整组对 BH1 板时应考虑后续焊接变形对形位尺寸的影响，必要时应适当放大组对半径，BH1 板组对完成后，测量整圈板的标高、半径、圆度、组对间隙、错边量等参数。

2）其他板按 1）组对和检测，见图 2.25-3。

(4) CV 底封头纵缝焊接技术

1）底封头纵缝定位焊后，对整圈板的标高、半径、圆度、组对间隙及错边量进行测量检查，各参数检查合格，才能进行正式焊接。纵缝焊接时，预热温度和层间温度应严格按照相应焊接工艺规程执行。采用多层多道，正、反面交替，接头错开焊接，焊接过程中应对焊接变形进行监测，如发现焊接变形超差，应采取相应措施，如改变焊接顺序、设置防变形工装等。

2）纵缝内侧打底和填充层焊接完成后，背面采用炭弧气刨和打磨进行清根，打磨焊缝应圆滑以便于下一层焊道焊接，清根目视检查合格后，再进行液体渗透或磁粉检测。无损检测合格后，完成剩余焊缝的焊接。施工过程的焊接变形控制措施如下：

① 每条纵缝下端预留约 500mm 暂不焊接，其他部分按每段长度约 1m 左右从上至下进行分段退焊，错层收弧不少于 30mm。

② 安排多名焊工对称均匀分布施焊。

③ 焊工同时施焊时，应尽量使用相同的焊接电流，且尽量保持焊接速度一致。

④ 当整条焊缝的外侧打底层和部分填充层焊接完成后，检查焊缝的角变形，如角变形向外凸，则继续从外侧焊接；如向内凹则调整至内侧焊接。以此类推完成剩余层的焊接。

⑤ 纵缝焊接完成后，对焊缝进行外观检查和无损检测，复测整圈 BH1 板的标高、半

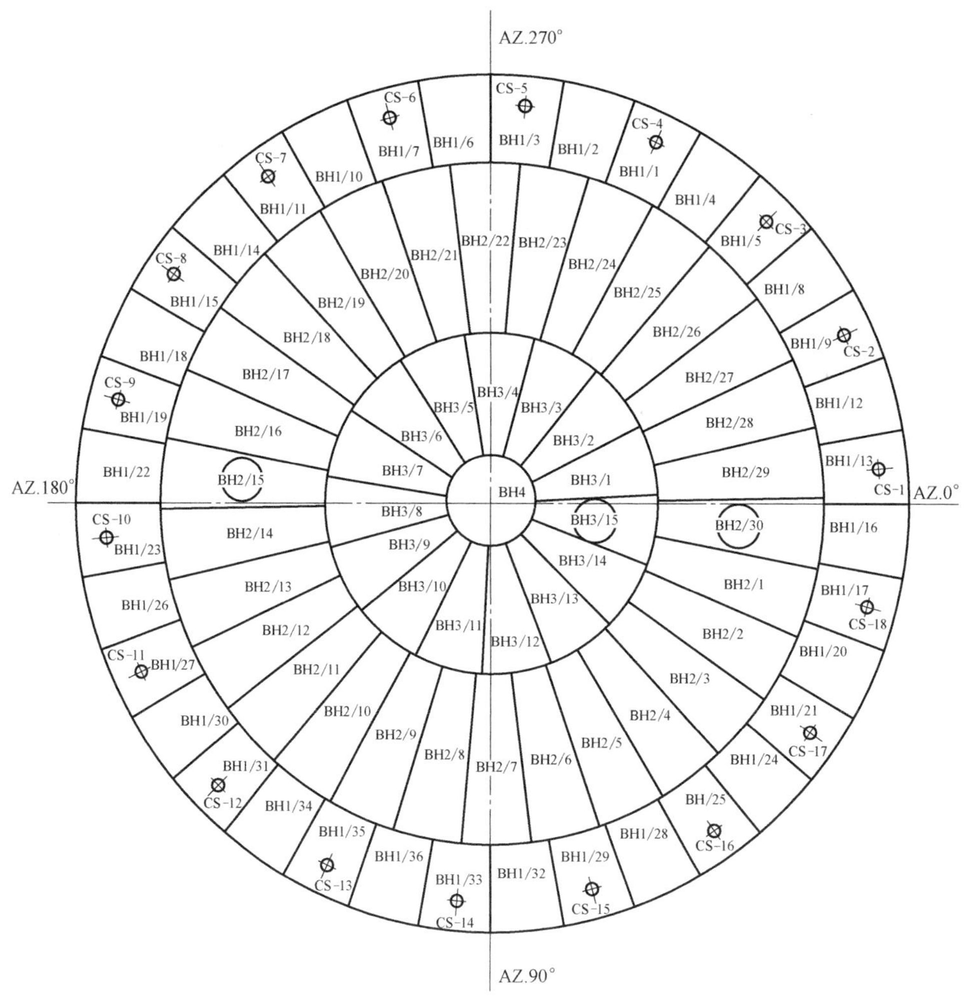

图 2.25-3　CV 组装布置示意图

径、圆度等参数。

（5）CV 底封头环缝焊接技术

1）环缝都选择在封头外侧进行定位焊，环缝定位焊缝长度宜为 70～80mm，间隔 300～400mm，也可根据实际施工条件调整定位焊缝长度及间隔距离。在焊接纵缝 500mm 预留段前，将环缝在丁字缝左右各约 100mm 内的环缝焊接 2～3 层以上，再将纵缝预留段焊缝焊接完成，然后进行环缝整体的焊接。

2）环缝组对调整符合要求后，安排多名焊工采用分段、均布和同向的方法进行焊接。

3）环缝焊接时，预热温度和层间温度应严格按照相应焊接工艺规程执行。焊接过程中应对焊接变形进行监测，如发现焊接变形超差，应采取相应措施，如改变焊接顺序、设置防变形工装等。

4）环缝焊接时，内侧打底和填充层焊接完成后，背面采用炭弧气刨和打磨进行清根，打磨焊缝应圆滑以便于下一层焊道焊接，清根目视检查合格后，再进行液体渗透或磁粉检测。无损检测合格后，完成剩余焊缝的焊接。

5）CV 底封头焊接完成后，检查底封头上口半径、周长，以及底封头内表面偏离规定形状的偏差。

2.25.2 技术指标

(1)《压水堆核电厂钢制安全壳组装、安装及验收技术规程》NB/T 20391;

(2)《压水堆核电厂结构模块组装及验收技术规程》NB/T 20412;

(3)《压水堆核电厂结构模块安装及验收技术规程》NB/T 20413;

(4)《钢结构工程施工规范》GB 50755。

2.25.3 适用范围

适用于 AP/CAP 系列核电工程的钢制安全壳底封头组装和类似大型容器的封头组装工程。

2.25.4 工程案例

CAP1400 示范工程等。

(提供单位:中国核工业二三建设有限公司。编写人员:欧国明)

2.26 核电控制网测量技术

控制网测量技术是工程进度和质量的重要保证。从工程测量施工技术要求角度出发,要遵循一个原则"先整体,后局部"。测量工作为工程各项施工定位提供基准依据和过程控制监测,是施工过程中的控制工序,也是环节终了时的验收工序。针对核电核岛反应堆主设备安装高精度要求,核电安装控制网的建立,显得尤为重要。核电安装控制网建立主要是针对核岛反应堆厂房,空间狭小、观测条件受限,各主设备安装高精度要求,所采用特殊的测量技术手段而建立的高精度测量控制作为核岛主设备安装整体控制的测量基准网。

2.26.1 技术内容

(1) 技术特点

1) 我国核电安装不论是二代半的,还是三代核电机组绝大多数都是由三个环路组成,在核岛反应堆厂房±4.65m 层或±0m 层,基本上囊括了所有核反应堆主设备,如蒸汽发生器、主泵、压力容器、主回路管道等。为了保证各主设备的有效安装与设备间的相互关系尺寸,必须建立统一的高精度测量基准网,为主设备的精确安装提供定位依据。目前国外核电,如法国、巴基斯坦等核电工程核岛安装测量控制网,也是采用同类似的方法建立安装高精度控制网。

2) 在核岛反应堆厂房±4.65m 层或±0m 主设备间,根据设计提供的测量基准点坐标值,采用增加测量转点、压力容器中心点、主泵中心点、蒸汽发生器的热段中心线点联立建网、网点软件优化设计、模拟计算、点位精度评估、多联脚架观测等方法布设测量控制网。其主要技术内容包括:测量基准板定位技术、控制网施测、成果数据平差技术。

(2) 安装控制网测量基准板定位技术

典型核电堆型的安装控制网基准板定位示意图(图 2.26-1)展示,其技术设计要求特点基本一致，只是空间结构有所不同，其控制网图形有所差异。依据测量控制网方案及设计图纸，定位出测量控制网点的平面位置，并铆固在130×100×3（mm）的不锈钢板上，将控制网点精确定位。定位测量顺序如下：

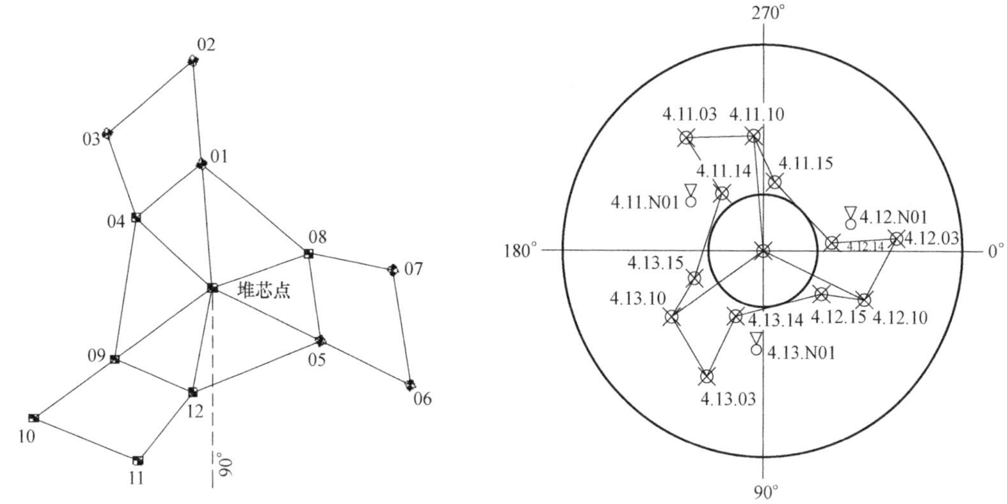

图 2.26-1　典型堆型控制网布置示意图

1）在转点处设置专用高度的测量三脚架，与堆芯点能够通视。

2）在堆芯基准点上安置全站仪，按控制网基准点的设计坐标，在地面放样出每个基准点的大致位置，用射钉枪铆固不锈钢基准板。

3）将基准点的点位精确测量到基准板上，并划出十字线作标记，十字交点处用洋冲冲一小孔，代表点位中心，孔心直径不得超过1mm。

(3) 控制网施测技术

在所有基准点上架设测量三脚架，安装基座、支架、棱镜，使用天底仪进行精确对点。在堆芯观测架上安装全站仪，使用天底仪对中堆芯基准点，以堆芯点和反应堆筒体90°方向线作为已知数据。使用全圆观测法进行边角观测，每个控制点观测4个测回。控制网观测完毕，对观测数据进行核查，需满足技术要求。

(4) 成果数据平差技术

整理原始记录计算各控制网点的平均角值和平均边长，使用科傻测量平差软件对观测值进行平差，得出各控制网点的最终成果值以及点位精度、网图、闭合差等详细成果资料。

2.26.2　技术指标

(1)《工程测量规范》GB 50026；

(2)《核电厂工程测量技术规范》GB 50633。

2.26.3　适用范围

适用于核电二代半堆型及三代堆型的核岛±4.65m层或±0m层及类似堆型的主设备间安装专用测量控制网的布设。

2.26.4 工程案例

福建福清核电机组等。

（提供单位：中国核工业二三建设有限公司。编写人员：徐军）

2.27 热室安装技术

热室是进行高放射性实验和操作的屏蔽小室，是装配有设备、电气、管道、通风等在内的完整的独立系统。热室在我国的核技术领域、高能物理研究领域均有广泛应用，常用于燃料元件的检验、处理，材料的物性、机械性能和金相测试实验，同位素分装，放射化学实验等。如某核反应堆工程建有乏燃料及同位素解体检测热室，某放射性化学研究所建有包括分析、检测、分装等功能在内的热室线，用于满足放射性化学的整套实验。

2.27.1 技术内容

（1）技术特点

1）热室一般由热室壳体、铸铁防护屏、窥视窗、铸铁防护门、密封门及通道、底部转运孔、机械手、穿墙直孔道、预埋水电气管道、水平转运通道、操作台等组成。

2）热室内部设备根据其功能布置，包含的部件众多、结构复杂、与外部的接口甚多，设计时需要考虑每个细节，以保证后续施工的可行性以及与外部接口的准确性主要施工技术内容包括：支撑预埋件安装技术、热室壳体安装技术、铸铁屏安装技术、窥视窗外框安装技术、底部地漏及各类管线安装技术、热室人员通道安装技术、负压计/剂量探测器等套管安装技术、机械手水平套管安装技术、热室底部钢覆面安装技术。

（2）支撑预埋件安装技术

热室壳体、防护屏、人员通道等大型部件设计有专门的支撑，需在安装前联合土建单位共同对相关部件定位并完成预埋施工。混凝土浇筑预留出必要的底部操作空间，以便于底部工艺、电气、排风等各类管线的安装。

（3）热室壳体安装技术

1）对热室支撑预埋件位置放线定位，精确测量出热室定位位置。热室壳体进行吊装就位，经检查现场装配人员、机具、配件均准备到位后进行吊装，起吊工作由专人统一指挥，热室底部采用垫铁调整高度，前后左右方向使用限位件进行调整定位，精确定位后将调整垫铁和限位件焊接完成。

2）室壳体整体就位后，利用测量获得的坐标轴线和热室壳体上的基准线或基准面进行调整，依靠垫铁及安装辅助工具进行，测量基准线按照图纸要求，如图纸未明确，可按照热室内部主要设施基准线。

（4）防护屏安装将铸铁防护屏分片吊装就位，每块防护屏底部设置两组专门的调节螺栓，用于防护屏的精确调整。防护屏垂直调整采用其顶部与热室壳体连接调节装置的方式进行。待整体精度满足要求后，将所有调节螺栓焊接牢固。

（5）窥视窗外框安装技术窥视窗框在热室壳体和防护屏之后安装，就位时从防护屏上孔洞正面进入。窥视窗框在工厂车间整体拼装，外框尺寸与防护屏安装孔洞间隙 10mm。

窥视窗框下部设置支撑平台，以便于窥视窗框就位。满足要求后，壳体侧焊接连接，防护屏侧使用螺栓连接。窥视窗框安装完成后，在混凝土浇筑前，须在每个阶梯段增加临时支撑，防止混凝土浇筑产生的外力变形。

（6）底部地漏及各类管线安装技术

按图纸要求安装地漏及废液地漏预埋管、给排水预埋管、压缩空气预埋管、电气预埋管等各类管线，安装时按标高由低到高安装，保证各个管道的焊接操作空间，与覆面连接形式依照热室设计要求。

（7）热室人员通道安装

1）热室人员通道主要有密封门、不锈钢通道、铸铁防护门三大部分组成。密封门安装时将门框与热室壳体覆面焊接固定，焊接应采用对称均匀焊接，以防止门框变形过大，焊接时应将密封材料先取出，焊接完成后再放回密封材料。不锈钢通道安装时将不锈钢通道整体吊装就位，底部支撑座上加垫铁。按图纸要求找平找正后将密封门框与通道点焊，复测其位置，满足要求后四周用型钢与壳体槽钢焊接加固，底部与支座焊接，然后焊接密封门框与通道。另一端待铸铁防护门就位后从外侧与其焊接。安装后在浇筑混凝土前在通道内加支撑以防受压变形。

2）安装防护门时以不锈钢通道底面为基准，保证防护门内框下表面与通道下平面平齐。位置以防护门内门口中心为基准，测量与热室后墙墙的距离，允许偏差为±5mm，标高以其下门框为基准面测量，允许偏差为±5mm，防护门水平度要求小于0.5/1000，测量基准为防护门上加工形成的基准面。满足要求后用支撑固定，混凝土强度达到75%以后方可拆除支撑。并在基准面处测量门的垂直度，垂直度不得超过1.5mm/1000mm。

（8）负压计/剂量探测器等套管安装技术

按照图纸要求安装负压计及剂量探测器等套管，标高及位置允许偏差为±5mm，埋管水平度允许偏差为1mm/1000mm。安装调整完成后，与热室壳体框架做刚性固定。

（9）机械手水平套管安装技术

机械手水平套管安装采用支架支撑，与碳钢接触点以不锈钢垫板过度。尺寸要求：以水平管中心为基准测量，标高允许偏差为±5mm；每对机械手左右机械手水平管与相配的窥视窗中心线水平距离允许偏差为±2mm；每个机械手水平管中心线与理论中心线同轴度为ϕ2mm。每支机械手水平管倾斜度在全长范围内不超过1mm。出口端与支架焊接固定并用型钢将中间法兰和壳体槽钢焊接加固。内端与热室壳体焊接并打磨平整。

（10） 热室底部钢覆面安装技术混凝土浇筑完成，拆除内部支撑后进行底部钢覆面的安装。钢覆面与龙骨架连接设置ϕ18mm塞焊孔，孔距控制在500mm左右，组装时先点焊钢覆面，再点焊塞焊孔，焊接时先焊接塞焊孔，再焊接钢覆面连接焊道，并采用分段间隔焊接方式，最大程度减小不锈钢覆面焊接变形。

2.27.2 技术指标

（1）《钢结构工程施工质量验收标准》GB 50205；

（2）《机械设备安装工程施工验收通用规范》GB 50231；

（3）《压水堆核电厂核安全有关的钢结构施工规范》NB/T 20396；

（4）《密封箱室设计原则》EJ/T 1108；

(5)《屏蔽铸铁件技术条件》EJ 78；
(6)《窥视窗防、耐辐射玻璃板》EJ/T 36。

2.27.3 适用范围

适用于核工程放射性物质处理各类密封箱式的安装，可用于指导大型物理实验装置热室、研究堆反应堆工程热室、后处理厂热室等工程。

2.27.4 工程案例

中国散裂中子源工程等。

(提供单位：中国核工业二三建设有限公司。编写人员：魏清海、扈晓刚)

2.28 纸机液压和润滑管道施工技术

纸机生产线运转速度高，部分设备运行压力大，对润滑和液压系统有很高的要求。润滑和液压管道是纸机生产线的重要组成部分，直接关系到生产线的正常运转情况。纸机液压润滑管道安装技术，具有施工机具先进，效率高，外形美观，质量优良的特点，保证了纸机液压和润滑管道安装要求。

2.28.1 技术内容

纸机润滑和液压管道施工通常以初步的管道示意图为基础，进行深化设计并绘制管道单线图。按照管道单线图和现场实测标记出弯曲位置及弯曲角度，进行煨弯预制。将预制好的管道，安装在预先固定好的管夹上，最后将接头和各工作点连接。成排的管线的安装，要注意先后顺序，安装后保证其密封性、美观性和实用性。

(1) 单线图绘制技术

根据图纸示意图，管道起点和终端，结合现场实际情况实地测量，深化设计绘制出单线图。绘制单线图时应提前考虑管接头错开排列，里外层接头错开安装，成排管线间距均匀，测量准确到1mm之内。对于同一规格和型号的润滑油分配器出口、轴承供油入口管线的煨弯，可采用样板的方式，实地测量后做出样板，批量煨弯预制。对于空间范围较大或过长，无规律管线，采用现场测量绘制单线图，实际测量出每一处折弯点、弯曲半径、直管段距离等数据。

(2) 管道煨弯预制技术

1) 预制区域设置

管道的煨弯预制和加工应在预制区域上进行。预制区域应设置在施工现场位置开阔、距离安装地点比较近的区域。预制区域设置电动液压弯管机、切割设备等工具，及管件、管材货架，布置形式根据现场特点自行布置，满足施工要求即可。

2) 管道煨弯

根据绘制的单线图，进行管道预制煨弯。管道的切割应采用机械切割，必须保证切割面的平整及切割的垂直度，管径小于 $\phi 42$ 的管道磨口最好采用内外圆磨口机，保证管口端面和管子中心线垂直、无毛刺。在管道折弯点处作出标记，将管子折弯标记点对准液压弯管机折弯处进行折弯，折弯角度可根据液压弯管机后侧标尺进行调整，对管道进行煨弯预制。

（3）C型钢导轨和管夹安装技术

1）管道的煨弯预制可与C型钢导轨和管夹安装同时进行。根据设计图纸或者实际情况选择管道固定方式的形式。机上部分原则上采用C型钢导轨和管夹固定。

2）管道煨弯完成后进行卡套连接，首先进行预锁紧。预锁紧原则上采用卡套锁紧机机械锁紧，不同口径的管道预锁紧都有配套的卡套模具，预锁紧压力参数参考不同型号的卡套锁紧机。

3）管道预锁紧步骤如下：选择管径，安装同口径卡套锁紧模具，将管件螺帽拧下，套入管子，按方向将卡套套入管子，参考卡套锁紧机给定参数选择压力设定点，必须保持管子处于水平状态，启动卡套锁紧机按钮，压力达到设定压力后自动停止，卡套模具将按设定压力将卡套和螺帽压入设定压力，即完成卡套预锁紧工作，如图2.28-1所示。

图2.28-1 管道卡套锁紧

4）管道卡套锁紧完成后，卡套应紧紧锁扣在管子外壁，卡套前后应无明显松动。煨弯预制好的管道应用压缩空气对管线内部进行吹扫，保证管线内部洁净，然后用胶带对管口进行封堵，同时对煨弯管线进行编号标识，放置成品货架，待整排管线预制完成后再进入现场安装。

（4）管道安装技术

完成管道卡套预锁紧后，可进行管道的安装。在安装管道时，管件本体外螺纹处应涂上少许的硅脂或二硫油脂，管道的终端接头外螺纹处涂管螺纹密封剂。安装时把管子插入配件本体，确保管子末端紧贴管件接头本体的凸肩，同时先用手指稍微扭紧管件接头的螺帽。以扳钳扣住配件管件本体，再以另一把扳钳扣住并转动螺帽完成管道接头的锁紧工作。

（5）系统吹扫和清洗

1）管道安装完成后，进行系统吹扫，吹扫采用压缩空气。吹扫步骤：卸开油路分配器起点供油点和末端接头，连接临时软管，从润滑终端接头接入临时压缩空气管，从终端接头往油路分配器供油点吹扫（从上往下吹扫），同时对润滑供油管线进行点对点供油分配点的标识。管线必须逐点吹扫，保证吹扫末端无杂质为止。

2）完成吹扫后，进行管线清洗。清洗步骤为：用普通透明软管将所有轴承（或者齿轮箱）供油入口前的供油管和轴承（或者齿轮箱）回油口前的回油管相连接，供油管插入软管内，外侧用喉箍紧固，考虑清洗压力不高，软管另一侧可直接插入回油管内，外侧用胶布临时封堵（图 2.28-2），润滑油站——油路分配器——轴承供油管——轴承回油管之间形成一个循环回路。将清洗油注入润滑油站，启动润滑油站油泵，将清洗油打入供油管线，通过润滑回油管回流至润滑油站（润滑油站前有高精度过滤器），如此循环清洗管线，直至检测回油清洗油杂质浓度符合标准为主。

图 2.28-2　系统吹扫流向图

2.28.2　技术指标

（1）《工业金属管道工程施工规范》GB 50235；

（2）《工业金属管道工程施工质量验收规范》GB 50184；

（3）《现场设备、工业管道焊接工程施工规范》GB 50236。

2.28.3　适用范围

适用于管道管径 $\phi6\sim\phi42$，设计压力小于 250MPa，工作温度大于－40℃，且小于 370℃，且设计温度不超过允许使用温度的无缝碳钢、不锈钢管道工程。

2.28.4　工程案例

上海中隆纸业有限公司年产 35 万吨牛皮箱板纸工程，浙江荣成纸业有限公司 PM5 年产 40 万吨瓦楞纸工程，无锡荣成纸业有限公司 PM3A 年产 30 万吨瓦楞纸工程。

（提供单位：中国轻工建设工程有限公司。编写人员：吕耀文、黄洪程、温玉宏）

3 石油化工工程安装新技术

3.1 6400t 液压复式起重机吊装费托合成反应器施工技术

费托合成反应器（以下简称：反应器）是煤制油装置关键设备之一，其直径 10.5m、高度 61.2m，单台重约 3000t，吊装技术难度大。采用 6400t 液压复式起重机（以下简称：QYF6400）吊装费托合成反应器成功解决了该设备吊装技术难题。

3.1.1 技术内容

(1) 反应器吊装工艺

1）反应器到货条件

筒体分上、下段现场制造转运到吊装场地，内件在专业厂内制造成组件运送到吊装场地，到货技术参数见表 3.1-1

单台反应器到货技术参数 **表 3.1-1**

序号	设备部件名称	外形尺寸(mm)	重量(t)	数量(件)	安装标高(m)
1	下段	ϕ9860×130×54400	2260	2	0.30
2	上 段	ϕ9860×130×7100	238	2	54.70
3	内件	最大 17000×4400×400	367		从 54.70 穿入

2）两台反应器间距

两台反应器设备基础的中心间距为 18000mm。见图 3.1-1、图 3.1-2。

3）吊装工艺

① 采用 QYF6400 依次吊装两台反应器下筒体平稳就位，找正并及时进行基础螺栓的二次灌浆；

② 利用 400t 履带起重机将内件逐步吊装到下筒体内组装焊接；

③ 利用 QYF6400 一侧提升上段至下段顶端标高以上，空中平移上段与下段垂直中心重合后，回落对口。

4）关键吊装技术

① 主吊溜尾一体化

QYF6400 垂直提升反应器下段两个主吊耳，1600t 溜尾门架专用吊具连接反应器溜尾吊耳提升一定高度。主吊耳垂直提升过程中，根据主提升速度进行变速滑移，保证主吊和溜尾钢绞线垂直度，整个操作可实现自动化控制。见图 3.1-3 所示。

上段采用复式主梁带载滑移工况进行吊装，单侧垂直起吊提升，提升到预定高度后由液压系统提供动力进行锁死、水平滑移，解锁回落，合拢。

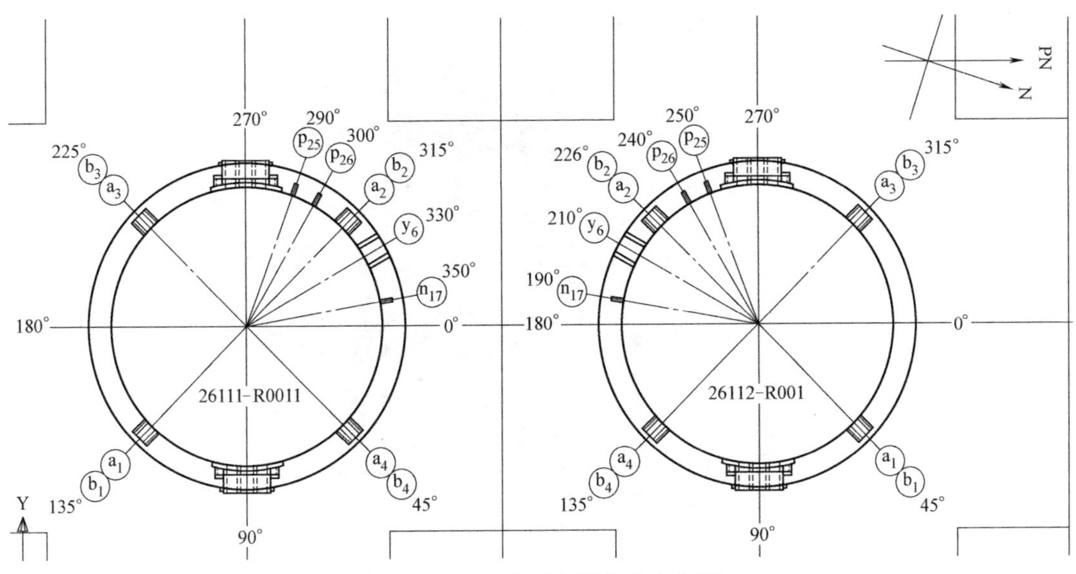

图 3.1-1　两台反应器安装方位图

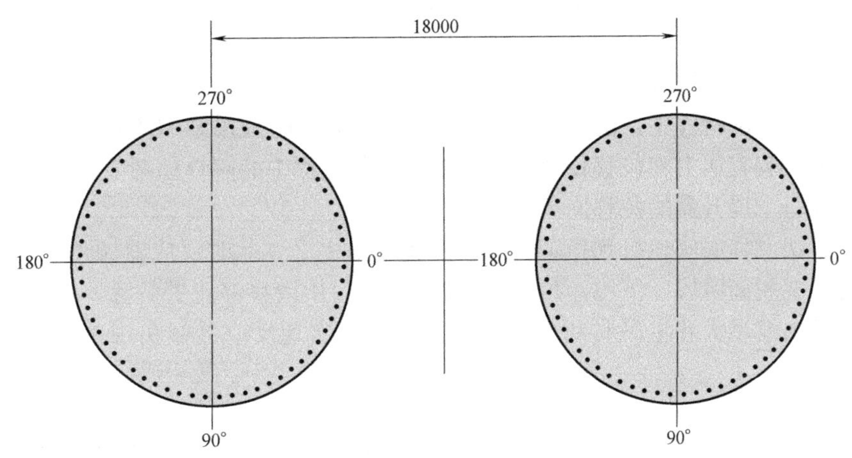

图 3.1-2　两台反应器安装间距及地脚螺栓布置图

② 四个方位统一技术

反应器下段主吊耳安装位置需考虑其正上方不能有工艺接管伸出，依据 QYF6400 基础和费托合成反应器基础相互关系。确定吊装四个方位：如起吊方向为基础南北轴线，那么，两个主吊耳轴向应为基础东西轴线，反应器下段工艺接管伸出方位与主吊耳协调；两台反应器溜尾吊耳互成 180°；基础地脚螺栓布置方位和反应器地脚螺栓孔方位吻合。

③ 下段卸车起吊连续完成技术

运输平板车载运反应器下段到吊装前的预定位置停稳。QYF6400（复式工况）与溜尾门架共同提起设备主吊耳和溜尾吊耳，使反应器下段脱离鞍座 500mm 以上；运输平板车载着鞍座沿下段纵轴线向后退，从溜尾门架中间驶离吊装作业现场。

④ 下段主吊提升与溜尾平移同步技术

图 3.1-3　吊装溜尾一体化

主吊耳提升全部行程中，前期溜尾平移速度过慢，会造成吊索偏离垂直线。因此主吊每个提升器上安装有压力和位移传感器，在整个吊装过程中能够自动调节每个提升器的提升速度，保证每个提升器的位移同步性。

当溜尾门架滑移底座运行到指定位置后停止主吊提升，此时反应器倾角约为 74°，开始进入溜尾门架脱离阶段。下段倾角为 74°时，溜尾门架滑移停止并解除，设备尾部加上溜尾绳索，后由溜尾力和主吊耳纠偏力来协同配合以实现反应器倾角由 74°～90°之间的转换。

⑤ 下段主吊耳与专用吊具连接、脱离技术

反应器筒体下段运输到起吊位置后，主吊具下降使其上方大半圆穿过吊耳；就位后，回落专用吊具，主吊耳进入专用吊具大半圆区域后，两组主梁沿滑移梁向外侧平移，专用吊具脱离主吊耳。

（2）QYF6400 技术创新点

1）采用的复式门架为桁架结构，自重轻、稳定安全，无需风缆系统，占地面积小；其弦杆腹杆使用销轴连接，可拆卸、可互换，各部件转场不超限，运输成本低。

2）门架自顶升系统、液压提升系统全部由计算机自动同步控制，精确度高；

3）全过程、全方位实现传感器联锁保护，视频监控，起吊安全可靠；

4）根据吊装对象的重量、直径、高度和现场条件，可实现复式、单门架两种工况使用。

3.1.2　技术指标

（1）QYF6400 吊装反应器

1）工况：主吊工况参数见表 3.1-2，溜尾门架工况参数见表 3-1-3。

QYF6400 复式工况之一　　表 3.1-2

最大起重量	4800t	最大提升高度	78.m
整机工作级别	A2	桁臂内跨	15.02
桁臂中心跨度	22.2×20.1m	作业环境	6 级风以下；－20℃以上

1600 吨溜尾门架工况参数之一　　表 3.1-3

最大起重量	1200t	最大提升高度	20m
整机工作级别	A2	桁臂内跨	15.02
门架两腿中心间距	20.1m	作业环境	6 级风以下；－20℃以上

2）下段裙座 60 条地脚螺栓同时穿入。

（2）QYF6400 起重机技术指标

1）复式工况技术参数

起重机等级：A2；

最大起重能力：6400t；

设计起吊高度：120m；

塔架中心距：22.2×22.2m；

吊装设备最大直径：15000mm；

主梁长度：28.6m；

提升器：2×8×600t；

提升最大速度：10m/h；

主梁最大滑移速度：5m/h；

施工电梯速度：30m/min，300kg；

门架同步自顶最大升降速度：10m/h。

2）技术特点

① 最大起重量为 6400t，是目前世界陆地起重量最大的起重机，是钢结构、机、电、液、传感器、计算机和控制技术于一体的现代化设备。

② 门架采用下顶升自拆装，减少高空作业，拆装速度快。

③ 根据吊装对象的重量、直径、高度和现场条件，可实现一机多工况使用。

④ 整机接地面积较履带起重机大，对地耐力要求不高。

3.1.3　适用范围

适用于：（1）大直径超高设备整体吊装就位；（2）大直径超高设备分段正（倒）装组对焊接；（3）复式门架为桁架结构，可改变吊装梁长度 20.1m、22.2m、26.2m、31.2m，实现四种内跨度吊装工况；（4）可拆分成两套单门架附加缆风绳平衡系统和门架平移改变吊装工艺；（5）溜尾门架可提升 1200t 设备水平滑移运输，减少溜尾吊车的使用。

3.1.4　工程案例

山西潞安矿业（集团）有限公司高硫煤清洁利用油化电热一体化示范项目油品合成装

置、内蒙古伊泰化工有限责任公司120万吨/年精细化学品示范项目中油品合成装置等。

（提供单位：中化二建集团有限公司。编写人员：周武强）

3.2 双塔式低塔架自平衡液压提升超高设备施工技术

3.2.1 技术内容

“双塔式低塔架自平衡液压提升施工技术”是利用双塔架、双支点、双悬臂梁承重结构和杠杆平衡原理，实现“用较低塔架吊装超高设备”。两塔架分别立在设备基础两边，其头部侧面通过“U形连接桁架”相连，塔架顶部布置有双悬臂结构形式的吊装梁，梁一端安放主液压提升器，另一端设置载荷平衡系统。吊装过程中，载荷平衡系统液压千斤顶的拉力随着主液压提升器荷载的变化而不断调整，同步计量控制，使吊装梁始终处于稳定状态。塔架顶部设置缆风绳，增强系统稳定性。吊装时，主液压提升器提升设备主吊耳，尾部采用履带吊溜尾（或采用轨道输送装置），实时跟进，使设备直立，完成吊装。塔架结构系统示意图3.2-1。

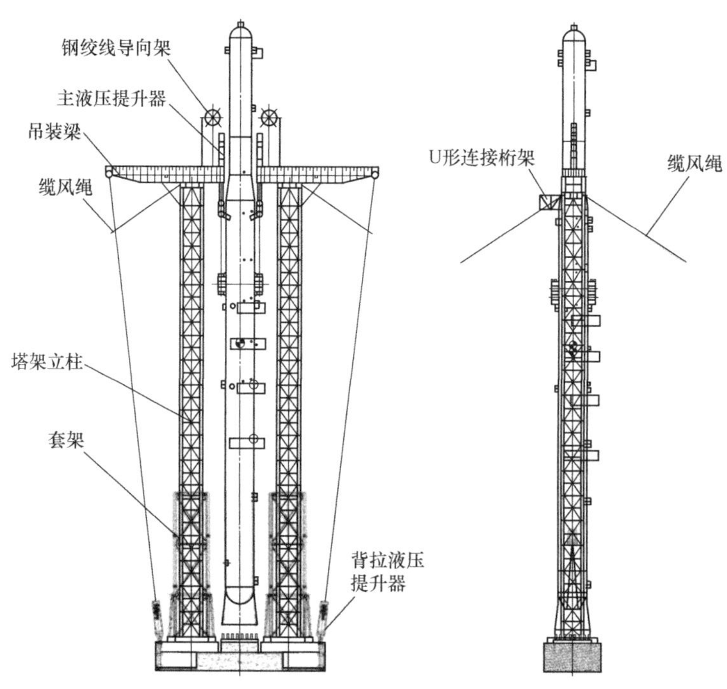

图3.2-1 塔架结构系统示意图

（1）技术特点

1）利用“以低吊高”理念，实现“较低塔架吊装超高设备”

利用双塔架、双悬臂梁承重结构和杠杆平衡原理，实现“用较低提升塔架吊装超高设备”的功能，打破了传统门式液压系统塔架必须高于设备长度的局限。降低塔架高度，提高系统稳定性。另外，通过缩小设备主吊点与重心间距，减小设备尾部的溜尾力，降低溜尾吊车的吨位。经济、社会效益显著。

2）系统模块化集成技术

系统由钢结构模块、自动化集成控制模块、提升动力集成模块及液压平移集成模块等多个模块组成，不仅提高了结构组合的多样性、实用性，而且大大提高了安装拆卸的效率、降低了劳动强度，便于集装箱式长途运输。

3）变距自平衡控制技术

吊装时，两主液压提升器承受的拉力随设备提升高度而变化。吊装梁另一端设置的载荷平衡系统的液压千斤顶拉力随着主液压提升器载荷的变化而不断调整，保证吊装梁平衡。该技术也增加塔架立柱的整体稳定性，降低缆风绳的受力。

4）计算机集群控制技术

通过系统设计、计算机控制和手工操作相配合，解决了多吊点吊装设备时各吊点同步性的难题，保证吊装过程的平稳性和同步性，满足多种不规则、复杂设备的吊装需求。实现三个“同步”控制，达到整体吊装的协调性（以两个主提升器为例）：

① 两个主液压提升器的同步提升控制；

② 吊装梁一端的主液压提升器与另一端载荷平衡系统同步控制；

③ 两个主提升器的提升速度与溜尾履带吊车（或导轨行走装置）的跟进行走速度的同步性控制。

以上三个“同步”控制是相互联动的，不是孤立存在的。主液压提升器受力大小或提升速度的变化将引起吊装梁后背绳受力大小和溜尾吊车跟进速度的变化，它们存在以下逻辑关系，见图 3.2-2：

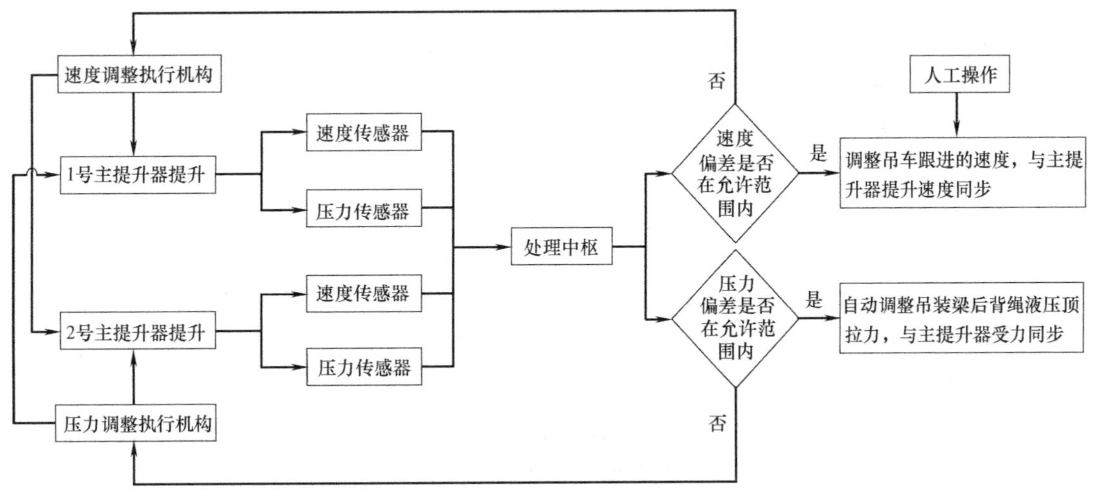

图 3.2-2 逻辑关系示意图

5）塔架自安装技术

塔架立柱采用“倒装法”进行自安装，通过顶升套架，利用顶升油缸、油站、控制器、顶升梁等来实现门柱的自顶升。套架上的滚轮机构在自顶升过程中实现对门柱的定位，实现顶升过程中门柱的稳定、抗风载荷、抗倾覆。计算机控制系统及传感器能实现良好的同步性。

（2）吊装工艺流程

见图 3.2-3。

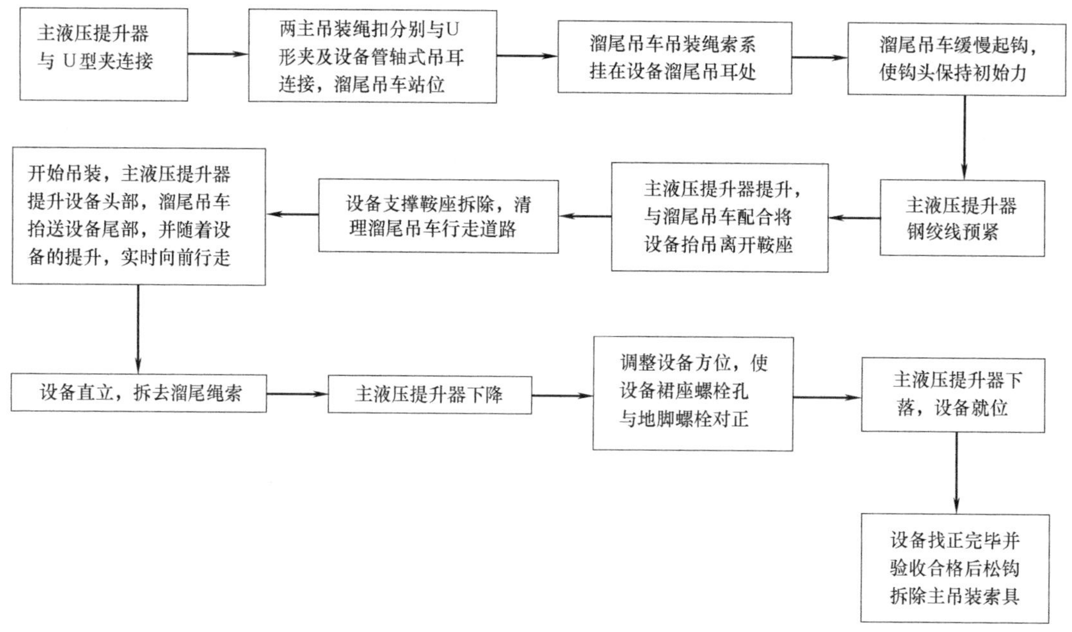

图 3.2-3　吊装工艺流程图

（3）注意事项

1）塔架系统参数。根据设备重量、外形尺寸及结构形式等参数，确定系统塔架的高度、方位、两塔架中心间距、主液压提升器的吨位、数量、位置及布置形式等，进行初步吊装规划。

2）塔架基础参数。根据设备参数（重量、外形尺寸、安装方位等）、塔架参数（重量、高度、中心间距等）及当地地质情况，确定塔架基础结构形式、方位、承载能力、标高、尺寸参数等，为立塔架做准备。

3）塔架立柱利用顶升套架采用“倒装法”实现自安装。

4）塔架立柱在安装过程中，需在其前方及左右方向布置 3 台经纬仪，实时观测塔架垂直度，对超出规定的及时调整，减少累计误差。

5）背拉试验。主液压提升器及液压载荷平衡系统的千斤顶，在使用前需要做背拉试验，背拉试验的拉力为本次工作最大工作载荷的 1.25 倍。无漏油且压降符合要求的，方能投入使用。

6）调试及试吊。液压提升系统安装完成后，需要对液压操作系统、远程控制系统、监控系统、供电系统等各个部分进行调试，发现问题及时处理，不带病作业。调试完成后，进行试吊。

7）分级加载吊装。试吊正常后，方可进行正式吊装。正式吊装采用分级加载进行，每次加载后详细记录油压等相关参数并进行分析，监测吊装过程中塔架、设备、缆风绳等关键部件的变化，如有异常及时处理。

3.2.2 技术指标

(1) 塔架基础水平度用水平仪测量，水平误差小于1/1000，且不大于5mm。

(2) 正式吊装时，塔架垂直度误差小于4/1000，且最大偏差不大于20cm。

(3) 主吊液压提升器的安全系数不得小于1.5，钢绞线安全系数不小于3。

(4) 吊装时，提升速度控制在8～10m/h，允许吊装最大风力5级，塔架及液压提升系统在环境温度-30℃以上正常工作，远程控制系统在环境温度在－10 ℃以上正常工作。

(5) 吊装时，主吊钢绞线应处于垂直状态，最大偏角不超过3°。

(6) 设备下落时，采用点动操作，控制每次下降的高程，以避免震动过大。

3.2.3 适用范围

适用于煤化工、石油化工及其他工业装置中具有独立基础的超长、超重、超大单台设备或相距不远设备集群的吊装，也适用于场地条件限制、吊车无法作业的区域内设备吊装，以及吊车能力不足或采用吊车吊装成本较高的情况下设备的吊装。

3.2.4 工程案例

呼伦贝尔金新化工年产50万吨合成氨、80万吨尿素项目低温甲醇洗净化装置、宁夏捷美丰友化工有限公司合成氨、尿素搬迁和技术优化项目等。

参考文献

[1] 大型设备双塔式低塔架自平衡液压提升施工工法：(国家级工法 GJEJGF 397—2012)

[2] 使用双塔式低塔架自平衡提升装置起重吊装的施工方法：(发明专利 ZL201010514647.8.)

(提供单位：中国化学工程第三建设有限公司。编写人员：程志、冯兆辉)

3.3 超大直径无加劲肋薄壁半球型顶施工技术

为避免有毒、有害物质泄漏，一些防泄漏要求高的化工装置往往设置钢制密封罩，使装置与外界隔绝，形成保护。为实现密封罩内空间利用最大化以及保证顶盖的结构强度及稳定性，设计采用半球型顶。钢制密封罩因具有结构轻巧、密封性能强、结构外形可变性强等特点。

3.3.1 技术内容

超大直径无加劲肋薄壁半球型顶的施工主要分为两个阶段，分别为半球顶地面组装和半球顶与筒体组对。

(1) 超大直径无加劲肋薄壁半球型顶地面组装施工技术

1) 对环形基础及脚手架搭设范围内的地面进行适当的硬化处理，保证地面有足够的承载能力，满足支撑球顶及脚手架的重量要求。结合施工现场平面布置和吊车性能情况，确定半球顶的地面组装位置，施工环形基础及钢结构支撑。为了均衡环形基础的受力，应适当多的布置钢结构立柱，可消除或降低基础发生不均匀沉降触发脚手架坍塌的安全风险，见图 3.3-1。

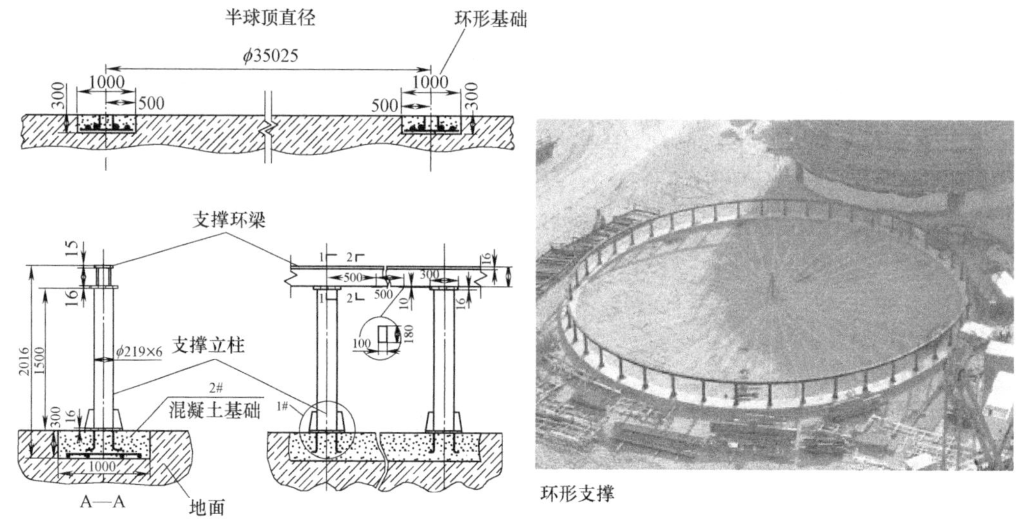

图 3.3-1　底部环形支撑

2）球顶内外满搭脚手架作为安装及焊接平台，同时在内部脚手架指定位置上焊接若干道环形支撑板对球顶板进行定位和尺寸控制，见图 3.3-2。

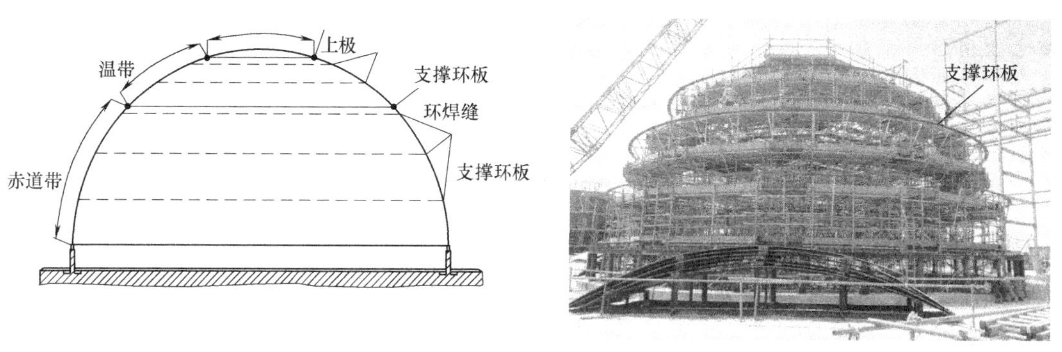

图 3.3-2　支撑环板布置图

3）球型顶盖由赤道带、上温带及上极板组成，由于焊缝数量多，板薄，焊接变形控制难度大。为了保证半球顶的焊后成型，减小焊接收缩，确保焊后的直径，因此在半球顶赤道带及温道带上均匀对称设置 4 道收缩焊缝，半球顶焊接时首先焊接除收缩缝外的其余焊缝，待焊接完成后调整焊后直径组焊最后 4 道收缩焊缝。通过预留收缩缝，使得球顶在焊接过程中各球顶板处于自由状态，焊接应力得到了很好的释放，有效地减少了焊缝收缩对半球顶的直径影响并很好地控制了焊接变形。

（2）半球型顶与筒体的吊装、组对、焊接技术

由于半球顶大而且薄，为了减少吊装变形，通过有限元法计算（见图 3.3-3），可知球顶吊装阶段产生的变形属于塑形变形，在每个球顶上设置 8 个吊耳，（见图 3.3-4）通过设计较多的吊装吊耳，避免受力集中，同时需要结合球顶结构合理布置吊耳位置，从而控制吊装变形，保证吊装安全和球顶的组对质量。

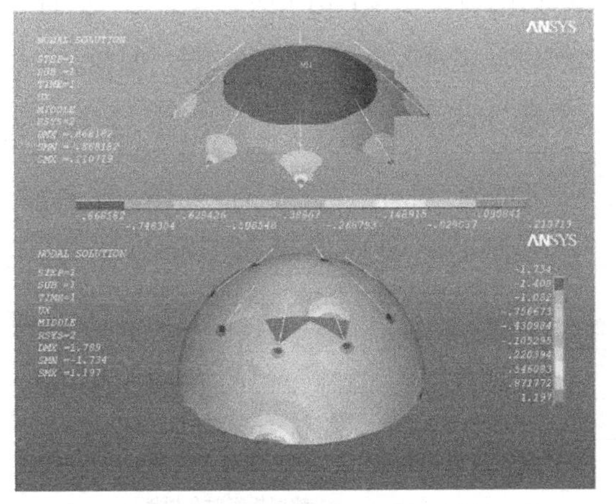

图 3.3-3 半球顶吊装变形受力分析及有限元受力分析

图 3.3-4 吊耳布置

3.3.2 技术指标

半球型顶施工应符合《立式圆筒型钢制焊接油罐施工及验收规范》GB 50128 要求；涉及焊接前的工艺评定和焊接规程及施工过程中的焊接质量应符合《承压设备焊接工艺评定》NB/T 47014、《压力容器焊接规程》NB/T 47015、《钢制焊接石油储罐》API 650 要求；焊缝检查检测应符合《承压设备无损检测》NB/T 47013 要求；施工过程安全操作及脚手架搭设应符合《建筑施工扣件式钢管脚手架安全技术规范》JGJ 130 要求。

3.3.3 适用范围

适应于石油化工、化工类大型密封储罐工程。

3.3.4 工程案例

沙特萨达拉异氰酸酯项目等。

(提供单位：中国化学工程第三建设有限公司。编写人员：韩承康、顾书兵、罗明明)

3.4 带内支撑柱锥型顶大型储水罐施工技术

3.4.1 主要技术内容

(1) 技术特点

储罐内径大顶板结构为带内部支撑柱锥型顶结构，顶板共有 84 瓣分片结构，采取地面集中预制、分片吊装工艺，尽可能减少高空作业的风险。

本储罐壁板施工采用内挂三脚架悬挂平台正装法施工，焊缝组对、焊接及检测全部借助三脚架悬挂平台完成，实现了一架多用目的。壁板立缝焊接方法采用气电立焊(EGW)，焊机型号为 YS-EGW-V，焊丝选用 KOBELCO 公司的药芯焊丝 DW-S60G，保

护气体为 CO_2；壁板横缝焊接方法采用埋弧自动焊（SAW），焊机型号为 YS-AGW-ICE，焊丝选用 KOBELCO 公司的实芯焊丝 US-49，配套用焊剂为 KOBELCO 公司 MF-33H。经过实践证明，该自动焊工艺焊接功效高、焊接质量好、省工省时，有较大推广价值。

(2) 施工工艺

1）合理规划施工工艺流程：

储罐安装分为下料预制和现场安装两个部分，根据现场情况，合理优化和协调下料预制和现场工安装的施工顺序（见图 3.4-1）。

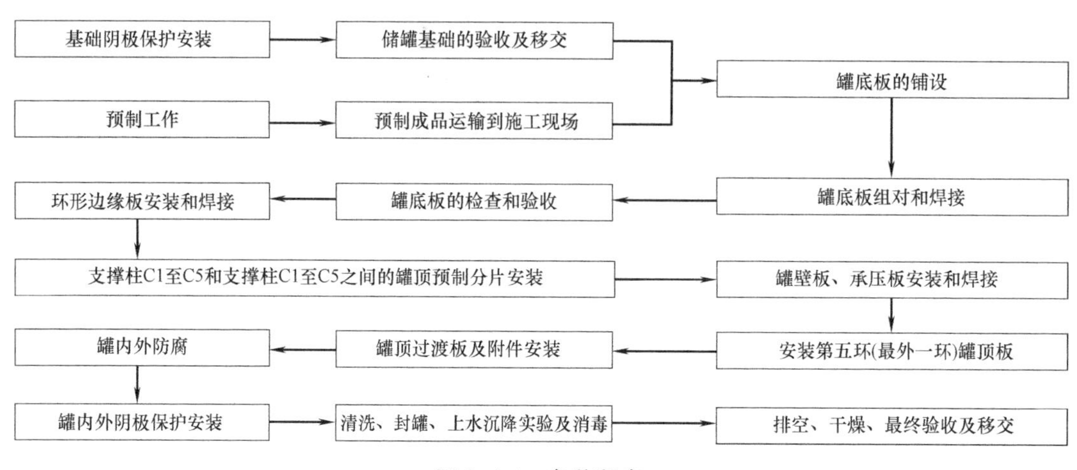

图 3.4-1　安装程序

2）储罐基础验收

储罐基础验收要求如下：基础中心标高允许偏差为±10mm；罐底边缘板处每 3m 弧长内任意两点高差不大于 3mm，并且任意圆周长度内任意两点的高差不大于 13mm；所有验收数据填写专用记录表格作为工序交接资料。

3）罐体各部位预制

底板/顶板下料、顶板分片预制和壁板卷制。

4）储罐安装

① 储罐底板安装：底板中心板铺设后，按照排版顺序从内至外采用外侧板压内侧板的方式铺设其他中幅板；中幅板铺设完成后，从中心向四周按照先短后长的焊接原则施焊，焊接采用分层、分段退焊和跳焊的方式。

② 顶板分片安装：中心支撑柱先安装，临时加固措施到位并调整垂直度后开始安装第一圈 6 根支撑柱，每两根柱子作为一个小单元，再安装第三根支撑柱，接着上第二片顶板分片结构，以此类推安装好第一圈的支撑柱及顶板分片结构。第一圈顶板结构的整体垂直度用经纬仪检查合格后，进行支撑柱，上部盖板与大梁接触部分角焊缝的焊接。后续第二、第三、第四圈支撑柱和顶板分片安装与第一圈类似。顶板分片安装高空作业多，受制于风速影响，临时加固尤为重要，本项目储罐顶板安装共使用 36 个 2t 锚固块与缆风绳相结合的方法进行加固。

③ 壁板安装及焊接：壁板安装采用正装法施工，临时工卡具配合使用完成壁板焊缝组对精度，满足图纸及规范要求。见图 3.4-3。

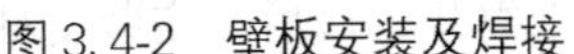

图 3.4-2 壁板安装及焊接

图 3.4-3 壁板组对

④ 壁板焊接：壁板焊接顺序为先焊立缝，再焊环缝，立缝采用气电立焊工艺（EGW），环缝采用埋弧自动焊工艺（SAW）。

⑤ 储罐第一带壁板与边缘板 T 型角焊缝焊接。

⑥ 储罐顶板第五圈分片结构安装。

⑦ 底板真空箱试验。

3.4.2 技术指标

应符合《钢制焊接石油储罐施工及验收规范》（Welded Tank for Oil Storage）（API-650 11 版本）关于储罐制造及验收要求。

3.4.3 适用范围

适用于大直径大型带内支撑柱锥型顶式储罐本体组装及焊接，可以有效减少作业脚手架的搭设减少高空作业风险，并具备自动焊作业效率较高、焊接成型好及合格率高等优点，使得施工投入降低，提高了经济效益。

3.4.4 工程案例

沙特 SWCC 三期输水项目储罐工程。

（提供单位：中国化学工程第十一建设有限公司。编写人员：付磊、刘体义、张先夺）

3.5 大中型球罐无中心柱现场组装技术

3.5.1 技术内容

（1）技术特点

大中型球罐无中心柱现场组装技术是指采用外组对方式组装球罐的一种球罐施工方法。技术核心是，球罐在基础上直接安装，先安装带支柱的赤道带，充分利用卡具、拖拉绳来固定球壳板。通过球罐赤道带组装，形成安装基准，然后安装其他赤道带板，其次安装下极板（依次为极边板、极侧板、极中板），最后组装上极板（依次为极边板、极侧板、极中板）。采用这种球罐组装方法施工准备工作量小，占地少，组装难度小，降低了劳动强度，缩短工期，降低施工成本。

（2）施工工艺

1）通过球罐基础中心圆测量方法结合柱腿中心距测量方法，精确控制相邻柱腿之间中心距和柱腿与基础圆半径距离，精确定位球罐柱腿位置。

2）采用弧长结合弦长综合检测球壳板方法，克服了球壳板现场摆放产生弹性变形引起测的量误差，提高了球壳板检测的精度。

3）确定球壳板经度方向中点，并标记。

4）在检查验收合格的基础上，直接安装带有支柱赤道带球壳板，通过索具固定，依次安装所有带立柱的赤道带；再依次完成不带支柱的赤道带组装，最后，安装支柱拉杆并固定。见图 3.5-1。

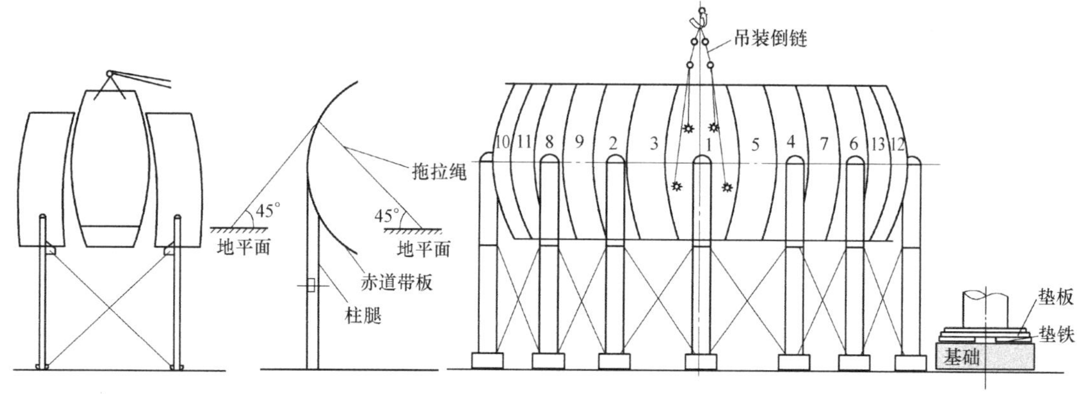

图 3.5-1　赤道带组装示意图

5）预先通过中点定位、调整赤道带几何尺寸，将组对偏差均匀分配到上下口，采用四等分法定位球罐各带组装位置（除赤道带外），将组装累积偏差分配到每块球壳板，保证椭圆度、上下弦口水平度、对口间隙、错边量、角变形等技术参数达到规范要求后再进行下一步组装工序。

6）上温带板、下极板（如有下温带）组装用卡具、索具与赤道带固定，依次组装，上极板下口与组装完成的上温带用卡具固定组装。

7）球罐内部作业平台可以采用脚手架、活动挂架等方式搭设，便于根据不同施工条件灵活运用。

3.5.2 技术指标

应符合设计要求标准、《球形储罐施工规范》GB 50094 及《钢制球形储罐》GB 12337 相关要求。

3.5.3 适用范围

适用于 2000m^3 以上大中型混合式球罐的现场组装，2000m^3 以下中小型球罐组装可以参考实施。

3.5.4 工程案例

重庆燃气集团头塘储备站 4 台 10000m^3 天然气球罐及 1 台 5000m^3 天然气球罐工程、

唐山燃气集团 4 台 5000m^3 天然气球罐、湖北宜都兴发化工有限公司 3 台 2000m^3 液氨球罐、中化泉州 1200 万吨/年炼油工程 16 台 3000m^3 LPG 球罐等。

（提供单位：中国化学工程第十三建设有限公司。编写人员：李强、李小朋、曹顺跃）

3.6 大型原油储罐海水充水试验及防护技术

3.6.1 技术内容

（1）技术特点

按照《立式圆筒形钢制焊接储罐施工规范》GB 50128 要求，储罐施工完成后须进行充水试验，检验储罐主体的强度、稳定性和严密性，同时观测储罐基础沉降情况。大型原油储罐容量较大，尤其对罐区而言，充水试验耗用时间较长、需水量大，洁净淡水无法满足供给要求且总价昂贵，充水试验后淡水回收困难且造价较高。原油罐区一般距离海边较近，采用海水进行充水试验，可以就地取材，大大减少淡水资源的浪费，海水的无限量供给也是保证工期的重要因素。综合考虑各种因素，在对储罐采取充分防腐蚀措施的条件下，使用海水进行充水试验投入少、成本低、工期有保证，对储罐寿命、质量和使用性能以及周边环境亦无影响。

（2）大型原油储罐海水充水试验及防护措施

主要工艺流程：施工准备→充水试验→储罐放水→罐内清理→储罐检查

1）施工准备

在原有牺牲阳极基础上新增不少于 25 块牺牲阳极块，其中 4 块焊接于浮船下表面，新增牺牲阳极块焊接位置均匀分布；新增牺牲阳极块在试水时和投产后均能对储罐起到保护作用，试水完毕后不进行拆除；将储罐除进出水口外所有罐壁开孔用盲板进行临时封堵；中央排水系统保护铠和刮蜡板等不锈钢材质构件表层均匀涂抹一层黄油，进行密封保护；安装临时试水管线和管道泵，要求管道泵能在海水环境稳定工作；试水管线端部安装不同目数的多级滤网，对进入试水管线的海水进行过滤；修建一座容量 300m^3 的沉淀池，用于海水沉淀后排出。

2）充水试验

按照 GB 50128 和设计要求进行充水试验，充水过程中，进行罐基础沉降观测，同时检查罐体强度及严密性、浮船升降试验及严密性、中央排水系统严密性等。

3）储罐放水

充水试验完毕后，需对储罐进行放水，对于 1/2h 液位以上海水，可向另一台需要试水的储罐利用自然压力倒罐；1/2h 液位以下海水，可由管道泵泵送至另一台需要试水的储罐；对于最后一台储罐中的海水，需用管道泵泵送至沉淀池内，经有效沉淀之后排入大海，避免造成环境污染。储罐放水时应在达到浮船支柱调整水位时暂停放水，待所有浮船立柱调整完毕后再行放水。

4）罐内清理

放水完毕后，使用清洁淡水对罐内所有与海水接触部位进行反复清洗，如有必要可使用高压水枪，冲洗完毕后对罐内进行彻底清扫。待所有储罐试水全部完成后，将临时试水管线和管道泵拆除。

5）储罐检查

浮船下表面存在大量焊缝间隙，须用清洁淡水对焊缝间隙内进行反复冲洗，避免焊缝间隙内残存腐蚀介质；已涂刷防腐漆部位有可能出现油漆鼓泡现象，须对鼓泡处进行打磨，重新防腐；部分区域可能出现盐垢，须用清洁淡水进行反复冲洗和擦拭，避免影响后续防腐施工；所有牺牲阳极块表面均出现腐蚀情况，须清除表面的腐蚀层并用清洁淡水冲洗。

3.6.2 技术指标

应符合《立式圆筒形钢制焊接储罐施工规范》GB 50128、《立式圆筒形钢制焊接油罐设计规范》GB 50341、《石油化工立式圆筒形钢制储罐施工技术规程》SH/T 3530、《石油天然气建设工程施工质量验收规范 储罐工程》SY 4202。

3.6.3 适用范围

适用于近海所有储罐工程，尤其适用于近海大型罐区。

3.6.4 工程案例

中海港务（莱州）有限公司油品储罐等。

（提供单位：中建安装集团有限公司。编写人员：马东良、刘长沙）

3.7 双排大口径（ϕ1370）高水位流沙层热力管道沉管施工技术

3.7.1 技术内容

（1）技术特点

热力管线采用不降水整体双管直接开挖沉管施工法，无降水难度、开沟塌方问题较少。采用管道沟上组对、焊接，可提高管道焊接质量，提高焊接速度，操作简便，降低劳动强度，经济效益显著。

（2）施工工艺

1）施工作业带清理及围堰修筑

在临占地 40m 范围内，使用挖掘机进行扫线作业，清除作业带内的沟坎土堤和种植物等，保证车辆机械安全通行。在临占地 40m 范围内的边沿，使用挖掘机在作业带南北两侧修筑高 300～500mm 围堰，以防作业时所挖泥土超作业带。

2）运管、布管

管道运输、布置使用自制炮车及挖掘机配合完成，自制炮车无法行走的地段，铺设自制钢排。管道的布置需提前做好支撑墩，以便后期焊接，管道的布置要充分考虑后期管道组对焊接时所用机械的行走道路，避免不必要的施工阻塞。

3）管道组对焊接

管道的组对、焊接全部在沟上进行，严格按照沟上施工工艺进行施工。

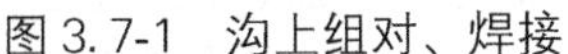
图 3.7-1 沟上组对、焊接

图 3.7-2 沉管作业

4）管道下沉

① 沉管时机：管道水压试验后，保持满管水，作为沉管时的压载重量。

② 沉管操作：采用多台挖掘机按前后布置从单侧开挖，开挖时分两层施工，第一层挖至见地下水处；第二层开挖深度至 3～3.5m。管沟开挖过程中，管道由于重力作用下沉；当挖掘机出现沉降时，应敷设管排；当管道因中间部位土不能下沉时，应采用 1～2 台高压水枪，将两管间下层泥土冲刷液化，使其流入两侧管沟中。管沟开挖后，管道下方会有 40～50m 的悬空段，此时应安排专人进行沟底平整，如有悬空，应加垫细土垫实。

5）池塘开挖河道清淤机组

当管道因中间部位土不能下沉时，应采用池塘开挖河道清淤机组，将两管间下层泥土冲刷液化，使其流入两侧管沟中。水流经清水离心泵产生压力，通过输水管、水枪，喷出一股密实的高压水柱来切割、粉碎土壤，使之湿化、崩解，形成泥浆和泥块的混合液，再由立式泥浆泵及输泥管吸送到两侧管沟中。

6）局部压载

当局部管道由于下部泥水浮管不能沉入就位时，用配重块进行局部压载；配重块紧固要牢，防止配重块窜动，损伤保温层。

7）埋深检查

用水准仪对管道埋深进行检查，当埋深不符合要求时及时处理，达到要求后及时进行土方回填。

8）管间距调整

当两管间距出现不允许偏差时，应采用固定管卡或调节丝杠进行调整。

3.7.2 技术指标

应符合《城镇供热管网工程施工及验收规范》CJJ 28、《油气长输管道工程施工及验收规范》GB 50369 相关规定。

3.7.3 适用范围

适用于大口径热力管线在水稻田、沼泽地、高水位流沙层等特殊地形地貌中的施工。

3.7.4 工程案例

开封市城市集中供热管网二期工程、郑州市城市集中供热管网工程等。

（提供单位：中国化学工程第十一建设有限公司。编写人员：叶晓辉、张永昌、娄战士）

3.8 大型乙烯裂解炉整体模块化建造施工技术

3.8.1 技术内容

依据模块化基地到安装现场的水陆运输条件，确定大型乙烯裂解炉整体模块化建造的规模。可将每台裂解炉从柱脚过渡底板、辐射段、对流段、急冷换热器、汽包、上升下降管、炉本体仪表、顶层平台作为一个整体模块建造，单台炉子以竖向分为辐射段、下部对流段、上部对流段三大模块进行制作、总装，裂解炉模块化建造分解示意见图 3.8-1。

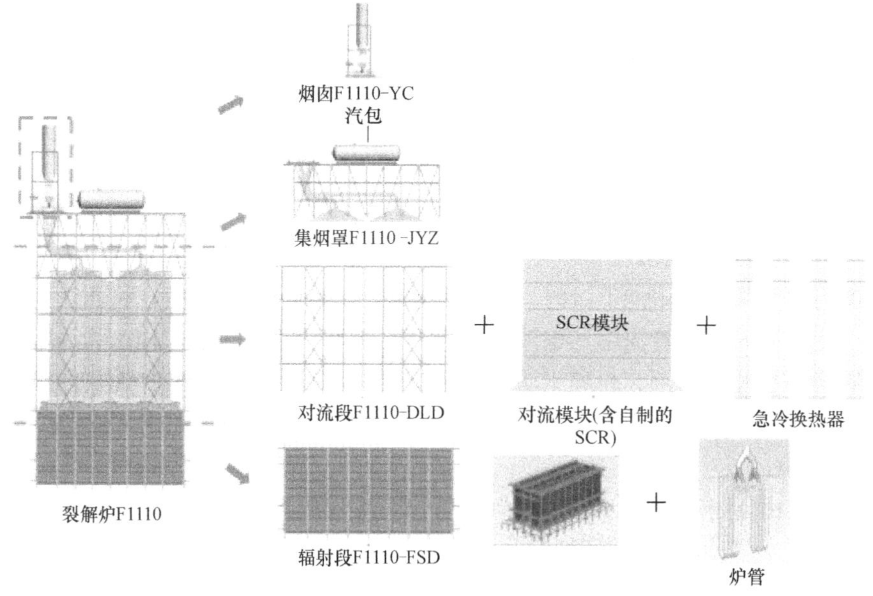

图 3.8-1 裂解炉模块化建造分解示意

（1）技术特点

1）大型乙烯裂解炉的整体模块化建造技术，包括多项新技术，主要有临时基础的设计、建造，海运工况下的结构建模计算和加固、运输托架计算和设计、衬里和炉管保护、SPMT 运输和顶升安装等技术。

2）模块分段、分片以最大化在地面施工为原则。辐射段、下部对流段、上部对流段模块在地面组装，附属设备同步安装，三段分别整体吊装就位。

3）劳动保护在地面预制后与模块同步安装并投用。

4）运用SPMT全回转挂车实现整体称重、上下船、运输与现场安装就位，减少了大型吊车使用，提升了裂解炉整体建造的质量并解决了项目工期紧、现场场地不足等问题。

(2) 裂解炉整体模块化建造工艺

裂解炉整体模块建造流程见图3.8-2。

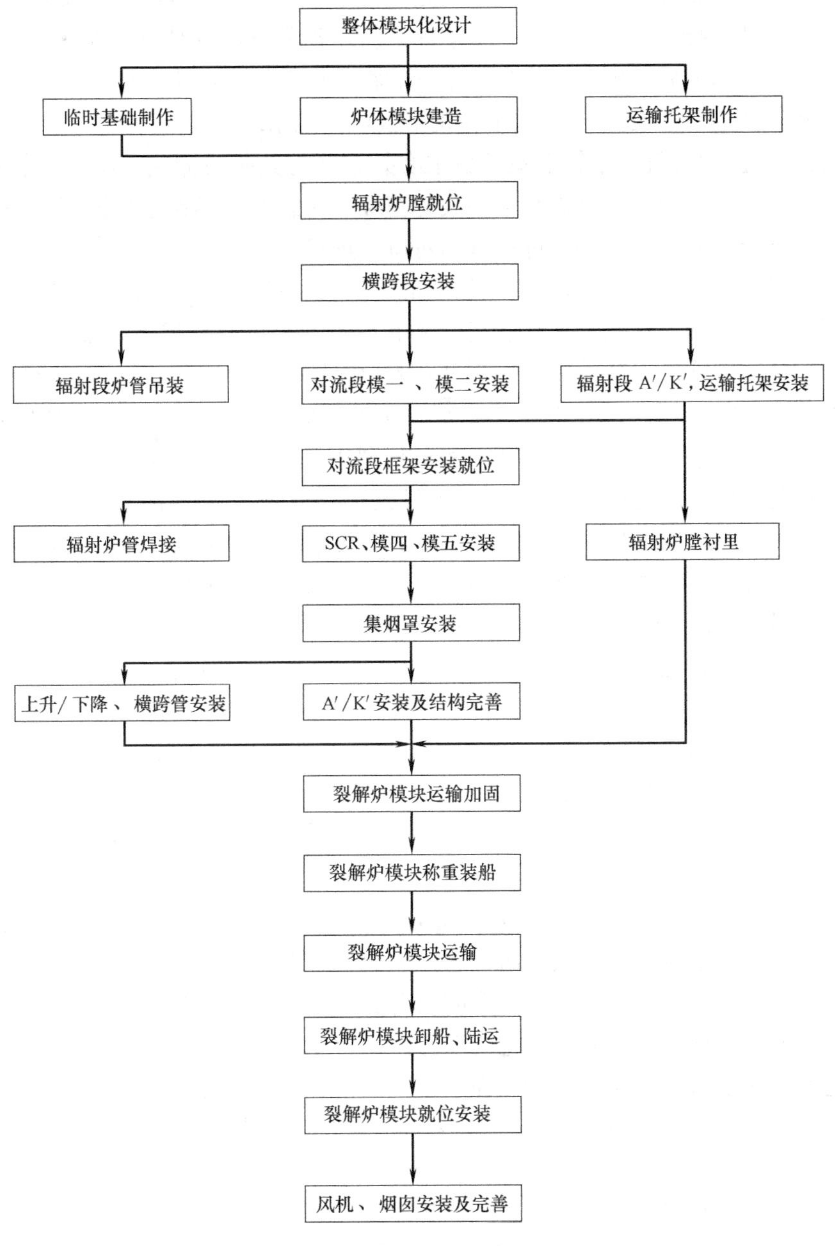

图3.8-2 裂解炉整体模块建造流程

1）钢制临时基础。主要包括基础和基础间加固桁架，结合基础现场施工参数和SPMT挂车的升降范围，设计制作基础，将其放置在承重混凝土地面上。

2）辐射段包括两个炉膛、横跨段、辐射炉管。炉膛侧墙、端墙、炉顶、炉底，均分片在地面胎具上制作及焊接衬里锚固件，片体卧式合拢组装成一个箱体，整体吊装到临时基础上。横跨段分片预制，待两炉膛在临时基础就位后安装。

3）下部对流段模块主要包括对流模块组、对流段钢结构框架和急冷换热器。对流模块组工厂制作成品到货，对流段钢结构框架制作在地面胎具上完成，急冷换热器水平安装固定在结构框架上并做好临时支撑，正式通道、梯子、平台、栏杆等同步安装。

4）上部对流段内框架采用地面卧式建造工艺，各部分的片体在地面制作，集烟罩、烟道安装于内侧片体上后衬里，衬里自然干燥后将内框架段立起来，用激光经纬仪复测框架尺寸，总装外框架，铺设50m顶层平台钢格板，汽包吊装就位。

5）炉管安装。炉管就位于辐射室炉膛中心处，并将其临时固定，防止炉管倾斜和变形。上部对流段模块安装后，以炉膛中心线为基准，对急冷换热器精找固定，并完成辐射炉管每根出口管与急冷换热器每根进口管的对口、焊接。

6）裂解炉模块加固，是大型模块化建造的主要技术措施之一。模块在建造、运输过程中，其制作条件、受力状况和正常使用工况下不同以及防范恶劣天气带来的安全风险，需采取专门的加固措施以保证模块建造全过程的稳定性。加固支架、结构可分摊模块建造及陆运、海运、SPMT顶升过程中的荷载及防止模块倾覆、变形。模块本体的加固结构全部采用高强螺栓连接，便于安装、拆卸和重复利用，并能根据模块加固需要进行组合。需对辐射段炉膛衬里、辐射炉管、安装的电仪设备等进行专门加固保护。

7）利用SPMT挂车和Loadcell称重分析系统确定模块的重量、重心位置和运输横梁处的实际受力情况，验证模块受力计算的准确性和加固措施的适用性。

8）模块运输，陆上采用SPMT自行装卸式运输车，海上采用18000吨级自航驳船，一船一件的运输方案。运输车配车采用4纵列共136轴544只轮胎360°全回转SPMT挂车装载，4纵挂车左右对称布置。

9）海运柱脚海固止动压板技术。模块柱脚采用安装在船上的止动压板进行固定，运输桁架外侧四周用斜杆铰接支撑，SPMT挂车开出工装通道后，对四趟滑道基础进行肘板焊接、海固绑扎。裂解炉模块与船绑扎固定为一个整体，整体重心降至11.6m，使模块海上运输安全可靠。

10）用SPMT挂车装卸船，驳船为T靠，SPMT挂车从船尾上下，根据潮汐以及船舶压舱水调载情况，适时铺设跳板，通常选择涨潮时车组上船，落潮时车组下船。上下船过程中，实时监测岸跳板与前沿及船艉形成的高度差，高度差应控制在200mm以内，并且通过压舱水调节，保持船首高于船尾的姿态。

11）运输道路承载能力应达到$12t/m^2$以上，路面应板结或硬化，道路横坡应不大于2%，纵坡应小于3%，道路宽度应不低于24m。水陆运输应避开大雨、雾、雪及7级以上大风天气。

12）整体模块安装就位。选取两端三个基础为基准，在事先装好的柱底板上画出过渡底板的位置框线，确定进车路线，模块就位重点考虑水平位置控制、标高控制，SPMT调节控制精度满足5mm内轴线偏差要求，实现了整体精准就位，提高了安装质量。

3.8.2 技术指标

（1）控制临时基础的安装精度，水平度控制在±0.5mm，轴线间距±3mm。

（2）炉膛模块吊装到临时基础上，要保证各立柱的中心与临时基础顶板中心线对齐。

（3）下部对流段“回”字形框架与箱式对流模块端柱的最大间距控 30mm 内。

（4）辐射段、下部对流段、上部对流段模块分别就位后应用激光经纬仪检查其标高、垂直度及总体尺寸，三段总装成整体后需对整体方位及垂直度进行检查和校正。

（5）防止焊接收缩，以中心柱为定位基准，向两端依次放大 5mm。

（6）采取对称焊、分段焊、加设防变形板等方法防止壁板、柱、梁焊接变形。保证炉膛、密封焊部位的焊接质量，必要时进行渗透、试水检验。

（7）裂解炉整体模块现场安装就位，须控制其轴线间尺寸偏差在 5mm 以内。

（8）模块化设计、临时基础、加固、装配、总装、称重、陆运、上下船、海运、顶升安装等各施工环节均应保证整体模块的强度和稳定性。

（9）注重成品保护，尤其是辐射炉管、衬里、电仪设备。

3.8.3　适用范围

适用于模块化建造基地至装置现场具备整体水陆运输条件，现场施工条件受限，工期要求紧的国内外大型裂解炉模块化建造与交付，也适用于其他类似工业炉或装置的模块化建造与交付。

3.8.4　工程案例

浙江石油化工有限公司 4000 万吨/年炼化一体化项目一期工程 140 万吨/年乙烯装置等。

参考文献

[1] 大型裂解炉整体模块化建造施工工法：HGGF 44-2018. 北京：中国化工施工企业协会，发[2019] 12 号。

[2] 石油化工乙烯裂解炉和制氢转化炉施工技术规程：SH/T 3511—2007 [S]. 北京：中国石化出版社，2007。

(提供单位：惠生（中国）工程有限公司。编写人员：刘英华、王明春、王志成)

3.9　悬浮床（MCT）油品加氢装置施工技术

悬浮床（MCT）技术处理渣油，生产清洁汽、柴油，可以简化工艺流程、节省投资，提高收益率。各种油品转化率均达到 96%～99%，轻油收率达 92%～95%，远远高于传统技术 70%以下收率。而悬浮床（MCT）油品加氢装置关键施工技术的研发应用，克服了悬浮床（MCT）主要核心设备：冷壁反应器及内部结构的安装难题，克服了与关键设备相关高温、高压不锈钢管道的焊接及稳定化热处理施工困难，克服了高压系统氢气气密的施工困难，确保了施工质量，缩短了施工工期，节约了成本，为承接类似工程积累了经验，为悬浮床（MCT）油品加氢技术在我国的推广应用提供了技术保障。

3.9.1 技术内容

（1）冷壁反应器内衬筒的安装

1）悬浮床加氢装置核心设备冷壁反应器（见图 3.9-1）为氢气、加氢油品、催化剂提供了反应场所，其内部反应温度为 450～470℃，工作压力 21.3～22.4MPa，其设备内部浇筑隔热耐磨衬里层和内衬套筒，内衬筒的安装避免了高温、高压介质进入设备后对其隔热耐磨衬里层的冲刷，有效地延长了隔热耐磨衬里层及设备整体的使用寿命；同时还能防止隔热耐磨衬里层因长时间冲刷作用，使其局部脱落后进入工艺管道，影响正常工艺生产。

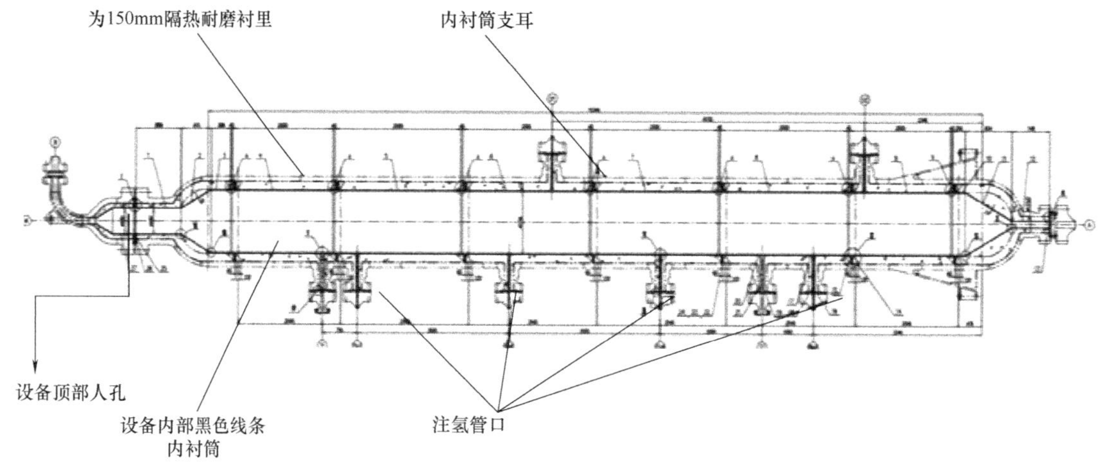

图 3.9-1 冷壁反应器外形及内部结构图

2）冷壁反应器内衬筒采用中空式安装，在高温状态下膨胀间隙的控制是保证施工质量的关键，其成套安装工艺流程如下：材料验收-内衬筒支耳制作安装（见图 3.9-2）-设备隔热耐磨衬里施工-内衬筒腰带板安装（见图 3.9-3）-烘炉（温度：600℃）-内衬筒预拼装（间隙测量）-对应设备口开孔-内衬筒组装、焊接-安装位移测量装置-验收、封闭人孔法兰。

3）内衬筒安装注意事项：

① 安装前，衬里施工、烘炉施工均已结束且经验收合格；内衬筒施工中每个焊接点均为隐蔽检查点；

② 内衬筒连接板在烘炉前已焊接完成，与衬里间隙已检查合格；

③ 在设备底部管线法兰处安装大功率鼓风机，保证内部空气流通。

4）冷壁反应器注氢装置安装：在探入管表面缠绕石墨盘根，缠绕直径与设备口注氢管口内径一致或稍大，保证其能将设备注氢口间隙全部密封，探入管前后设置不锈钢钉，用以将石墨盘根固定在探入管上，钢钉长度比石墨盘根直径稍大即可；缠绕完毕后，设备侧法兰面同样缠绕石墨盘根，以纸胶带固定，并且两法兰间还要加设隔热毡垫，方可进行安装；确保其隔热、密封效果，防止冷氢介质在进入管道后反串入注氢口间隙，造成注氢点管口局部区域因温度差导致的晶间腐蚀现象的出现。

5）注氢装置插入管上的石墨盘根要固定牢靠。

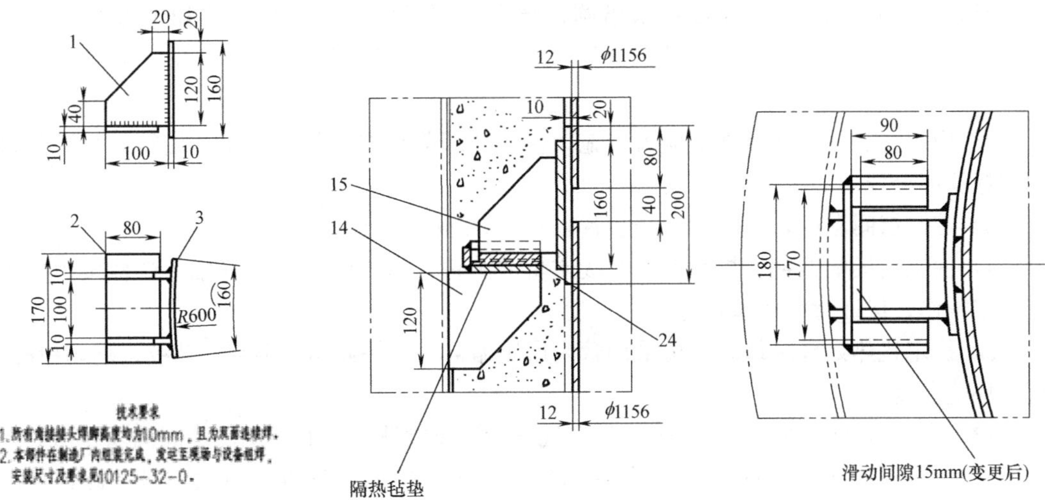

图 3.9-2　支耳制作安装图解

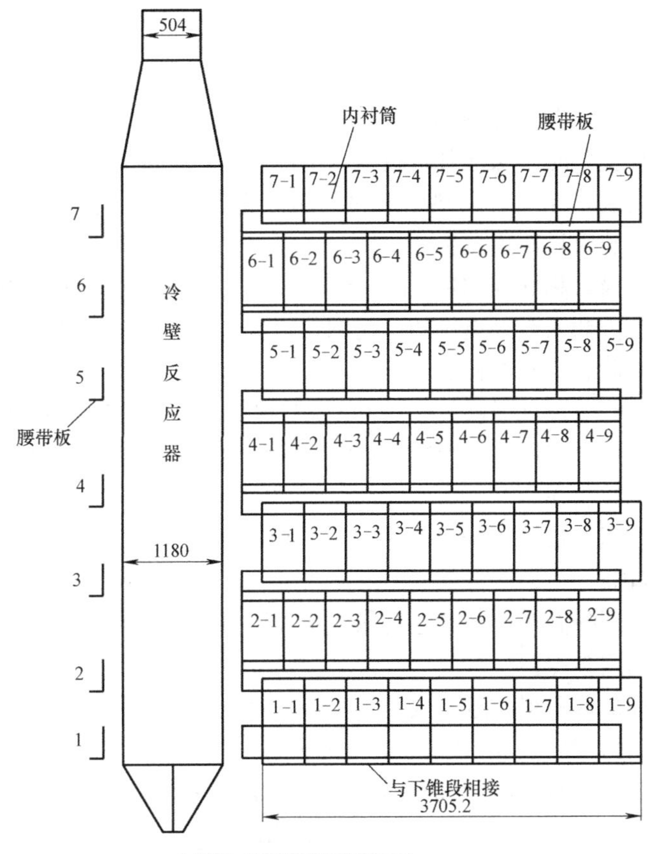

图 3.9-3　内衬筒及腰带板展开图

(2) 高压不锈钢管道焊接及稳定化热处理

1）严格控制好层间温度，钨极氩弧焊打底后，待焊道冷却后进行焊条电弧焊接，直流反接；采取多层多道焊接技术措施，焊完一层后间歇几分钟，待焊道冷却后进行下一层焊接，将层间温度控制在100℃以下，避免形成焊接缺陷（气孔、夹渣、未焊透等）。

2）稳定化热处理前增加消应力措施，在热处理前将焊缝打磨平整，使得在打磨的过程中释放部分残余应力。

3）控制层间温度，并采用滑动装置以利于焊缝的自由收缩。

4）手工钨极氩弧封底焊是保证焊接质量的关键，施焊时应认真仔细，严格按焊接工艺规定操作，保证背面成型良好。

5）稳定化热处理冷却时，可采用管内通压缩空气、外面用压缩空气持续、均匀风冷，直至环境温度。

(3) 高压氢气气密过程中，采用复合气体检测仪检测漏点时，两法兰间间隙要做好密封措施。有一些顽固性漏点，尤其是在氢气条件下，紧固处理难度更大，对于此种情况下，记录所有顽固性或处理较困难的漏点，要采取泄压、换垫处理。在更换新垫片时，采用柔性石墨带将垫片密封面缠绕覆盖，然后安装、紧固。

3.9.2 技术指标

(1) 内衬筒安装时，保证与隔热耐磨衬里间有20～30mm的间隙；

(2) 内衬筒支耳安装时，保证其与设备内部配套支耳及浇筑料的间隙15mm；

(3) 腰带板的安装，在设备隔热耐磨衬里施工完毕，且浇筑料固化达到设计的强度70%以上后，开始安装内衬筒连接板；

(4) 在每层内衬筒（相邻90°各一个）上开一小孔，并在其上焊接略比其大的不锈钢短管作为套管，短管内插入直径更小的不锈钢管短管，插入管一端抵住设备衬里层，一端与套管另一端平齐，此表示0位移量；

(5) 高压不锈钢管道设计温度大于350℃，其焊缝需进行焊后稳定化热处理；

(6) 焊接时，焊道分多层多道焊接，焊完一层后间歇几分钟，待焊道冷却后进行下一层焊接，将层间温度控制在100℃以下；

(7) 稳定化热处理参数设置的过程中，将升温速度定为50℃/h、通过缓慢升温使温差控制在80℃/h以内；

(8) 稳定化热处理降温时，在断电后保温条件下使温度降到700℃时，再进行快速空冷。700～900℃范围内缓冷；

(9) 重复热处理次数不得超过2次；

(10) 氢气气密时，测氢气浓度低于30～60ppm为合格；

(11) 手工钨极氩弧焊封底焊保证背面焊缝表面凸起不得超过1mm；

(12) 稳定化热处理温度为900℃，恒温至少3h。

3.9.3 适用范围

适用于加氢反应器及内部结构的安装及质量检测；不锈钢高压厚壁管道的焊接领域；规定需要稳定化热处理的不锈钢高温、高压管道；高压系统各种介质的气密施工及处理漏点的工程。

3.9.4 工程案例

河南鹤壁华石 15.8 万吨/年焦油综合利用示范项目；河南鹤壁华石 15.8 万吨/年焦油综合利用示范技改项目等。

（提供单位：中国化学工程第六建设有限公司。编写人员：赵青、姚永泽、曹建军）

3.10 LPG 地下液化气库竖井施工技术

3.10.1 技术内容

操作竖井是地面与洞库连接的通道，操作竖井从地面竖向连接至地下洞库顶部，操作竖井由钢结构、管道（套筒、套管、内管）和设备（产品泵、裂隙水泵、切断阀、液位测量装置）等组成。其布设于受限竖井内，其井底结构、支架、锚栓、套管、U 形卡等的施工均须在井内进行，竖井施工技术难度大、施工质量要求高，如果施工方法选择不当，施工的安全、质量、进度、利润等将无法保证。

（1）技术特点

1）利用 BIM 技术的可视化模拟施工、碰撞检查和技术交底（见图 3.10-1）。

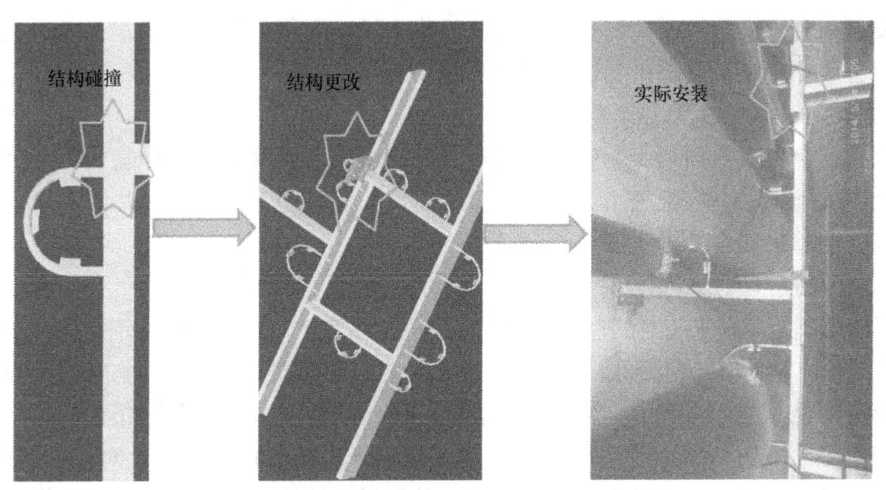

图 3.10-1 BIM 技术在碰撞检查方面的应用

2）采用双吊盘系统作为井内升降施工平台和运输设备，分离井内安装作业面和运输作业面，解决了单吊盘系统的井内安装和运输相互影响的问题。

3）采用新型正装法，在安装过程中组件重心下移；传统的正装法，在安装过程中组件重心上移。本新型正装法，采用井口固定位置（高度为 1.2m）组装、焊接套管，安装一节套管后，其套管组件下移一节，循环操作。

4）采用双重裂隙水防护棚，即在泵坑上部设置刚性防护棚，在作业位置设置柔性防护棚，有效的阻断了裂隙涌水对安装作业的影响，保证了竖井内安装焊接的质量。

5）泵坑内钢结构及套筒采用洞库吊装与地面吊装相结合法吊装。

(2) 竖井施工流程

见图 3.10-2。

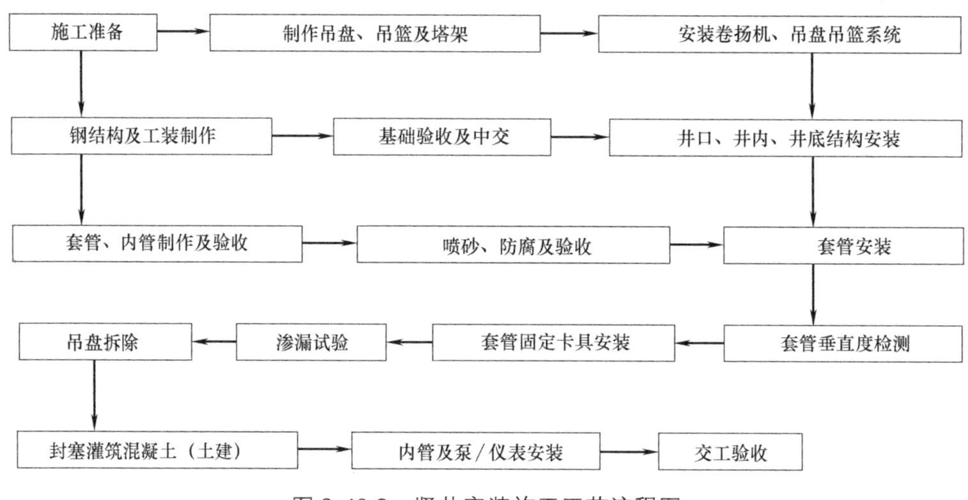

图 3.10-2　竖井安装施工工艺流程图

(3) 具体实施过程

1）井内施工

主要包括套管支撑的锚栓测量、标记、压浆、锚板灌浆、拔出试验、支撑施工、井底支撑施工、缓冲罐施工及阳极、U 形螺栓的施工等。

2）地面施工

主要包括套管坡口预制、套管吊装组对、套管调直、套管焊接、焊缝 RT 检验、套管下放以及内管施工、泵体组施工、压力试验、电气仪表检验等。其中，井内钢结构安装与套管焊接、套管吊装为关键工序。

3）卷扬机提升系统安装

临时塔架既是套管安装时的操作平台，又是固定吊盘、吊篮滑轮组的钢结构框架，卷扬机提升系统由临时井架、卷扬机、钢丝绳、导向滑轮、吊篮和吊盘组成。临时井架顶部设置导向定滑轮，通过钢丝绳牵引，实现吊篮、吊盘垂直运动，并承担吊篮、吊盘的工作载荷。

卷扬机驱动吊篮，吊盘运动。一台 5t 卷扬机用于吊篮的提升，两台对称布置的 3t 卷扬机用于吊盘的提升。三台卷扬机连成整体，并埋设地锚固定。吊盘作为施工作业平台使用，且一旦投入使用只降不升，吊篮作为井内运输工具和辅助操作平台（见图 3.10-3）。

卷扬机提升系统安装完成后，对吊盘、吊篮做载荷试验。

4）竖井钢结构安装

竖井钢结构包括井口钢结构、井内钢结构、洞库内钢结构以及泵坑内钢结构。

① 泵坑钢结构安装

由于泵坑内降水、积水严重的限制，不利于泵坑内钢结构的分体安装，采用预制整体吊装的方法，根据洞库内能否进入吊车，吊装方法分为洞库吊装与地面吊装（见图 3.10-4）。

钢结构在泵坑内，不适合采用吊盘法施工，采用临时搭设脚手架作为操作平台和吊篮作为载人及运输钢结构杆件的安装方法。

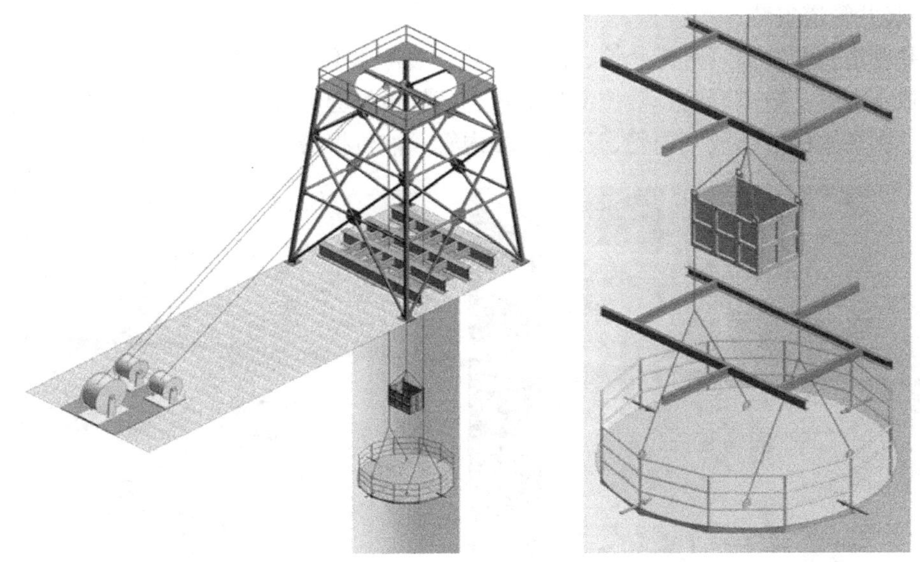

图 3. 10-3 井内运输工具和辅助操作平台

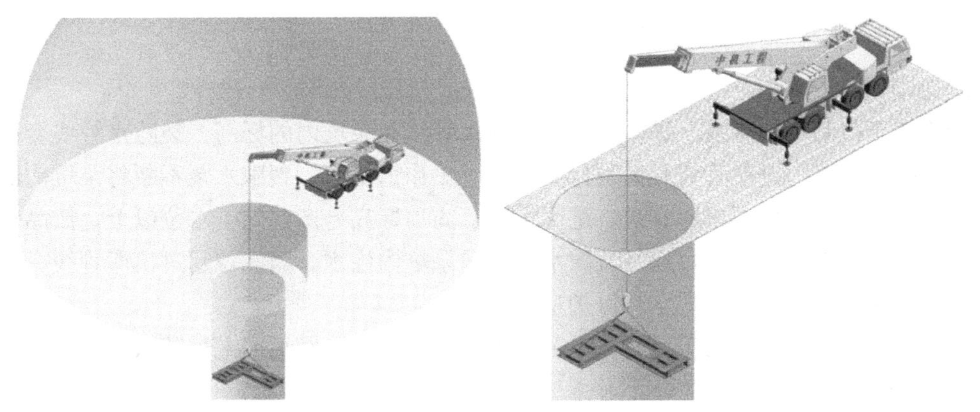

图 3. 10-4 钢结构吊装法示意图

② 井口钢结构安装

套管施工时，井口钢结构支撑所有套管重量；井口钢结构安装前，将吊盘提前放置于竖井内，由于此时卷扬机临时塔架尚未安装，吊盘固定于井口；井口钢结构大梁吊装至井口锚固板上，大梁用于承受套管安装过程中所有套管的重量，对接大梁避免用于井口中心位置，大梁标高、方位调整完成后，与井口锚固板牢固焊接。

在井口搭设临时操作平台，安装井口钢结构次梁，部分次梁设置成活动梁，便于套管下井时调整，避免与套管上的锚固圈碰撞。

③ 井内钢结构安装

井内钢结构安装，采用吊盘作为操作平台和吊篮作为载人及运输钢结构杆件的安装方法。

井内锚固板固定支架安装时，吊盘在每个工作位置把吊盘四周用顶杆装置支撑井壁，钢结构安装从竖井顶层开始，底层结束。

5）竖井管道安装

竖井管道包括套筒（进库套筒、出库套筒、裂隙水套筒）、套管（进库套管、出库套管、裂隙水套管、放空套管、液位测量套管、液位报警套管等）以及内管（进库内管、出库内管、裂隙水内管、放空内管、压力测量内管、液位报警内管等）（见图 3.10-5）。

图 3.10-5　管道井内布置图

① 套筒安装

套筒用于限制出库管线、进库管线和裂隙水管线在泵坑内的标高。裂隙水管线套筒顶标高低于出库管线、进库管线套筒顶标高。正常工作情况下，裂隙水泵不断将泵坑内的积水排出，泵坑内水位低于出库管线、进库管线套筒顶标高，产品处于水位以上，产品正常进出洞库。当地面发生火灾，通过裂隙水管线向泵坑内注水，当水位超过出库管线、进库管线套筒顶标高时，即可实现水封保护功能。

根据洞库内能否进入吊车，套筒吊装分为洞库内吊装法和地面上吊装法。

② 套管安装

套管吊装使用专用吊具，与套管上四个垂直方向的焊接挡块配合使用（见图 3.10-6）。吊具内侧需设置一层 3mm 聚四氟乙烯垫层，避免对套管外壁的油漆涂层造成破坏。

套管吊装、组对、焊接、无损检测和焊口防腐均在井口钢结构平台进行，焊接工作完

图 3.10-6　套管吊装吊具与吊耳

成后提升已连接套管，整体吊装下放入井，然后逐节安装。根据逐节对接后不断增加的套管重量，及时选配相应载荷的吊车进行吊装，见套管施工示意图（见图 3.10-7）。根据套管设计总长和已安装套管累计长度，计算出最后一节套管调整节的长度。

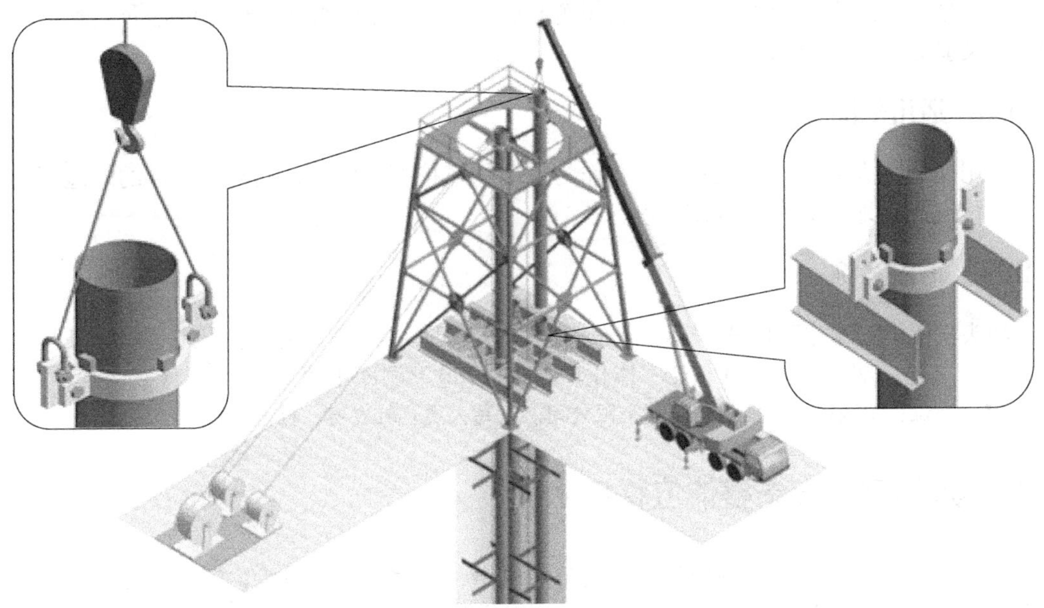

图 3.10-7　套管施工示意图

6）竖井内管及设备安装

内管及设备安装使用专用提升吊具，与安装在套管顶部法兰上的内管托具配合使用。提升吊具，用于套管内的设备和内管的吊装，在盲法兰上焊接一个 U 形吊耳，盲法兰规格与所吊装设备、内管法兰相匹配（见图 3.10-8）。

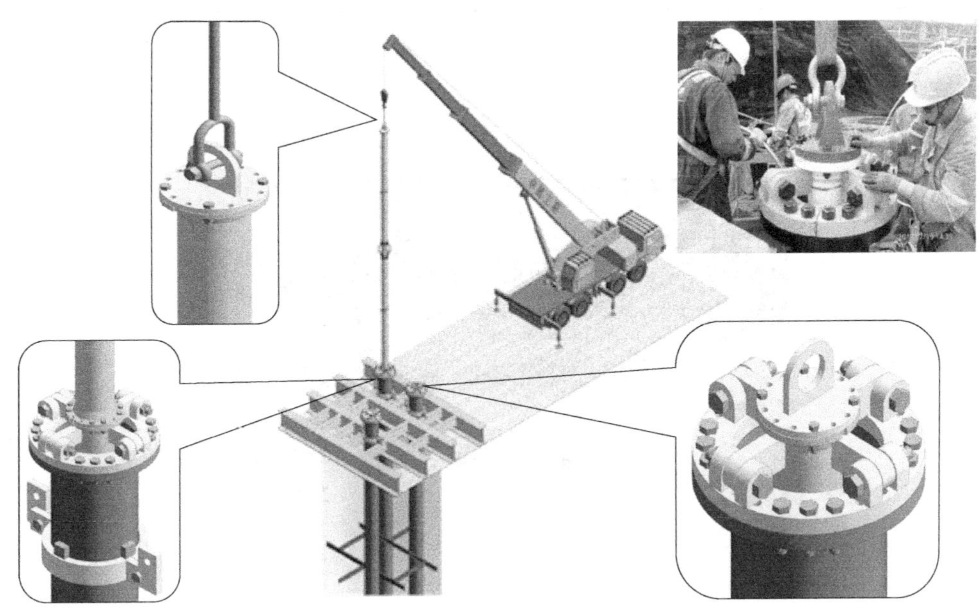

图 3.10-8　法兰连接内管吊装吊具与托具

3.10.2 技术指标

该技术应符合《钢结构工程施工规范》GB 50755、《矿用辅助绞车安全要求》GB 20180、《地下水封石洞油库施工及验收规范》GB 50996、《石油化工有毒可燃介质管道工程施工及验收规范》SH 3501 的规定。

3.10.3 适用范围

适用于利用大陆架深处致密的岩石作为隔离物，挖掘成储洞，达到存储目的的地下油库、液化气库等地下储库的竖井工程。

3.10.4 工程案例

汕头 LPG 液化气库工程、宁波华东 BP LPG 基地站工程、黄岛液化石油气（LPG）地下储库工程、烟台万华 PO/AE 一体化项目 LPG 地下洞库工程等。

（提供单位：中国机械工业机械工程有限公司。编写人员：韩立春、杜世民）

3.11 大型空冷设备整体位移技术

本技术为工业设备安装领域的大型设备的脱离、加固、搬运技术，解决了二甲苯分馏装置区 5 台大型空冷设备平移的难题。在二甲苯分馏装置区管廊顶部结构上沿纵向原设置有 16 台大型空冷设备，按照技改的要求需要沿管廊纵向平移 5 台空冷设备，让出位置，用以安装新增设的空冷设备。5 台空冷的参数见表 3.11-1，空冷设备底部见图 3.11-1。

5 台大型空冷设备参数 表 3.11-1

空冷编号	长（mm）	宽（mm）	高（mm）	重量（t）	数量（台）	安装标高（m）	热负荷（百万卡/小时）
110E-114	10100	4255	5600	约 39	2	16.5	13.49×1.2
105E-112	10070	3300	5600	约 31	1	16.5	6.33×1.2
110E-108	10100	6660	6800	约 48	2	16.5	30.72×1.16

图 3.11-1 空冷设备底部照片

3.11.1 技术内容

大型空冷设备整体位移技术是指将妨碍空冷设备移动的外接管道、电缆、电线、梯子、栏杆等拆除（指原装设备的移动）或先将空冷设备组装成整体（指新装设备）后，完成对空冷支腿的结构加固，再实施空冷设备整体平移的技术。

大型空冷设备整体位移技术包括：外围连接的脱离技术、结构的加固技术、设备的起重技术、设备的平移技术。

（1）外围连接的脱离技术

根据空冷设备平移通道的空间尺寸，首先运用综合技术确定外接管道、电缆、电线、梯子、栏杆等的分解界面，其次运用专业技术确定脱离的方法、技术要求和工艺措施，再者确定标识方法、规定编号规则，最后再运用专业知识确定恢复的方法、技术要求和工艺措施。另外，脱离还包括空冷设备支腿与基础的脱离。

脱离技术涉及的专业知识较多，包括机械、管道、电气、电仪、结构、焊接、防腐、维修等，其中最易被忽略的是安全、维修和标识方法及编号规则。

（2）结构的加固技术

结构的加固是指运用安全可靠、经济合理、构造简单、构成美观、不妨碍作业、便于实施的方法与技术措施对设备和结构进行加固，以降低人、财、物的投入。需要加固的结构包括设备自身的结构、支承设备的基础结构和用作移动通道的支承结构。

1）对格构式结构（铰接结构、刚接结构）主要利用三角形的稳定性进行加固。

2）对长度较大的柱、梁、斜撑等长条形杆件可增加中间支承，以缩短长度，提高刚度。

3）对刚度较小的节点、夹角等可增设加强板，提高刚度。

4）对面积较大的平面构件，可增设加强筋，以提高其平面外的刚度；也可以在中部增设支承点缩小其面积，变相地提高其平面外的刚度。

结构的加固通过轧制钢材（型材、板材）和连接技术合理的、巧妙的应用，能做到构成美观、不妨碍后续作业，可以不用拆除。

（3）设备的起重技术

设备的起重技术是指使空冷设备上、下垂直运动的技术，运动距离由选定搬运工具的高度确定。本技术实施时选用市场常见成品“滚轮承载小车”，一般高度不大于200mm。

由于所需移动的5台空冷设备均为4腿支承，故采用4台千斤顶（机械或液压均可）进行同步顶升。当空冷设备提升至250mm时，在每个支腿下放入“滚轮承载小车”，落下空冷设备后，将“滚轮承载小车”与支腿固定牢固，见图3.11-2所示。

图3.11-2 滚轮承载小车

当设备的支承点较多时，应采用

多点集群控制的电动千斤顶，以确保各千斤顶动作的同步性。

（4）设备的平移技术

设备的平移技术是指使空冷设备在平面上运动的技术，运动的距离由空冷设备最终的位置确定。本技术实施时，移动的距离为一个空冷设备的宽度，不超过5000mm。

由于移动距离不大，采用了4只倒链前拉后溜的方法，2只在前面同步拉，使空冷设备前移，2只在后面同步溜，起到安全保险、确保空冷设备直线移动的作用。当移动距离足够大时，可采用电动卷扬实现空冷设备的移动。

空冷设备在管廊顶部沿纵向设置的连续支承的基础钢梁上移动，本技术实施时，充分利用了原有基础结构，移动过程中最为关键的是确保空冷设备的直线移动，因此需增设硬性防偏离装置。

当不能利用原有的基础结构时，应考虑在原有基础结构上敷设设备移动通道。

3.11.2 技术指标

（1）《钢结构设计标准》GB 50017；

（2）《钢结构工程施工质量验收规范》GB 50205；

（3）《电气装置安装工程 电缆线路施工及验收标准》GB 50168；

（4）《现场设备、工业管道焊接工程施工规范》GB 50236；

（5）《建筑机械使用安全技术规程》JGJ 33；

（6）《施工现场临时用电安全技术规范》JGJ 46。

3.11.3 适用范围

适用于大型设备或结构的短距离搬运，也可用于一般设备或结构的短距离搬运。

3.11.4 工程案例

青岛丽东化工有限公司二甲苯分馏装置等。

（提供单位：中国机械工业机械工程有限公司。编写人员：马克升、杜世民）

4 电力工程安装新技术

Ⅰ 火力发电工程

4.1 火电厂大型锅炉重型顶板梁翻转施工技术

4.1.1 技术内容

火力发电厂大型锅炉重型顶板梁重量重，体积大，重心低，倾覆角大，本技术是在顶板梁下方安装一对专用顶板梁翻转架，利用顶板梁重心与翻转架受力支撑点不在同一条垂直线上的特点，让顶板梁重力与翻转架支撑力形成一个翻转力矩，再通过主要起重机械的配合，使顶板梁和翻转架往指定的一侧翻转。如图 4.1-1 所示：

顶板梁在翻转过程中，受到顶板梁自身重力（G）、主要起重机械的垂直拉力（F_2）和地面支撑力（F_3）的共同作用。其中，顶板梁重力（G）不变，主要起重机械的垂直拉力（F_2）和地面支撑力（F_3）随翻转角度（α）的变化而产生互补的变化。因此，在整个翻转过程中，只要控制主要起重机械垂直拉力（F_2）的变化，即可控制顶板梁的翻转速度，避免产生巨大的瞬间冲击力，从而确保翻转过程平稳，安全可靠。

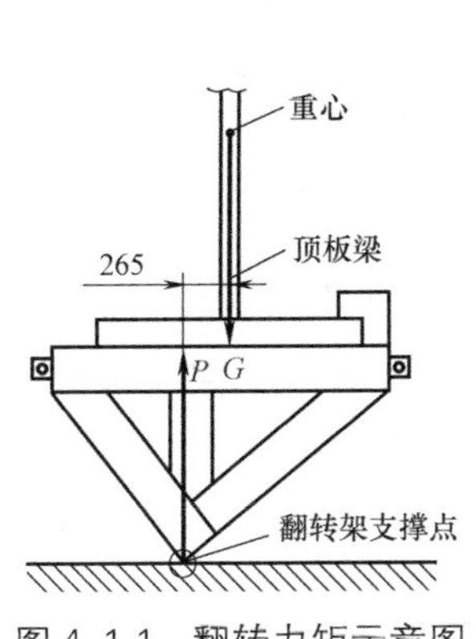

图 4.1-1 翻转力矩示意图

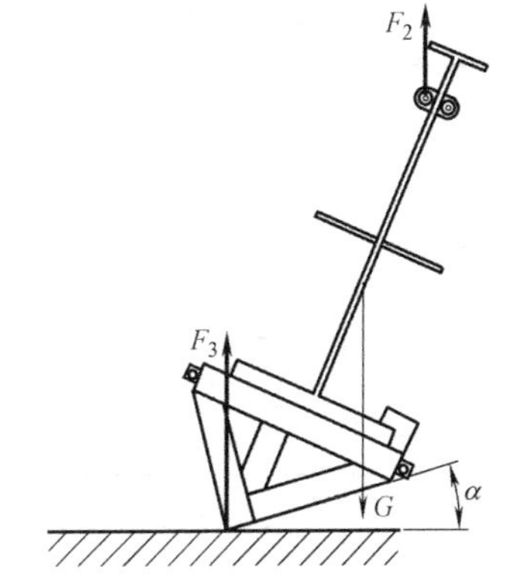

图 4.1-2 新型翻转技术受力分析图

本技术替代了常规在顶板梁的一侧垫枕木为主要起重机械提供翻转力矩的翻转方法，提高锅炉重型顶板梁翻转施工作业的安全性。

现场翻转过程：

使用主要起重机械将顶板梁吊离地面约 1m，顶板梁两端下方各安装一个专用翻转架，如图 4.1-3 所示：

图 4.1-3　翻转架安装

翻转架安装完成后，主要起重机械起吊带翻转架的顶板梁缓慢下降，当翻转架支点着地受力后，停止下降。检查翻转架及周围环境，确认无异常后两吊机缓慢松钩，顶板梁自然往一侧翻转。

待顶板梁平卧后，拆除翻转架。主要起重机械与顶板梁重新绑扎钢丝绳，检查并确认无异常后缓慢起钩，直至顶板梁翻转 180°达到就位状态。

4.1.2　技术指标

本技术与同类型电厂锅炉顶板梁采用常规吊装方案对比，主要技术指标如表 4.1-1 所示：

技术指标对比表（以广东宝丽华甲湖湾电厂工程为例）　　表 4.1-1

项目	本技术作业方法	常规作业方法
顶板梁尺寸	45.66m×1.5m×4m	45.66m×1.5m×4m
顶板梁最大重量	180t	180t
施工机械	600t 履带吊＋140t 塔吊	600t 履带吊＋140t 塔吊
翻转辅助机械	25t 汽车吊	150t 履带吊＋200t 汽车吊
顶板梁吊装工期	15 天	22 天
特点	安全可靠，操作简单，缩短工期，节省作业场地	安全风险较大，操作复杂，工期较长，需要作业场地大

通过表 4.1-1 的对比可知，采用本技术进行重型顶板梁翻转施工，具有安全可靠性高、操作简单、工期短、节省作业场地的特点。

4.1.3　适用范围

适用于火电厂锅炉重型顶板梁翻转施工，以及其他重型结构件、设备等翻转作业。

4.1.4 工程案例

广东宝丽华甲湖湾电厂1号、2号机组（1000MW），陕西雷龙湾电厂1号机组（1000MW）、广东大唐雷州电厂1号机组（1000MW）、广东粤电博贺电厂1号、2号机组（1000MW）、越南永新电厂1号、2号机组（660MW）等。

（提供单位：中国能源建设集团广东火电工程有限公司。编写人员：谢誉军、郭水祥）

4.2 百万千瓦级分体式汽轮发电机内、外定子穿装技术

4.2.1 技术内容

（1）技术特点

百万千瓦级汽轮发电机定子体积大、重量重。为解决运输难题，设备制造厂采取了内、外定子分体式结构设计，分件单独供货。分体式定子结构复杂，内定子由笼形框架结构的内机座、定子铁心和线圈构成，通过具有良好隔振性能的立式切向弹簧板固定在外定子内。本技术为内、外定子分别运输至现场后，现场进行的穿装组合技术。

（2）工艺流程

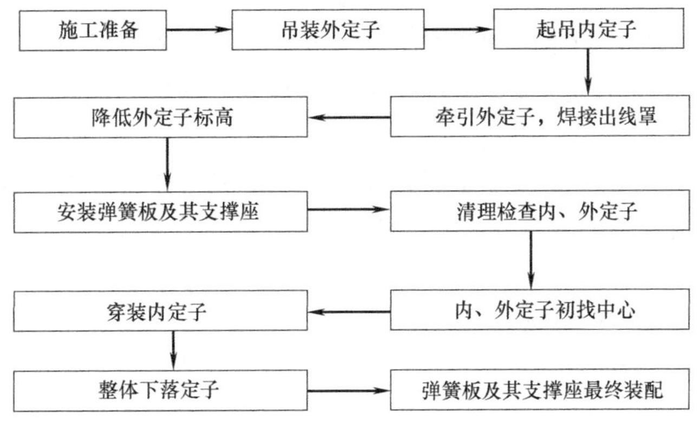

图4.2-1 工艺流程

（3）施工工艺

1）外定子吊装

选用4根H型钢，在运转层平台分别由两根拼做成两组专用滑道，滑道之间采用槽钢、角钢连接加固并与基础连接在一起，防止外定子牵引过程中滑道发生移动，在滑道端部布置两台20t倒链用于外定子牵引。外定子到场后，使用两台行车抬吊卸车，吊装外定子至发电机机坑侧滑道上，拆除外定子两端堵板。

2）内定子起吊

利用汽车吊将吊攀安装在♯3和♯5吊攀位置（如图4.2-2），使用两台行车主梁上布置的液压提升装置抬吊内定子卸车，并将其放置于专用支座上。分别在内定子左前方、右后方支座上安装两套滑轮组对内定子进行转向。转向后安装牵引拖架，用液压小车拖运牵引拖架至内定子汽端前侧，通过调整液压小车高度使专用螺栓穿入拖架螺

栓孔中并紧固。

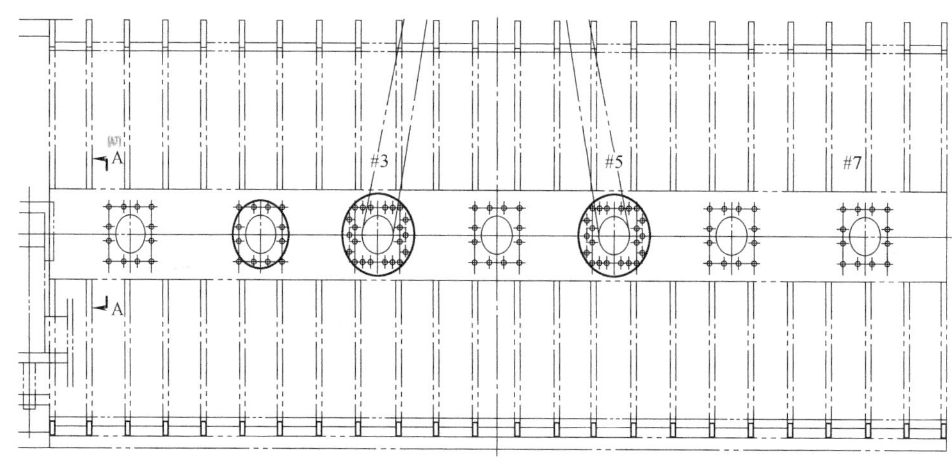

图 4.2-2 吊攀位置示意图

3）出线罩、外定子限位板安装

牵引外定子，焊接出线罩，降低外定子标高，安装外定子内部汽端限位板，将滑轮固定座用螺栓紧固至外定子汽端端面，保证滑轮下边缘与机组中心线距离符合要求。

4）内定子穿装

① 调整内定子水平，拉钢丝初步对中内、外定子，穿装过程中内、外定子总间隙为26mm，设专人监测内、外定子之间四周间隙，保证左右两侧间隙均匀，避免穿装过程发生碰撞。

② 吊装内定子自外定子励端开始缓慢穿入，外定子内部监护人员拉紧第一块滑块尼龙绳，使滑块位于内定子正下方随内定子滑动，同时保证内定子四周间隙均匀，确保与外定子无碰撞。

③ 待内定子♯3 吊攀距离外定子励端端面 350mm 时，暂时停止穿装。降落内定子，将其汽端放置在外定子导轨的第一块滑块上，励端放置在专用支座上。（如图 4.2-3）

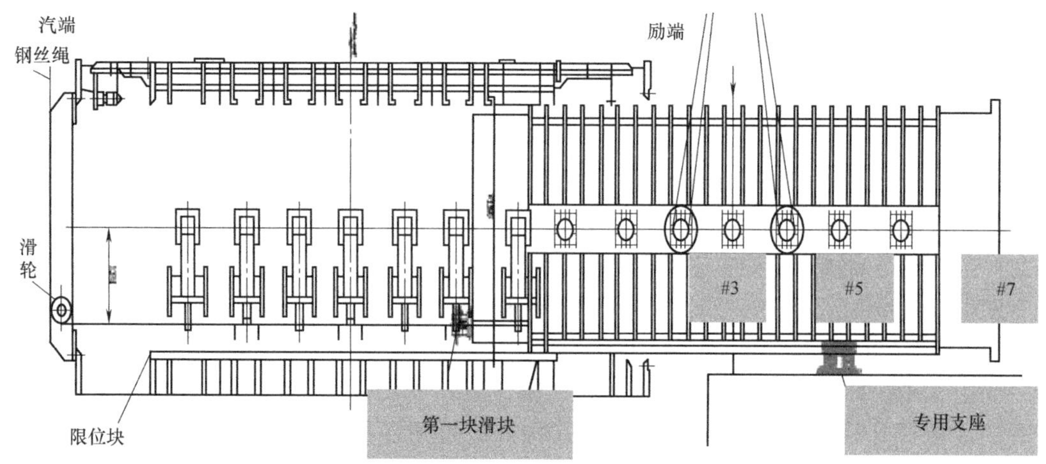

图 4.2-3 滑块与支座

④ 液压提升装置继续降落，松开起吊钢丝绳。将两台行车由并车状态解除至单车工作状态。拆除＃3、＃5 吊攀，并用行车将其中一对吊攀安装在内定子励端＃7 吊攀位置。

⑤ 将预先准备好的钢丝绳一端通过滑轮固定座连接至内定子汽端的牵引拖架上，另一端拴挂在一台行车吊钩上，另一台行车以＃7 吊攀为吊点，吊起内定子励端，并调整至内、外定子四周间隙均匀。两台行车配合，继续穿装内定子。

⑥ 内定子牵引至＃7 吊攀距离外定子励端端面 350mm 时，将内定子励端缓缓抬高，在外定子励端导轨与内定子之间放入预先准备好的第二块滑块，并在汽、励两端拉紧滑块牵引绳使其处于内定子正下方。将内定子缓慢降落在滑块上，内定子重量完全由两块滑块支撑，拆除＃7 吊攀。

5）内定子调整

① 继续牵引内定子，当内定子汽端端面至限位板距离 500mm 时，测量牵引拖架前端面至滑轮固定座的距离（M），通过调整牵引拖架前后背紧螺母，保证 M＝500mm，以起到双重限位作用。牵引内定子至限位板位置，同时牵引拖架前端面与滑轮固定座靠紧，内定子准确穿装至安装位置。（如图 4.2-4）

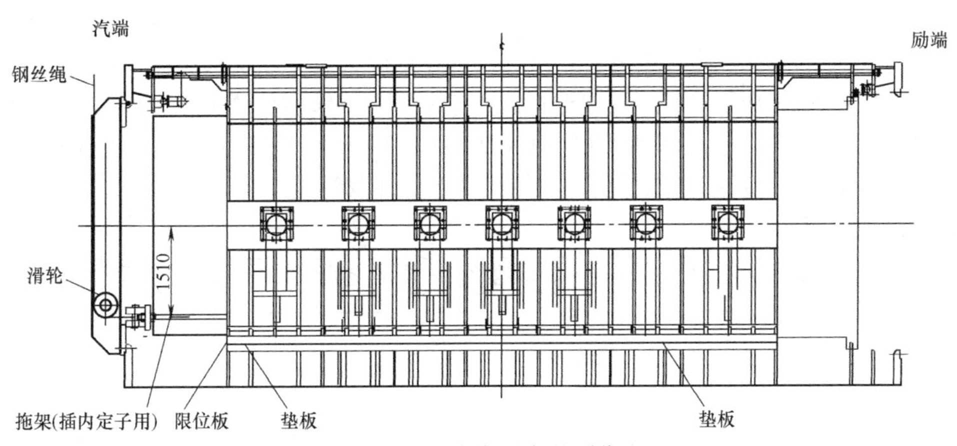

图 4.2-4　内定子穿装到位

② 内定子穿装到位后，拆除牵引拖架、滑轮固定座及限位板。在外定子四角小手孔门内放入专用滑板，将 200t 千斤顶放置在专用滑板上，然后移动千斤顶至内定子支撑梁下方，顶起内定子，抽出内、外定子之间的两块滑块。

6）弹簧板及其支撑座装配

定子整体下落就位后，松开弹簧板与支撑座之间螺栓，利用倒链调整支撑座，使其凸台与内定子吊耳位置止口配合良好，紧固支撑座螺栓。安装弹簧板与支撑座之间的垫片，由中间向两端，左、右两侧同时对称紧固弹簧板螺栓，确保弹簧板受力均匀。复核内、外定子中心线符合要求，定子穿装完毕。

4.2.2　技术指标

（1）《电力建设施工质量验收规程　第 3 部分：汽轮发电机组》DL/T 5210.3；

（2）《电力建设施工技术规范　第 3 部分　汽轮发电机组》DL 5190.3；

（3）定子下降过程中，定子水平四角高差不得超出5mm。

4.2.3 适用范围

适用于百万千瓦级及其他同类型分体式汽轮发电机内、外定子的穿装组合。

4.2.4 工程案例

华润贺州一期2×1000MW工程、华电宁夏灵武二期2×1000MW工程、新疆农六师煤电2×1100MW工程等。

（提供单位：中国电建集团核电工程有限公司，编写人员：孙勇、赵秋田）

4.3 新型铁素体耐热钢CB2焊接及热处理技术

4.3.1 技术特点

（1）技术特点

高温高压的工作环境对锅炉管的抗疲劳、高温氧化与腐蚀等性能有着严格的要求，耐热材料的开发及其应用对发展超超临界发电技术显得极其重要。铁素体耐热钢以其良好的热性能被视为电站锅炉管用钢的最佳选择。9%～12%Cr铁素体钢是电站机组中最重要、应用最多的一类材料，本技术为CB2钢（ZG12Cr9Mo1Co1NiVNbNB）。可用于600℃/620℃、30MPa的第二代超超临界机组汽轮机高温部件及管道。

（2）工艺流程

焊前技术准备→施工人员培训→焊前准备→技术交底→焊口组对→预热→焊接→焊后热处理→无损检测→验收

（3）施工工艺

1）采用GTAW打底焊与SMAW分层分道填充相结合的焊接方式。通过多种焊材的比较分析，优化选择与CB2钢母材匹配较好的焊丝与焊条。

2）氩弧焊的预热温度为150～200℃，手工电弧焊焊前预热温度为200～250℃，预热温度达到规定值后适当保温，测量坡口温度，确保管道的内壁及坡口处达到预热温度再进行施焊。

3）对于组合的短管道采用“管道焊接内壁自动充氩装置”对待焊坡口进行充氩保护。对于现场安装的长管道采用水溶纸、锡箔纸、保温棉等在坡口附近制作密闭氩气室，从坡口间隙或管道一端对待焊坡口进行充氩。

4）焊接过程中注意层间清理，严格控制焊接热输入，保持层间温度在200～300℃之间。采用管道层间温度自动控制装置，实现层间温度超出有效范围后自动报警功能，解决大径厚壁合金钢管道焊口的层间温度难以控制的难题，有效保证了焊口的焊接质量；填充焊时严格控制焊接电流在110～120A之间，使用钳形电流表随时校对焊接电流。

5）焊后热处理采用柔性陶瓷电阻加热设备、测控温采取“多区控温，多点测温”方式进行，在焊缝位置布置控温热电偶，焊缝两侧热影响区各设置一只测温热电偶用于监控热影响区的温度。

6）焊接完毕后进行 80～100℃、保温时间为 1～2h 的低温保护；焊后进行两次热处理，恒温温度 730～750℃，保温时间、升温速度、降温速度、加热宽度和保温宽度可根据管径计算，保证焊缝及热影响区的冲击韧性符合要求。

7）热处理过程中注意观察控温热电偶与测温热电偶的温度变化，特别是恒温后，注意任何一点不得有超温现象，并做好热处理过程记录，待第二次热处理温度降至 80℃后，拆除保温棉和加热器，在空气中自然冷却。

4.3.2 技术指标

符合《电力建设施工质量验收规程 第 5 部分：焊接》DL/T 5210.5 标准的相关规定，此类焊接接头属于Ⅰ类接头，焊接质量评定标准如表 4.3-1：

焊接质量评定标准 表 4.3-1

序号	验收项目	检验指标	质量标准	性质		检查方法及器具
			Ⅰ类	项目	指标	
1	焊接接头表面质量	焊缝成型	焊缝过渡圆滑，接头良好	—	—	目测，焊缝检测尺
		焊缝余高（$\delta\leqslant10$）	0～2(mm)	—	—	
		焊缝余高（$\delta>10$）	0～3(mm)			
		焊缝宽窄差（$\delta\leqslant10$）	≤3(mm)	—	—	
		焊缝宽窄差（$\delta>10$）	≤4(mm)			
		咬边	$h\leqslant0.5$，$\Sigma I\leqslant0.1L$，且≤40mm	—	—	
		错口(mm)	外壁≤0.1δ，且≤4mm	—	—	目测，直尺
		角变形（$D<100$）	≤1/100	—	—	
		角变形（$D\geqslant100$）	≤3/200	—	—	
		裂纹	无	—	主要	3～5 倍放大镜目测
		弧坑	无	—	—	
		气孔	无	—	主要	
		夹渣	无	—	主要	
2	无损探伤	射线	达到 DL/T 821 规定的Ⅱ级	主要	主要	探伤仪器
		超声波	达到 DL/T 820 规定的Ⅰ级	主要	主要	超声波仪器
3	金相[b]	焊缝微观	没有裂纹和过烧组织，在非马氏体钢中，无马氏体组织	—	—	200～400 倍金相显微镜
4	光谱	焊缝	焊口经返修，符合要求	—	—	看谱仪
5	热处理	焊缝硬度	合金总含量小于 3%，HBW≤270；合金总含量：3%～10%，HBW≤300；9%～12% 马氏体耐热钢，180HBW-270HBW	—	—	硬度计

注：a. δ—管子壁厚；D—管子外径；h—缺陷深度，L—焊缝长度；I—缺陷长度；ΣI—缺陷总长；

b. 按照 DL/T 869—2012 中 7.4 规定执行。

4.3.3 适用范围

适用于新型铁素体耐热钢 CB2 钢的焊接及热处理施工。

4.3.4 工程案例

邹平一电 6×660MW 机组工程＃1、＃2 机组、华电十里泉电 2×660MW 机组工程＃8 机组、鸳鸯湖二期 2×1000MW 机组等。

（提供单位：中国电建集团山东电力建设第一工程有限公司。编写人员：苗慧霞、吴富强）

4.4 电站锅炉双切圆燃烧器找正、定位技术

4.4.1 技术内容

锅炉双切圆燃烧器的精确找正、定位，是炉内烟气动力场能否满足双切圆动力场的重要条件。定位偏差将直接影响燃料燃烧效率，可能引起过热器、再热器局部超温爆管。提高燃烧器安装精度，保证锅炉的燃烧效率，是保证机组燃煤经济性的关键因素。

技术特点

1）螺旋段水冷壁利用大面积专用工装以炉膛中心线基准定位，进行大面积预拼装。结合现场机械工况和作业环境，将整面水冷壁划分成小模块组合，各相邻模块间做好标记，高空安装时依据标记定位。该施工技术有效控制水冷壁组合件的整体尺寸，提高螺旋段水冷壁的安装精度，防止螺旋段水冷壁安装发生整体偏转，减少高空作业量，降低安全风险。

2）燃烧器区域水冷壁管排结构复杂、柔性大、刚性差，吊装时易发生永久变形。利用研发制作的专用组合工装，采用燃烧器水冷套与水冷壁地面整体组合技术，解决了组件刚性差及精度难以控制的难题。

3）锅炉前后墙水冷壁跨距达 35m，定位困难。首先以顶板梁或主钢架标定炉膛纵横中心，并将划线引至各层主钢结构上。以锅炉主钢架为基准定位找正侧墙水冷壁，在侧墙水冷壁标高、定位加固后，再以侧墙为基准逐步安装前后水冷壁，待四面水冷壁吊装就位后复核原始基准点，验收合格后找正固定，再依次吊装安装下段水冷壁。

4）过渡段水冷壁集箱空间狭窄、管接口密集、尺寸短，利用研发的专用高位立式组合工装，将管排垂直放置组合，解决了管排水平放置与集箱焊口无法焊接的难题，同时增大了施工人员作业空间。

5）燃烧器吊装前检查、确认燃烧器与连接体、水冷套密封符合要求，根据图纸及规程规范要求，调整燃烧器的标高、水平位置，修整燃烧器水冷套（水冷壁管屏）管口，点焊固定水冷套与水冷壁管排焊口，安装燃烧器吊挂装置，完成燃烧器临时就位，然后进行燃烧器找正。

6）燃烧器找正根据相似三角形判定原理，通过对模型的分析，精确定位炉外找正参照点坐标，提高安装精度，燃烧器找正工作由炉膛内转移至炉膛外，人员无需进入炉膛施工、无需搭设满膛脚手架，降低了安全风险，提高作业效率。

施工工艺流程：

施工准备 → 设备清点、检查、编号 → 设备运输及预检修 → 水冷壁地面组合 → 水冷壁高空定位、安装 → 燃烧器就位安装 → 燃烧器找正 → 点火装置安装

4.4.2 技术指标

(1)《电力建设施工技术规范》(锅炉机组) DL5190.2；

(2)《电力建设施工质量验收规程 第2部分：锅炉机组》DL/T 5210.2。

直流式燃烧器设备安装　　表4.4-1

工序	检验项目		性质	单位	质量标准
安装前检查	设备外观				无裂纹、变形、严重锈蚀、损伤
	喷口中心节距(t)偏差	$t \leqslant 300$mm		mm	±3
		300mm$<t \leqslant$500mm			±4
		500mm$<t \leqslant$800mm			±5
		$t>800$mm			±6
	上、下两端喷口总距离(H)偏差	$H \leqslant 2.5$m		mm	±4
		2.5m$<H \leqslant$5m			±8
		$H>5$m			±10
安装前检查	喷口中心线偏差值	$H \leqslant 5$m		mm	≤5
		$H>5$m			≤6
燃烧器安装	喷嘴标高偏差		主控	mm	±5
	燃烧切圆划线				在切圆平台上，有正确的假想切圆线，且标记明显
	喷口中心轴线与燃烧切圆的切线偏差		主控	(°)	≤0.5
燃烧器安装	燃烧器外壳垂直度偏差			mm	≤5
	喷嘴伸入炉膛深度偏差		主控	mm	±5
	上、下喷嘴偏差角度				符合设备技术文件要求，刻度指示正确
	传动部分(挡板、操作调节机构等)		主控		轴封严密，转动灵活，无卡涩，刻度指示正确，与实际位置相符
	密封接合面		主控		加垫正确，严密不漏
	焊接				焊接符合厂家的设计要求，焊缝成型良好，无缺陷，尺寸符合设计
	吊挂装置安装				连接形式符合设备技术文件要求，吊杆丝扣拧进花篮螺母长度符合设备技术文件要求，紧扣应有可靠的防松措施；负荷分配合理

4.4.3 适用范围

适用于电站机组中双火球双切圆及单火球四角切圆燃烧器的安装。

4.4.4 工程案例

神华国能宁夏鸳鸯湖电厂二期 2×1000MW 级机组扩建工程、广东陆丰甲湖湾电厂新建工程 1000MW 机组、大唐雷州 1000MW 机组、大唐东营 1000MW 机组等火电机组项目等。

（提供单位：中国电建集团山东电力建设第一工程有限公司。编写人员：梁宇航、于鹏程）

4.5 超大型加热法海水淡化蒸发器安装技术

4.5.1 技术内容

（1）技术特点

超大型加热法低温多效蒸馏型海水淡化蒸发器具有内部构造复杂、体积大、重量大、安装位置高等特点，本技术为蒸发器的喷淋装置、管板及隔板安装、水平及线性调整、对口焊接、吊装等技术。

（2）施工工艺

1）蒸发器喷淋装置安装

将喷淋装置支架安装在蒸发器相应位置，试装喷淋装置无误后，准确标记螺栓孔位置；拆除喷淋装置支架，对标记的螺栓孔进行钻孔，复装喷淋装置支架，找平后均匀紧固螺栓；连接同一排的喷淋装置，确保法兰紧固良好，将安装完毕的喷淋装置喷嘴调整，确保水帽无歪斜，完成喷淋装置的安装。

2）蒸发器管板及隔板安装

安装上层缓冲棒及钛管用小管板，将管板及隔板安装在蒸发器相应位置，使之与蒸发器接触良好，对一块管板进行找正后，以此管板为基准，依次对其他管板、隔板进行找中心，确保管板孔处于同一中心线，用 F 形夹固定管板、隔板，并准确标记螺栓孔，用钢钎定位螺栓孔处所标记的冲孔中心，然后将管板及隔板放置在冲孔机平台上，用红外线定位冲孔机进行精确冲孔，冲孔后粘接垫片并复装管板，完成管板及隔板的安装。

3）蒸发器吊装

将组合完毕的蒸发器运输至吊装现场，蒸发器中间部位靠近中间段的一效蒸发器作为固定点蒸发器，依次向两侧进行吊装，使用履带式起重机平稳起吊蒸发器，然后缓慢放置于基础垫板上。通过蒸发器顶部的四个吊耳起吊蒸发器，起吊过程中应确保蒸发器绝对水平、稳定，并严格控制蒸发器的翻转，确保蒸发器不被撞击；放置时应缓慢，避免损坏或损伤主法兰垫片，支腿孔与垫板螺栓孔应对齐，防止滑动装置发生偏移。

4）蒸发器水平及线性调整

使用液压千斤顶及水平管进行蒸发器的水平调整，蒸发器的高度调整通过增减垫板上的薄垫片来实现，根据基础纵轴向的标记，在蒸发器的水平测量后进行容器的纵轴向线性校正。在蒸发器基础中心上以细钢丝拉设装置的纵轴，然后通过蒸发器两端主法兰顶部与底部标记的中心点垂吊线坠，进行蒸发器的线性测量，蒸发器紧固完成后安装下一效蒸发器，待全套海水淡化主设备安装完成后，对整套设备垫板的制动器进行全面调整，并进行主法兰紧固。

5）蒸发器对口焊接技术

设备对口前测量出要对口的设备端口各方位中心并划线标记；校测设备支座与支架标高及中心；测量已固定设备中心线与要衔接部分是否为同一中心。对口时架设水准仪进行跟踪测量并记录，制作支撑杠专用工具，将所选好的螺旋千斤顶与支撑杠点焊到一起，将控制点焊的设备两端底部用千斤支撑杠调平，调整蒸发器两段焊口间隙，在确保上下左右焊口间隙达到要求值，且正下方平齐后，对正下方在外面用氩弧点焊，整道焊口点焊完成后，采用氩弧保护焊进行第一层施焊。

4.5.2 技术指标

(1)《电力建设施工质量验收规程》(第 3 部分：汽轮发电机组) DL/T 5210.3；

(2)《电力建设施工技术规范》(第 6 部分：水处理及制氢设备和系统) DL 5190.6。

4.5.3 适用范围

适用于超大型低温多效蒸馏型海水淡化装置蒸发器的组合、安装。

4.5.4 工程案例

天津北疆发电厂一期 2×1000MW 超超临界燃煤机组工程、天津北疆发电厂二期 2×1000MW 超超临界燃煤机组工程、华电莱州发电有限公司二期 2×1000MW 超超临界燃煤机组工程等。

(提供单位：中国电建集团核电工程有限公司。编写人员：张耸、颜飞)

4.6 百万核电机组主蒸汽系统平衡负荷法施工技术

4.6.1 技术内容

(1) 技术特点

随着核电站机组容量的增大，主蒸汽热力系统管道的设计参数进一步提高，有效控制主蒸汽系统的安装应力至关重要。为保证机组的安全稳定运行，在安装过程中对主蒸汽管道安装应力进行控制、对主汽门弹簧荷载进行合理分配，以提高主蒸汽系统管道安装质量。

(2) 施工工艺

1）主汽门就位及安装

用行车配合手拉葫芦将主汽门吊装放置到位，进行找平找正，并在阻尼器位置加装临时垫铁，调整主汽门至要求标高，复测主汽门位置并找平找正。使用槽钢在阻尼器位置焊接临时框架，避免主汽门发生移动，使用行车配合手拉葫芦，将支撑弹簧吊装至主汽门下方，使用线坠测量弹簧垂直度，调整弹簧支撑腿长度，使弹簧承受主汽门重量，完成主汽门就位及安装。

2）高压导汽管安装

将主汽门出口法兰吊装到位，在法兰结合面涂抹红丹粉并初紧，然后拆下法兰，检查结合面接触情况，使用刀口尺进行复查，将法兰螺栓内部清理干净后测量法兰螺栓原始长度，安装法兰，将螺母预紧，用电加热棒对螺栓进行加热，按照图纸要求进行热紧。待螺栓冷却后测量螺栓长度，并记录。主汽门出口法兰验收合格后进行高压导汽管道安装。安装前测量法兰口与高压缸接口之间的尺寸，切除管道余量，打磨坡口，并对管道内部进行清理，先安装下部主汽门出口的高压导汽管，再安装上部的高压导汽管，安装时应先将管道调整到位后进行焊接，完成高压导汽管安装。

3）主蒸汽管道安装

平衡负荷法安装直管和弯管时，使用三个手拉葫芦，手拉葫芦分别悬挂于安装管段的自由端、焊接端和弯头中心处，手拉葫芦悬挂完成之后，调整管段到安装位置，打磨管口，安装直管段时，在手拉葫芦处放置弹簧秤；安装弯管时，分别在安装管段的自由端和弯头中心手拉葫芦处放置弹簧秤。调整管段位置后对口、对焊口点焊固定，记录弹簧秤的初始数值，弹簧秤初始数值记录完成后，依次对焊口进行焊接、热处理和无损检测。每段管道安装完成后，安装正式支吊架，逐步卸载每段管道上手拉葫芦的拉力，调整支吊架使管段恢复到设计标高，并使支吊架处于锁定状态。

4）阻尼器安装

拆下阻尼器的临时垫铁后，根据主汽门上阻尼器安装孔的位置的预偏移量，在支撑钢梁上进行放线，确定下部钢板的安装位置，测量阻尼器安装空间的高度并做好记录。如果安装空间的高度超过要求的范围，则需通过垫板来调整。用电加热带包裹住阻尼器筒体，接通电源，调整电加热带温度旋钮，移动阻尼器上部柱塞并加入隔热板，螺栓固定阻尼器上部的安装孔与主汽门的安装孔，最后关掉加热带电源，阻尼剂慢慢固化，主汽门上所有螺栓力矩完成后拧紧阻尼器螺栓，主蒸汽系统安装完毕。

4.6.2 技术指标

(1)《电力建设施工质量验收规程　第3部分：汽轮发电机组》DL/T 5210.3；

(2)《电力建设施工技术规范　第5部分：管道及系统》DL 5190.5。

4.6.3 适用范围

适用于核电站百万机组主蒸汽系统工程。

4.6.4 工程案例

阳江核电♯1、♯2机组及♯5机组常规岛安装工程等。

（提供单位：中国电建集团核电工程有限公司。编写人员：赵乐超、赵常东）

4.7 核电机组海水鼓形旋转滤网安装技术

4.7.1 技术内容

鼓形旋转滤网作为核电循环水系统的重要组成部分，用于循环水泵和核岛冷却水泵的入口海水过滤，去除大颗粒杂质。设备布置在 PX 联合泵房内，安装难度较高。

(1) 技术特点

鼓形旋转滤网具有体积大、安装空间狭小、安装面落差高、作业危险性较大的施工难点；所有部件均为散件供货，需现场拼装，具有装配过程烦琐、吊装工作量大的特点；另外，密封装置基础密封板分数十块供应，为保证其过滤效果，安装时需拼接并固定在鼓网腔室两侧的密封墙面上，与鼓骨架配合平行度找正难度大。

(2) 施工工艺

1) 鼓骨架主结构预组合

在设备正式开始安装前，选择合适场地，将鼓骨架主结构进行预先装配，装配完进行检查，确保正式安装过程顺畅。部件组合时，各连接螺栓稍作紧固，不锈钢螺栓穿装时在螺柱螺纹处和螺母垫片两侧均匀涂抹防咬脱防护剂。

组合时检查主辐条放射端组合后跨距是否同鼓网主轴轮毂宽度相适应，组合完验收合格后临时存放待用，堆码不宜高于 6 层。

2) 双臂直流电桥电连续性试验

为保证安装后外加电流阴极保护系统的投用效果，在鼓骨架部件装配完毕后使用双臂直流电桥进行电连续性试验。

① 所有鼓骨架部件装配完毕后，使用力矩扳手自主轴轮毂向外辐射状紧固各部件连接螺栓至设计要求力矩。

② 鼓骨架螺栓紧固后，拆下每相邻两部件间一套连接螺栓，打磨螺孔周边区域，使其露出金属表色。

③ 复装螺栓并紧固后，使用直流双臂电桥测量相邻两部件间的电阻值，应不大于 0.01Ω。若不符合要求，重新拆下该处螺栓并清理螺栓接触面后紧固螺栓，再次测量，直至合格为止。

④ 测试结束后，立即对测试区域进行补漆处理。

3) 辅助角钢预先调整

① 密封装置由基础密封板、密封接触板、密封支撑板、密封胶条等组成。如图 4.7-1 所示。

② 安装密封装置前于鼓网腔室两侧密封面处由底至上搭设脚手架，并框定鼓网不转动。

③ 制作 48 块辅助角钢，用于调整基础密封板同边框架的间距。

④ 根据鼓网对中时的标记在边框架上的数值“D”，选择每侧边框架标记数值中的最小值 D_{Min} 的对应位置，在该位置边框架上安装一件辅助角钢，调整辅助角钢，使边框架的边缘距辅助角钢的外侧面的距离在 50±1mm 内。按下方公式计算各处边框架边缘到安装辅助角钢面的距离 L，安装其余的辅助角钢，并用螺栓紧固。

$$L=D-D_{Min}+50$$

式中 L——边框架边缘到安装辅助角钢面的距离值（单位：mm）；

D——鼓网对中时对应主、副横梁位置标记在边框架上的数值（单位：mm）；

D_{Min}——每侧边框架标记数值中最小值（单位：mm）。

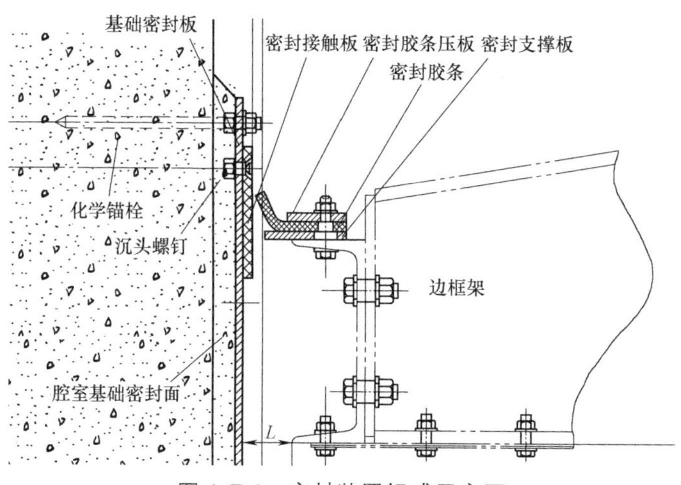

图 4.7-1 密封装置组成示意图

⑤ 将所有基础密封板使用螺栓固定在辅助角钢上，紧固螺栓。

4）大齿圈调整

① 在小齿轮地脚螺栓孔内安装“可伸缩式”拉杆测量工具，旋转鼓网，测量大齿圈距离测量工具探杆的径向及轴向的距离值，由此计算并找出大齿圈的径向最高点和整个大齿圈轴向偏差的左、右最大值，最大偏差值应符合设计要求，如超差，则松开该超差齿圈段紧固螺栓，调整合格，然后重新紧固。

② 根据轴向偏差的左右最大值计算其中间值，并标记在径向最高点的齿顶上。

4.7.2 技术指标

（1）主轴全长水平度≤0.5mm；

（2）鼓骨架中心同基础中心对中度偏差±3mm；

（3）鼓骨架两侧同基础墙最近点距离≥75mm；

（4）大齿圈径向跳动值公差≤5mm，轴向跳动值公差≤9.5mm；

（5）小齿轮同大齿圈接触面积不小于 25%，同大齿圈齿间隙 4.6±0.5mm；

（6）各部件螺栓连接处电流连续性最大电阻≤0.01Ω；

（7）基础密封板灌浆每次浇灌高度不得超过 1m；

（8）密封橡胶板受压变形与密封接触板相接触 0～5mm；

（9）各连接螺栓位置扭矩紧力检查，应符合设计扭矩。

4.7.3 适用范围

适用于核电机组及火电机组的鼓形旋转滤网安装。

4.7.4 工程案例

阳江核电站♯1、♯2 号机组、辽宁红沿河核电站、福建宁德核电站等 PX 泵房等安装工程等。

（提供单位：中国电建集团核电工程有限公司；编写人员：孙超、杨继维）

4.8 核电站GB电气廊道6.6kV全绝缘浇注母线施工技术

4.8.1 技术内容

近年来，核电站GB电气廊道6.6kV采用全绝缘浇注母线新技术，全绝缘浇注母线均为现场浇筑、安装，浇注母线常规长度为6m/根，重量660kg/根，主要布置在核电站GB电气廊道内，为核岛及常规岛6.6kV中压系统供电。廊道内施工空间狭小、路径复杂，且母线重量重、运输困难、浇注程序严谨繁琐。

(1) 技术特点

采用自行研制的上下两层可分解组合运输小车，解决了GB电气廊道内施工空间狭小、母线重量重、运输困难，两层支架不易就位的难题，提高了母线安装速度、节约了人工成本。

对支架初固定后，用水准仪、铁水平尺和线绳对每段支架的水平、标高进行精确定位，每段母线支架总体水平误差不大于0.3%，确保母线连接铜排搭接无应力。

为保证母线浇注口的外观质量并易于拆除模具，模具组合时，用喷壶或毛刷在钢制模具及橡皮封口套表面均匀涂抹离型剂，清洁连接铜排，并将钢制模具及橡皮封口套粘合面用螺栓锁紧，防止浇注料渗漏。

浇注材料搅拌均匀后进行抽真空处理，有效去除浇注料中产生的气泡，保证母线浇注口良好的绝缘性能，浇注料倒入模具时用橡皮槌敲打模具侧面及底部，排出模具内的空气。

(2) 施工工艺流程

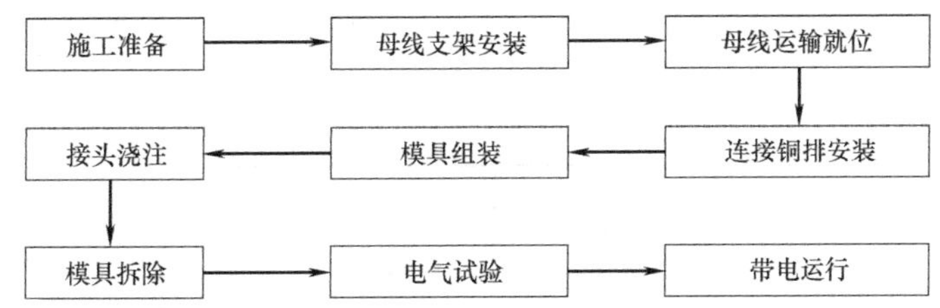

4.8.2 技术指标

(1)《电气装置安装工程高压电器施工及验收规范》GB 50147；

(2)《电气装置安装工程母线装置施工及验收规范》GB 50149；

(3)《电气装置安装工程质量检验及评定规程》DL/T 5161；

(4)《高压开关设备和控制设备标准的共用技术要求》DL/T 593；

(5)《电气装置安装工程电气设备交接试验标准》GB 50150；

(6)《核电厂安全系统电气设备质量鉴定》GB/T 12727；

(7)《核电厂质量保证安全规定》HAF003。

4.8.3 适用范围

适用于核电站核岛和常规岛廊道内的6.6kV中压配电系统及造船、发电厂、石油化工、钢铁冶金、机械电子和大型建筑等各种狭小空间中压配电系统全绝缘浇注母线的施工。

4.8.4 工程案例

阳江核电项目＃1、＃2及＃5机组工程等。

（提供单位：中国电建集团核电工程有限公司。编写人员：辛波、朱振平）

4.9 核电站深、浅层接地网施工技术

4.9.1 技术内容

为了满足特殊地质结构中接地电阻值小的要求，核电站核岛、常规岛等重要区域采用深层接地网与浅层接地网共同构成深、浅层接地网系统。

（1）技术特点

1）采用深层降阻技术，代替了传统开挖直埋，改善接地体的周边环境。

2）采用纵横交叉立体式接地网，增加接地网的有效面积，降低全厂接地电阻。

3）采用放热焊接技术，将裸铜绞线进行连接，提高焊接质量。

（2）施工工艺流程

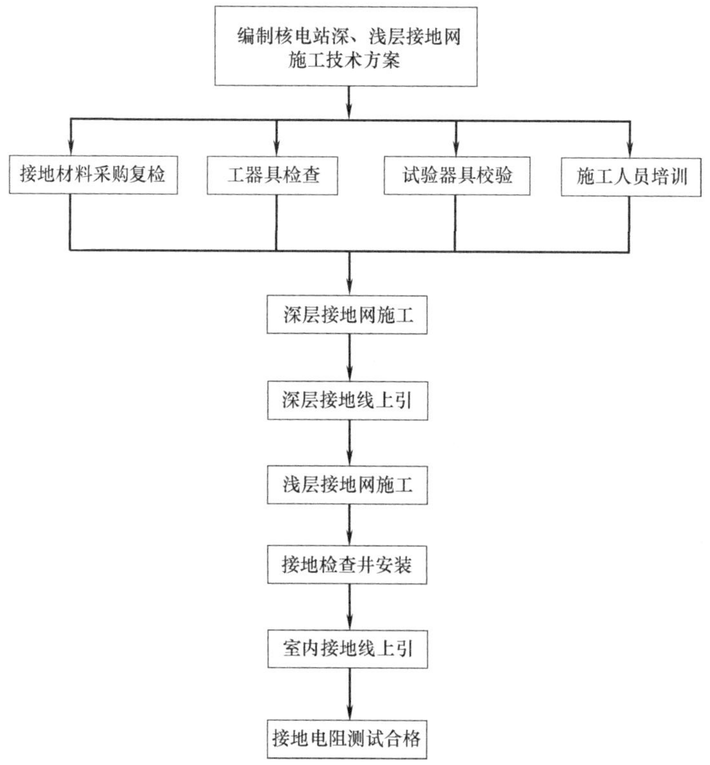

4.9.2 技术指标

(1) 主要性能

1) 放热焊接接头表面光滑、母线包裹完整、熔接牢固、无夹渣、气孔、凹坑、漏熔等缺陷，接头处直流电阻测试不大于 $0.95\times10^{-4}\Omega$。

2) 区域接地电阻测试值达到 0.1Ω，超出国标 0.5Ω 的要求。

3) 接头施工前，接地回路导通性测试合格率 100%。

4) 环氧树脂固化时间为 15～30min，其固化后，表面厚度均匀、无气孔、裂纹，凝固紧密。

5) 深层接地埋设深度－17～－11m，浅层接地埋设深度－1m，均超出－0.6m 的国家标准。

(2) 技术规范/标准

1)《电气装置安装工程质量检验及评定标准》DL/T 5161；

2)《电气装置安装工程电气设备交接试验标准》GB 50150；

3)《电气装置安装工程接地装置施工及验收规范》GB 50169；

4)《建筑物防雷设计规范》GB 50057。

4.9.3 适用范围

适用于工业与民用建筑及发电厂、变电站、石油化工、钢铁冶金、轻轨地铁工程中要求较高的接地网系统。

4.9.4 工程案例

阳江核电项目#1、#2 和#5 机组、国核荣成核电示范机组工程等。

(提供单位：中国电建集团核电工程有限公司。编写人员：薛皓元、张宏图)

4.10 基于 PLC 辅助控制高压电缆智能敷设技术

4.10.1 技术内容

在高压变电站建设中，高压和超高压电缆的线径一般都在 150mm 以上，电缆盘直径达 3m 以上，重量达到十几吨，敷设难度很大。本技术可实现电缆盘自动、匀速盘转控制，提高电缆整体敷设速度，避免因电缆盘转速不均，造成电缆拉伤。

(1) 技术特点

1) 自驱动装置。全自动电缆盘自驱动滚轮架采用 PLC 变频系统，控制滚轮架滚轮同步带动电缆盘低速转动，摒弃了传统人力盘转电缆盘的方式。

2) 智能同步牵引平衡敷设。由若干个电缆敷设机配合电动滚轮架进行牵引敷设，电缆敷设机通过电缆连接至 PLC 控制柜，实现转速、启、停同步控制；在末端的敷设机上配有张紧传感器来检测电缆拉伸的张力，当 PLC 控制系统检测到电缆拉伸张力过大或过小时，会自动实时调节电动滚轮架的滚轮速度，实现电缆盘转动速度与电缆敷设机智能同步，避免电缆拉伤或扭折伤害。

3）电动滚轮架中滚轮之间实现间距可调。使用“轮距可调式滚轮架”，能够根据电缆盘的大小合理调整轮距，以适应超高压电缆敷设的需要。单个滚轮采用螺栓与基础槽钢相连，便于拆卸，基础槽钢上设置有调整螺栓孔，滚轮根据需要调整间距。

4）电缆盘防跑偏。由于电缆盘自身重量的不均衡或安装场地原因，在转动过程中，会发生跑偏。在电动滚轮架两侧设置有防跑偏开关和防跑偏滚轮，能够对电缆盘跑偏情况实时的监控，并能够维持电缆盘的正常转动。

5）模块化设计。所有装置均采用模块化设计，便于拆解、组装和运输。

（2）施工工艺流程

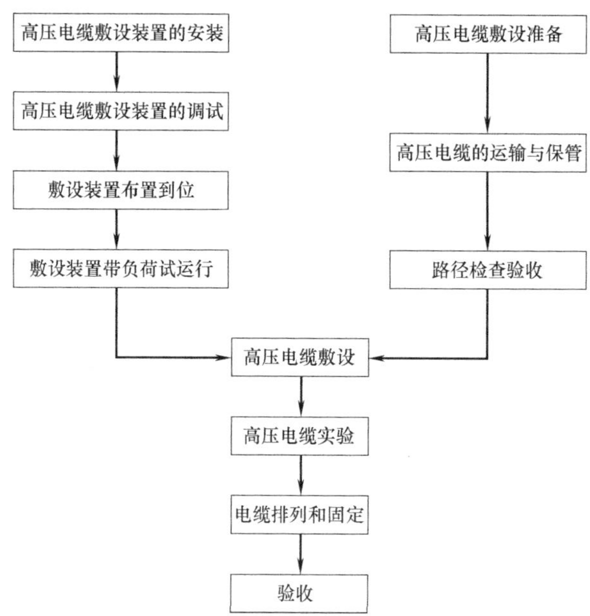

4.10.2 技术指标

符合《电气装置安装工程　电缆线路施工及验收规范》GB 50168 标准的相关规定。

（1）电缆各支持点间的距离应符合设计规定，当设计无规定时，不应大于表 4.10-1 中所列数值电缆各支持点间的距离（mm）。

各支持点间的距离（mm）　　表 4.10-1

电缆种类	敷设方式	
	水平	垂直
35kV 及以上高压电缆	1500	2000

注：全塑型电力电缆水平敷设沿支架能把电缆固定时，支持点间的距离允许为 800mm。

（2）用机械敷设电缆时的最大牵引强度宜符合表 4.10-2 中的规定。

（3）机械敷设电缆的速度不宜超过 10m/min，110kV 及以上电缆或在较复杂路径上敷设时，其速度应适当放慢。

电缆最大牵引强度（N/mm） 表 4.10-2

牵引方式	牵引头	钢丝网套
受力部位	铜芯	塑料护套
允许牵引强度	70	7

（4）电缆在两端头的备用预留长度一定要满足要求（至少预留 1～2 个电缆头长度），电缆引至高处时要直线引上，固定牢固、可靠。

（5）直埋电缆在直线段每隔 50～100m 处、电缆接头处、转弯处、进入建筑物等处，应设置明显的方位标志或标桩。

（6）电缆敷设验收的具体要求如表 4.10-3 所示

电缆敷设的具体要求 表 4.10-3

<table>
<tr><th>工序</th><th colspan="2">检验项目</th><th>性质</th><th>单位</th><th>质量标准</th><th>备注</th></tr>
<tr><td rowspan="6">电缆敷设</td><td rowspan="2">与热力设备、管道之间净距</td><td>平行敷设</td><td>主要</td><td>m</td><td>大于等于 1，不宜敷设于热力管道上部</td><td></td></tr>
<tr><td>交叉敷设</td><td></td><td>m</td><td>≥0.5</td><td></td></tr>
<tr><td rowspan="2">与保温层之间净距</td><td>平行敷设</td><td>主要</td><td>m</td><td>≥0.5</td><td></td></tr>
<tr><td>交叉敷设</td><td></td><td>m</td><td>≥0.3</td><td></td></tr>
<tr><td rowspan="2">电缆排列</td><td>外观检查</td><td></td><td></td><td>排列整齐，弯度一致，少交叉</td><td></td></tr>
<tr><td>交流单芯电缆排列方式</td><td></td><td></td><td>按设计规定</td><td></td></tr>
</table>

4.10.3 适用范围

适用于高压动力电缆的敷设，也适用于大截面积电缆的低压动力电缆的敷设施工。

4.10.4 工程案例

华电国际十里泉发电厂扩建改造工程、河北华电石家庄天然气热电联产工程等。

（提供单位：中国电建集团山东电力建设第一工程有限公司。编写人员：逯军、李寅鹏）

4.11 CPR1000 核电半速汽轮机安装技术

4.11.1 技术内容

（1）技术特点

核电站半速汽轮机蒸汽参数低、汽缸体积大，其额定转速时的运行频率与常规刚性基础的固有基频很接近。为有效地避免汽轮发电机在共振频域产生过高的振幅而受到破坏，核电站半速汽轮机多采用弹簧式基础，与常规火电机组相比，其安装技术具有显著特点。

（2）工艺流程

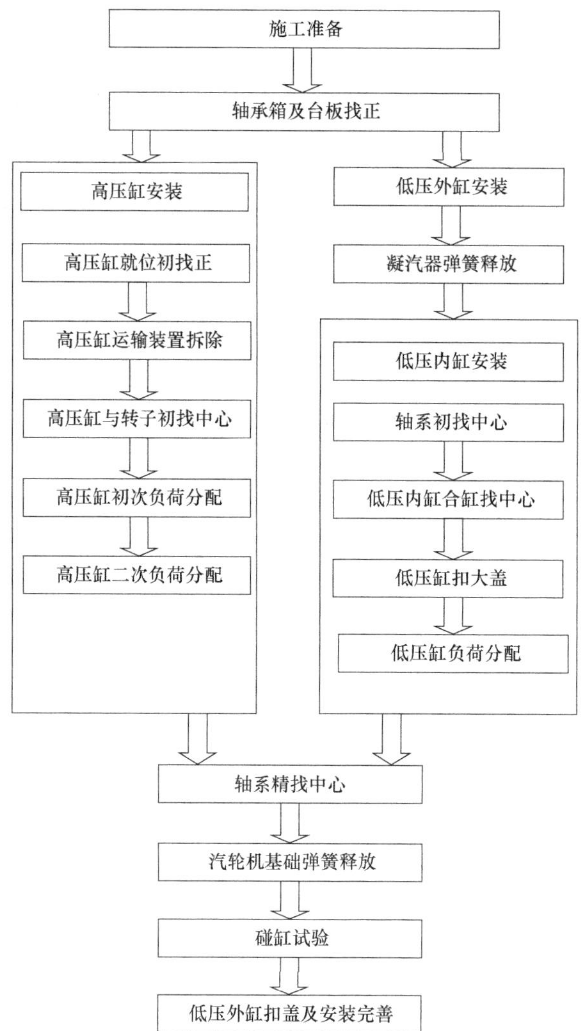

4.11.2 技术指标

（1）《电力建设施工技术规范　第 3 部分：汽轮发电机组》DL 5190.3；

（2）《电力建设施工质量验收规程　第 3 部分：汽轮发电机组》DL/T 5210.3；

（3）汽轮发电机轴系中心变化不得大于 0.10mm；

（4）端板中分面高低差不大于 0.05mm。

4.11.3 适用范围

适用于核电站弹簧式基础上的半速汽轮机安装。

4.11.4 工程案例

中广核阳江核电站 1、2 和 5 号机组等。

（提供单位：中国电建集团核电工程有限公司。编写人员：关东、党超）

4.12 汽轮发电机组高压加热器汽侧系统冲洗技术

4.12.1 技术内容

(1) 技术特点

在机组整套调试前，利用具有一定压力和温度的辅助蒸汽，通过临时连接的管道，逐个对高压加热器汽侧系统的抽汽管道、高压加热器本体设备、疏水管道等进行吹扫，去除其内部残留的杂质。

与传统冲洗技术：机组整套启动后利用新蒸汽进行冲洗相比较，避免了启动初期需要较长时间低负荷运行，节约了冲洗结束后还需停机恢复临时系统所需消耗的时间；机组首次启动阶段等待蒸汽品质合格时间显著缩短，凝结水和给水系统滤网堵塞的可能性大大降低；减少了机组整套启动阶段燃料、水的消耗，降低试运行成本，缩短调试工作周期，具有较好的经济效益。

(2) 工艺流程

辅汽联箱来汽 → 临时管道 → 高加抽汽管道 → 高加汽侧 → 高压加热器 → 高加危急疏水管道 → 临时管道 → 排地沟

(3) 工艺要求

1）冲洗前，高压加热器汽侧系统的抽汽管道、高压加热器本体设备、疏水管道等保温作业应完成，临时管道应采取确保作业安全的保温措施。

2）冲洗时，采用间隔冲洗和冷却的方法，有利于管壁上的金属氧化物和杂质脱落，随冲洗蒸汽排出。对高压加热器逐个进行吹扫，以保证每次吹扫都有足够的蒸汽压力、温度和流量，确保吹扫效果。

3）高压加热器首次冲洗时，应进行暖管。按照高压加热器运行说明书要求的速率升温至冲洗蒸汽温度值，应缓慢提高冲洗蒸汽压力，检查整个冲洗系统，确保系统无泄漏和系统间窜汽。

4.12.2 技术指标

（1）冲洗蒸汽的温度一般控制在 280～300℃，压力控制在 0.8～1.0MPa；可根据机组容量、系统管道走向等现场条件确定；

（2）由管道疏水口是否连续冒干蒸汽来判断暖管疏水是否充分；

（3）每次冲洗时间约 15min；

（4）一次冲洗后间隔 3~5min 再进行下一次冲洗，冲洗次数 3 次以上；

（5）由临时管道排向地沟的汽水目测清澈时，冲洗结束；

（6）全部高压加热器冲洗结束，可以安排拆除临时管道，将热力系统恢复。

4.12.3 适用范围

适用于配置有启动锅炉或有邻炉（老厂）来汽的汽轮发电机组高压加热器汽侧系统的

清洗。

4.12.4 工程案例

上海外高桥 1000MW 超超临界发电机组工程、上海漕泾 1000MW 超超临界发电机组工程、徐州 1000MW 超超临界发电机组工程、安徽淮北平山 600MW 超超临界发电机组工程等。

（提供单位：上海电力建设启动调整试验所有限公司。编写人员：龚凯峰）

4.13 电站锅炉用邻机蒸汽加热启动技术

4.13.1 技术内容

利用邻机的蒸汽，通过冷再（或辅汽联箱）至小汽轮机、除氧器、高压加热器的管道，对新建机组的启动进行节能优化，有效提升给水温度，缩短机组启动时间，降低机组启动油耗。

（1）技术特点

与传统工艺流程相比，本技术具有以下特点：

1）可以节约启动锅炉油耗。

2）进行小汽轮机冲转，可缩短机组启动时间、按照机组启动参数要求合理控制。

3）锅炉冷态冲洗阶段，通过邻机蒸汽对除氧器和高压加热器给水，提升给水温度，保证给水温度满足锅炉进水温度要求，有效改善冷态冲洗效果。

4）锅炉热态冲洗初期，能够加大高压加热器的蒸汽量，有效改善启动初期锅炉燃烧条件，提高锅炉燃烧稳定性。

（2）工艺流程

邻机蒸汽通过冷再（或辅汽联箱）至本机辅助蒸汽联箱：

1）冲转给水泵汽轮机，不使用电动给水泵、直接使用汽动给水泵为锅炉供水；

2）对除氧器加热，对大型机组也可提前投用二号高压加热器，对给水进行加热，提升锅炉进水温度。当汽轮机冲转、并网、带负荷后，再将汽源切换为本机组供汽，退出邻机蒸汽模式。

4.13.2 技术指标

（1）锅炉给水温度可提升至 130～150℃；

（2）锅炉升温升压到汽轮机冲转参数，汽水品质合格时间缩短至 3～5h。

4.13.3 适用范围

适用于配置邻机来汽的各种容量汽轮发电机组的启动。

4.13.4 工程案例

上海外高桥 1000MW 超超临界发电机组工程、上海漕泾 1000MW 超超临界发电机组工程、江苏南通 1000MW 超超临界发电机组工程、安徽安庆 1000MW 超超临界发电机组工程、安徽淮北平山 600MW 超超临界发电机组工程等。

（提供单位：上海电力建设启动调整试验所有限公司。编写人员：龚凯峰）

4.14 基于温度标准差评价的发电机定子绕组绝缘引水管热水流试验技术

4.14.1 技术内容

（1）技术特点

基于温度标准差的发电机定子绕组绝缘引水管热水流试验是采集不同定冷水温度下的发电机定子绕组出水温度，并计算其标准差，得到最大标准差。各定子绕组线棒出水温度的标准差最大值小于 0.5℃，通流特性为优良；若其标准差在 0.5～1℃，通流特性为合格；若其标准差大于 1℃，则通流特性异常。

对于流量特性为合格或异常的，均应进行定子冷却水正反冲洗，并借助超声波流量法，判断其为绕组冷却水堵塞或定子绕组存在质量问题等，根据具体情况制定相应的检修措施。

（2）技术要求

1）热水流试验中，各定子绕组线棒出水温度的标准差最大值应小于 0.5℃。

2）若各定子绕组线棒出水温度的标准差最大值大于 0.5℃，应在机组调停、检修中对定冷水系统进行正反冲洗，冲洗结束后，进行热水流试验，若标准差仍大于 0.5℃，应进行各绝缘引水管流量测试。

3）通过正反冲洗，若绝缘引水管流量小于各绝缘引水管流量平均值的 90%，应再次进行正反冲洗，必要时进行酸洗；若各绝缘引水管最小流量大于各绝缘引水管流量平均值的 90%，还应进行热水流试验，若各定子绕组线棒出水温度的标准差最大值小于 0.5℃，则各定子绕组冷却水管通流特性、热传导性均较好；若各定子绕组线棒出水温度的标准差最大值大于 0.5℃，则尽管各定子绕组冷却水管通流特性较好，但定子线棒存在质量问题、定子槽楔安装不良等，应根据具体情况制定进一步的检修措施，必要时更换质量较差的定子绕组线棒。

4.14.2 技术指标

（1）《汽轮发电机绕组内部水系统检验方法及评定》JB/T 6228；

（2）《发电机定子绕组内冷水系统水流量超声波测量方法及评定导则》DL/T 1522。

4.14.3 适用范围

适用于 300MW 以上火力发电工程。

4.14.4 工程案例

浙能嘉兴电厂三期 2×1000MW 机组、浙能温州电厂四期、华能长兴电厂、浙能六横电厂、浙能台二发电、浙江国华宁海电厂二期、宁夏枣泉电厂等工程。

（提供单位：杭州意能电力技术有限公司。编写人员：王达峰、于志勇）

Ⅱ 水力发电工程

4.15 冲击式水轮机配水环管施工技术

4.15.1 技术内容

(1) 技术特点

配水环管的安装精度偏差直接影响到冲击式水轮机的转动效率和机组振动，如喷嘴射流中心线是否在同一个节圆的切点上，其高程是否能够保证射流中心正对水斗分水刃高程中心。如果射流中心不在同一个节圆的切点上，那么转轮运行过程中，势必会产生不均衡力，影响水轮机的运行效率，同时会使水轮机导轴承的轴瓦受力不均，产生振动，影响水轮机的安全寿命；如果射流中心不能正对水斗分水刃高程中心，水流在水斗上下工作面会造成较大的扭矩，使机组产生振动，严重时会由于扭转疲劳造成水斗裂纹和破坏。

本技术利用全站仪、精密水准仪、钢卷尺和钢琴线等常规机电设备测量工具，通过简单工装配合和测量计算，使配水环管各项尺寸的调整和安装更加精确，施工更简单快捷，无需设备厂家提供专用工具转轮和工具喷嘴配合。

(2) 施工工艺流程

1）测量基准设置

① 测量放样采用全站仪按照设计蓝图上机组 X、Y 轴线到切线的角度进行角度测量，外加经过校准的卷尺进行量距来准确定位每个切点。在调整每个切点的高程的时候采用精密水准仪进行测量，最后再采用全站仪对每个切点的绝对坐标和高程进行校核，如若和前次所测数据不同，应分析找出原因，重新测量直至数据误差在允许范围内。

② 将自制立柱吊放到机壳内平水栅上点焊加固。

③ 将钢板吊放到立柱上，粗调钢板高程后与立柱点焊加固牢固。

④ 测量人员测放出机组 X、Y 基准轴线，测放出机组中心点坐标，将中心点坐标测放至螺帽点焊固定到钢板上的螺杆尾部（可拧动螺杆微调高程），然后通过顺时针逆时针拧动螺杆调整高程至设计高程。

⑤ 在机组中心点测放完成后，根据蓝图所示尺寸，计算出切点相对坐标并测放到基准钢板上的各切点螺帽上，拧动螺杆可调整高程至设计高程。

2）配水环管安装调整

中心和各切点坐标测放完成后，即可进行配水环管的安装调整。

① 以已浇筑完成的机壳为基础，焊接一个角钢支架平行于法兰理论管口位置，在角钢支架调整螺栓上测放出法兰理论内圆中心偏移点，必须在同一射流切线上。

② 到货的配水环管法兰面与部分管体连为一体并已焊接，法兰盘外圆、盘面均为机械加工，外圆尺寸实测值与设计值偏差为±0.5mm，可不做测量误差考虑，与内圆同心度偏差 2mm，此值误差较大，但仅牵涉法兰铅垂面垂直度和水平面平行度调整控制，可利用 CAD 结合蓝图所示法兰内外圆尺寸（包括倒角尺寸）利用计算机计算出各项尺寸数

据，用于控制法兰实际垂直度和平行度。

③ 利用28号钢琴线使切点、管口角钢支架中心、法兰管口内圆中心点在同一条直线上，测量切线长度、切点中心及法兰面中心线长度符合设计图纸即说明法兰管口中心位置正确。

④ 管口法兰垂直度调整，可采用吊钢琴线或者从射流切点位置量取至法兰上下左右中心点线段长度。安装完毕后按图复核各控制尺寸数据，误差均在规范及设计允许误差范围内，判定满足设计要求。

4.15.2 技术指标

冲击式水轮机配水环管安装应符合《水轮发电机组安装技术规范》GB/T 8564的规定。

（1）引水管路的进口中心线与机组坐标线的距离偏差不应大于进口直径的±2‰。

（2）分流管焊接后，对每一个法兰机喷嘴支撑面，应检查高程、相对于机组坐标线的水平距离、每个法兰相互之间的距离、垂直度、孔的角度位置，确保其偏差符合设计要求。

（3）喷嘴中心线应与转轮节圆相切，径向偏差不应大于±0.2%d_1（d_1为转轮节圆直径），与水斗分水刃的轴向偏差不应大于±0.5%W（W为水斗内侧的最大宽度）。

（4）折向器中心与喷嘴中心偏差，一般不大于4mm。

（5）反向制动喷嘴中心线的轴向和径向偏差不应大于±5mm。

（6）转轮水斗分水刃旋转平面应通过机壳上装喷嘴的法兰中心，其偏差不应大于±0.5%W。

4.15.3 适用范围

适用于水电站立轴水斗冲击式水轮机配水环管施工。

4.15.4 工程案例

四川雅安金窝水电站、新疆克州公格尔水电站等工程。

（提供单位：中国水利水电第五工程局有限公司。编写人员：王东、梁涛）

4.16 大型抽水蓄能电站水轮发电机组轴线调整施工技术

4.16.1 技术内容

（1）技术特点

抽水蓄能机组，机组轴线的吻合度直接影响机组运行的稳定性，需在安装阶段调整至允许误差范围内，以保证机组运行质量。某抽水蓄能电站单机容量为250MW的水轮发电机组，机组额定转速300r/min，机组为立式半伞结构，轴系为三段轴，由水轮机轴、发电机下端轴、上端轴组成，下端轴组成、上端轴通过转子支架连接成一体，发电机上端轴与转子支架采用螺栓连接，下端轴与转子连接在现场镗孔销套定位、螺栓连接，水轮机轴与发电机下端轴采用销钉螺栓连接；推力轴承布置有12块推力瓦，支撑包括单波纹弹性油箱和支座；发电机下端轴与推力头为分离结构，推力头与镜板为一体结构。

（2）工艺流程要求

通过调整下机架水平保证推力轴承水平，通过移动下端轴调整轴线。

1）下机架安装水平直接决定了推力轴承水平，同时下机架的基础浇筑会对水平产生一定影响，弹性油箱、推力瓦加工误差会有一定积累，造成推力轴承水平调整难度大；

2）由于转轮与下止漏环的间隙小于转子支架止口间隙，下端轴与转子连接时没有安装空间，连接时易造成碰撞，损坏设备；

3）采用承重机架与推力轴承一次安装法，在安装工位完成推力轴承与承重机架的组装，整体吊装就位，在机坑内整体安装调整，并采用水轮机轴法兰为高程调整基准和法兰止口为中心调整基准，以保证安装精度及质量；

4）通过盘车检测各部位的摆度值。

4.16.2 技术指标

（1）安装图纸、厂家技术标准及合同要求。

（2）《水轮发电机组安装技术规范》GB/T 8564。

下机架及推力轴承安装质量要求　　表 4.16-1

序号	项目	允许偏差
1	水平	0.02mm/m
2	高程	±0.5mm
3	同心度	0.5mm

机组轴线的允许摆度值（双振幅）(GB/T 8564—2003)　　表 4.16-2

轴名	测量部位	摆度类别	轴转速 n(r/min)				
			$n<150$	$150\leqslant n<300$	$300\leqslant n<500$	$500\leqslant n<750$	$n\geqslant 750$
发电机轴	上、下轴承处轴颈及法兰	相对摆度(mm/m)	0.03	0.03	0.02	0.02	0.02
水轮机轴	导轴承处轴颈	相对摆度(mm/m)	0.05	0.05	0.04	0.03	0.02
发电机轴	集电环	相对摆度(mm/m)	0.50	0.40	0.30	0.20	0.10

厂家技术要求：水轮机导轴承处相对摆度≤0.01m/mm，高于国家标准≤0.04m/mm。

4.16.3 适用范围

适用于发电机轴与推力头分离结构的伞式蓄能机组和常规机组的转子支架与发电机轴和推力头的轴系连接，单波纹弹性油箱推力轴承且进行现场镗孔的伞式蓄能机组和常规机组的轴线调整。

4.16.4 工程案例

江苏溧阳抽水蓄能电站等工程。

（提供单位：中国水利水电第五工程局有限公司。编写人员：韩战乐、吕建国）

4.17 可逆式抽水蓄能机组底环施工技术

4.17.1 技术内容

（1）技术特点

大型抽水蓄能电站机组设备安装施工进度直接影响到施工工期，机组座环结构尺寸一般在 6500mm 以上，加工工期需要 30 天左右，机组底环安装必须等机组座环机加工合格后方可吊入机坑安装。由此可见，机组底环提前吊入机坑安装工艺是极其重要的，是实现机组座环机加工工作与土建混凝土浇筑施工同步进行的关键工序，也是机组设备安装的核心施工工艺流程。

(2) 工艺流程

1）根据设计图纸要求，在机坑里衬上面放出 8 个测量点，高程控制在竣工图标高；

2）根据测量的结果，在机坑里衬内壁，依据并排 2 根 I25b 工字钢的尺寸进行开孔，施工过程可根据机坑里衬结构及现场实际情况做适当调整；

3）将 2 根 I25b 工字钢并排穿过里衬上面的空洞，安装时要注意 8 个方位工字钢的水平度要一致。安装水平支撑的同时安装钢斜角支撑，安装时焊接要牢靠，具体详见图 4.17-1；

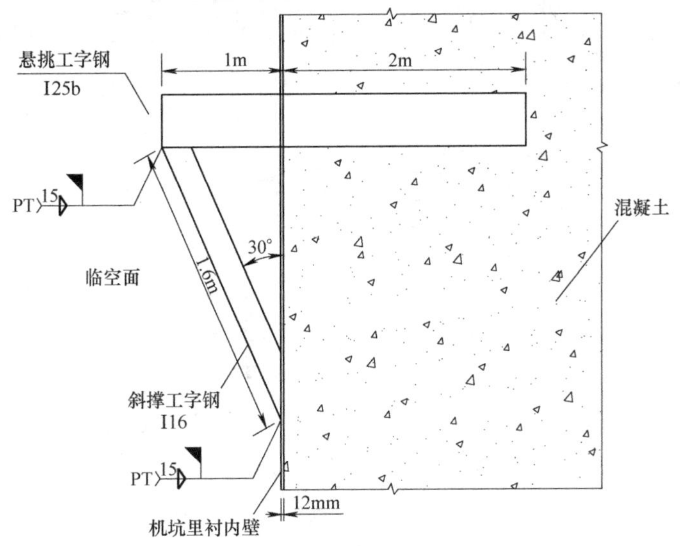

图 4.17-1 机组底环支撑平台单个支撑示意图

4）根据 I25b 工字钢上面混凝土的受力情况，位于混凝土内部工字钢上面增加铺设一层面层钢筋，使临时支撑平台更加可靠安全，具体布置方式详见图 4.17-2；

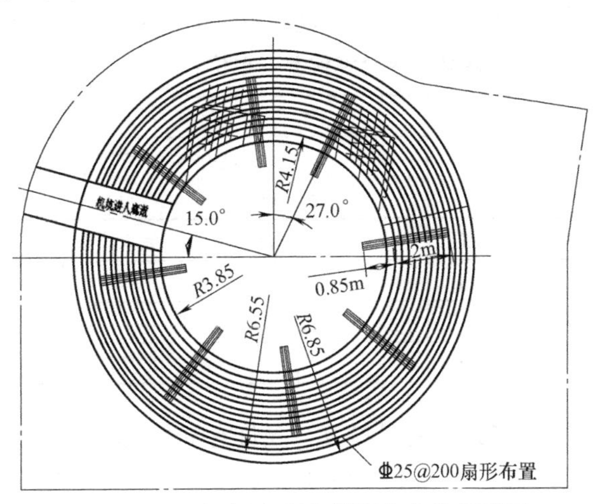

图 4.17-2 机组底环支撑平台安装俯视图

5）机组底环临时支撑平台安装就位后，待混凝土强度等级满足设计要求后，将底环吊入机坑固定；

6）所有工序确认无误后，开始进行底环打磨及混凝土浇筑施工，整体布置详见图4.17-3。

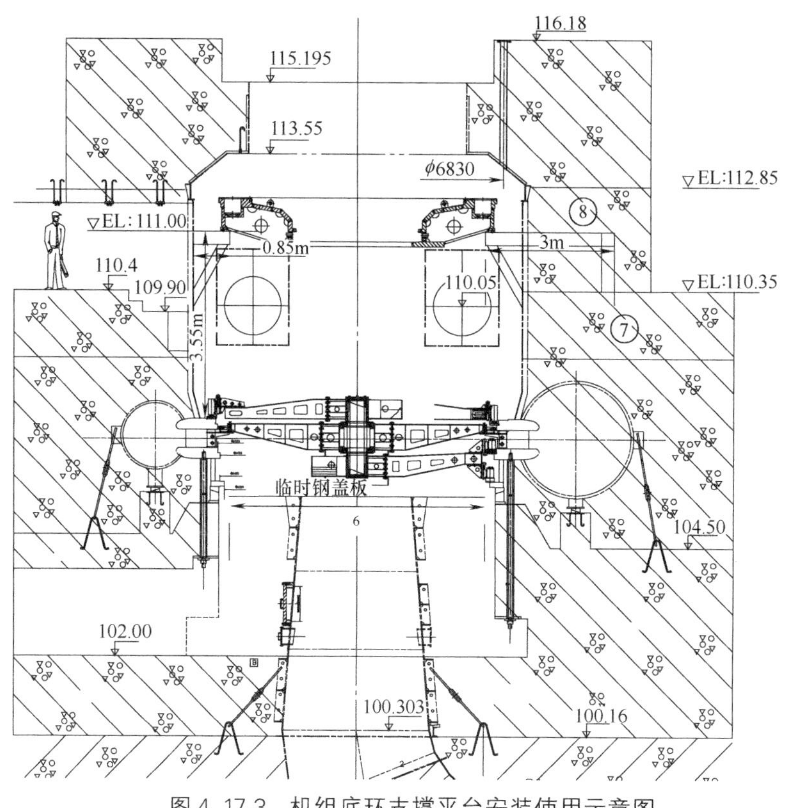

图4.17-3 机组底环支撑平台安装使用示意图

4.17.2 技术指标

设备安装根据《水轮发电机组安装技术规范》GB/T 8564的规定进行。

底环安装允许偏差（单位：mm） 表4.17-1

<table>
<tr><th rowspan="2">序号</th><th rowspan="2" colspan="3">项目</th><th colspan="5">转轮直径(mm)</th><th rowspan="2">说明</th></tr>
<tr><th>D<3000</th><th>3000≤D<6000</th><th>6000≤D<8000</th><th>8000≤D<10000</th><th>10000≤D</th></tr>
<tr><td rowspan="4">1</td><td rowspan="4">安装顶盖和底环的法兰平面度</td><td rowspan="2">径向测量</td><td>现场不机加工</td><td colspan="5">0.05mm/m,最大不超过0.60</td><td rowspan="4">最高点与最低点高程差</td></tr>
<tr><td>现场机加工</td><td colspan="5">0.25</td></tr>
<tr><td rowspan="2">周向测量</td><td>现场不机加工</td><td>0.30</td><td colspan="2">0.40</td><td colspan="2">0.60</td></tr>
<tr><td>现场机加工</td><td colspan="5">0.35</td></tr>
</table>

底环安装合缝间隙用0.05mm塞尺检查，允许有局部间隙，用0.1mm塞尺检查，深度不应超过组合面宽度的1/3，总长不应超过周长的20%；组合螺栓及销钉周围不应有间隙。组合缝处安装面错牙一般不超过0.10mm。

4.17.3 适用范围

适用于抽水蓄能水电站混流可逆式水轮机机组底环施工。

4.17.4 工程案例

浙江仙居抽水蓄能电站 1＃～4＃机组、江苏溧阳抽水蓄能电站等工程。

(提供单位：中国水利水电第五工程局有限公司。编写人员：袁幸朝、姜如洋)

4.18 超大异型压力钢管制作安装技术

4.18.1 技术内容

(1) 技术特点

某工程其引水系统为一管三机布置，引水钢管从上库至机组由上水库进/出水口隧洞段钢管、上平段钢管、竖井钢管、下平段钢管、岔管及水平支管组成。上水库进/出水口隧洞段的钢管包括直管段、弯管段和渐变段，其中弯管段和渐变段钢管为异形钢管，钢管管壁材质为 Q345D，板厚 34～42mm；加劲环和阻水环材质为 Q345C，厚度为 30mm，高度为 250mm 和 300mm。两条进水口隧洞钢管总重量为 2247.877t。布置型式见图 4.18-1，布置

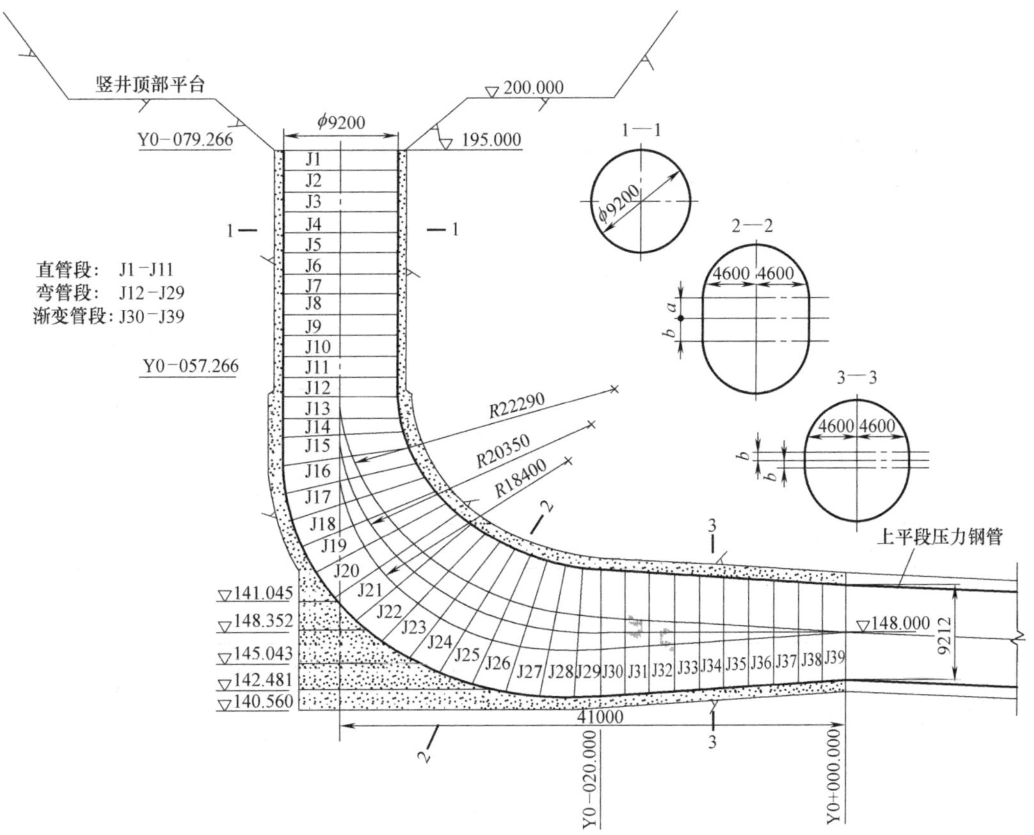

图 4.18-1 上水库进/出水口隧洞段的钢管布置图

型式有两大特点：其一，弯管段和渐变段的钢管不同于常规的同心圆钢管，设计成“三心圆”异形钢管，断面呈现三个圆心，钢管轴线中心和上、下部分圆心，该钢管体型结构复杂、HD值大、外形尺寸大；其二，钢管的断面尺寸由小变大再变小，为“两头小中间大”，直管段断面形状为圆形，管壁内径 ϕ9200mm，弯管段断面形状为长椭圆形，最大管节外形尺寸 13970mm×9884mm×2838mm，渐变段断面形状也为长椭圆形，最小管节外形尺寸为 9768mm×9768mm×2000mm。

（2）施工工艺

异形钢管展开放样采用 Solidworks 软件对钢管进行三维建模，用 AutoPOL 软件对钢管三维模型进行展开放样，通过制作异形钢管实体模型检验放样方法的正确性和误差大小。

1）针对钢管结构特点，结合运输限制和安装要求，钢管制作分为 4 个瓦片制作，在制造厂进行管节的预组拼和相邻管节的预组拼；钢管瓦片制作采用数控切割机下料和焊接坡口制备，压力机对钢板两端压弧，卷板机卷板成型，在拼装平台上将钢管瓦片拼装成节，钢管相邻节进行节间预拼装，预拼完成后拆除成瓦片运输到安装现场。

2）根据钢管布置型式结合现场实际情况，钢管安装在竖井底部垂直扩挖小部分作为钢管洞内组拼的场地，在竖井井底设置拼装平台，用汽车式起重机将钢管瓦片从竖井顶部吊装到底部拼装平台上进行拼装，拼装采用立式拼装，将两节钢管拼装、焊接成一大节，在钢管底部安装滑支腿，用卷扬机牵引将钢管滑移到位，然后进行钢管调整、固定、焊接等工序，完成钢管安装。

4.18.2 技术指标

（1）《水电水利工程压力钢管制造安装及验收规范》DL/T 5017；

（2）《水电水利工程压力钢管制作安装及验收规范》GB 50766；

（3）《钢焊缝手工超声波探伤方法和探伤结果的分级》GB 11345。

纵缝、环缝对口错边量允许偏差 **表 4.18-1**

序号	焊缝类别	板厚 δ(mm)	样板与瓦片的允许间隙(mm)
1	纵缝	任意板厚	10%δ，且不应大于 2
2	环缝	$\delta \leqslant 30$	15%δ，且不应大于 3
3		$30 < \delta \leqslant 60$	10%δ
4		$\delta > 60$	$\leqslant 6$
5	不锈钢复合钢板焊缝	任意板厚	3.0

纵缝处弧度的允许偏差 **表 4.18-2**

序号	钢管内径 D(m)	样板弦长(mm)	样板与纵缝的允许间隙(mm)
1	$D \leqslant 5$	500	4
2	$5 < D \leqslant 8$	$D/10$	4
3	$D > 8$	1200	6

钢管安装中心的允许偏差　　表 4.18-3

序号	钢管内径 D(m)	始装节管口中心的允许偏差(mm)	与蜗壳、伸缩节、蝴蝶阀、球阀、岔管连接的管节及弯管起点的管口中心允许偏差(mm)	其他部位管节的管口中心允许偏差(mm)
1	$D\leqslant2$	±5	±6	±15
2	$2<D\leqslant5$		±10	±20
3	$5<D\leqslant8$		±12	±25
4	$D>8$		±12	±30

4.18.3 适用范围

适用于水电站输水系统中异形压力钢管的制作安装。

4.18.4 工程案例

江苏溧阳抽水蓄能电站 1#、2#上库进/出水口等工程。

(提供单位：中国水利水电第五工程局有限公司。编写人员：陈林 、吴霞)

4.19 钢闸门门槽埋件、门叶制造安装技术

4.19.1 技术内容

(1) 技术特点

钢闸门是水工建筑物的重要设备，主要由活动部分、埋设部分和启闭设备三大部分组成。本技术主要阐述钢闸门门槽埋件、门叶的制造和安装。

(2) 施工工艺流程

1) 门槽埋件制作

工艺流程：技术准备→材料检验→下料成型→拼装→焊接、矫形→机加工→整体组装→解体防腐→包装→运输

根据图纸绘制下料工艺图进行下料切割，考虑加放合理工艺余量。在固定平台上拼装，平台平面度误差不得大于 2.0mm/m。埋件焊前将焊缝及其两侧 10～20mm 范围内清理干净。焊接时，烘干焊条，焊接中断时，焊条装进保温桶，同时采取有效的防风措施。母材板厚较大或外界环境温度较低，需进行焊前预热时，可适当提高预热温度。焊接顺序为先立焊、后仰焊、横焊、再平焊。采用多层多道对称施焊，从焊缝中心位置向两端分段跳焊。定位焊起始位置距焊缝端部 30mm 以上，定位焊长度应在 50mm 以上，间距为 100～400mm，厚度不宜超过正式焊缝厚度的二分之一，且最厚不超过 8mm，定位焊的引弧和熄弧点应在坡口内，严禁在母材其他部位引弧。

门槽埋件单件制造完成，校正直线度、平面度和扭曲。对于尺寸大、刚性小的构件，通常采用机械矫正法；对于刚性大的构件，适宜用火焰局部矫正。校正结束对分节闸门埋件进行平卧整体组装，组装在无强制约束状态下进行，并按《水电工程钢闸门制造安装及

验收规范》NB/T 35045 要求进行检查。

2）门叶结构制作

工艺流程：技术文件准备→材料检验→平板→划线、下料→部件预制→部件焊接、矫形→门叶组拼→焊接、检测→解体、矫形→预组装、划线→机加工、配钻→组装验收→防腐涂装→包装

根据设计图纸绘制工艺图纸，在平板机或卷板机上进行平板，平面度≤2mm/m。随后下料，预留焊接收缩余量。再进行闸门主梁、边梁、次梁、面板、吊耳装置、定位柱等部件的预制。

面板预制：对接接头避开应力最大断面，避免十字焊缝，相邻的平行焊缝间距及焊缝与筋板位置的距离不少于 200mm。面板两侧及顶、底均需留二次切割余量，面板对接坡口焊接后将焊缝打磨光滑，并进行无损探伤。

工字梁及 T 型梁预制：根据梁的几何尺寸设计拼焊胎膜，在胎膜上进行部件拼焊，严格控制装配间隙，组装件顶紧固定。焊接优先采用埋弧自动焊进行焊接。部件预制完成后，需对各部件进行校正，使其满足相关尺寸要求。

门叶组拼：将面板吊装就位于刚性拼装平台上，检查合格后用经纬仪放样，确定闸门的中心及各定位基线，然后根据设计图纸和拼装工艺图标明主梁、次梁、隔板、边梁、加筋板等位置，每一部件拼装到位后，点焊加固，所有部件拼装完成后检查各部件位置的准确性。

所有部件拼装检查结束进行施焊。面板、主梁及边梁腹板、翼板对接优先采用埋弧自动焊进行焊接。在闸门整体焊接阶段，尽量采用焊接变形相对较小的 CO_2 气体保护焊，焊接工艺要求同上。焊接先焊隔板再焊主梁翼缘板及次梁与面板的贴脚焊缝，最后焊接主梁腹板与边梁腹板的组合焊缝、边梁与面板的组合焊缝及边梁翼缘与主梁翼缘的对接焊缝，并采用多层多道对称施焊，从焊缝中心开始，向两端分段跳焊。引、熄弧在坡口内，严禁在母材上引弧。对于一、二类焊缝，每焊完一层，用风铲清渣，在焊接反面坡口前，进行气刨清根，打磨至金属光泽，再进行焊接。注意层间接头错开 30mm。整体焊接采取对称分布焊接，先由闸门中间向两侧扩展，严格控制焊接顺序，焊接顺序按先立焊，再仰焊，最后平焊，由中间向四周扩展的顺序进行。

门叶整体焊接完成后，将门叶分节解体进行局部焊接变形调整。门叶单节校正后，将门叶置于刚性平台上进行整体组拼、调平、固定，标注门叶纵、横中心线及边梁中心线，作为门叶的加工基准线。根据基准线，拼焊止水座板及滑块支承板。止水座板及水封压板采用平面铣床进行平面加工，磁座钻等进行螺孔配钻。滑块支承面以止水座板加工面作为基准，采用平面铣床加工，磁座钻等进行螺孔配钻。严格控制滑块支承面与止水座面的高差，确保水封的压缩量。节间联接面及底缘平面以止水座面、门叶中心线及门叶外形尺寸为基准确定加工线，采用镗铣床等进行加工。吊耳孔及节间连接轴孔，根据已加工的止水座面、门叶横向中心线及门叶底缘为基准确定中心线，加工吊耳孔及节间连接轴孔。

充水阀及充水试验：门叶顶节加工完成后，在其直立的工作状态下进行充水阀的充水密封试验，按图纸要求把阀芯与阀座装配，用塞尺检验周边的间隙，并进行充水和行程检验，保证平压阀能操作自如，密封严实，不漏水，无卡阻现象。

闸门整体组装：门叶加工完成后，将闸门置于刚性平台上面，并将顶、侧止水方向面朝上进行整体组装。完成正、反向支承滑块、侧导向装置等相关附件的安装后，检查组合处错位，并按相关要求对止水座面平面度、支承滑道跨度和平面度、几何尺寸、节间接合面间隙、吊耳同轴度等项目进行检测。

3）闸门安装

工艺流程：

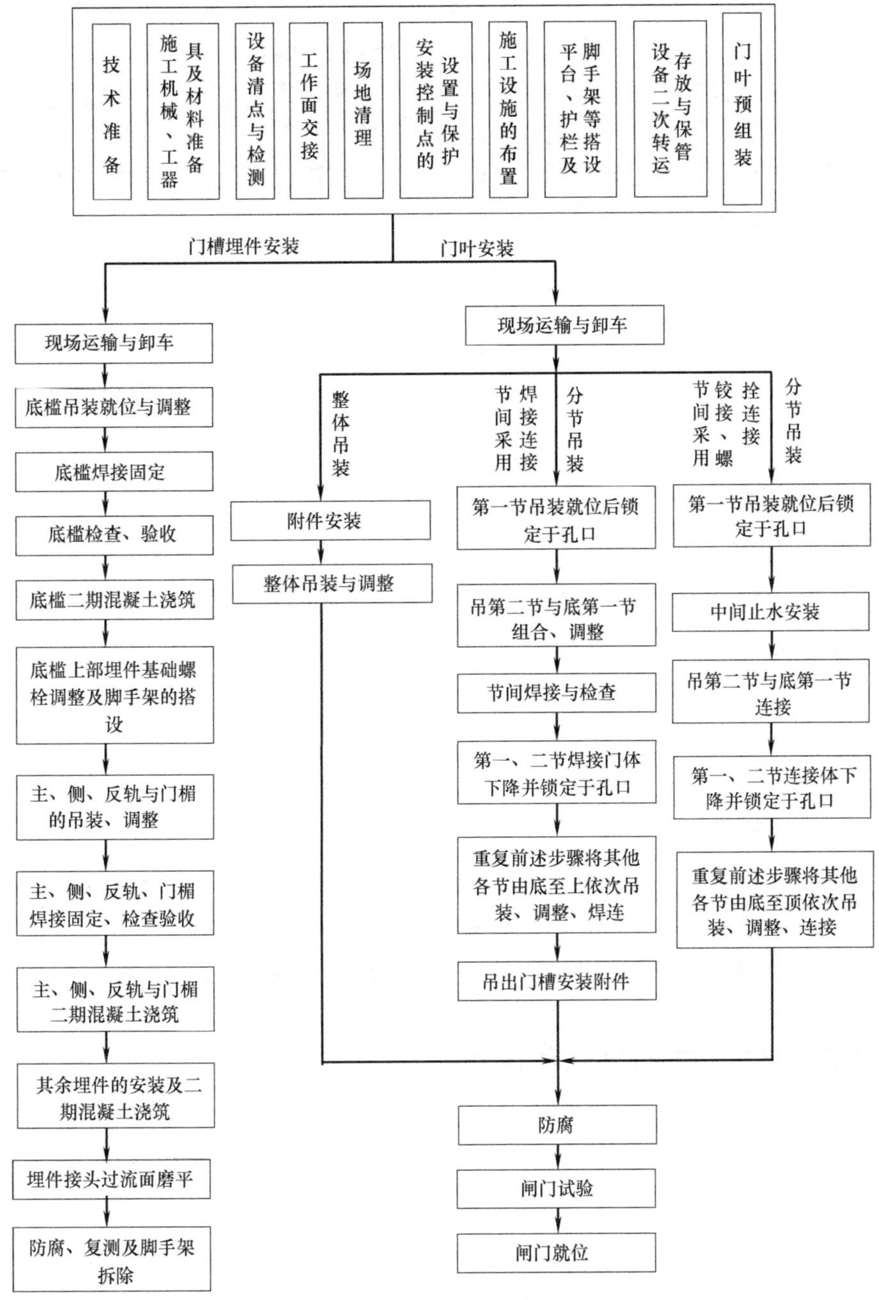

图 4.19-1 闸门安装工艺流程

根据施工图纸的要求设置安装控制样点，对孔口中心、门槽中心、高程及里程测量控制点设置准确且标注清楚的标识，样点位置预埋金属块打上样冲，直径不超过1mm。

门槽安装：底槛安装以测量放样时设置的孔口与门槽中心线及底槛高程为基准，对底槛安装高程、中心、水平等进行调整，使底槛精确定位，并将底槛与一期插筋焊接牢固。底槛固定时不得将插筋与底槛工作面焊接。焊接时，先焊接底槛对接焊缝，后焊底槛与插筋连接焊缝；按照从中间往两边、偶数焊工对称施焊的原则进行焊接。

主轨、副轨、反轨、侧轨、门楣安装：以门槽中心线、孔口中心线作为安装基准，分节进行安装。主、反轨调整后先焊接主、反轨节间连接焊缝，后焊接主、反轨与锚筋连接焊缝。与锚筋焊接连接必须做到牢固、可靠。对于不锈钢接头，需采用相应不锈钢焊条进行施焊。主、反轨安装平面度和直线度采用测量仪器及拉钢丝等方法进行控制。采用测量仪器在上、下两端放点，固定两根钢丝，以钢丝为基准进行直线度、平面度的控制。

门槽埋件试槽：埋件安装完后，工程挡水前对全部检修门槽和共用门槽进行试槽。试槽的方法可采用相应的闸门或试探门在门槽中进行试验，试验过程中应起落自如，无卡阻现象。

闸门门叶安装：门叶组装完成后，其安装主要有整体吊入、分节吊入两种方式。整体吊入门叶安装，组装门叶附件，吊装就位与调整；分节吊入则采用节间螺栓连接、销轴连接、焊接连接门叶成整体，矫正后安装顶水封与侧水封等附件。

4.19.2 技术指标

（1）《水电工程钢闸门制造安装及验收规范》NB/T 35045；

（2）《水利水电工程钢闸门制造、安装及验收规范》GB/T 14173。

4.19.3 适用范围

适用于水电水利工程各类钢闸门（平面闸门、弧形闸门、人字闸门、一字闸门、浮箱式闸门、翻板式闸门）及埋件的制造及安装技术。

4.19.4 工程案例

嘉陵江亭子口水利枢纽泄洪表孔弧形闸门、白鹤滩泄洪洞三支铰弧形闸门、三峡工程永久船闸人字闸门及湘江航电枢纽工程船闸浮箱式检修闸门等工程。

（提供单位：中国葛洲坝集团机械船舶有限公司。编写人员：张建中、李志刚）

4.20 固定卷扬式启闭机安装技术

4.20.1 技术内容

（1）技术特色

启闭机是开启和关闭闸门的专用起重设备。水电工程常用的启闭机有固定卷扬式启闭机、螺杆式启闭机、移动式启闭机、液压启闭机等。本技术主要阐述固定卷扬式启闭机安装。

(2) 施工工艺流程

启闭机安装分为整体安装和分体安装。安装流程见图 4.20-1。

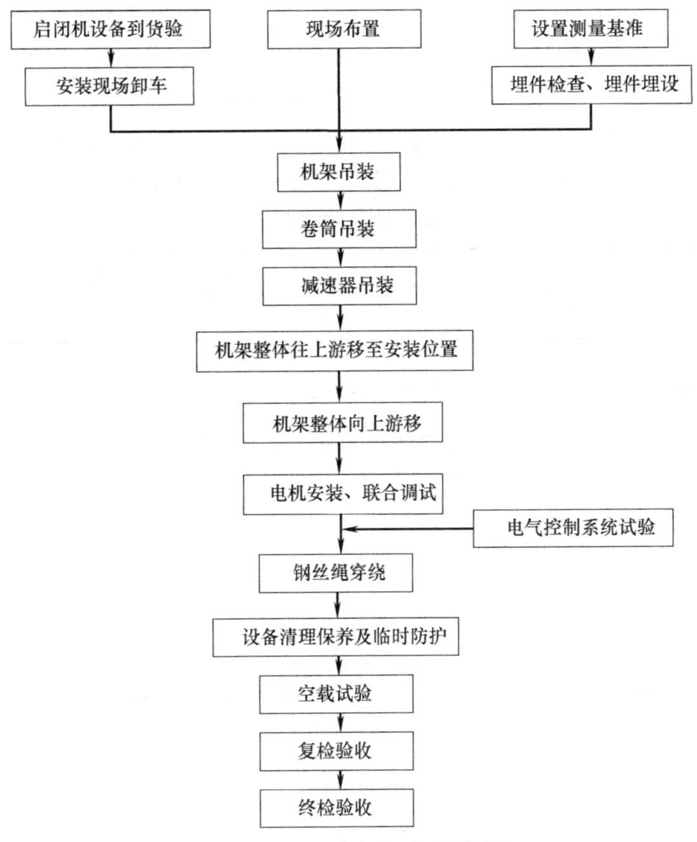

图 4.20-1 启闭机安装流程

机架安装：放出机架位置线，吊装机架调整、固定。

减速器、电动机、卷筒装置和动、定滑轮组安装：按工厂内组装所设的定位装置进行安装，安装顺序为卷筒装置→减速器→电动机→制动器→定滑轮组→平衡滑轮组→电气设备→动滑轮组和钢丝绳。对于闭式传动的固定卷扬式启闭机应先装减速器，再装卷筒装置。

钢丝绳安装：大型固定卷扬式启闭机扬程高、钢丝绳直径大、长度长，钢丝绳缠绕应力大，安装前将钢丝绳松开破劲，消除缠绕应力。将卷绕钢丝绳的绳盘用支架固定在主起升机构下方地面，绳盘的高度与地面间隔 100～300mm。用引绳将钢丝绳一端引至卷筒压板处顺槽放置，压板压紧钢丝绳头。上升起升机构，把绳盘上的钢丝绳全部卷绕到卷筒左侧，再下降起升机构，同时人工配合将钢丝绳顺地盘圈放至钢丝绳全长的一半。用人工将地面的钢丝绳翻转 180°至右侧后，继续下降起升机构至卷筒的钢丝绳至钢丝绳全部脱开卷筒，并用引绳固定到机架上。在钢丝绳另端分别装一引绳，将引绳按启闭机缠绳要求分别缠过动滑轮组、定滑轮组和平衡滑轮，并在卷筒上卷缠三圈以上，引绳用人工拉紧，启动启闭机，用卷筒转动带动引绳，当主绳缠到卷筒上时用钢丝绳压板固定同时固定钢丝绳另一端，转动卷筒，将钢丝绳缠绕到卷筒上。

调试：按规范要求进行调试，单吊点中心与闸门吊点中心偏差不超过 3mm，双吊点启闭机吊距偏差±3mm；当吊点在下极限位置时，钢丝绳在卷筒上缠绕圈数不小于 4 圈。当吊点为上极限时，钢丝绳不得缠绕到卷筒绳槽以外；双吊点启闭机的吊点高差不大于 3 mm，钢丝绳拉紧后，两吊轴中心线应在同一水平上，其高差在孔口部分内不超过 3 mm。对于高扬程启闭机，全行程状态下两吊轴中心线高压不超过 30mm。

制动轮调试：制动轮与闸瓦间的间隙处于 0.5～1mm 之间，制动时制动轮与闸瓦接触面积不小于总面积的 75%，制动轮径向跳动满足表 4.20-1 要求。

制动轮径向跳动 **表 4.20-1**

制动轮直径(m)	100	200	300	400	500	600
径向跳动(μm)	80	100	120	120	120	150

开式齿轮副侧隙按齿轮法向侧隙测量，应满足表 4.20-2 要求。

开式齿轮副侧隙按齿轮法向侧隙 **表 4.20-2**

开式齿轮副中心距(mm)	200～320	320～522	500～800	800～1250	1250～2000
最小侧向间隙(mm)	0.21～0.42	0.26-0.53	0.34～0,67	0.42～0,85	0.53～1.06

开式齿轮副接触斑点应满足表 4.20-3 要求。

开式齿轮副接触斑点要求 **表 4.20-3**

齿轮类别	测量部位	精度等级		
		7	8	9
		接触斑点百分数不应小于		
圆柱齿轮	齿高	45%	40%	30%
	齿长	60%	50%	40%

试运转及检验：首先检查电气、机械及安全设施，无误后通电进行试验。确定各元件、各限位开关、安全开关及紧急开关工作可靠；制动器工作可靠，制动力矩符合设计要求；钢丝绳缠绕正确，绳头固定牢固，双吊点启闭机二根钢丝绳长度一致；各润滑部位润滑可靠，各转动部位转运灵活，安全装置安装到位等。

试运行完成后进行空载试验，检查电动机旋转方向，双吊点启闭机分别通电，确保电动机旋转方向一致后方可连接同步轴，试验时电压应不低于额定电压的 90%。操作启闭机上、下运行状态，在全工作范围内上、下运行三次。检查各电气部件工作是否正常，电动机、减速器工作平稳，无冲击和噪声，三相电流不平衡度不大于 10%。制动轮跳动符合规范要求，轴承温度不得超过 70℃，减速器油温不得超过规定要求。

启闭机在空载试验后，经检查无异常现象才能进行负载试验。负载试验在设计水头工况下进行，先将闸门在无水或静水中全行程上下升降两次；动水启闭的工作闸门或动水闭门静水启门的事故启闭机在动水工况下全行程启、闭门 2 次；快速闸门，在设计水头动水工况下机组导叶开度 100%甩负荷工况下，进行全行程快速关闭试验。检查三项电流，要求不平衡度不超过 10%，电气设备无异常；所有机械部件运转中应无冲击，开式齿轮啮合状态满足要求；制动器无打滑、无焦味和冒烟现象；所有保护装置和信号应准确可靠；负载试验后机构各部件不得有裂纹、永久变形、连接松动或损坏，电气部分无异常发热现象等；对于快速闸门启闭机，快速关闭闸门时间不超过设计允许值，有离心调速装置的，其摩擦面最高温度不得超过 200℃。采用直流电源松闸时，电磁铁圈最高温度应不得超过 100℃。

4.20.2 技术指标

(1)《水电水利工程启闭机制造安装验收规范》NB/T 35051；
(2)《水利水电工程启闭机制造安装及验收规范》SL 381；
(3)《卷扬式启闭机》GB/T 10597；
(4)《液压式启闭机》GB/T 14627。

4.20.3 适用范围

适用于水电工程启闭机，包括螺杆启闭机、固定卷扬式启闭机、移动式启闭机和液压启闭机的安装。

4.20.4 工程案例

浙江滩坑水电站、溪洛渡水电站、小湾水电站、构皮滩水电站、锦屏二级水电站、锦屏一级水电站、向家坝水电站、南水北调引江济汉工程、白鹤滩水电站、乌东德水电站等工程。

(提供单位：中国葛洲坝集团机械船舶有限公司。编写人员：王娟、王宽贵)

Ⅲ 新能源电力工程

4.21 超百米高度全钢柔性塔筒风力发电机组施工技术

4.21.1 技术内容

近年来，我国陆上风电开发的重心逐渐向低风速地区转移。此前通过不断加长叶片来提高低风速地区机组发电量，传统的塔筒在高于 100m 后，重量会出现指数型的增加，因此柔性塔筒技术应运而生。所谓柔性，是与风轮额定转速有关的，风轮额定转速下的 1 阶频率称为 1P；传统塔筒的自身固有频率通常高于风轮 1 阶频率，柔塔塔筒的自身固有频率低于风轮 1 阶频率 1P，相对传统塔筒刚度较“软”。

(1) 技术特点

本技术利用抑制分段塔筒在吊装过程中振动的辅助装置，降低了塔筒在吊装过程中的横向振幅，保障了塔筒吊装施工作业的工作平稳性。见图 4.21-1。

采用直接张拉法取代传统的扭矩法对锚栓施加预应力的工艺方法，改善了锚栓基础的应力状态，提高了锚栓的抗疲劳性能。见图 4.21-2。

图 4.21-1　塔筒吊装过程中加装辅助装置，抑制振动

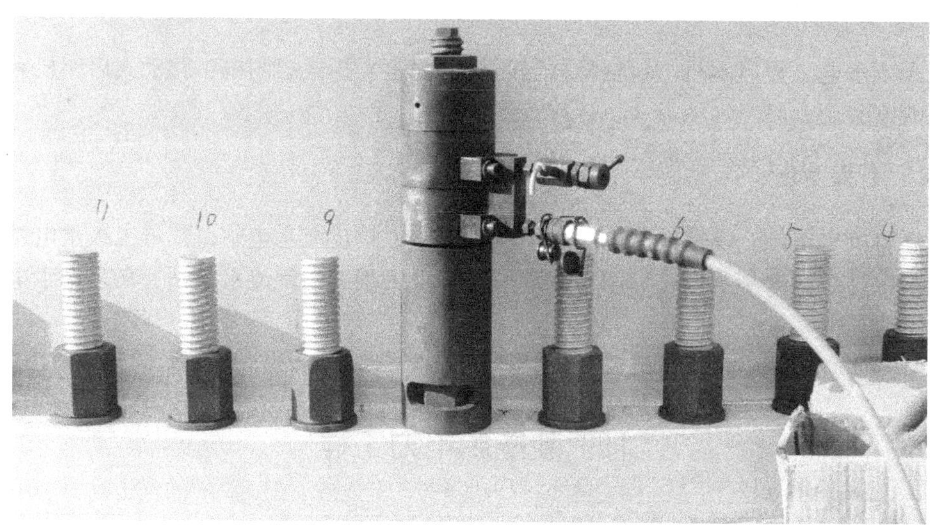

图 4.21-2　直接张拉法对锚栓施加预应力

采用定滑轮原理制作塔筒起吊索具，保障塔筒在竖立过程中平稳，无冲击载荷。见图 4.21-3。

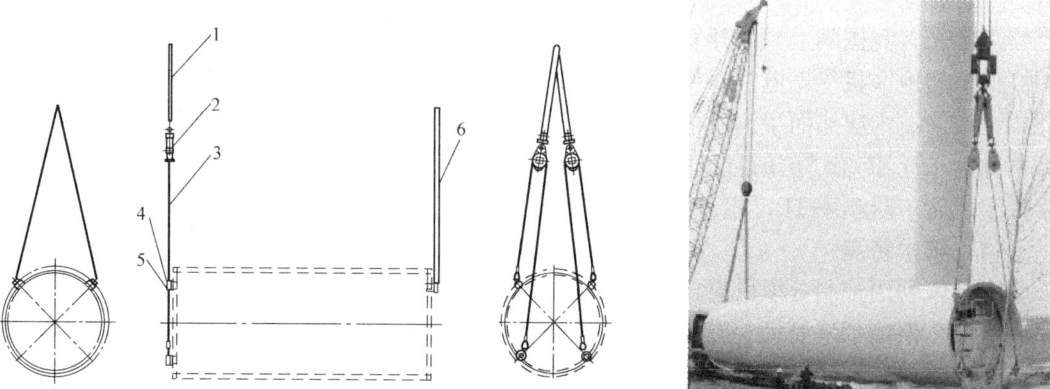

图 4.21-3　利用塔筒起吊专用锁具吊装塔筒

采用缆风绳固定柔性塔筒的工艺方法，与专用吊耳与缆风绳配合，解决了塔筒在吊装多节后出现的整体振幅大而影响塔筒安装精确定位的难题。

(2) 施工工艺

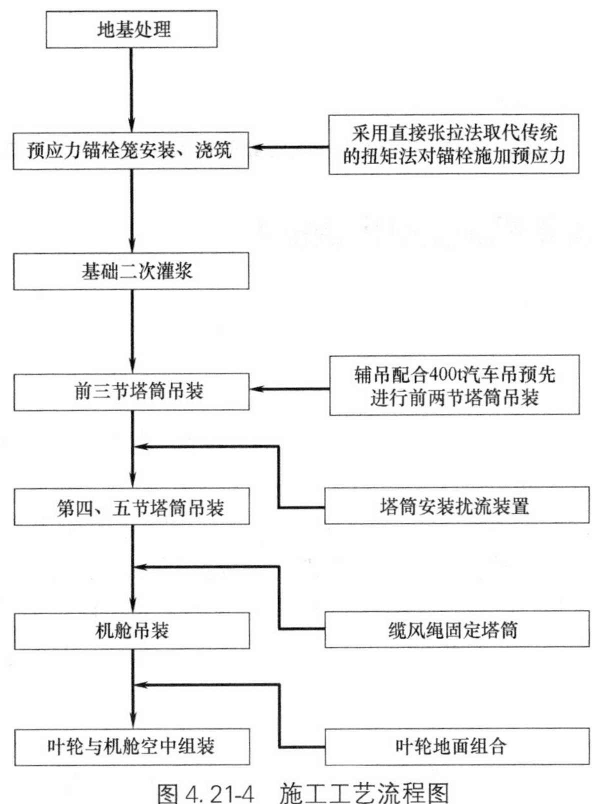

图 4.21-4 施工工艺流程图

4.21.2 技术指标

(1) 主要满足下列标准要求：

1)《风力发电机组装配和安装规范》GB/T 19568；

2)《风力发电机组高强螺纹连接副安装技术要求》GB/T 33628。

(2) 技术指标执行表 4.21-1：

风机设备安装质量要求 **表 4.21-1**

测量项目	控制要求	检测方法
基础环水平度	≤2mm	水准仪
基础接地电阻	≤4Ω	摇表
塔筒垂直度	≤1‰已安装高度	经纬仪
螺栓孔直径误差	≤2mm	游标卡尺
螺栓孔椭圆度	≤1mm	椭圆度检测仪
法兰平面度误差	≤0.5mm	平面度检测仪
联轴器同轴度误差	≤0.1mm	同轴度检测仪

4.21.3 适用范围

适用于各级别风力发电机组的吊装，尤其适用于超过 100m 高度的风电机组安装。

4.21.4 工程案例

山东凯润（昌黎）滦河口风电场 1 期工程等。

（提供单位：中国电建集团山东电力建设第一工程有限公司。编写人员：李林、张伟）

4.22 海上风力发电机组整机吊装技术

4.22.1 技术内容

（1）技术特点

目前国内海上风电整机吊装传统工艺需在码头设置工装塔筒，以解决叶轮吊装时叶片与主吊吊臂干涉的问题，使得码头整机拼装工序变得繁杂，且工装塔筒及基础增加了工程的整体建设费用，降低海上风电场的投资效益。通过三维分析确定机舱就位后最大偏航角度，在码头上组装好叶片选择高平潮或低平潮的时候进行叶轮吊装，叶轮安装完成后，进行风机叶轮盘车至倒“Y”形操作，在一定程度上优化了海上风电码头拼装的整体流程，并省去工装塔筒的设置，在确保安全、保证工程质量的基础上，缩短了工期，节约了施工成本，更安全、经济和高效。

（2）施工工艺流程

1）主吊站位选择在驳船两塔筒工装基础的连接中位线上，并在机舱吊装完成后进行偏航，在水平方向上解决叶轮吊装时叶片与吊机吊臂干涉的问题；选择在高平潮或低平潮时期进行叶轮的吊装，解决叶轮吊装时浪差影响造成的水平就位困难。

2）在顶段塔筒吊装就位后，先进行塔筒内电缆的敷设、接线工作，在机舱吊装就位后，叶轮组装和机舱——塔筒电气接线工作同时进行，以保证工程整体进度。叶轮吊装前，机舱需往码头方向偏航一定的角度（具体角度需根据叶片尺寸及平衡梁关系进行三维模拟分析，在保留足够安全距离的情况下，尽量使得叶轮朝向主吊），从而解决叶轮吊装时朝向码头的上端叶片可能与主吊主臂干涉的问题。

机舱偏航最佳角度通过 Pro/E、UG 或 SolidWorks 等三维软件进行模拟分析，风电机组本体在笛卡尔坐标系中对 z 轴上进行偏航，限制朝下的叶片模块距离平衡梁安全距离 $D \geqslant 2m$，从而进行 z 轴旋转的角度计算。其可旋转最大角即为偏航最佳角度。

3）叶轮吊装尽量选择在高平潮或低平潮时期，该时期船身受波浪的影响较小。同时，吊装前应通过驳船进行船舱内压舱水的调整，尽量使船身姿态水平，从而降低叶轮吊装就位时，因波浪引起垂直高度变化的影响。进而降低叶轮吊装水平就位的难度，保证工程质量，提高吊装安全可靠性。

4）叶轮吊装就位后，继续调整驳船压舱水，使得驳船重新处于水平状态，以保证后续吊装工序的顺利开展。

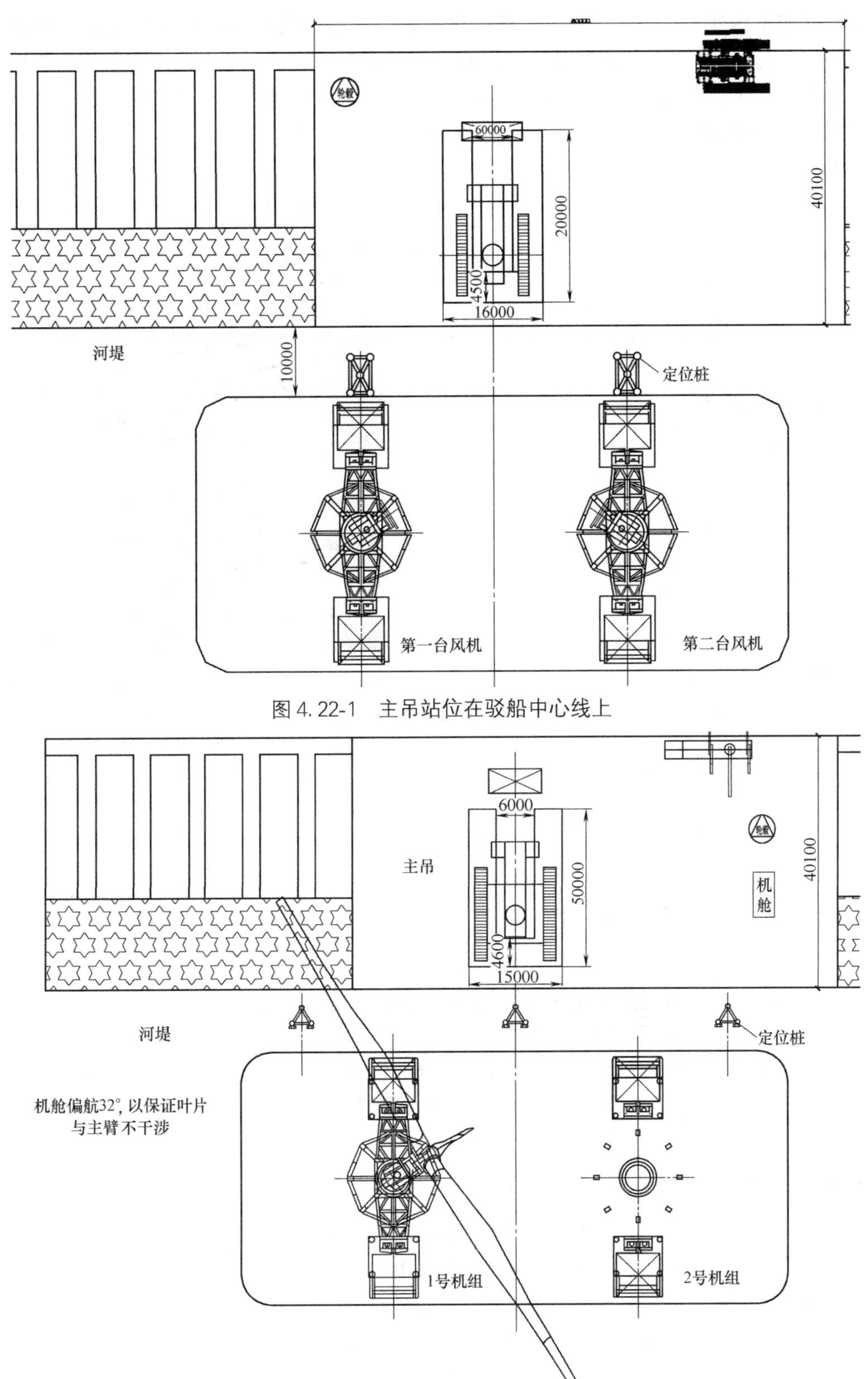

图 4.22-1 主吊站位在驳船中心线上

图 4.22-2 机舱偏航后再进行叶轮吊装

5）驳船重新处于水平状态后，对机舱进行偏航，使得两台风电机组叶轮相对且保持平行状态。为避免叶轮与吊臂干涉，在偏航动作完成后，应对叶轮进行盘车，使叶轮均处于倒“Y”形状态。该动作使得风电机组重心相对下降，且倒“Y”形状态方能满足风电机组在海上风机位进行整机吊装时，吊钩与叶片不发生干涉。

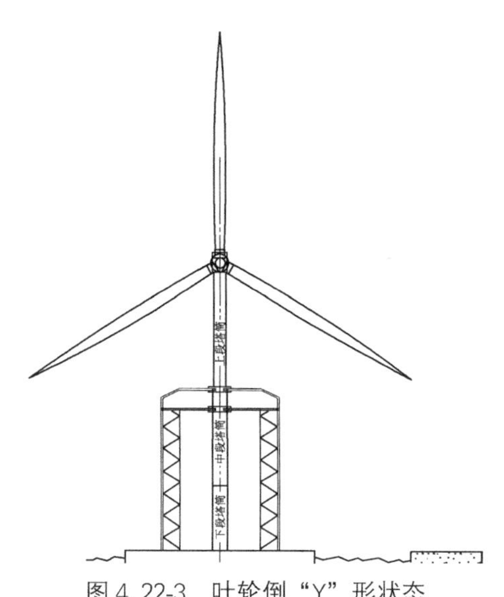

图 4.22-3　叶轮倒“Y”形状态

图 4.22-4　两机组机舱在同一直线上且相对

图 4.22-5　海上风机整体吊装

4.22.2　技术指标

（1）《海上风电场风能资源测量及海洋水文观测规范》NB/T 31029；

（2）《沿海及海上风电机组防腐技术规范》GB/T 33423；

（3）《海上风力发电工程施工规范》GB/T 50571；

（4）《风力发电机组装配和安装规范》GB/T 19568；

（5）《风力发电机组高强螺纹连接副安装技术要求》GB/T 33628；

（6）《风力发电场项目建设工程验收规程》GB/T 31997。

4.22.3 适用范围

适用于2.5～6MW海上型风力发电机组工程。

4.22.4 工程案例

珠海桂山海上风电场示范项目等。

（提供单位：中国能源建设集团广东火电工程有限公司。编写人员：汪帆、黎富浩）

4.23 超大规模水上漂浮式光伏电站建造技术

4.23.1 技术内容

（1）技术特点

水面漂浮光伏特点在于不占用土地资源，水面附近环境温度相对较低，光伏组件处于一种适宜的温度条件中，其可以抑制光伏组件表面温度上升，从而获得更高的发电量。此外，将太阳能电池板覆盖在水面上，还可以减少水面蒸发量，抑制藻类繁殖。水面漂浮光伏电站主要由锚固系统、漂浮系统（包括漂浮光伏方阵、电气设备漂浮系统等）、敷设系统（包括交、直流电缆敷设、集电线路敷设）、接地系统、升压站及送出线路等组成。

（2）施工工艺

1）光伏方阵模块化安装技术：通过模块化组装方式，将传统的相互独立的支架、组件安装结合在一起，只需在平台上完成相邻浮体的螺栓连接固定，即可完成光伏组串的安装以及大方阵的拼接，实现浮体与组件的同步安装，简化施工工序。

2）新型方阵锚固技术：根据现场地形特点，选用抓地力大、稳定性好、强度高、易施工的蛙锚配合不锈钢钢丝绳对整个方阵进行约束固定，同时利用GPS以及便携式超声波水深探测仪精确测定所有锚固点的水深，确定所需钢丝绳的长度，保证所有锚固点受力均匀，使水底复杂的环境对施工的影响降至最低，也节省了钢丝绳。同时可以通过调整预留钢丝绳的长度适应现场的水位变化，保证漂浮光伏方阵的安全。

3）斜立式电气设备安装技术：通过对组串式逆变器、汇流箱等电气设备安装方式进行改进，优化电气设备支架结构，实现快速、可靠安装，同时实现电气设备支架与电缆桥架支架的融合，通过在电气设备支架另一侧安装电缆桥架，实现浮体两侧均匀受力，避免了倾斜现象的产生，同时减少了后续施工工程量，提高了施工效率。

4）混凝土箱变浮台安装技术：采用一种生产成本低、安全可靠性强、维护方便的预制混凝土箱变浮台。并实现箱变浮台与光伏漂浮大方阵自由度的统一及一致性，避免了因大风等极端天气导致箱变浮台与光伏方阵相撞的可能，保证了整个漂浮电站方阵的安全。

5）水上高压电缆敷设技术：高压电缆敷设施工是水上漂浮式光伏电站的一大施工难题，目前的高压电缆敷设施工通常需要大量的力工，整个过程费时、费力，且敷设质量无法得到有效保证。本技术通过在岸边平台将高压电缆套入PE双壁波纹管内，然后固定在数个浮体上，并随浮体拖至水中，将平台上剩余的高压电缆依次固定在浮体上并拖至水中，由机动船拖曳至预定位置进行电缆敷设，最终实现整根电缆随浮体漂浮在水面上。

4.23.2 技术指标

（1）《光伏发电工程验收规范》GB/T 50796；

（2）《光伏电站施工规范》GB 50794。

技术对比 表 4.23-1

对比类别	本技术	国内外同类技术
方阵组装	采用模块化式组装方式，实现浮体、组件同步安装	浮体、组件安装不同步
锚固技术	锚块具有抓地力大、稳定性好、强度高且易施工等特点，能适应各种水深；锚固系统与接地系统的局部融合共用，使锚固装置起到了垂直接地极的作用，减少了接地施工工序，节省了相应施工成本	水底打桩或船锚固定，适应性差
方阵电气设备安装	实现了电气设备支架与电缆桥架支架的融合，减少了后续施工工序及工程量，提高了施工效率。浮体两侧均匀受力。斜式安装方式更有利于后续电缆施工接线、压线	竖立式安装、浮体两侧受力不均匀、容易倾斜
箱变浮台	生产制作成本仅为为钢结构浮台的1/3～1/2，安全可靠性强，不存在箱体进水的风险，后期维护方便、简单实现箱变浮台与光伏漂浮方阵自由度的统一及一致性	钢结构浮台、生产及维护成本高、安全可靠性相对较差、容易发生箱变浮台与方阵的碰撞
电缆敷设技术	采用PE双壁波纹管保护，提高使用寿命，在平台完成电缆约束固定，降低水上施工量	电缆无套管保护，容易磨损刮碰，水上施工量大
经济性	经济性好，安装投入费用低	经济性一般，费用投入高
生态保护	光伏电站与采煤沉陷区水上的综合治理相结合，有效解决煤矿采空区路面沉陷、粉煤灰二次污染问题，且施工浮体选用HDPE材料，能够抑制藻类产生，净化水质	钢构架容易生锈，污染水质

4.23.3 适用范围

适用于超大规模水上漂浮式光伏电站的建造，也适用于其他类型漂浮式光伏电站工程。

4.23.4 工程案例

三峡淮南150MWp项目C标段、晶科欢城100MWp、华能欢城100MWp、中晟微山50MWp及国阳欢城50MWp等水面光伏领跑者发电项目。

（提供单位：中国电建集团山东电力建设第一工程有限公司。编写人员：张伟、牛翔宇）

4.24 大规模双面双玻组件平单轴发电系统施工技术

4.24.1 技术内容

（1）技术特点

在大规模平单轴系统光伏电站项目建设运行过程中，通过对比相同装机容量的光伏组件实际发电量得出，平单轴支架相较于固定支架可为电站提升约17%的发电量。和传统的固定支架系统比较，平单轴跟踪技术能为光伏电站带来15%～20%的发电量提升，在一些太阳能资源丰富的低纬度地区，发电量甚至能超出固定式22%。

(2) 施工工艺流程

1) 平单轴支架采用PHC管桩基础，传统施工过程难以进行较高精度控制，造成管桩施工后间距出现一定偏差，且后期调整难度大。本技术通过支架和立柱焊接时重新定位纠偏，摒弃立柱东西向间距要求。在保证南北成一条直线的基础上，对立柱进行整体东西方向微调，尽可能减少立柱与桩基的偏心差值，避免立柱底板与桩头板偏心悬挑情况，增加系统整体稳定性，同时加快了立柱定位的施工效率。见图4.24-1。

图4.24-1 立柱定位纠偏

2) 若通过第一步立柱定位纠偏后，还存在部分立柱与桩基出现小比例偏桩的情况，导致焊接位置外移，偏差在50mm以内的位置，可以采用如下工艺进行补强：环形桩头板与立柱底座之间的镂空位置增加搭接10mm厚铁板，铁板与立柱底板及管桩四周满焊，保证铁板四周焊缝厚度不小于10mm。见图4.24-2。

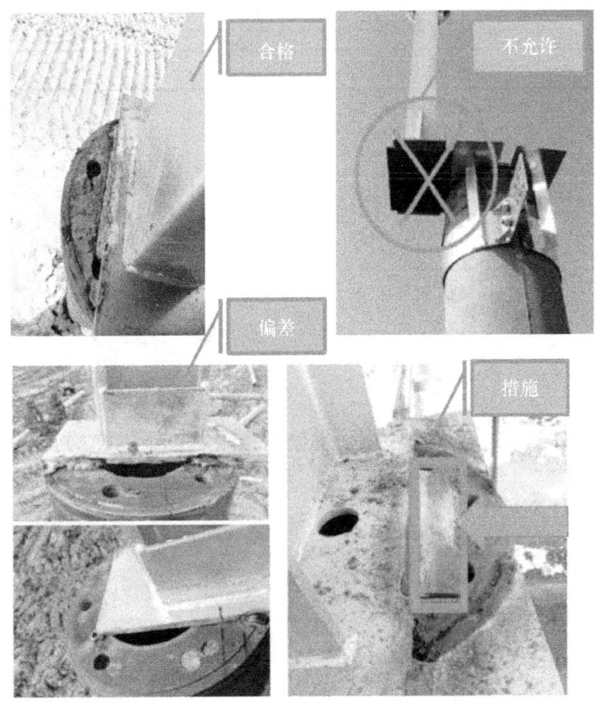

图4.24-2 立柱偏心补焊措施

3) 平单轴系统在运行过程中除主要受到除承受恒荷载外，还可能同时承受恒荷载D、

风荷载 W、雪荷载 S 等荷载作用。在不同情境下，对各种荷载进行效应组合，对平单轴系统各结构构件进行极限荷载下变形值验算分析，得出立柱与桩基结合处是整个支架系统薄弱的结构点结论，因此增加了立柱与桩基的焊缝高度，并对立柱进行了补强加固措施。

荷载组合　　表 4.24-1

序号	荷载组合	备注
1	$1.35D$	基本组合
2	$1.2D+1.4W$	基本组合
3	$D+1.4W$	基本组合
4	$1.2D+1.4S+1.4\times0.6W$	基本组合
5	$1.0D+1.4S+1.4\times0.6W$	基本组合
6	$1.2D+1.4\times0.7S+1.4W$	基本组合
7	$1.0D+1.4\times0.7S+1.4W$	基本组合
8	$D+W$	标准组合
9	$D+S$	标准组合
10	$D+W+0.7S$	标准组合
11	$D+0.6W+S$	标准组合
12	$1.2D+1.4W$	施工检修工况-承载力验算组合
13	$1.2D+1.4S+1.4\times0.6W$	施工检修工况-承载力验算组合
14	$1.2D+1.4\times0.7S+1.4W$	施工检修工况-承载力验算组合
15	$D+W$	施工检修工况-位移验算组合
16	$D+S$	施工检修工况-位移验算组合
17	$D+W+0.7S$	施工检修工况-位移验算组合
18	$D+0.6W+S$	施工检修工况-位移验算组合

图 4.24-3　横梁构件在正常使用极限状态下的结构变形

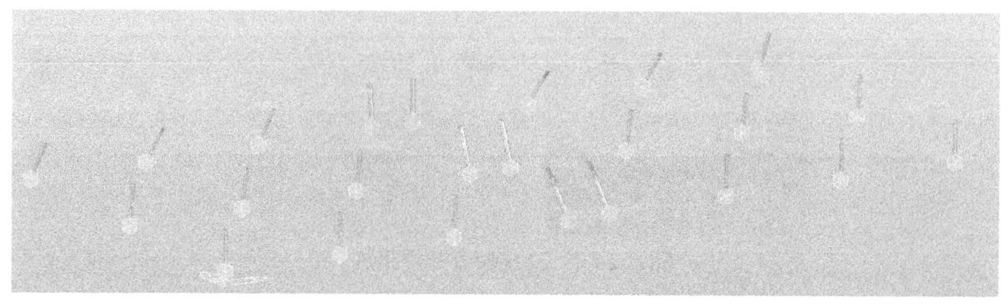

图 4.24-4　立柱在风荷载作用下的水平变形（mm）

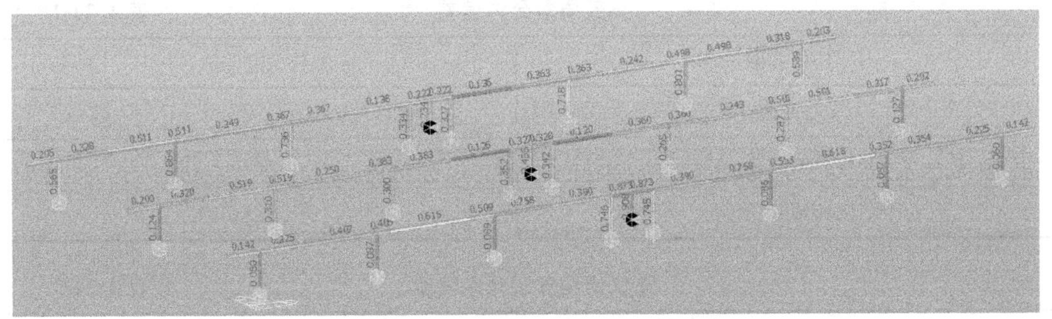

图 4.24-5 外围支架杆件应力校核结果

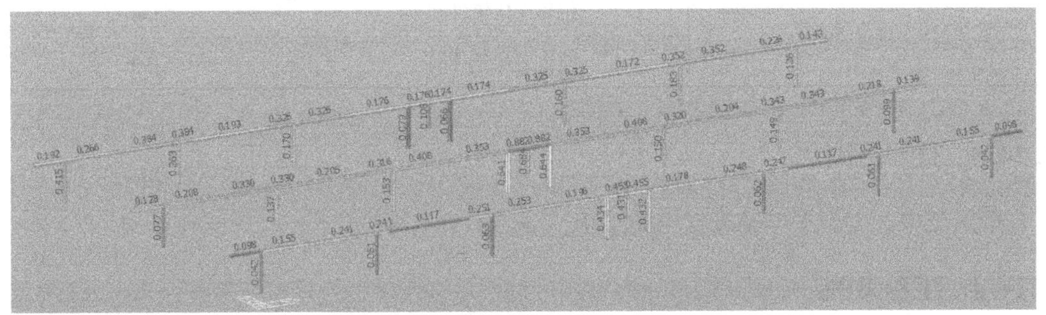

图 4.24-6 内围支架杆件应力校核结果

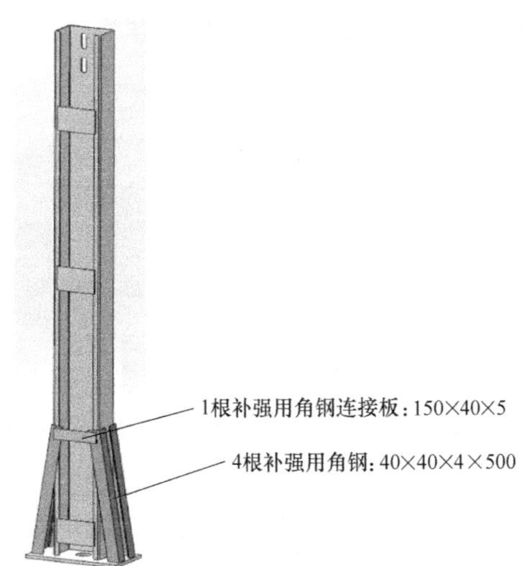

图 4.24-7 立柱补强措施

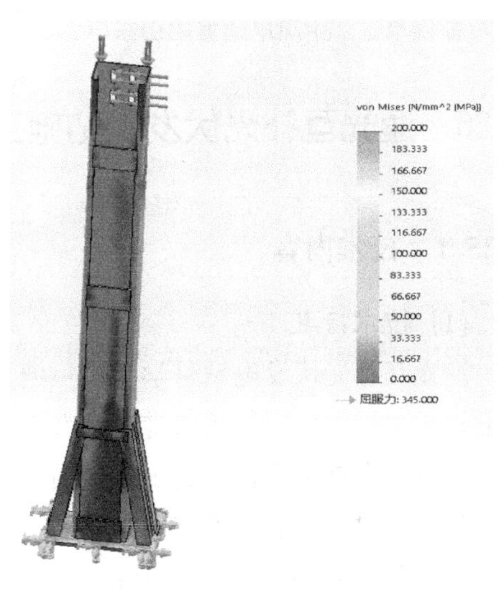

图 4.24-8 立柱补强后结构验算

4.24.2 技术指标

（1）《光伏发电站施工规范》GB 50794；

（2）《光伏发电工程验收规范》GBT 50796。

支架质量允许偏差 表 4.24-2

项目名称	允许偏差(mm)
中心线偏差	≤2
梁标高偏差(同组)	≤3
立柱面偏差(同组)	≤3

光伏组件安装允许偏差 表 4.24-3

项目名称	允许偏差	
倾斜角度偏差	±1°	
光伏组件边缘高差	相邻光伏组件间	≤2mm
	同组光伏组件间	≤5mm

4.24.3 适用范围

适用于中、大型平单轴光伏电站工程。

4.24.4 工程案例

善能康保光伏电站扶贫项目、兴满惠农光伏扶贫电站项目、渭南晶科领跑者项目、晶科海兴光伏项目及华能定边公步井光伏项目等工程。

（提供单位：中国电建集团山东电力建设第一工程有限公司。编写人员：刘钊、孙华强）

4.25 渔光互补光伏发电站施工技术

4.25.1 技术内容

（1）技术特点

渔光互补光伏发电站科学利用鱼塘、湖泊及芦苇荡滩等资源，采用水上发电、水下养殖的模式，具有发展休闲旅游业的潜力，能够充分发挥土地效益，对土地综合利用与新能源产业结合发展起到良好的示范作用。

光伏组件安装在光伏支架上，支架安装在水塘或鱼塘中，光伏组件通过汇流电缆将组件产生的直流电汇集到汇流箱中，汇流箱与逆变器相连接，将直流电逆变成交流电，交流电通过升压变升压成中高压交流电，中高压电通过高压电缆输送到光伏中心升压站，通过升压站再次升压到电网系统电压，最后通过输电线路杆塔输电到电网。见图 4.25-1。

（2）施工工艺流程

渔光互补光伏电站施工工艺流程图（见图 4.25-2）。

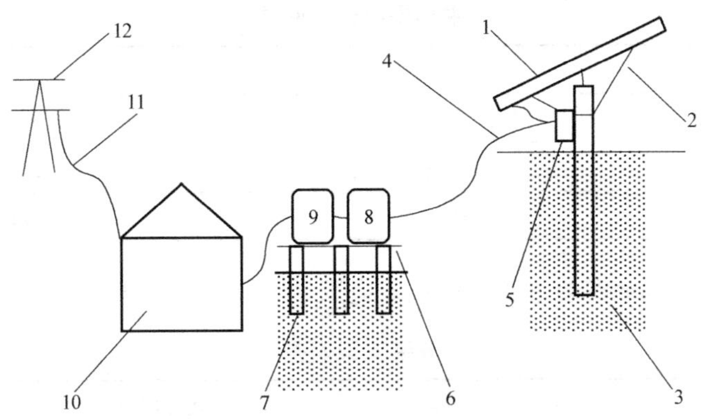

图 4.25-1

1—组件；2—支架；3—鱼塘或水塘；4—直流电缆；
5—汇流箱；6—平台；7—PHC 管桩；8—逆变器；
9—升压变；10—升压站；11—高压输电线路；12—杆塔

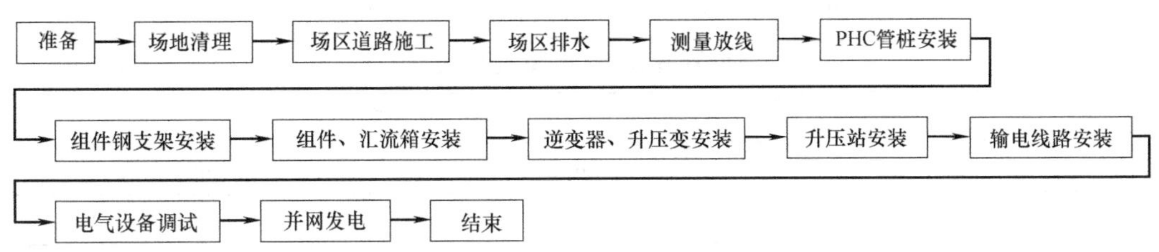

图 4.25-2 渔光互补光伏电站施工工序流程

4.25.2 技术指标

(1) 应满足下列规范：

1)《光伏电站设计规范》GB 50797；

2)《光伏发电站施工规范》GB 50794；

3)《钢结构施工及验收规范》GB 50205；

4)《钢结构工程质量检验评定标准》GB 50221。

(2) 光伏组件支架安装主要允许偏差应满足表 4.25-1 和表 4.25-2 的规定。

后立柱安装允许偏差 表 4.25-1

序号	项 目	标准
1	对中	5.0mm
2	柱高	+5.0mm
3	总长	8.0mm
4	垂直度	10

主梁安装允许偏差　　表 4.25-2

序号	项　　目	标准
1	梁两端顶面高差	L/100 且≤10mm
2	柱高	±2.0mm
3	总长	H/500

（3）汇流箱及汇流盒安装主要允许偏差应满足表 4.25-3 的规定。

安装支架偏差　　表 4.25-3

项目	允许偏差	
	mm/m	mm/全长
不直度	<1	<5
水平度	<1	<5
位置误差及不平行度	—	<5

（4）逆变器基础型钢的安装允许偏差应符合表 4.25-4 的规定。

逆变器基础型钢安装允许误差　　表 4.25-4

项目	允许偏差	
	mm/m	mm/全长
不直度	<1	<3
水平度	<1	<3
位置误差及不平行度	—	<3

4.25.3　适用范围

适用于渔光互补光伏电站工程。

4.25.4　工程案例

江西分宜 70MWp 渔光互补光伏发电站、广西防城港市港口区光坡镇 80MWp 渔光互补光伏发电站等工程。

（提供单位：中国葛洲坝集团电力有限责任公司。编写人员：高鹏飞、林雯）

4.26　采煤沉陷区光伏电站建造技术

4.26.1　技术内容

（1）技术特点

采煤沉陷区光伏电站大致可分为两类，在陆地、池塘、滩涂及浅水等地形，宜选用管桩支架型式，而深水区则根据具体水深、塌陷地稳沉等情况，合理选用浮筒支架型式或管桩支架型式。采煤沉陷区光伏电站的建造施工重点及难点在于复杂地形上的精准测量定位、水上及水下桩基施工，水下成桩质量检测、水上安装等。

(2) 施工工艺流程

原始控制点校核→根据不同地形选用适当设备及方案进行定位放点→根据不同地形选用适当设备及方案进行桩基施工→成桩质量检测→水上支架及组件安装。

1）采煤沉陷区复杂地形上的放点技术。根据不同地形，采用不同的放点工艺：① 陆地地形采用 GPS RTK 测量定位技术放点；②对于水深小于 1.5m 的浅水、池塘及滩涂等地形，采用 GPS RTK 测量定位技术放取控制点、全站仪控制点进行两端控制桩施工、控制桩间拉线交替进行的施工工艺来提高施工效率；③对于须使用打桩船的深水区域，引进北斗云设备放点，在桩机上安装工作站，通过参考站和工作站协同工作，实现自动精确定位。

2）采煤沉陷区复杂地形上的管桩施工技术。① 陆地地形，使用高频液压振动打桩机进行陆地桩基施工；②对于水深小于 1.5m 的浅水地形及滩涂地形，引入浮箱式打桩机进行施工；③对于水深超过 1.5m 且面积大于 10000m^2 的区桩基施工使用水上施工的打桩船施工；④对于水位很深池塘宽度小于 10m 的地形，采用加长臂陆地打桩机在岸上施工的方案施工。

3）水下管桩施工技术。采用浮筒漂浮支架型式代替管桩支架型式，方阵锚固采用水下锚固桩＋锚固绳的锚固型式，既能达到设计的锚固效果，同时水下桩的桩顶处于水面以下位置，又能充分利用有限的每一寸水面，充分发挥水面效能。①水面上桩基使用打桩船施工，管桩桩头露于水面之上，为下一步锚固件安装提供作业面；②锚固件安装，在管桩仍处在水上以上位置时提前将锚固件安装至管桩上。锚固件安装后，将锚固用锚绳的另一端系上浮漂，这样既可使锚绳绳头处于水面位置，减少了下一步锚固时须寻找锚绳的步骤；③水下桩基施工采用新型水下 PHC 管桩施工用送桩器（见图 4.26-1），该型送桩器主要由顶板、厚壁钢管、吊耳、底板、导向板及定位锥等组成。施工前根据预先测定好的水深、桩顶高度，选择适合长度的送桩器，施工时将事先制作好的专用的送桩器固定到桩机替打之上，将送桩器压至桩头之上，一次将已施工至水面以上位置的管桩施工至水下设计要求深度。

4）水下管桩成桩质量检测。①垂直度检测：水下 PHC 管桩桩身垂直度检测装置（见图 4.26-2）检测水下管桩的垂直度，测量时手握本装置的操作把手，让两卡槽卡住被测预制桩的桩身，同时对操作把手稍加施力，让尺身主体凹槽上的软橡胶紧贴桩身，然后调节伸缩杆的长度，使刻度盘露出水面，通过旋转伸缩杆来测量预制桩各个方向的垂直度，最后在刻度盘上读取数值。如桩头离水面的距离较大，则应使用加长杆进行测量。

② 管桩承载力检测：管桩承载力检测主要由单桩竖向抗拔静载试验和单桩竖向抗压静载试验两项试验。试验前，在选定好的在试验桩四周打上 3 根长度较长的辅助桩（图 4.26-3），使其桩头处于水面以上 1m 位置，桩头上分别放置一块厚钢板作为垫板。

5）水上安装技术

为增加水面施工的稳性，同时方便高处安装，使用一种水上自动化施工平台，该平台由浮筒模块、底部平台及液压升降系统及顶部平台等组成。

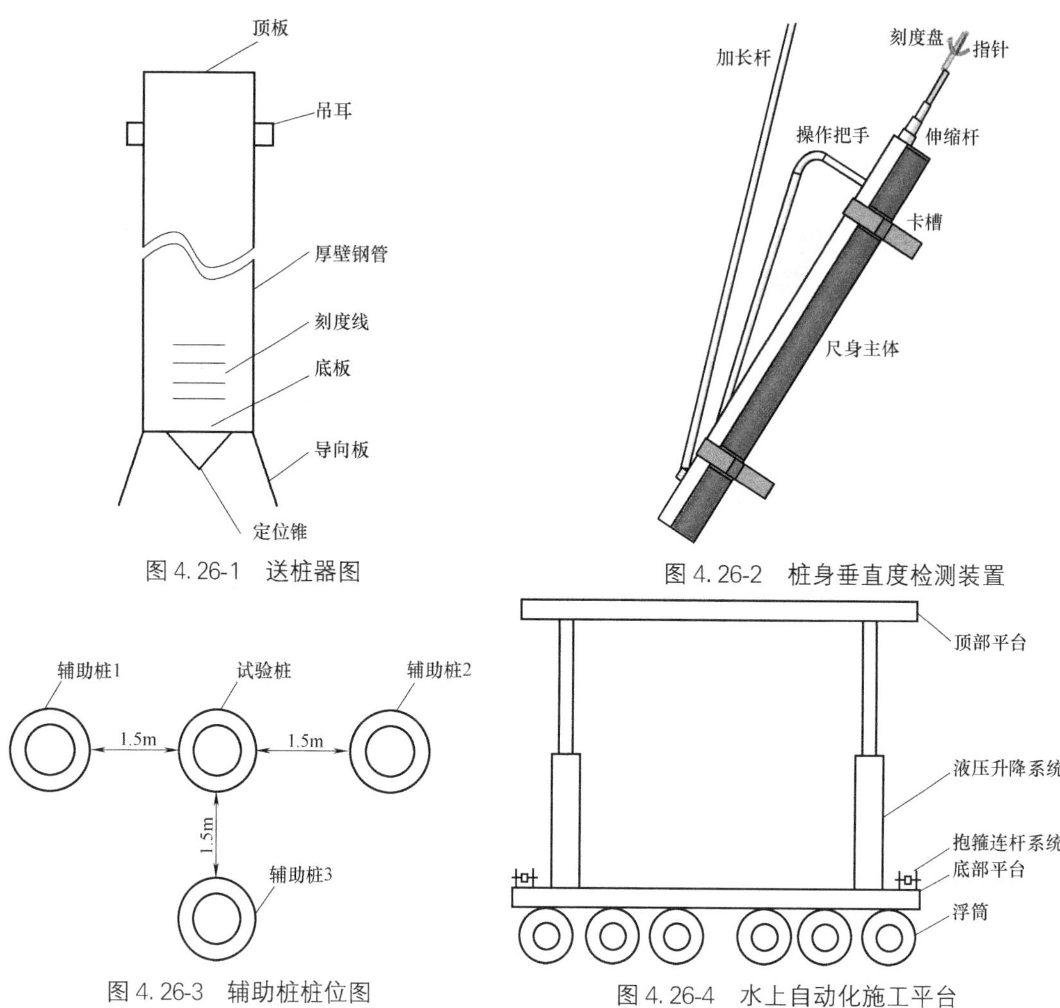

图 4.26-1　送桩器图

图 4.26-2　桩身垂直度检测装置

图 4.26-3　辅助桩桩位图

图 4.26-4　水上自动化施工平台

平台由浮筒模块提供浮力，在浮筒模块上搭设底部平台，在平台上安装一套液压升降系统，满足低处及高处施工的需求，同时又能将安装所需的部件由低处提升到高处。为提高稳定性采用管桩两侧双平台与管桩共同固定方式提高作业面的稳定性，即在安装位置的管桩两侧同时设置两套平台，将两套平台以连杆抱箍型式同时固定到管桩上，这样既提高了施工效率、增大了工作面，又大大提高了施工的稳定性。

4.26.2　技术指标

（1）《太阳能发电站支架基础技术规范》GB 51101；

（2）《建筑桩基技术规范》JGJ 94；

（3）《预应力混凝土管桩技术标准》JGJ/T 406；

（4）《电力工程地基处理技术规程》DL/T 5024；

（5）《建筑基桩检测技术规范》JGJ 106。

4.26.3　适用范围

适用于各类采煤沉陷区光伏电站的建造以及各类复杂地形光伏电站工程。

4.26.4 工程案例

中晟微山 50MWp、微山晶科 100MWp、华能欢城 100MWp、国阳欢城 50MWp 及三峡淮南 150MWp 项目 C 标段等采煤沉陷区光伏领跑者发电项目。

(提供单位：中国电建集团山东电力建设第一工程有限公司。编写人员：董新文、孙超)

Ⅳ 输变电工程

4.27 大直径隧道空间 GIL 安装技术

4.27.1 技术内容

该技术主要应用于大直径隧道高电压等级 GIL 安装，主要包括：

(1) 系列化的 GIL 安装机具。为隧道空间 GIL 设备运输、预就位、精确对接安装等工艺提供施工装备保障，提高作业效率，提高安装质量。

GIL 运输专用机具。行走机构选用轨道式（双轨）方案；垂直升降和水平伸缩机构选用一次运输一回 3 相 GIL 单元，且机构可旋转的方案。GIL 运输专用机具垂直升降机构、水平伸缩机构、支腿机构均采用液压传动。GIL 运输专用机具电气系统分为前车和后车两个相对独立子系统，由通讯连接。前（后）电气子系统又分为动力系统和控制系统。动力系统采用动力锂电池作为动力源，额定电压为 576VDC。控制系统采用铅酸蓄电池供电，额定电压为 24VDC。具体结构见图 4.27-1。

GIL 安装专用机具。车架采用箱型结构，具有良好的抗弯曲和抗扭特性。是布置轴向行走机构、轴向行走转向机构、径向行走机构及四向调整支架的载体。轴向行走机构用于

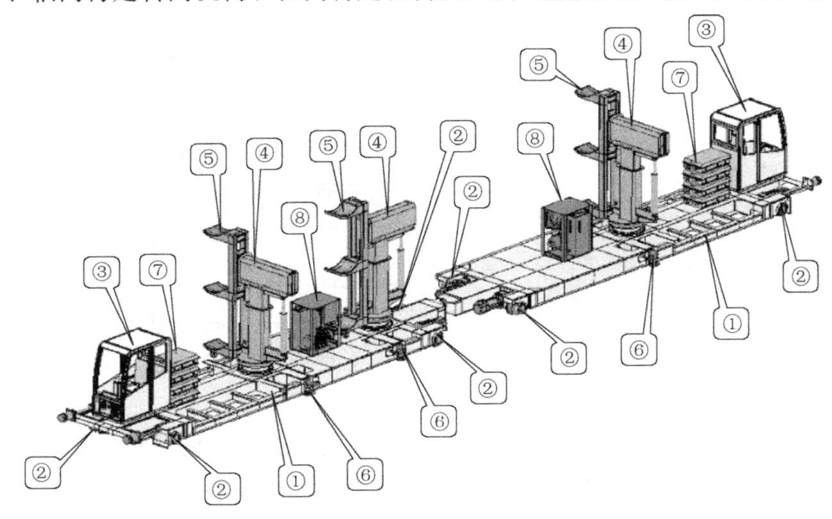

图 4.27-1 GIL 运输机具组成示意图

①车架（×2）；②运行机构（驱动×8）；③操纵室（×2）；④垂直升降和水平伸缩机构（×3）；⑤运输支架（×3）；⑥支腿（×6）；⑦蓄电池（×2）；⑧液压泵站（×2）

GIL 安装专用机具整机在管廊内部沿轴向方向移动。主要由实心橡胶轮胎、传动轴、三合一减速电机及变频器等组成。采用三合一减速电机驱动，变频调速。径向行走机构用于 GIL 安装专用机具轴向行走就位后，将四向调整支架沿水平径向方向行走至 GIL 单元整下方。机构由两个液压油缸驱动，使用无线遥控/手持线控操作。调整支架结构是布置水平轴向调节机构、水平径向调节机构、垂直径向调节机构、旋转调节机构的载体。GIL 安装专用机具径向行走机构、四向调整机构均采用液压传动。GIL 安装专用机具电气系统输入电压为 380VAC，采用拖缆用电，控制系统电压为 24VDC。具体结构见图 4.27-2。

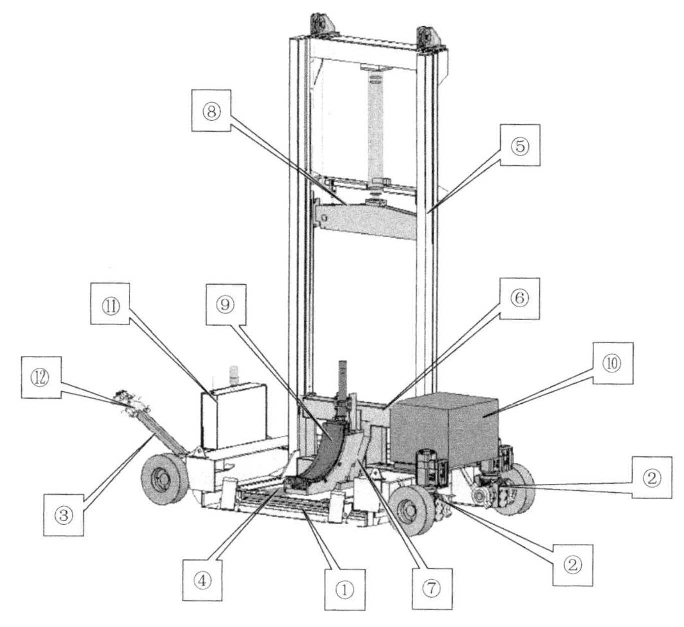

图 4.27-2　GIL 安装机具组成示意图

①车架；②轴向行走机构；③轴向行走转向机构；④径向行走机构；⑤调整支架结构；⑥水平轴向调节机构；⑦水平径向调节机构；⑧垂直径向调节机构；⑨旋转调节机构

GIL 安装环境控制装备。环境控制装备设计为紧凑结构，集成 GIL 对接区域环境控制和作业平台两个功能。采用分体式结构，分别在 GIL 母线的两侧设置两个棚架。两个棚架可沿着管廊轴向移动，移动到 GIL 母线对接处后，对其进行有效固定连接后形成整体架构。环境控制设备、照明、电源箱等分别集成到前后棚架上，不需另外配备机具进行拖动。人员、工具通过风淋室进入环境控制装备内。具体结构见图 4.27-3。

图 4.27-3　环境控制装备示意图

（2）基于全三维设计和物联网技术的设备管控平台，利用工程三维设计和物联网标签识别技术，对 GIL 设备的全流程数据信息采集、聚合、三维可视化展示，实现设备信息可控可追溯，为管理层决策提供支撑。平台导入设计阶段的设计模型和属性后，生产阶段开始安装定制二维码和 RFID 芯片，设备生产厂家应用定制 pad 端或手机端，扫描二维码或 RFID。自动录入设备装配、试验、发运各阶段信息。施工单位通过扫码和拍照，快速录入现场安装各环节信息。管廊移交运检前，批量导入运检编码。利用各阶段实时数据，实现了智能化指导设备装配、发货、现场存放和安装。协调各流程环节工作有序，节奏一致。

(3) 安全防护体系设计，针对隧道空间 GIL 设备安装安全风险，制定安全防护措施，设计安全防护体系，有效提升本质安全水平。

以隧道空间 GIL 安装工序为主线，对安装风险进行识别、评估，梳理安装过程中的风险形成清单，并制定针对性的预防控制措施。开展安全防护体系设计及试验，布置安全防护监测设备，建立基于物联网的监控与报警系统，对管廊施工过程中的人的行为、物的状态以及环境因素进行实时监控，及时进行预警或处置，确保隧道空间 GIL 设备安装安全管理工作处于可控、能控与在控状态。

(4) GIL 安装流程（图 4.27-4）

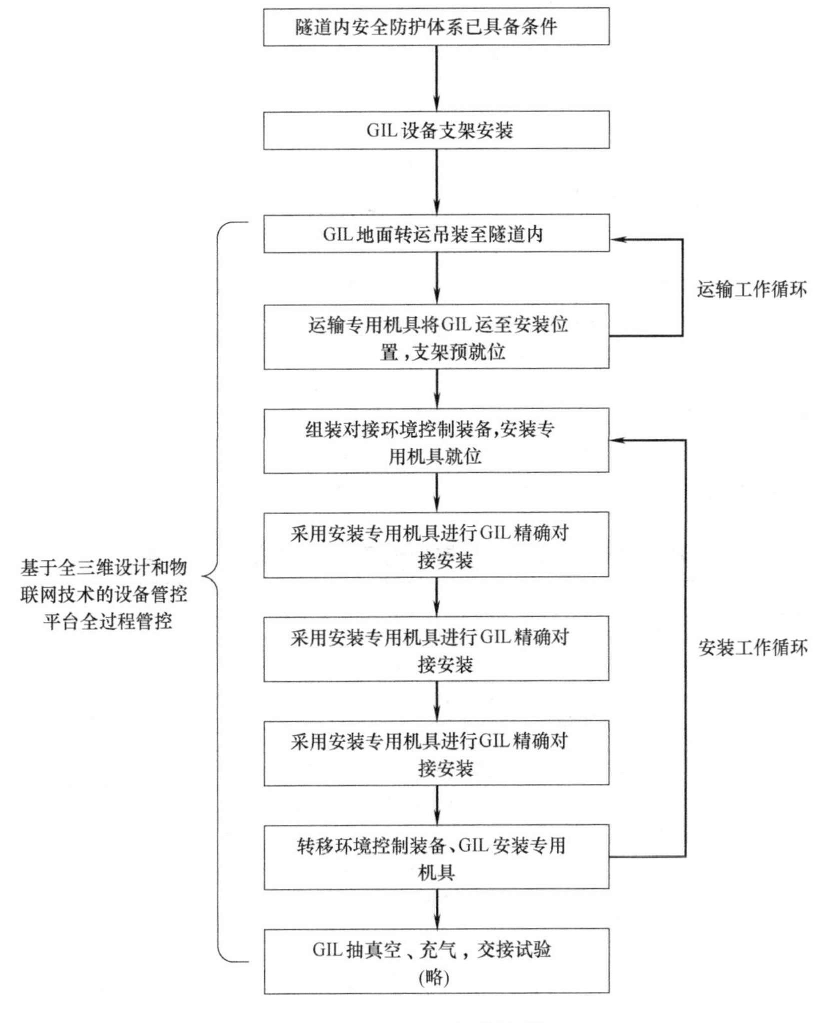

图 4.27-4　GIL 安装流程

4.27.2 技术指标

（1）《1000kV 高压电器（GIS、HGIS、隔离开关、避雷器）施工及验收规范》GB 50836；

（2）《1000kV 系统电气装置安装工程电气设备交接试验标准》GB/T 50832。

4.27.3 适用范围

适用于大直径隧道高电压等级 GIL 安装。

4.27.4 工程案例

苏通 GIL 综合管廊工程泰吴Ⅰ线、泰吴Ⅱ线等。

（提供单位：国家电网有限公司交流建设分公司。编写人员：倪向萍、侯镭）

4.28 解体式特高压变压器现场安装技术

4.28.1 技术内容

（1）技术特点

特高压交流变压器电压等级高、容量大，其超大体积、超大重量使得特高压交流变压器的运输问题日益凸显，尤其是在山区运输条件受限区域，变压器解体运输、现场组装成为最好的方案之一。

解体式变压器采用模块化设计，变压器可实现解体运输，具有器身紧凑、运输重量小、运输成本低等优点，既可有效降低运输风险和成本，又可以保证建设工期，可有效解决交通运输受限地区特高压建设的需要。

（2）安装工艺流程

解体式特高压交流变压器的现场安装流程见图 4.28-1。

（3）解体式特高压交流变压器的现场安装关键工艺控制点如表 4.28-1：

解体式特高压交流变压器的现场安装关键工艺控制点　　表 4.28-1

工序	控制内容
下节油箱就位	用薄钢板调平地面，水平度检查
	下节油箱清理
铁心拼装	按厂内标记，拼装各个铁心框
	拼装后，检查铁心主柱直径
	控制铁心框间尺寸、铁心垂直度
	拼装后，用白布把铁心与下节油箱间隙做好防护
整套线圈套装	屏蔽电容测量
	绝缘件检查，无异物、无破损，按对装标记安装
	线圈外观检查，无损伤、无变形
	按对装标识，套入线圈；导油孔用绝缘纸或皱纹纸塞实
插上铁轭	叠片外观检查，无弯曲、生锈及污染
	控制铁轭片与柱铁片接缝
	将铁心柱与线圈间隙用白布塞实

续表

工序	控制内容
插上铁轭	铁心层间电阻、对地、对夹件电阻、各框间电阻测量
	接地片连接检查
插板试验	试验数据满足要求
引线连接	导线夹检查，无损伤、破裂
	引线检查，无污染、无损伤
	连接螺栓紧固到位
	绝缘包扎厚度满足要求
	绝缘距离满足要求
半成品试验	各试验数据满足要求
煤油气相干燥	高真空结束条件(温度、真空度、干燥时间)满足要求
压装	压装吨位符合图纸、工艺要求
	整套线圈高度满足工艺要求
抽真空、充气	真空度、维持时间满足工艺要求
	充气压力满足要求

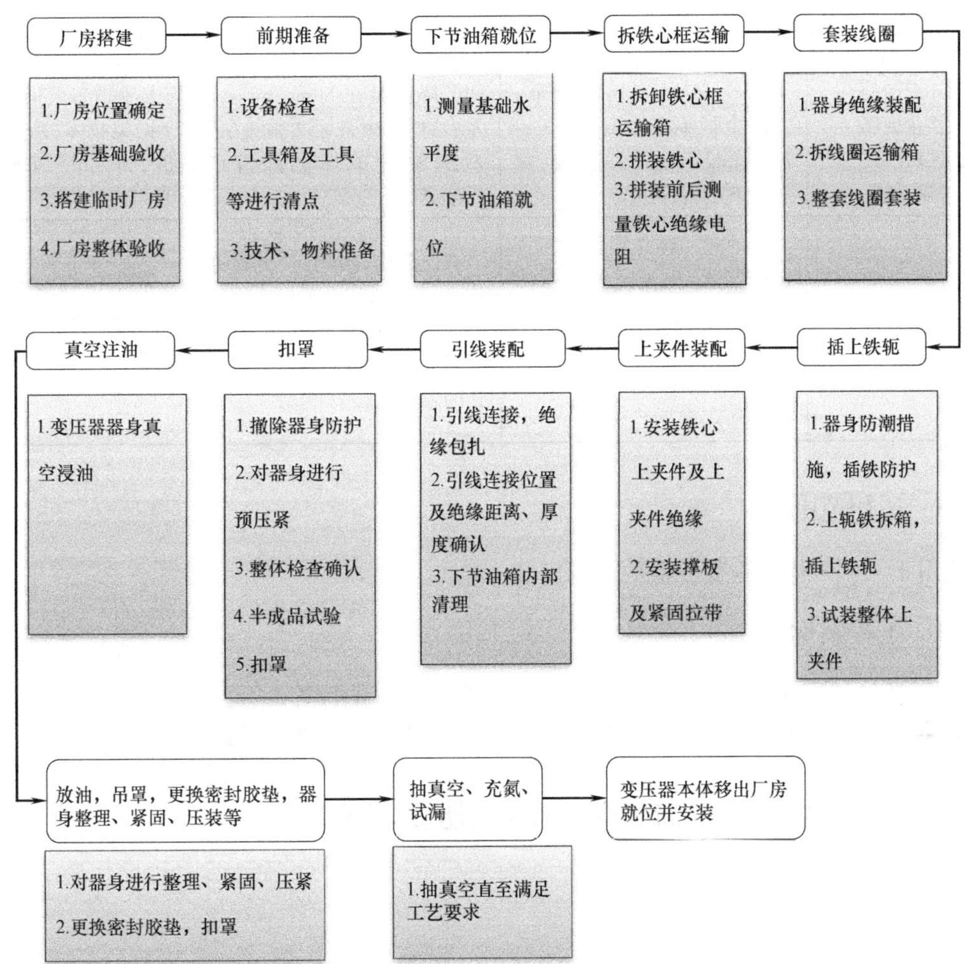

图 4.28-1　解体式特高压交流变压器的现场安装流程图

现场组装厂房内搭建独立的组装间，在独立组装间内安装环境温湿度调节设备，在小气象范围内满足特高压解体变压器的现场组装条件。室内环境条件温度控制在15～25℃，空气相对湿度控制在50%以内。

4.28.2 技术指标

本技术组装环境要求其降尘量小于12mg/m^2·d，浮游尘量小于0.3mg/m^3，湿度小于65%，现场试验电源的THDu≤2%，$|d|$≤1.2%。现场安装技术特点见表4.28-2。

解体式特高压交流变压器现场安装技术特点　　表4.28-2

比较对象 比较项目	本技术	国内外同类技术	比较
变压器智能解体辅助分析系统	采用了分层自导航式变压器解体技术，实现了变压器智能解体，其应用范围覆盖了220～1000kV变压器，变压器结构种类达26种，内部参数模块化器件117个	多不具备变压器解体设计能力，部分厂家依靠经验和高级技术专家人工设计完成解体方案确定	实现了解体变压器智能化设计，工作效率提高了75%以上
环境-指标闭环反馈的网格化现场小区域厂房控制系统	采用正压深层净化技术，实现了组装厂房环境的精确化控制，其降尘量小于12mg/m^2·d，浮游尘量小于0.3mg/m^3，湿度小于65%	厂内特高压变压器生产车间的降尘量在20mg/m^2·d左右，浮游尘量在0.5mg/m^{3}左右，现场厂房环境远低于厂内环境	厂房环境控制的稳定性和改善效果均优于同类技术；降尘量和浮游尘量要求提高了40%以上
新型一体化高压试验装置	移动式一体化智能型高压试验装置，现场试验电源的THDu≤2%，$|d|$≤1.2%，内部器件采用气体绝缘结构和真空分合装置，实现了装置的紧凑型、智能化设计	普遍采用"搬运式"方式进行现场试验，部分采用仓储式车载或半自动车载试验模式，效率低；采用滤波器的电源优化的效果较差	紧凑化、智能化，装置的体积缩小45%，重量减少35%，工作效率提高了3倍左右

4.28.3 适用范围

适用于大型解体运输变压器的现场安装。

4.28.4 工程案例

榆横-潍坊特高压交流工程晋中1000kV变电站新建工程等。

（提供单位：国家电网有限公司交流建设分公司。编写人员：陈凯、罗兆楠）

4.29 不平衡型三相共体一次通流通压试验技术

4.29.1 技术内容

（1）技术特点

变电站工程中的电气安装包括一次、二次设备的安装。电流、电压互感器作为连接一次设备和二次设备最关键的桥梁，是二次设备监测、分析、控制的依据。电流、电压回路系统接线复杂、连接设备多时，回路极易出现开路和短路故障。无论常规变电站还是智能变电站，面对全站大量二次交流回路已经接线完毕的情况下，尤其是部分重要且只有在带负荷阶段才能校验出正确性的回路，如何在带电前安全、高效、完整地检查出接线缺陷和保证回路的正确完整性，是电力建设施工人员需要解决的问题。

(2) 技术工艺要求

试验选择设备容量达到 300kVA 以上，就能够完成高压—中压侧通流、中压—低压侧通流。在高压—中压侧通流试验中，选择在高压压侧加电源，将中压侧三相短接构成回路，通过短路电流来校验主变高压侧套管 CT、中性点 CT、中压侧独立 CT、套管 CT 变比和二次绕组极性。在中压—低压侧通流试验中，选择在中压侧加电源，将低压侧三相短路构成回路，通过短路电流来校验主变低压侧短路 CT。主变低压侧为三角形接法，且主变为三相分体式，所以其低压侧套管 CT 流过的短路电流为相电流。同时在电源侧进行电容补偿，使主变通流试验二次数值明显。

1) 一次通流技术

目前相位表的交流电流测试精度可达 5mA，1000kV 变电设备电流互感器的额定变比一般为 3000/1、6000/1，500kV 变电设备电流互感器额定变比一般为 4000/1，按 5000/1 考虑，设备一次电流输出为 250A 就能满足要求，考虑设备运行的稳定性和负荷容量，以及设备的使用周期，300kVA 的大容量通流通压设备能完全满足实际使用需求。一次通流原理如图 4.29-1，接线图见图 4.29-2。

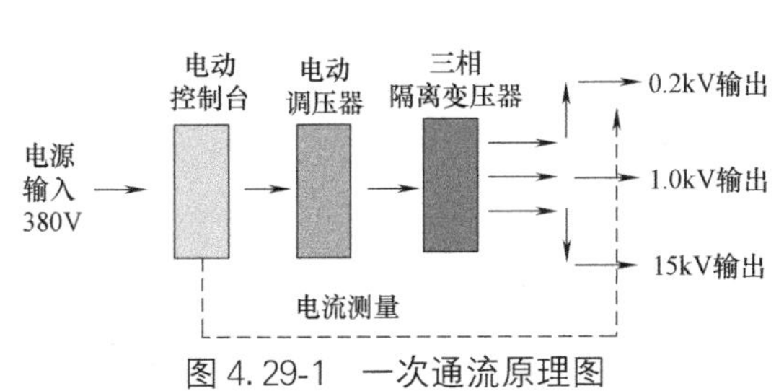

图 4.29-1　一次通流原理图

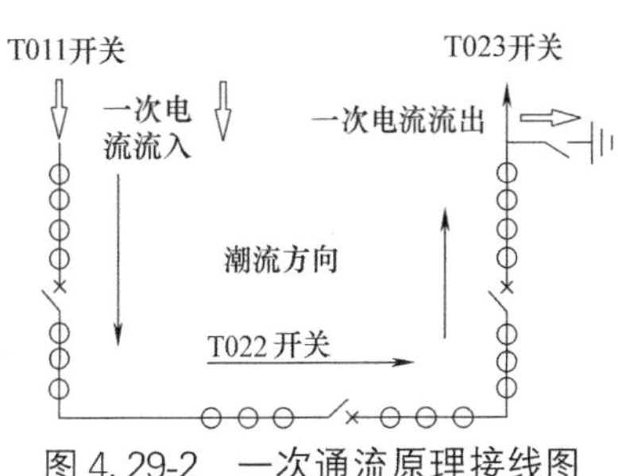

图 4.29-2　一次通流原理接线图

2) 一次通压技术

使用一次通压设备可以输出最高 15kV 的电压，假定电压互感器变比 $1000\text{kV}/\sqrt{3}/100\text{V}/\sqrt{3}$，则电压二次侧最高可以得到 1.5V 电压。同时，对于电容型电压互感器，可以将一次通压试验线接至下级分压电容（共 5 节分压电容），这样二次电压可得到近 5 倍完全满足实际调试需求。通过电压的大小就可以区分出电压互感器二次电压相序，并且因为一次电压幅值的不平衡，我们就可以在电压互感器二次侧测得零序电压 $3U_0$，确保所有电压回路带电。

如图 4.29-2 所示，试验时三相隔离变压器使用 0.4kV 端输入、0.2kV 段输出，0.2kV 三相输出接至 T021 开关靠近 1000kV ＃1 母线侧导体，经 T023 开关靠近 1000kV ＃2 母线侧 T02327 地刀短接隔离变压器三相，使用变压器本身短路阻抗及感应电压形成大电流。

4.29.2 技术指标

选取 T021 开关试验数据进行说明：

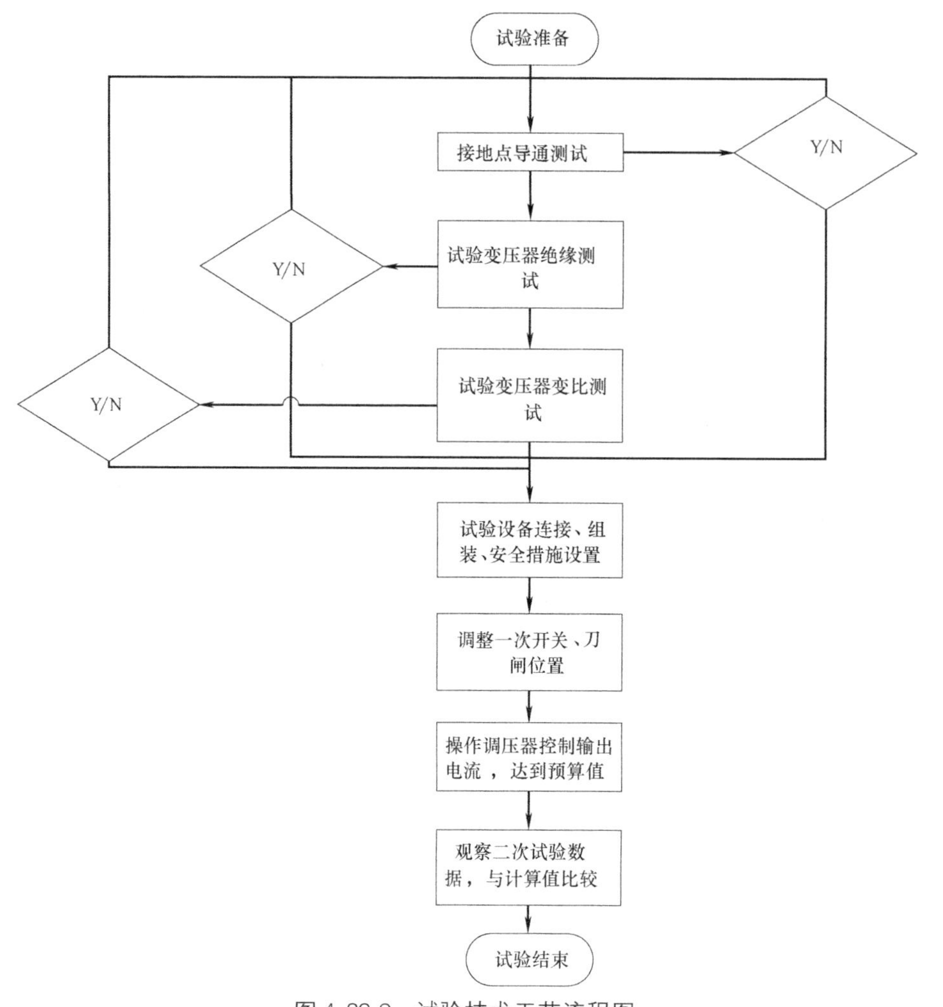

图 4.29-3 试验技术工艺流程图

三相通流试验数据 **表 4.29-1**

T021 开关(CT 变比 6000/1)				一次电流:600A			
绕组编号	幅值			角度			备注
	A	B	C	A	B	C	
TI1-1	0.101	0.101	0.099	223°	103°	343°	线路保护 1
TI1-2	0.100	0.100	0.101	223°	103°	343°	线路保护 2
TI1-3	0.100	0.099	0.100	223°	103°	343°	断路器保护
T11-4	0.101	0.101	0.101	223°	103°	343°	备用

三相通压试验数据（线路） **表 4.29-2**

三相通压试验	相别	幅值(V)	角度(°)
CVT	AN	5.6	12°
	BN	5.9	132°
	CN	6.2	252°
	LN	0.27	155°

注：三相通压时电压线接至线路 CVT 下级分压电容。

能够看出，应用不平衡型三相共体一次通压通流试验技术，试验结果同变电站启动送电时的试验数据没有任何出入。并且因为采用了不平衡构造方式，三相一次通压试验时，零序电压 U_1 （$3U_0$）有明显幅值，方便了二次测量。

4.29.3 适用范围

适用于 1000kV 及以下新建、改造、扩建变电站工程。

4.29.4 工程案例

锡林郭勒盟至山东 1000kV 济南特高压工程、500kV 沾化变工程及 500kV 峄城变工程等。

（提供单位：山东送变电工程有限公司。编写人员：王勇、迟玉龙）

4.30 智能变电站智能巡检技术

4.30.1 技术内容

传统的巡视已经满足不了现代化变电站发展的要求，智能机器人代替人工巡视将是未来的主要发展方向。变电站设备巡检机器人是基于自主导航、精确定位、自动停障、自动充电的移动平台，集成可见光、红外、声音、火焰探测、驱鸟等传感器；基于磁导航、GPS 导航、激光导航等方式，实现巡检机器人的路径规划和特巡双向行走，将被测设备的视频图像、音频数据和红外测温数据通过无线网络传输到监控室；机器人巡检后台系统通过数据模型转换系统及模式识别技术，结合设备图像红外专家库，实现对设备热缺陷、分合状态、外观异常的状态分析，以及仪表读数、油位计位置的信息识别；在顺控操作中，实现顺控设备状态的自动校核。

根据机器人的巡视要求，需合理设置电气设备表计朝向及安装高度，合理设置站区标高坡度，并合理衔接设备基础、道路及电缆沟，满足巡视通道要求。

采用双机分区域并行的模式，实现一个巡检控制后台，两台巡检机器人运行，将两套数据采集入口，统一并入一个数据分析内核的作业模式，实现对数据的高效、统一处理。智能机器人采集的数据，主要包括设备端子的红外测温、开关位置的图像识别，设备表计的数字读取等，这些数据不仅可以替代原有巡视人员的巡视内容，还可以与变电站内计算机监控系统、在线监测系统、辅助控制系统进行接口，并实现数据共享。

4.30.2 技术指标

机器人巡视通道宽度应≥1.2m，坡度应≤6°，单侧散水角度 1%～2%。电气设备表计应朝向巡检通道，机器人正对表计拍摄时的仰角小于 30°且应无遮挡。

4.30.3 适用范围

适用于 110～1000kV 变电站工程。

4.30.4 工程案例

1000kV 潍坊变电站、1000kV 济南变电站、500kV 蟠龙变电站、500kV 岱宗变电站等，220kV 蟠岭变电站，220kV 花岩变电站等。

（提供单位：山东电力工程咨询院有限公司。编写人员：李颖瑾）

4.31 变电站（发电厂）电气设备带电水冲洗技术

4.31.1 技术内容

变电站（发电厂）内的各类电气一、二次设备，如主变压器及其附属设备、GIS 设备、开关柜设备、站用变压器、继电器、端子箱、配电屏（柜）、保护屏（柜）、控制屏（柜）、测控屏（柜）、公用设备屏（柜）等设备在长期的运行过程中不可避免会吸附灰尘、油污、潮气、盐分、金属尘埃、炭渍等污染物，导致电气屏（柜）的触点、接线柱等处积存灰垢，会对设备正常运行造成如下影响：（1）影响电气屏（柜）内各组件的正常散热，造成绝缘老化、缩短设备使用寿命；（2）电气屏（柜）内各组件更易吸潮，导致绝缘下降；（3）会直接造成电气屏（柜）内各组件接触不良；（4）容易在电路板上形成短路或微电路，造成控制、测控设备信号丢失、失真；（5）在潮湿条件下绝缘电阻降低，泄漏电流增大，易导致短路、电弧、散热不良及设备误动作等事故。

本技术是采用全膜法水处理工艺将普通水净化成高电阻率的超纯水，利用多功能高压水冲洗装置将超纯水通过冲洗枪喷射形成高压水柱，接近带电设备时由束状转化为辐射状对设备进行带电冲洗。对带电设备的逐层冲洗作业可采用四枪交叉等多种组合冲洗法，以达到清洗效果（如图 4.31-1 所示）。

图 4.31-1 四枪交叉组合冲洗效果图

4.31.2 技术指标

根据冲洗设备类型、现场布置、污秽类型及积污程度等现场实际情况，可选择合适的冲洗方法：(1) 对大型设备采用四枪交叉组合多回冲洗；(2) 中型设备用三枪交叉冲洗；(3) 小型设备用双枪跟踪冲洗同时组合应用双枪跟踪两回冲洗。冲洗带电设备绝缘件时，冲洗水电阻率应达到 300kΩ·cm。

4.31.3 适用范围

适用于发电厂和变电站内各类一次设备、二次设备的水冲洗。

4.31.4 工程案例

河源电厂 220kV 变电站户外设备清污项目、新塘 110kV 变电站项目和香山 500kV 变电站扩建项目等工程。

(提供单位：中国能源建设集团广东火电工程有限公司。编写人员：邱建锋、王凯)

4.32 吊桥封闭式跨越高铁架线施工技术

4.32.1 技术内容

(1) 技术特点

跨越架线施工中，普通的钢管跨越架及毛竹跨越架工作时间长、安全风险大，特别是特殊跨越（高速铁路、电气化铁路、高速公路、重要输电通道等）其跨越高、跨度大、封网时间短，对跨越施工要求更高。本技术是针对输电线路特殊跨越，利用跨越架体和大臂封网系统，通过提升系统提供动力和辅助控制，将两侧大臂进行提升、倒伏平移、接触连接，在被跨设施上方形成吊桥式封闭系统，安全、高效地完成跨越封网和架线施工（如图 4.32-1 所示），其技术特点如下。

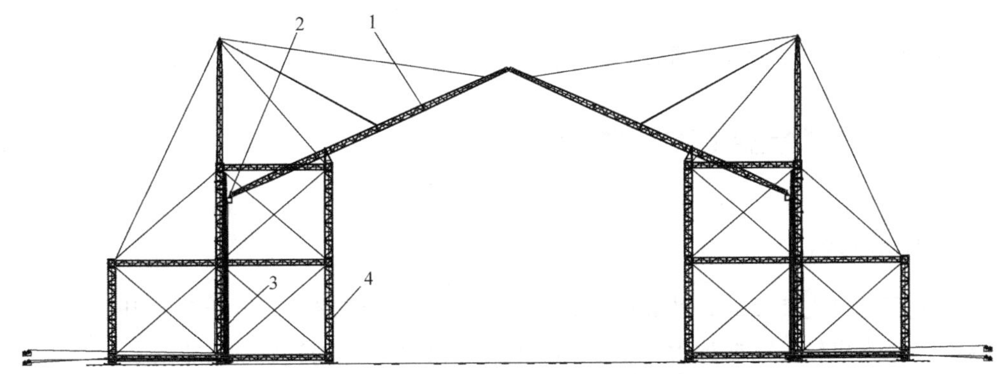

图 4.32-1 吊桥式跨越架结构示意

1—封网系统；2—提升动力系统；3—导轨系统；4—架体系统

1) 组装形式多样，可根据被跨设施类型、参数灵活选用，满足不同地形、跨距和高度的要求。

2) 架体采用标准节组成格构式架体，承载能力强，安全系数高；架体结构合理、牢固，自稳定性好，无需设置外拉线。

3) 架体和封网形成三角形稳定结构，防护效果好，抗断线冲击能力强。桅杆及其横梁组成U形凹槽结构，提升风偏防护效果。

4）架体采用自提升装置组装，摆脱了对吊车的依赖，适应各种地形需要。在满足安全距离的前提下，可最大限度地靠近被跨设施搭设，提高安全防护效果。

5）封网和拆卸过程实现全过程机械化，封拆网作业快速、安全，无需安装人员高空作业，降低安全风险。

6）通过限位器、安全绳、防坠落等安全设施为施工过程提供全方位安全保护。

7）架体采用抱杆标准节或建筑塔吊标准节搭设而成，能够充分利用行业现有设备和社会资源。

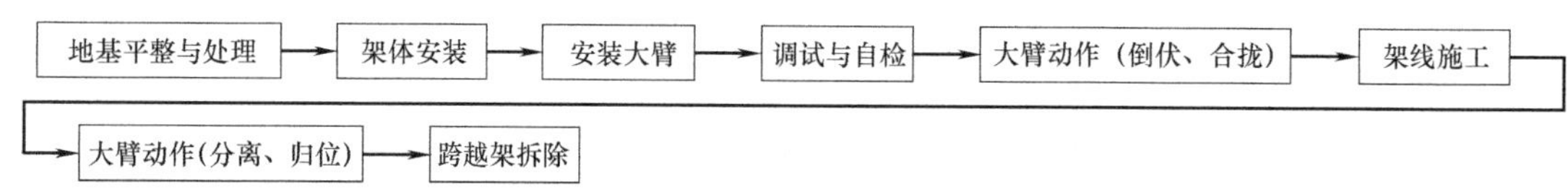

（2）施工工艺流程

4.32.2　技术指标

高空作业量小，封网时间小于30min，较传统跨越方法有了较大提升，使全天候作业成为可能。抗风能力达“25m/s+高速列车叠加风力”，有效应对大风天气。

4.32.3　适用范围

适用于特高压线路的特殊跨越（高速铁路、电气化铁路、高速公路、重要输电通道等）工程。

4.32.4　工程案例

榆横-潍坊1000kV特高压交流输电线路工程、阜新-鹤乡500kV送电线路新建工程等。

（提供单位：国家电网有限公司交流建设分公司。编写人员：董四清、吴昊亭）

4.33　分体集控智能张力放线技术

4.33.1　技术内容

随着电网建设飞速发展，特高压、超高压交直流输电线路工程设计多采用多分裂、大截面导线，张力机轮径需要加大至1850mm以上，单轮组张力达到80kN以上。现有张力机作为张力放线施工的主力设备，仍然采用一人一机的形式独立进行操作，多台设备需同时工作才能承担完成一相子导线的展放任务。为了满足实际张力放线，可采用分体集控智能张力放线技术。

（1）技术特点

该技术充分借鉴现有液压插装阀技术、CAN总线通信技术以及微处理器技术，采用模块化、分体化，将现有的张力机组进行重新解构组合，形成了动力中心、集控操作室、执行单元、尾架单元四个组成部分，实现了分体结构布局、集成控制、机电液一体化联动、标准化模块多功能组合。其中，动力中心是将原来单台机械的发动机全部加以整合，归并为一台大功率发动机，通过分动箱挂接多路液压泵组，实现向各执行单元输送液压动力；执行单元、尾架单元可以根据线路的实际需要进行模块化配置以满足施工具体要求；设置独立式集控室，将各种指令操作按键、旋钮集中布置，改善作业人员工作环境，实现单人远程控制成套机组的目的。执行单元张力轮槽底直径和最大放线张力输出均能满足目前所有导线的展放要求。动力中心和集控操作室通过以可编程控制器和 CAN 总线为核心构建起来的智能化系统作为工作平台，实现了最大输出组数达到 8 组的张力控制输出，因此可以在最多展放八分裂导线的展放时实现集中控制。根据主液压回路组成特点，该系统也可作为牵张一体机使用，同时实现单牵、双牵、四牵或一组牵引、一组张力展放的操作功能。

(2) 施工工艺

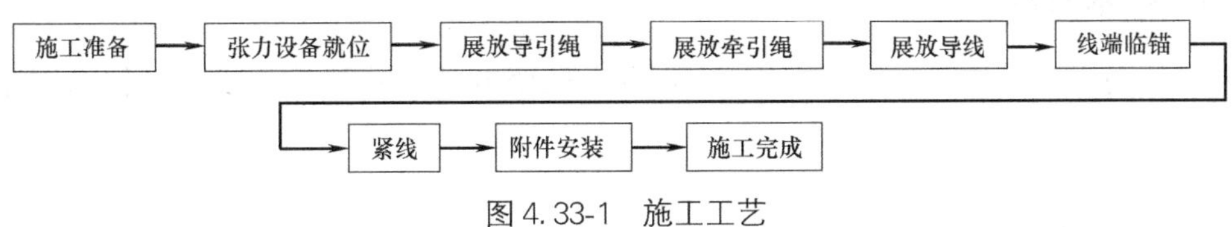

图 4.33-1 施工工艺

4.33.2 技术指标

(1) 用于张力工况时：

单相最大持续张力：$T_{max}=90kN$

最大持续速度：$V_{max}=5km/h$

八相最大持续张力：$T_{max}=8\times 90kN=720kN$

最大持续速度：$V_{max}=5km/h$

(2) 用于牵引工况时：

单组执行单元最大牵引力（并轮）：$F_{max}=2\times 80kN=160kN$

单轮最大牵引力：$F_{max}=80kN$ 对应牵引速度：$V=5.0km/h$

(3) 张力轮直径：$D=1850mm$ 6 槽/轮

可适用导线的最大直径：$d\leqslant(D+100)/40=49$（mm）

(4) 特殊性能：

1) 张力轮可主动正反转，实现牵引一体工况；

2) 在张力工况时，张力可任意设定，张力值可直观显示；

3) 张力轮制动可靠，具有机械和液压双重制动，在发动机及液压系统出现故障时，可实现自动刹车；

4) 牵引工况时，牵引速度可无级调节；

5) 执行单元两张力既可单独牵放工作，又可并轮牵放线工作；

6) 尾架可给导线提供一定的张力，其张力值可按要求进行调节，同时在牵引工况时，可提供一定的牵引力，将导线缠绕在导线盘上。

4.33.3 适用范围

适用于特高压、超高压交直流输电线路工程多分裂大截面导线的集中展放、大跨越用导线大张力展放、旧线换新线施工。

4.33.4 工程案例

山西晋北～江苏南京±800kV 特高压直流输电线路工程、锡盟～泰州±800kV 特高压直流输电线路工程、扎鲁特～青州±800kV 特高压直流输电线路工程、新疆昌吉～古泉±1100kV 特高压直流输电线路工程、1000kV 河北～山东环网交流等输变电工程。

（提供单位：山东送变电工程有限公司。编写人员：巩克强、吕念）

4.34 1000kV 四分裂软导线施工技术

4.34.1 技术内容

随着特高压建设的蓬勃发展，1000kV 特高压变电站四分裂软母线施工技术逐渐完善、固定。

施工工艺及技术措施见图 4.34-1。

（1）导线下料长度计算

母线档距测量时，将卷尺拉直，逐相测量挂线环里口之间的距离，作为实测档距，为了保证四根子导线弛度一致，上、下两层导线下料长度应分别计算，下层导线较上层导线的下线长度需要减去拉长杆的长度。

导线下料长度计算公式如下：

$$L_{实际}=L+\Delta L_K-2L_0$$

式中：$L_{实际}$——软母线实际下线长度（m）；

L——实测档距（m）；

由于 1000kV 架空线为Ⅱ型绝缘子串悬挂，实测档距可取两侧挂点中心点间距离；

ΔL_K——中间变量（m）；

L_0——两侧金具绝缘子串长度平均值（m）；

测量方法：将每串绝缘子组装好，从第一个 U 形挂环销子中心测量至耐张线夹钢锚芯棒的丝扣处（靠挂环侧的第一个芯棒丝扣），然后求平均值。

中间变量 ΔL_K 计算公式：

$$\Delta L_K=1.8(L_0-X_0)+2.4(f-Y_2)^2/(L-2X_0)$$

式中：

$$X_0=T_0Y_0/(W/2+B_0)$$

$$Y_0=L_0[\sqrt{T_0^2+(W+B_0)^2}-\sqrt{T_0^2+B_0^2}]/W$$

$$T_0=[L_0(W-B_0)+B_0L/2]/2f$$

$$B_0=G(L-2L_0)+(L-2L_0)g/2l$$

以上公式中：

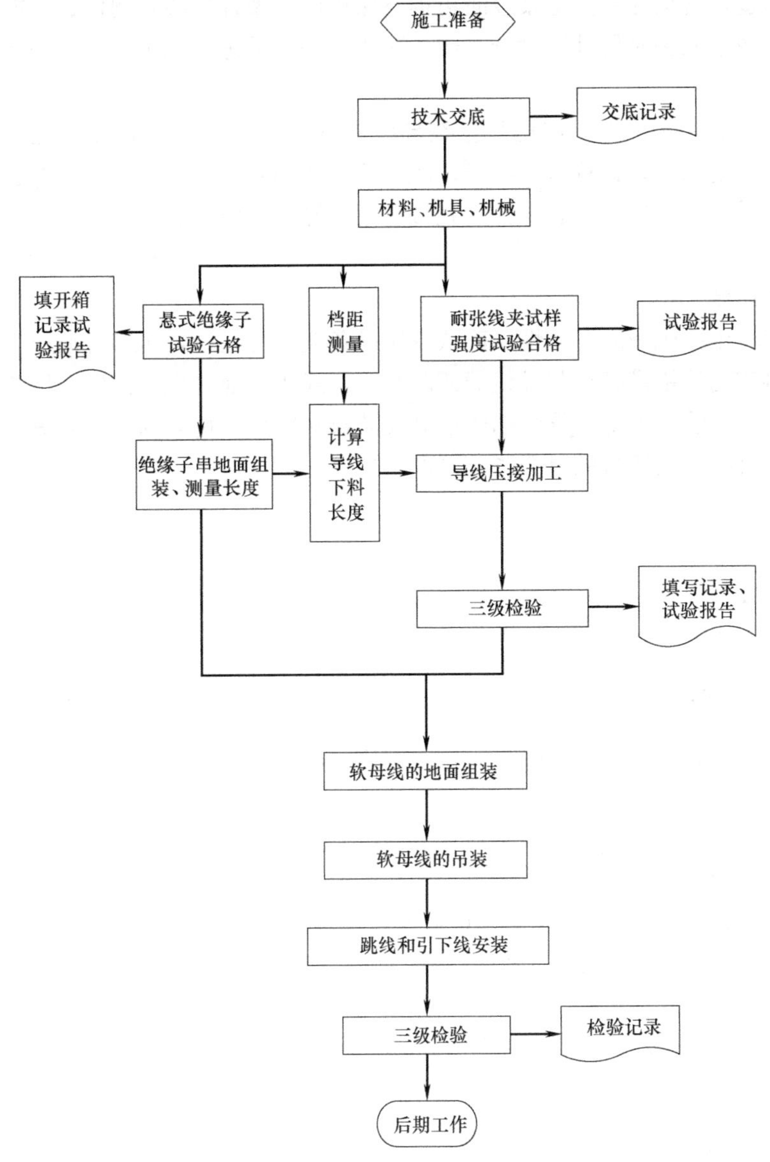

图 4.34-1 施工工艺

G——每米导线重量（厂家提供的技术参数为 4.57kg/m）；

l——间隔棒间距（1000kV 架空线为 10m）；

g——每个间隔棒重量（厂家提供的技术参数为 3kg）；

f——导线弧垂（取施工时工作环境温度对应的设计值 30℃下为 5.931m）；

W——单边金具、绝缘子串的实测质量。

（2）下线

下线时利用放线托架将线盘支起，根据下线的长度及导线的重量，利用人力或绞磨下线，利用线盘的旋转将导线从线盘上退出。为防止线盘上导线层间摩擦，线盘旋转应有安全有效的制动装置。线盘上架时必须要注意是线盘底下出线。下线过程中用珍珠棉对导线进行全方位包裹，直至导线离地架设时再拆下保护层，做好导线在制作、存放阶段的成品保护。下线区域采取临时硬性围栏全封闭，防止无关人员进入施工现场碰伤导线。做好导线的成品保护。

量出计算后的导线长度，用记号笔在导线上划出明显的记号，并在记号两头10mm处各扎1道不锈钢钢箍，钢箍要求扎紧，防止导线在用砂轮切割机切割时散股。切割后应立即用塑料布对切割面进行包扎，并用扎带扎紧。导线在施工时必须轻拿轻放，防止导线内部螺纹管变形无法施工。

（3）导线压接

压接前校验压接机械的可靠性，确认液压设备能正常运行，压接时油压表应达到规定的压力，压接使用的铝模必须与导线截面配套，正式压接前要先做试样，检测合格后进行正式的压接工作。线夹内部、导线插入部分及芯棒必须用酒精或丙酮清除氧化物，导电部分干燥后在接触部位涂适量的复合脂（导电脂）。

4.34.2 技术指标

母线弛度应符合要求，其误差为+5%～2.5%，同一档距内三相母线的弛度应一致，相同布置的分支线，宜有同样的弯度和弛度。

4.34.3 适用范围

适用于交流1000kV电压等级变电站四分裂导线施工，交流750kV电压等级变电站四分裂导线施工可参照实施。

4.34.4 工程案例

济南1000kV变电站、潍坊1000kV变电站等工程。

（提供单位：山东送变电工程有限公司。编写人员：张宇、王勇）

4.35 1000kV格构式构架施工技术

4.35.1 技术内容

（1）技术特点

图4.35-1 构架横梁吊装图

本技术的施工要点主要有以下三点：

1）利用SKETCHUP软件对组立过程进行交底，着重对空中作业内容、吊车站位、吊车配合、横梁调整等关键作业工序进行展示，有效地提高了施工作业效率。

2）构架柱吊装按照构架柱设计结构特点，将整根构架柱分为三个吊装段（“三段式”施工技术），将最重最高的安装段设置为第一个安装段，组装工作地面化。极大地减少了高空对节作业，在保证施工人员安全的情况下，提高了效率、质量，减少了成本。

3）横梁构架的吊装采用 500t 流动式汽车起重机四点起吊，将地线柱的安装作业设置在横梁吊装完毕之后，方便横梁与构架柱的空中对接。

(2) 施工工艺流程

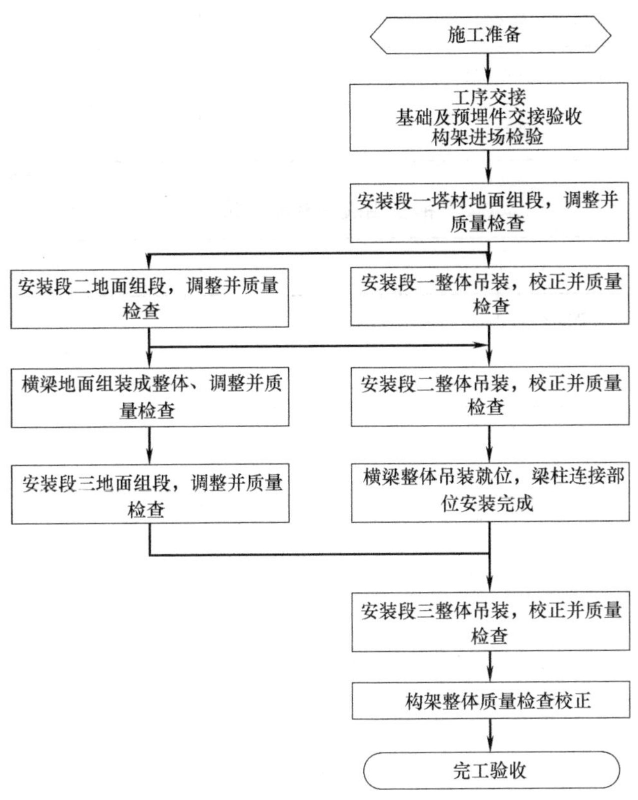

4.35.2 技术指标

(1)《1000kV 构支架施工及验收规范》GB 50834；

(2)《1000kV 交流变电站构支架组立施工工艺导则》QGDW 1165；

(3)《输变电钢管结构制造技术条件》DL/T 646；

(4)《起重机械安全规程》GB 6067。

施工过程中优先参考图纸及现行国家规范要求，也可参照表 4.35-1～表 4.35-3 中的数据。

构支架基础工序交接检验项目　　表 4.35-1

检验项目		允许偏差(mm)	检验方法和工器具
基础轴线定位		≤5	经纬仪、拉线、尺量检查
支承面的标高偏差		≤3	水准仪
地脚螺栓	同组柱柱脚中心线位移	≤5	拉线和尺量检查
	同一法兰螺孔中心偏移	≤2	拉线和尺量检查
	地脚螺栓露出长度偏差	0～10	水准仪和尺量检查
	螺纹长度	0～10	尺量检查

钢横梁组装后检验标准　　表 4.35-2

检验项目	允许偏差(mm)
断面尺寸偏差	±10mm
最外两端安装螺栓孔距偏差	±20mm
挂线板中心位移	≤10mm
梁拱度偏差	100±10mm

钢柱组装后检验标准　　表 4.35-3

检验项目	允许偏差(mm)
梁底标高偏差	±20mm
根开偏差	±7mm
构架柱断面尺寸偏差	±10mm
构架柱垂直度	H/1500 且≤40mm

4.35.3 适用范围

适用于交流 1000kV 电压等级变电站格构式构架组立施工，交流 750kV 电压等级变电站格构式构架可参照实施。

4.35.4 工程案例

济南 1000kV 变电站工程、潍坊 1000kV 变电站工程等。

（提供单位：山东送变电工程有限公司。编写人员：林凯凯、吴雪峰）

4.36 架空线路密集区带电封网跨越施工技术

4.36.1 技术内容

（1）技术特点

面对日益增多的输电线路和不断创新的输电线路技术，尤其是特高压的兴起，使得输电线路越来越多，线路交叉跨越已无法避免且跨越电压等级越来越高。传统的输电线路架线过程中，为了确保施工安全和供电安全，一般都采用停电落线或停电搭设跨越架的方法进行跨越段施工。随着我国经济的高速发展，用电负荷日益加大，输电线路交叉跨越日益频繁，传统的停电施工方法已经越来越无法满足优质可靠供电的需求，带电跨越架线技术可解决此难题。

(2) 施工工艺流程

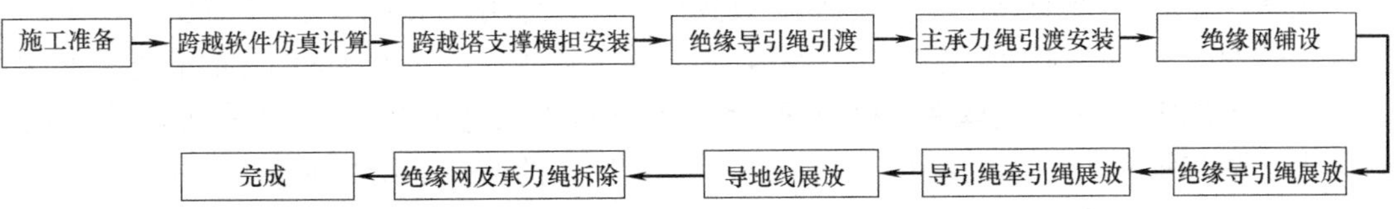

(3) 操作要点

1) 跨越塔支撑横担安装

地面准备：两跨越塔各自埋设 4 个 5t 地锚用于承力绳锚线。地锚埋设距离应保证承力绳与地面夹角小于 30°。

塔上准备：在横担下 10～15m 处安装抱杆支撑横担 550×550×25000，支撑横担固定在塔身主材与斜材连接处，并用 ϕ15.5 钢丝绳与跨越塔本体相固定。具体示意图见图 4.36-1。

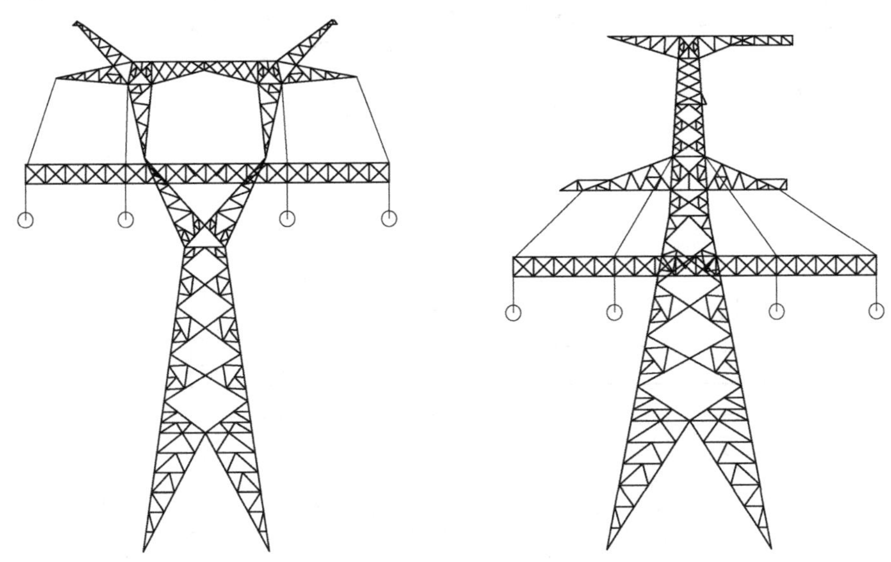

图 4.36-1　跨越塔支撑辅助横担安装

承托绳固定用尼龙滑车悬挂于□550 钢抱杆下方，每相封网的 2 个滑车相互距离与绝缘网宽度配合 6m。

2) 引渡绳翻越被跨越线路

采用人工翻越带电线路，经培训考试合格的专业带电作业高空工作人员 1 人携带经测试绝缘合格的 ϕ8 迪尼玛绳 100m 登上带电线路塔顶，将携带的 ϕ8 迪尼玛绳翻越其导、地线后下塔（或采用射绳枪射绝缘合格的迪尼玛绳过被跨线路）。

将翻越的引渡绳人工平移到跨越点位置后做成循环绳。引渡绳平移过程中应注意动作不得过猛，避免损害被跨越线路及引渡绳。

登塔人员配绝缘手套、绝缘鞋、安全带，施工中登塔人员不接触带电导线，与架空地线接触时使用绝缘手套。

3) 引渡承托绳、辅助绳

利用已翻越的引渡绳，采用“一牵二”方式同时将 ϕ16 主承托绳、ϕ8 辅助绳人工拖过带电线路。

主承托绳、辅助绳长度按被跨线路宽度选用。承托绳用来张网以及承受导引钢丝绳的重量；辅助绳用来牵引绝缘网就位。承托绳拖到两跨越塔后，上各自的固定的尼龙滑车。

用 3t 卸扣连接 ϕ13 钢丝绳，锚固钢丝绳一头连接承托绳卸扣，另一头串接 3t 手板葫芦，人工调节使承托绳弛度达到要求后连接地锚。同相的两根承托绳弛度用经纬仪调平。

辅助绳的作用是把绝缘网牵引到被跨越线路上方。辅助绳拖到跨越塔后留足上塔余绳，等待与绝缘网连接。

4）牵引跨越网就位

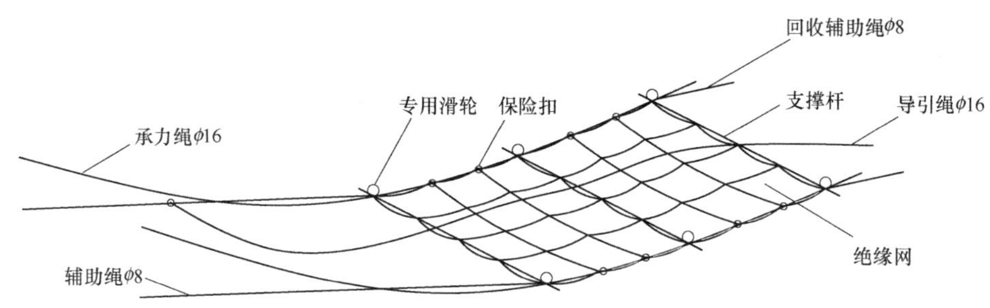

图 4.36-2　封网施工示意图

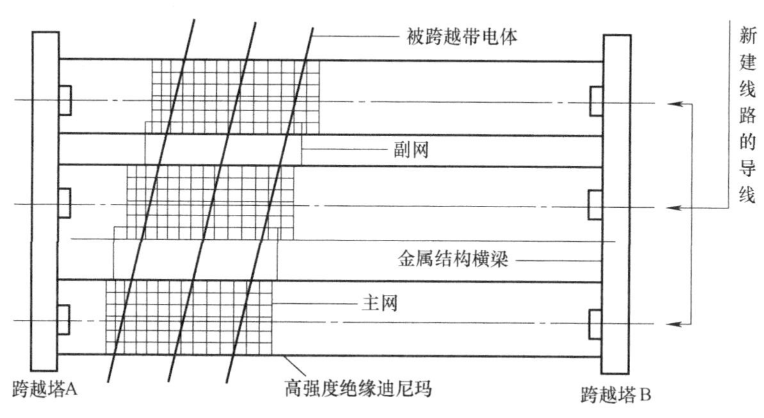

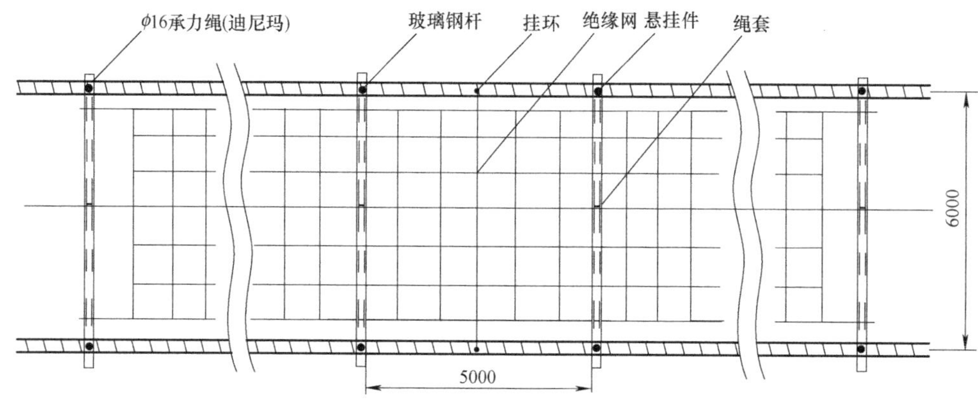

图 4.36-3　封网连接示意图

5）绝缘导引绳的翻越

利用动力伞放线方式步骤按正常施工程序进行。

6）收回防护设施

导地线架设完毕后为确保安全，将尼龙网防护设施用已铺好的 2 根 $\phi 8$ 回收辅助绳收回，反向用的 2 根 $\phi 8$ 辅助绳控制拉住，拉回到跨越塔（架）后再吊下，回收绝缘网并拆除。

4.36.2 技术指标

(1)《110～500kV 架空送电线路施工及验收规范》GB 50233；

(2)《110～500kV 架空电力线路工程施工质量及评定规程》DL/T 5168；

(3)《110～750kV 架空输电线路设计规范》GB 50545；

(4)《建筑结构荷载规范》GB 50009；

(5)《圆线同心绞架空导线》GB 1179；

(6)《架空送电线路杆塔结构设计技术规定》DL 5154；

(7)《交流电气装置的过电压保护和绝缘配合》DL/T 620；

(8)《跨越电力线路架线施工规程》DL 5106。

4.36.3 适用范围

适用于架线过程中带电跨越各种电压等级下的输电线路，实现全档距、全过程不封航、不停电、不封路。

4.36.4 工程实例

宜都至江陵改接至兴隆 500kV 线路工程 A 标段、博格达 220kV 输变电工程、清水河-彭阳压气站 110kV 线路等工程。

（提供单位：中国葛洲坝集团电力有限责任公司。编写人员：许涛、卢俊岭）

4.37 输电线路可转动复合横担技术

4.37.1 技术内容

采用复合材料取代传统型钢横担，可减小线路走廊宽度、节省塔材，具有明显的社会效益和经济效益。

复合横担绝缘子通过联塔侧的金属附件水平安装，呈悬臂梁受力结构。绝缘子运行状态下的受力主要包括 3 个部分。一是自身的重力，方向为垂直向下；二是风荷载作用力，方向为水平方向；三是固定在端部的导线重量荷载，方向为垂直向下。复合横担绝缘子承受的主要是弯曲荷载，由于受爬电距离的限制，复合横担绝缘子的长度难以明显缩短，而其联塔侧的金属附件截面及绝缘子本身的截面可以进行优化设计使绝缘子的最大应力值控制在安全范围内。

根据复合横担的受力特点，通过金具铰接在水平方向上使横担可转动，大大降低复合横担承受的不平衡张力。

4.37.2　技术指标

在房屋密集地段采用占地较少、外形美观的钢管杆，计算复合横担承受的荷载，确定合理的复合横担芯棒外径。

（1）取消悬垂绝缘子，显著减小导线风偏摆幅，横担长度可减小为30%。

（2）采用可转动复合横担，不平衡张力降低约79%，节省塔材约5%。

（3）缩小走廊宽度28%，在房屋密集地段显著减少拆迁。

4.37.3　适用范围

适用于房屋密集、走廊拥挤地带的输电线路工程。

4.37.4　工程案例

华北-山东1000kV环网交流特高压工程等。

（提供单位：山东电力工程咨询院有限公司。编写人员：宋志昂）

4.38　特高压交流变电站主变备用相快速更换技术

4.38.1　技术内容

特高压交流变电站在电网中的地位重要，本技术主要针对1000kV主变压器备用相与故障相之间的快速更换，从而缩短停电时间，提高供电的可靠性和经济性。

在综合比较拆套管搬运、过渡跨线（架空导线和GIL管）切改、轨道整体搬运等方案后，确定主变压器采用轨道整体搬运方案以实现备用相快速切换。变压器整体搬运方案是指将故障相变压器（含套管、散热器、油枕及其他附件）搬至运输小车，通过特定运输轨道整体搬运撤离，然后将备用相整体搬移至故障相位置。主变整体运输过程中，对运输小车选型、轨道布置、设备加固、二次接线、电气距离校验等方面，需进行充分考虑，确保准确快速切换。1000kV避雷器的布置在主变区是影响备用相快速切换的主要原因。通过调整线路地线保护角，满足雷电侵入波的过电压要求，调整1000kV避雷器布置至1000kV配电装置区，同时将1000kV电容式电压互感器内置于GIS中，实现了快速搬运并简化了主变进线回路的元件结构、节省了占地。

4.38.2　技术指标

主变备用相整体搬运采取小车加轨道方式进行转运。在每台主变的底部配有两个小车组，每个小车组承重400t，旋转角度为90°，小车轨距尺寸在1.5～2m。将变压器地基改为条形基础，在条形基础中间铺设钢轨，轨道平面与基础平面持平，轨道埋在基础中。主变高、中压套管由于高度较高，整体搬运难度较大，为防止在搬运过程中因晃动引起高压套管根部和引出线筒内绝缘损坏，需对套管及套管升高座采取加固措施。运输设备外轮廓线与带电导体距离按不小于B_1值（8250mm）控制。如在高地震烈度区，主变压器的隔震措施为采用隔震垫和钢框架的方式，轨道搬运需与隔震措施相结合。钢框架与隔震垫采用螺栓连接，主变压器钢框架与调压补偿变压器钢框架支架采用螺栓连接，轨道搬运时，主变压器本体带隔震钢框架一起运输。

4.38.3 适用范围

适用于 110～1000kV 变电站工程。

4.38.4 工程案例

1000kV 锡盟变电站、1000kV 临沂变电站、1000kV 枣庄变电站、1000kV 菏泽变电站等。

（提供单位：山东电力工程咨询院有限公司。编写人员：李颖瑾）

5 冶金工程安装新技术

5.1 大型液密式环冷机组施工技术

5.1.1 技术内容

液密封式环冷机组是一种新型环冷设备，相比传统环冷机组漏风率降低约 80%，余热烟气温度提高近 20%，有利于增加余热发电量，节能效果十分显著。其中机组水平轨道和曲轨测量调整、回转框架安装调整、液密封装置组对焊接等是安装的重点和难点。采用台车轨道综合测量调整技术、曲轨双钢线测量调整技术、三轨调整专用工装、液密封槽组对焊接技术等，较传统安装方法有了较大的提升。

(1) 环冷机台车轨道综合测量调整技术

大型环冷机的直径达 60m，既要保证轨道弧度一致，又要保证轨道半径。水平轨道半径的传统测量方法采用水平拉钢尺进行测量，长距离悬空拉钢尺，测量精度差；同时受场地限制，环冷机的鼓风机多设置在环冷机内圈，对从圆心拉钢尺到轨道形成障碍。采用水平轨道坐标测量法，能够绕过障碍物，测量到轨道任意点的半径值，并达到较高的测量精度，再根据测量值进行调整和验收。

具体实施过程如下（见图 5.1-1）：

1）将水平轨道的垫梁调整、焊接固定，避免后续焊接产生的变形对水平轨调整产生影响。

2）将测量仪器架置在环冷机圆心的测量台上，以圆心点 A 为坐标原点后视方向，寻找可通视的角度，将转点测设至轨道旁的平台上，具体位置以稳定牢固、能架设仪器为准。

3）将测量仪器搬至转点上，以圆心为后视点，将测量参考点测放至轨道垫梁上。每个参考点到圆心的距离相等，距离值可通过全站仪测量出的坐标值计算出来。

4）使用直尺测量轨道下翼缘至参考点冲眼的尺寸，与理论值进行比对，依据比对数值进行轨道调整，直至与理论数值吻合。其余轨道各测量点均以此调整。

(2) 曲轨双钢线测量调整技术

环冷机组卸料曲轨是一段异型轨道，是环冷机台车倾倒冷料的位置。传统的方法要安装临时水平轨道，将其调整后根据水平轨道调整曲轨，步骤多且耗工时，测量结果不理想。通过挂设两根钢线，在 CAD 软件上计算出曲轨测量点到钢线相应点的水平距离，以此为依据，在现场使用线坠、直尺等工具进行测量及调整，保证了曲轨各测量的点位置准确，从而保证了曲轨的安装精度。

具体实施过程如下（见图 5.1-2）：

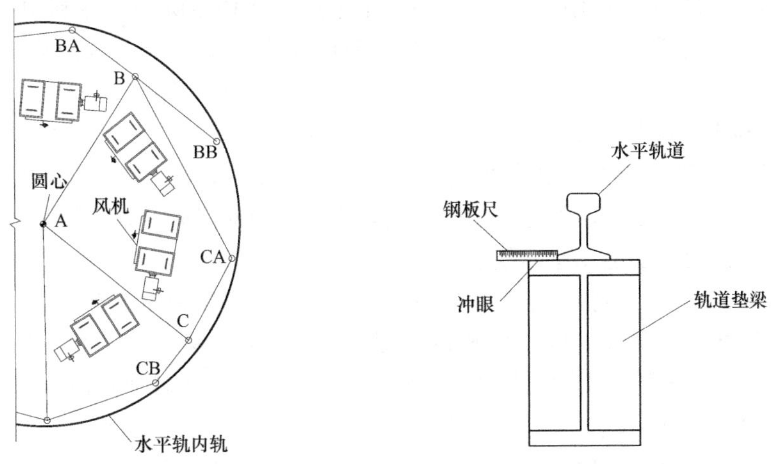

图 5.1-1 环冷机台车轨道测量示意图

A 圆心点；B 转点；C 转点；BA 参考点；BB 参考点

1）环冷机的卸料曲轨两端的环形水平轨道调整完成之后，将卸料曲轨及其支撑立柱安装就位。

2）将经纬仪或全站仪架设在环冷机圆心点上，后视方向后按照设计角度将通过曲轨最低点及环冷圆心的径向线 3 的两个参考点测放至事先焊接好的线架上，再选择通视的角度分别将径向线 1、径向线 5 的参考点点 1、点 5 测放至环冷机水平轨道上，并记录仪器旋转角度数值及距离数值。

3）参考点设置完成后挂设钢线，分别挂设通过径向线 3 的两个参考点的钢线、通过点 1、点 5 的钢线。

4）钢线挂设完成之后，在径向线 3 的钢线上挂设线坠，与曲轨最低点的测量点（曲轨测量点为曲轨调整基准，设备出厂前设置）进行比对，通过比对结果调整内外曲轨的切线方向的位置，同时切割曲轨两端多余部分，与环冷机水平轨平滑对接。

5）依据设计图纸的标高数据，使用水准仪对曲轨各测量点的标高进行粗调。

6）在环冷圆心架设经纬仪，依据每一组曲轨测量点径向线的设计角度在相应钢线位置作记号，如图中的点 2、点 3、点 4。

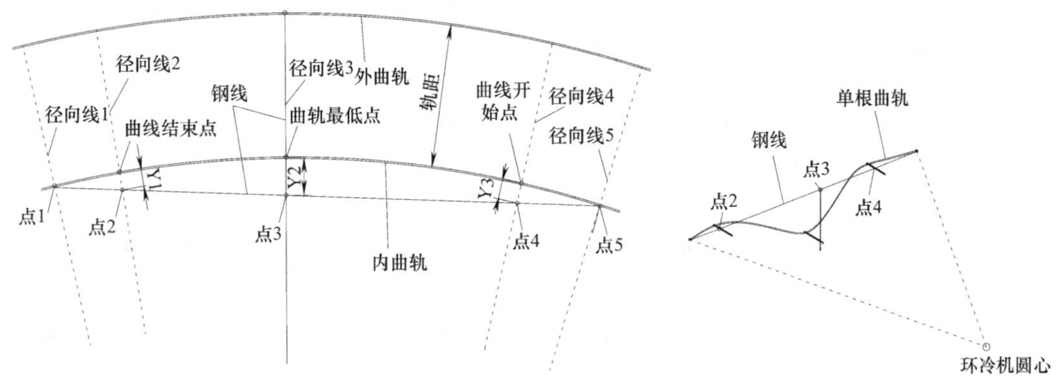

图 5.1-2 曲轨钢线调整示意图

7）在CAD软件中绘制出图5.1-2中的点1至点5及环冷圆心，并利用CAD软件中的标注功能计算各点到圆心的水平距离和点1到点5的距离，再通过与曲轨各测量点到圆心的理论数值相减，得到钢线上的标记点到曲轨测量点的水平距离。如图中的Y1、Y2、Y3（若单根曲轨上的测量点多于3个，其余各点以此类推）。

8）使用Y1、Y2、Y3的理论数值对单根曲轨进行径向调整，符合要求后对标高进行精调。单根轨道调整完成后，通过两根轨道的轨距设计值对另外一根曲轨进行调整。

（3）同一半径三轨快速测量调整技术

环冷机有3条轨道，包括2条水平轨及1条侧轨。如果每根轨道都分别调整，工作量大，且难以保证同一半径线上的3根轨道之间的尺寸关系。采用环冷机三轨的调整工具（见图5.1-3），以一条调整固定完成的水平轨为依据，快速调整其他两根轨道。

具体实施过程如下：

1）按照轨道相关设计尺寸制作加工轨道调整工具，制作时保证工具上的三个挡块之间的尺寸关系；

2）调整好一根水平轨道的半径及标高，并焊接轨道固定挡块使其固定；

3）使用轨道调整工具架设在轨道上，以固定好的水平轨道为基准，辅以水平仪测量并调整另两根轨道半径及标高。

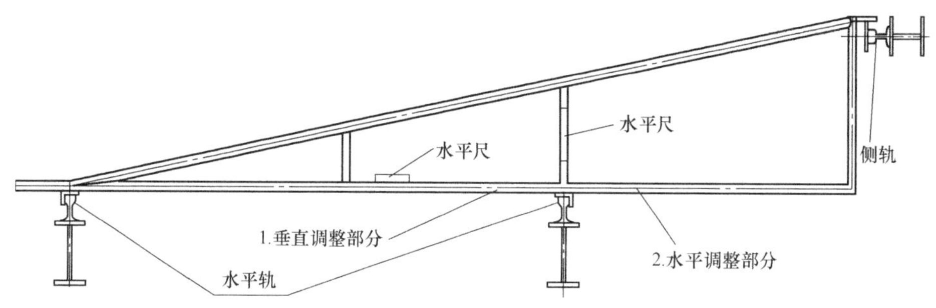

图5.1-3　环冷机三轨调整专用工具示意图

（4）回转框架安装技术

确认环行轨道及曲轨安装符合设计要求后，开始组装回转台车，逐个吊放在环形水平轨道上，进行异型梁、双层台车、栏板及摩擦板所组成的环冷机回转框架的安装。环冷机回转框架的圆度，影响整个框架及台车的运转平稳性。通过优化其组成部件安装顺序和焊接工艺，保证回转框架的圆度符合设计要求。

具体实施步骤如下：

1）整个回转框架及台车拼装成圆；

2）调整侧辊轮底部垫板，使侧辊轮顶面到内框架尺寸达到图纸要求；

3）根据焊接变形量，将框架固定；

4）根据台车数量把回转框架均分成多等份，并对框架进行编号，按对称焊接原则，所有焊工采用同一焊接工艺；

5）安装内、外加强板并将其点焊在内、外框架上，焊接方法和顺序与框架角板焊接相同；

6）采用对称卸载工艺拆除固定框架的临时设施；

7）经过时效处理，测量侧辊轮顶面与侧轨顶面间隙，极个别达不到要求的，调整侧辊轮底部垫板。

(5) 液密封装置组对焊接技术

环冷机密封液槽由薄不锈钢板分片制作现场组对焊接而成，易产生焊接变形。门型密封装置插入液槽组对焊接空间狭小，难以保证焊接质量。利用环冷机的运转，预留焊接窗口，使用防焊接变形工具，优化液槽焊接工艺，保证液槽、门型密封装置的组对焊接质量。

具体实施过程如下：

1）液槽初步就位以后，以测量台为基准，调整液槽的半径。

2）液槽部件顺序确认后焊接液槽，液槽焊接时内外圈各预留两个焊接窗口。

3）焊接时使用防止液槽变形的焊接工具（如图 5.1-4），焊接完成后检查液槽变形。

4）门型密封装置确认顺序后插入液槽，依次就位。

5）在液槽预留的四个焊接窗口处，配合环冷机台车的运转，依次将分段的门型密封装置焊接起来，形成闭合的环形。

6）焊后用煤油做渗透检查，渗漏者要补焊修复，并再行检查。

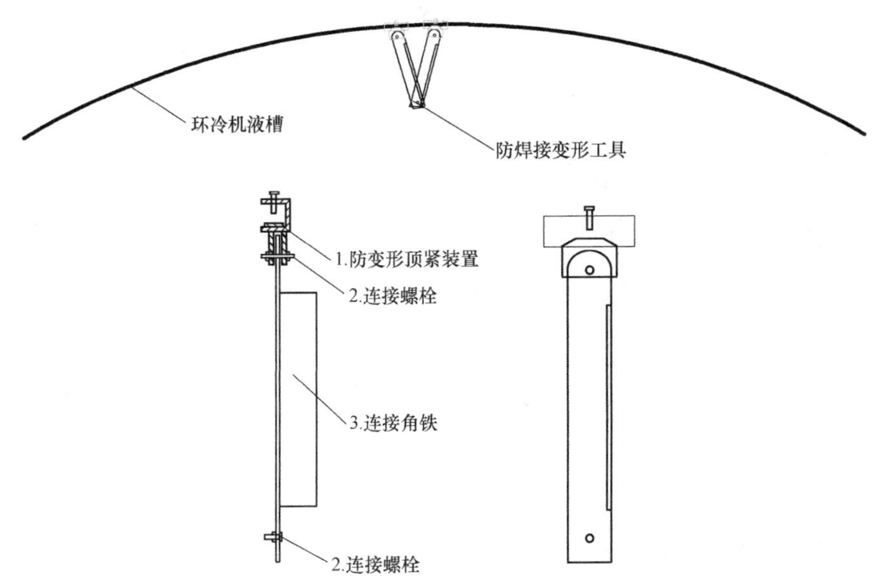

图 5.1-4 液密封装置防止液槽变形的焊接工具示意图

5.1.2 技术指标

《烧结机械设备工程安装验收规范》GB 50402、《烧结机械设备安装规范》GB 50273、《机械设备安装工程施工及验收通用规范》GB 50231、《现场设备工业管道焊接工程施工及验收规范》GB 50236、《钢结构工程施工质量验收规范》GB 50205。

5.1.3 适用范围

适用于钢铁冶金领域烧结系统环冷机组新建、改建、扩建改造工程。

5.1.4 工程案例

宝钢股份烧结系统节能改造工程、宝钢股份三烧结大修改造工程、宝钢广东湛江钢铁基地项目烧结工程一期及二期工程等。

（提供单位：上海二十冶建设有限公司。编写人员：郑永恒、李强、程俊伟）

5.2 大型联排干熄焦机械设备安装技术

5.2.1 技术内容

大型联排干熄焦是联排布置的多座（两座以上）大型干熄焦装置，利用惰性气体熄灭红焦，同时回收利用红焦的显热，改善焦炭质量，减少环境污染。采用联排式布局，具有排列紧凑、减少占地、降低投资、便于施工和维护等优点。

大型联排干熄焦机械设备安装在单座干熄焦施工工艺的基础上，统筹管理、统一规划。

该技术对“多座、联排”干熄焦本体和锅炉装置统一放线，确保设备安装基准，减小累积误差；实现大型吊装机械一次进场，连续作业，减少台班浪费；合理集中设置非标设备组装场地，保证组装平台重复利用，减少组装平台搭设次数；使非标设备加工制作与安装有效衔接，保证流水施工，缩短工期。

图 5.2-1　大型联排干熄焦装置

大型联排干熄焦（如图 5.2-1）机械设备主要由运焦设备、提升机、装入装置、熄焦槽、排出装置、一二次除尘器、循环风机和余热锅炉等组成。

主要施工方法：

（1）一条基准中心线控制技术

干熄焦本体、循环系统和锅炉必须严格按照联动生产线要求，控制纵、横、竖（即X、Y、Z 坐标）三个方向的安装中心。方法是以一条线为基准，然后投放各条“安装基准中心线”进行设备、构件安装。按联动设备安装中心的控制要求，精确投放一条与焦炉中心线和拦焦车轨道中心线平行的基准中心线，作为控制其他中心线的标准。以此基准中心线为基准，再精确分项投放一次除尘器和锅炉的安装控制中心线，及其他设备、构架、槽罐的安装基准线，设中心、标高标板。

（2）钢柱一次落位校正定位技术

钢柱一次落位校正定位技术（如图 5.2-2）用于严格控制高层钢结构钢柱的垂直度偏差，是在钢柱吊装刚刚落位，没有安装横梁、斜撑等构件，连接接头的螺栓也未紧固，完全处于自由状态的情况下，利用缆风绳、链条葫芦及吊装机械吊臂头部摆动施加水平分力，将钢柱强制固定在预定控制点，校正效率高，精度高。

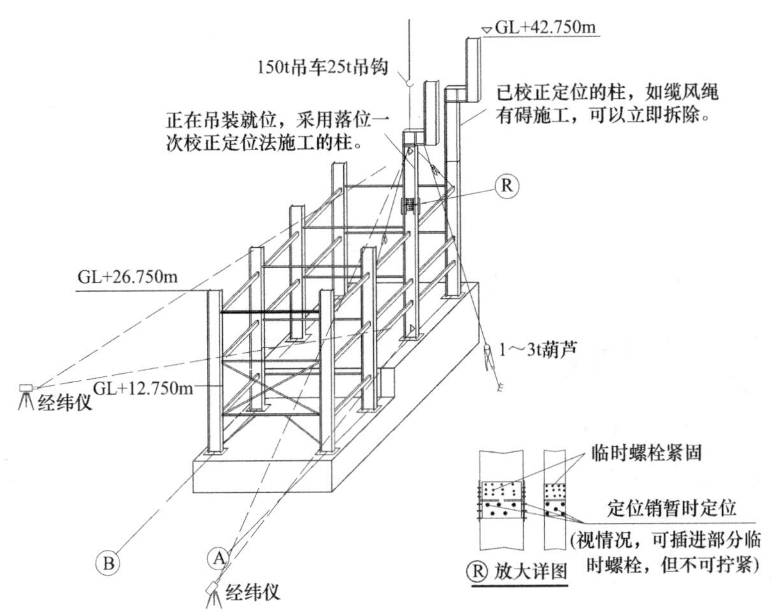

图 5.2-2　钢柱一次落位校正定位技术

(3) 熄焦槽工艺钢结构分段吊装，高空组合，分段摊消制造误差技术

熄焦槽工艺钢结构是采用高强螺栓连接的 H 型钢高层钢结构，熄焦槽钢结构分段吊装，高空组合，分段摊消制造误差技术是利用高强螺栓螺杆与螺孔壁之间的间隙余量，以钢柱的连接接头为分割基点，分段单件吊装，高空组合，校正，将制造误差分段摊消，取得较高的安装几何精度。

熄焦槽位于熄焦槽工艺钢结构中间，熄焦槽壳体应与熄焦槽工艺钢结构穿插安装，同步施工。

(4) 熄焦槽壳体焊接防变形技术

利用强制反变形、分层焊接、对称同步焊接、断续、错位跳焊等工艺，防止焊接热量集中，从而防止熄焦槽壳体焊接变形。

(5) 提升机模块化吊装技术

提升机主梁框架（如图 5.2-3）和屋架（如图 5.2-4）分别在地面组装完成后，再进行高空拼装。该模块化吊装方法减少高空作业，提高作业效率。

提升机车架吊装用吊耳在设计图中已经设计单位验算，设备制造厂内已经焊接完毕后出厂。每片车架 4 个吊耳，每片车架上的吊耳布置方式相同，因此吊耳的位置固定，吊装过程中不能随意更改吊耳的位置。

(6) 干熄焦全系统动态气密性试验

与传统的“静态保压法”气密性试验不同。

“动态气密性试验”是根据干熄焦全系统的结构特点、设备功能，将系统采取一般封堵，允许有一定的漏风量，利用系统内设备（循环风机）不断向系统内送风，使送风量与漏风量之差维持一定的压力，在这种状态下，向焊缝、法兰接合面上喷发泡剂进行检验，如不鼓气泡，即可判定为合格。

图 5.2-3　提升机主梁框架地面组装

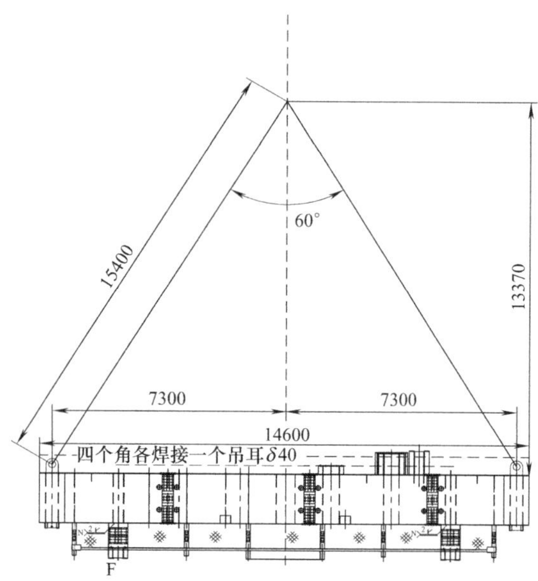

图 5.2-4　提升机屋架组装后吊装

5.2.2　技术指标

《焦化机械设备安装规范》GB 50967、《焦化机械设备安装验收规范》GB 50390。

5.2.3　适用范围

适用于钢铁冶金领域多座、联排干熄焦工程。

5.2.4　工程案例

宝钢湛江钢铁有限公司 4×140t/h 干熄焦装置、山东钢铁集团日照有限公司 4×140t/h 干熄焦装置等。

（提供单位：五冶集团上海有限公司。编写人员：焦瑯珽、严鹏、郭魁祥）

5.3　大型高炉模块化拆装技术

5.3.1　技术内容

在大型高炉拆除与安装过程中，传统的大修方式是将炉壳等设备分割成 10～30t 不等的小块，需要投入大量的人力和时间。该项技术采用专业的液压提升、滑移及运输设备，将新旧炉体分为 3～4 个大吨位的模块进行拆装，可以大大提升效率。

首先在停炉前，将新炉壳分为 3～4 个模块单元进行离线组装，同时将冷却设备、部分耐材随炉壳模块化整体安装，新炉壳的组装位置应根据高炉的总体平面规划合理布置。新炉壳模块单元划分应充分考虑运输的界限和宽度，同时结合炉体工艺设计确定。

停炉后，在旧炉体模块化拆除前应完成高炉炉内清渣、炉顶设备及运输通道方向的设备、平台及相关障碍物的拆除。旧炉壳在高度方向分为3～4个模块，随冷却设备、炉内耐材及残铁按照模块单元进行整体拆除。在旧炉体拆除之前应在炉顶的平台设置相应的液压提升装置，并将高炉提升受力之后方可切割分离模块。拆除时，应从下至上按照模块单元进行拆除，通过滑移设备将模块单元滑移至运输车辆，然后运送至指定的位置。安装时，高炉应采用倒装法施工工艺，按照新炉体单元模块从上至下分模块安装，首先安装高炉最上部的单元模块，采用运输滑移设备将上部单元模块滑移至高炉基础，采用液压提升设施将单元模块整体提升，然后安装高炉中部的单元模块，采用液压提升设施将单元模块整体提升与上部单元模块焊接成整体，最后安装炉缸单元模块，利用液压提升设施将之前焊接好的模块下放与炉缸模块对接。待新炉体全部安装完成后，恢复炉体运输通道的结构及设备。

一般来说要实现大型高炉模块化拆装，分为两个阶段实施：

(1) 停炉前：主要完成高炉基础切割分离、高炉框架加固、新炉体离线组装及运输通道的拆除与地基基础施工。

(2) 停炉中：首先应完成炉顶设备拆除、炉内清渣、剩余炉壳运输通道平台拆除及液压提升设备安装调试。然后拆除旧炉缸及旧炉壳中上部，旧炉壳拆除完成后进行高炉基础改造，改造完成后开始回装新炉壳，首先回装新炉壳上段、再回装新炉壳中段，最后回装新炉壳下段。模块化拆除与安装应采用专业的液压滑移、提升及SPMT运输模块车辆。

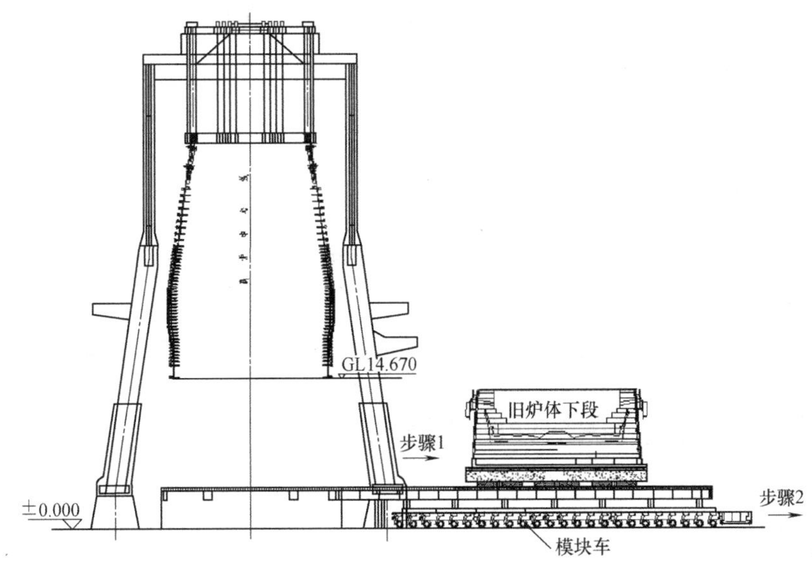

图5.3-1 旧炉体模块化拆除示意图

大型高炉模块化拆装技术改变了大型高炉传统零散、分散安装模式，大大缩短了工期，提高了工作效率、节约了资源投入、降低能源消耗，降低了安全风险、达到了安全可靠的目的。

5.3.2 技术指标

旧炉壳模块化拆除、新炉壳模块化安装宜分为三段。

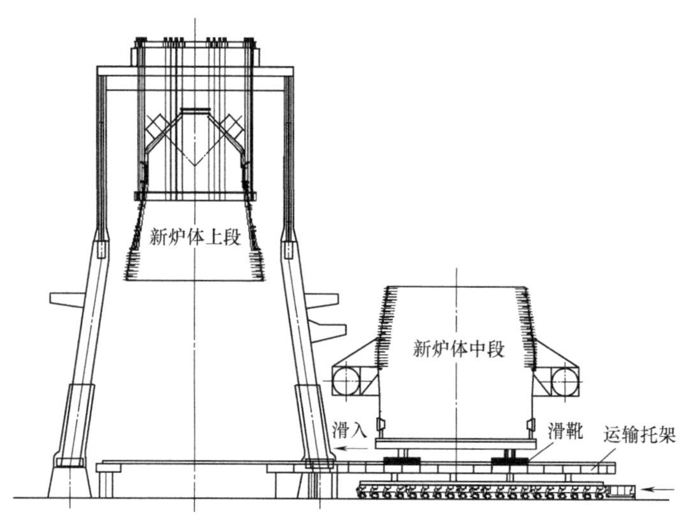

图 5.3-2　新炉体模块化安装示意图

（1）大型高炉若不放残铁，旧炉缸运输重量一般在 6000t 以上，一般宜采用全程滑移的方式。

（2）由于炉壳模块单元的运输重量在 1000t 以上，应合理配置相应的滑移、运输及提升设备。

（3）停炉前的各项工作应与生产单位充分结合确定合理的施工时间。

5.3.3　适用范围

适用于冶金行业大型高炉大修工程。

5.3.4　工程案例

宝钢一号高炉大修工程、宝钢二号高炉大修工程、宝钢三号高炉大修工程、宝钢四号高炉大修工程等。

（提供单位：上海宝冶冶金工程有限公司。编写人员：刘卫健、闵良建、李鹏）

5.4　大型高炉残铁环保快速解体技术

5.4.1　技术内容

（1）技术特点

随着高炉快速大修工程技术的发展，残铁解体采用绳锯切割是当前最为先进而又可靠切割技术，绳锯运行轨迹由导轮控制，切割定向性好，对炉壳无影响。实施过程噪声小、粉尘小、环境污染小。相比爆破法和吹氧法清理更安全、环保、可靠和工期短。

（2）工艺流程

利用绳锯设备对残铁进行分块切割分离，主要内容有操作平台搭设、钻孔、切割设备安装及穿锯、残铁切割分离，残铁清运。其中钻孔、穿锯及切割是核心步骤，具体内容如下：

1）钻孔：在高炉炉底的碳砖上钻贯穿孔，贯穿孔水平贯穿碳砖的底部；

2）穿锯：将切割机的绳锯穿入贯穿孔内，使绳锯绕过残铁的侧面和顶部后再连接切割机的马达；

3）切割：启动马达以开启绳锯，使绳锯从残铁的边缘处向对边移动以将残铁分割。最后将残铁逐块从高炉内运出。

随着残铁的切割，残铁切割驱动装置沿轨道后移以保证绳锯张紧度，切割过程中的磨屑和热量通过冷却系统的冷却水带走。

5.4.2 技术指标

（1）性能指标参数：切割效率 $\eta=0.5\sim0.7m^2/h$，切割寿命 $\beta=0.25\sim0.45m^2/m$。

切割线速度：22m/s 左右。

切割电流：驱动设备电流 80～100A。

冷却水系统：总用水 $10m^3/h$（主冷却 $7m^3/h$，排屑冷却 $3m^3/h$）。

（2）《机械设备安装工程施工及验收通用规范》GB 50231、《工业金属管道工程施工及验收规范》GB 50235、《钢结构工程施工质量验收规范》GB 50203。

5.4.3 适用范围

适用于大型炼铁高炉大修炉缸残铁解体，同样适用于其他行业构筑物、废弃建筑、桥梁等构件的快速解体。

5.4.4 工程案例

梅钢二号高炉大修工程、宝钢三号和四号高炉大修工程、台湾中钢 3 号高炉大修工程、莱钢 1880 高炉大修、南钢 1 号高炉大修工程等。

（提供单位：上海宝冶冶金工程有限公司。编写人员：刘卫健、闵良建、林涛）

5.5 大型连铸机扇形段设备测量调整技术

5.5.1 技术内容

板坯连铸机铸流设备布置于受限立体空间内，安装精度要求高，调整难度大，采用常规经纬仪、水准仪设站困难，且测设需进行多次仪器架设，累积误差大，质量、进度、安全等综合效率低。采用全站仪自由设站、利用 AUTOCAD 进行数据分析处理、扇形段在线对中调整技术，达到快速、高精度的效果。

（1）扇形段基础框架全站仪自由设站法调整技术

扇形段安装精度的高低直接影响铸坯的质量，其安装精度控制必须经过基础框架调整、离线对中、在线对中等多道工序保证。扇形段基础框架的调整是保证扇形段安装精度和速度的关键工序。采用全站仪自由设站法调整扇形段基础框架，可直接测量框架测量孔坐标，读数精度可以达到 0.01mm，可以快速完成基础框架的调整。具体实施过程如下：

1）建立坐标系

① 控制网以外弧中心线和连铸机的铸流中心线在地面的0平面上的交点为原点，以外弧中心线到扇形段基础框架的测量孔方向为X轴，以连铸机的铸流中心线到扇形段基础框架驱动侧的测量孔方向为Y轴，以地面的0平面向上到扇形段基础框架的测量孔方向为Z轴，建立三维坐标系。在扇形段区域设定6～8个控制点，但必须保证每次架设全站仪能同时看到4个控制点。如图5.5-1、图5.2-2所示。

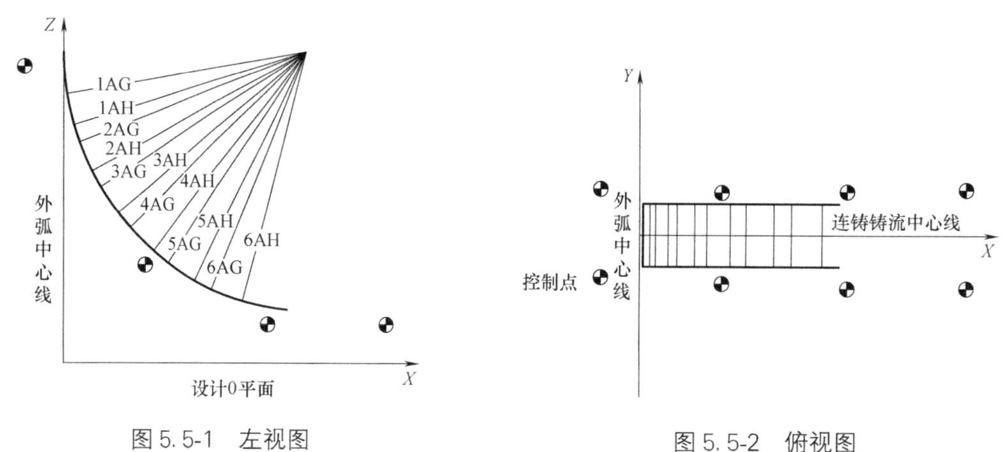

图5.5-1　左视图

图5.5-2　俯视图

② 将加工了内倒角的螺帽焊接在基础预埋件上作为控制点，测量时球镜放置在螺帽上，测得球镜球心的三维坐标。

③ 利用全站仪默认的坐标系，对扇形段外弧中心线、铸流中心线上的标板点，以及刚刚布设好的控制点进行连测，得到各个控制点的水平坐标，再通过测量地面水准点的标高，把高程传递到控制点上，得到控制点的三维坐标。

2）坐标系转化

运用AUTOCAD软件“旋转”、“移动”功能把全站仪默认坐标系测得的数据转化到已建立的三维坐标系中，通过软件的坐标查询功能获取控制点三维坐标值。

3）数据分析

通过自由设站测得每段扇形段测量孔的坐标，利用AUTOCAD将坐标偏差分解为半径方向和垂直半径方向偏差，根据偏差调整垫片量，达到精度要求。

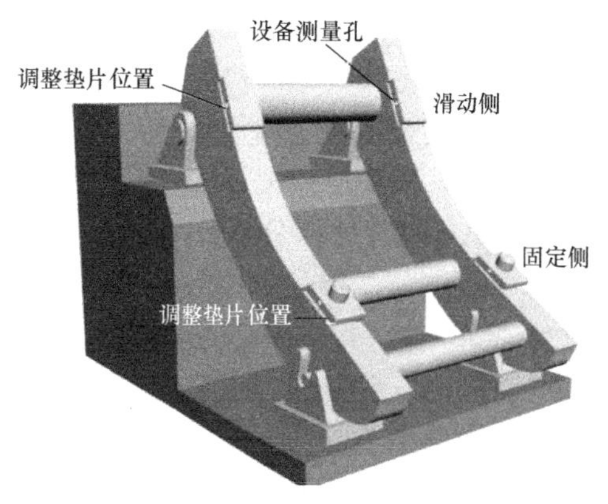

图5.5-3　基础框架示意图

4）基础框架调整

① 全站仪观测4个或者4个以上控制点后，再测量基础框架测量孔的坐标。通过测量孔测量值和设计值的比较来调整扇形段基础框架。

② 基础框架的调整通过调整扇形段的支撑面的调整垫片来完成（如图5.5-3所示），弧形段支撑面的调整分解为半径方向调整、切线方向的调整和铸流方向的调整。

③ 铸流方向的调整通过调整支撑面和固定螺栓间的间隙来达到标准值（如图 5.5-4 所示）。

5）数据分析

通过自由设站测得每段扇形段测量孔的坐标，利用 AUTOCAD 将坐标偏差分解为半径方向和垂直半径方向的偏差（如图 5.5-5 所示），根据两个方向的偏差调整垫片量，达到精度要求。

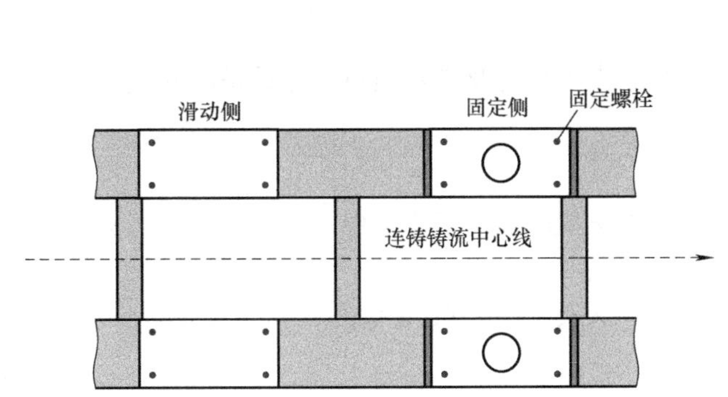

图 5.5-4 扇形段基础框架调整俯视图

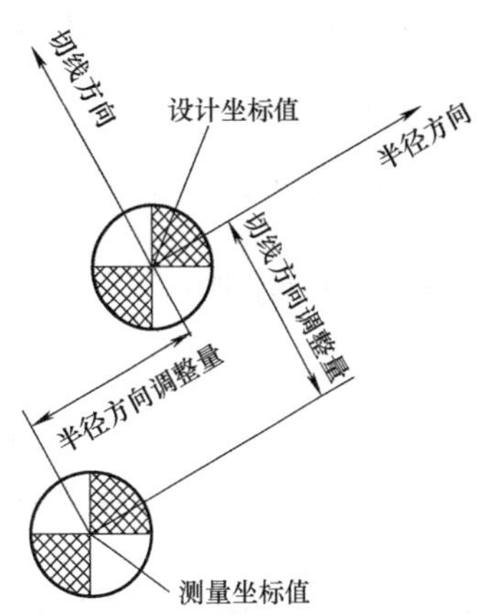

图 5.5-5 测量偏差分解示意图

（2）扇形段在线对中调整技术

扇形段的对中调整包括离线对中、测试和在线对中，离线对中、测试需对解体的上下框架分别进行，在制造厂家完成。扇形段在线对中的质量直接影响铸坯的质量，对中精度要求高。采用扇形段在线对中技术，扇形段上线后利用专用样板、塞尺进行检验，偏差超标时通过调整基础框架定位基座处的垫板组，确保各扇形段接口满足设计弧度。

实施过程如下（如图 5.5-6 所示）：

1）扇形段辊缝打开到最大位置。

2）结晶器、弯曲段对中样规插入后，以样规贴紧结晶器来校对对中样规的初始位置；当样规定位后，用塞尺检查结晶器铜板与样规、辊面与样规之间的缝隙，通过增减框架和弯曲段之间的垫片，使辊面与样规完全接触，或间隙在允许误差之内。

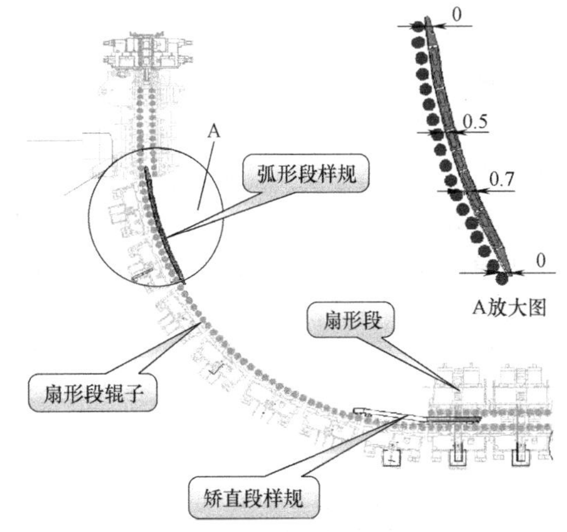

图 5.5-6 扇形段在线对中示意图

3）弯曲段与相邻扇形段对中，采用该区间专用样规，增减框架和扇形段之间的垫片，使辊面与样规间隙在允许误差之内。

4）弧形段在线对中、矫直段在线对中、水平段在线对中方法与弯曲段对中类似，关键是要选适用于不同段扇形段的专用样规。

5）数据分析

对于采集的数据，应用 AOUTCAD 软件进行差值模拟分析，以垫片厚度计算辊子相对弧心偏移量，使对中调整快速达到精度要求。

5.5.2 技术指标

《炼钢机械设备工程安装验收规范》GB 50403、《炼钢机械设备安装规范》GB 50742、《机械设备安装工程施工及验收通用规范》GB 50231。

5.5.3 适用范围

适用于所有板坯连铸、圆坯连铸、方坯连铸在建及扩建项目铸流设备的测量调整。

5.5.4 工程案例

浦钢 3 号连铸机工程、宝钢广东湛江钢铁基地项目连铸工程、宝钢一号连铸机综合改造工程、宝钢三号连铸机改造工程等。

（提供单位：上海二十冶建设有限公司。编写人员：孙兴利、李强、张书会）

5.6 大型空分冷箱塔器施工技术

5.6.1 技术内容

大型空分冷箱塔器安装包括塔器本体及连接管道，塔器本体重量大、长度长，吊装高度高，现场吊装、组对调整施工难度大，技术要求高；塔器间连接管道布置密集复杂，立体高空受限空间内作业，安装难度大，且需充分保证管道低温运行状态下变化，安装质量要求高。通过采用塔器三维模拟吊装技术，运用塔器专用调整组对工装，在塔器间工艺管道安装中创新应用 BIM 技术等，比传统的安装技术有了较大的提升。

（1）塔器三维模拟吊装技术

冷箱内塔器设备重量大、高度高、体积大，其吊装是安装过程的重点工序。传统做法主要通过常规计算、二维 CAD 软件辅助设计进行吊车选型、吊索具选择及站位设计等，无法直观模拟验证方案的正确性（如吊装系统各组成部分间有无碰撞等）。通过采用三维吊装模拟技术，实现容器、吊车、吊锁具、安装空间环境模型自动生成，吊车及吊索具自动选型、计算，吊装全过程的模拟验证，制定最优的吊装方案，确保大件容器快速、准确吊装。

实施过程如下：

1）模型库中设置塔器设备、平衡梁、现场环境实物等模型，在模型库中直接选取模型样式，输入外形尺寸参数，自动生成三维模型。

2）根据塔器吊装特点，建立常用钢丝绳数据库，通过输入相关参数，自动计算、选择平衡梁上及梁下钢丝绳的规格，且满足安全、经济、合理的要求，并自动生成模型和计算书。

3）系统自动提取塔器、平衡梁、钢丝绳的重量作为总起重量，根据塔器高度、塔器支撑高度及跨越冷箱高度等参数，自动计算最大起升高度；检索出符合条件的工况，快速确定最佳工况。

4）确定吊车最佳站位和塔器的合理放置位置，并模拟吊装全过程（如图 5.6-1～图 5.6-4 所示）。

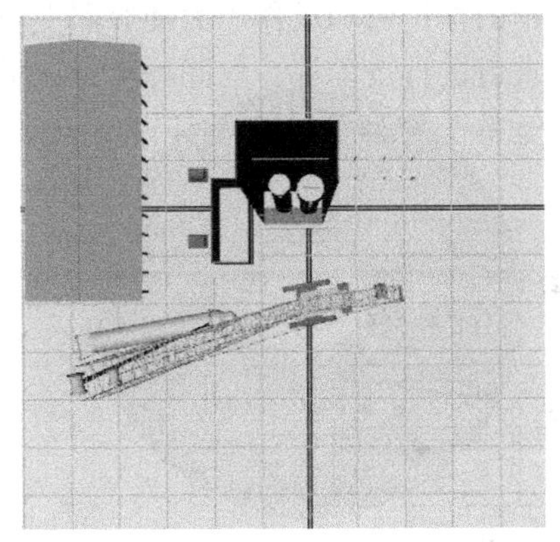

图 5.6-1　吊车站位设计图 1

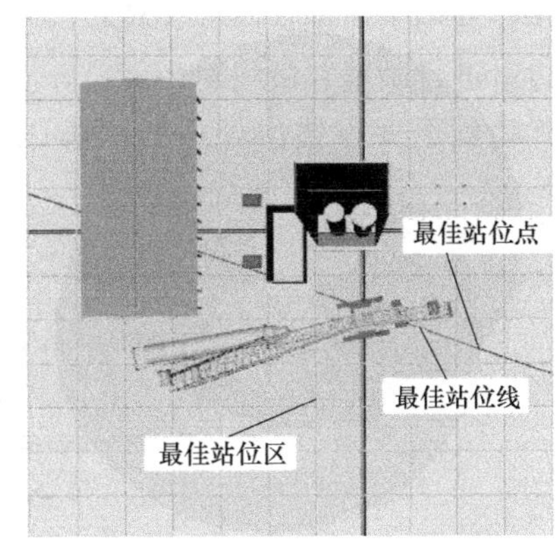

图 5.6-2　吊车站位设计图 2

图 5.6-3　吊装模拟过程图 1

图 5.6-4　吊装模拟过程图 2

5）实现空分装置塔器吊装过程中吊车与塔器、塔器与冷箱结构、吊车与环境实物、塔器与环境实物的实时碰撞检测模拟。

(2) 塔器分段高空立体组对调整技术

大型空分冷箱内塔器直径大、塔壁厚、重量大、组对接口位置高，现场分段组对调整难度大，技术要求高。通过应用移动式错边量调整顶具改进以往在塔器筒体上焊接拐板调整错边量的方法，操作方便，在容器的壁板上不会留下工装组对辅助设施（即传统组对作业中所必需的焊接拐板），拆除后也可避免对塔器母材的拉伤。

实施过程如下：

1）塔器组对前，应先检查下部塔器的垂直度，确认符合设计要求。在上、下段塔器筒体体外侧 0°和 180°方向焊接定位块，组对时保证上下段的定位块在同一直线上。

2）采用移动式错边量调整顶具对接口进行错边量调整。调整顶具由千斤顶、拉板、拉板销、千斤顶支撑件和拉钩等部件组成（如图 5.6-5、图 5.6-6）。将拉板水平地置于容器上段、容器下段之间的缝隙内；将拉板销插入拉板的中部通孔内，并使拉板销位于容器上段、容器下段的内壁侧；将拉钩的钩头穿入拉板的左侧、右侧通孔内并将拉板钩住，拉钩的尾端与千斤顶固定端固定连接；千斤顶伸缩端与千斤顶支撑件固定连接，千斤顶支撑件的上顶脚位于容器上段的外壁侧，千斤顶支撑件的下顶脚位于容器下段的外壁侧；使千斤顶动作，利用千斤顶支撑件、拉板、拉钩和拉板销的作用力和反作用力使容器上段、下段的错边量进行调整并最终对中就位，满足设计要求后进行点固焊。点固焊后可以拆除工装顶具移动到下一点错边处进行同样的作业，直至整个容器的上段与下段的组对作业完成。

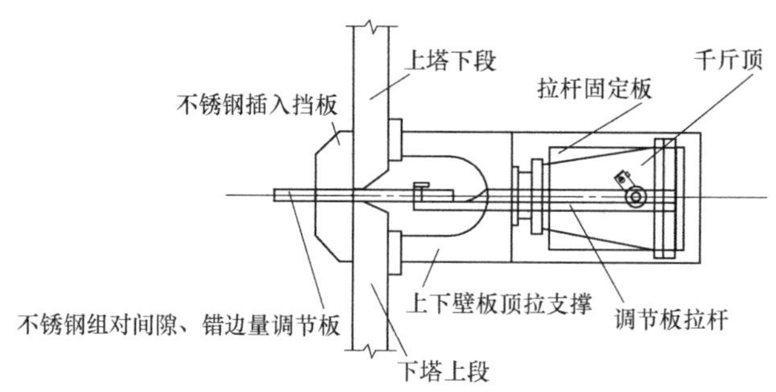

图 5.6-5　移动式错边量调整顶具侧视图

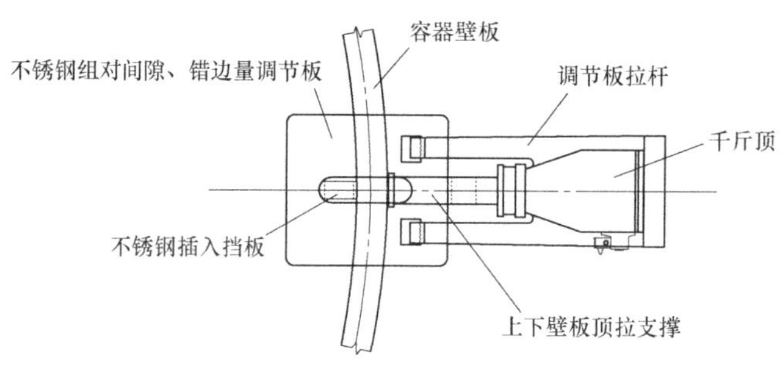

图 5.6-6　移动式错边量调整顶具俯视图

3）离组对坡口上下方各 200～300mm 处均匀对称装设数对支撑耳板卡具及千斤顶，采用螺旋式千斤顶均匀顶紧，调整对接口处间隙，符合设计要求。

4）在对接口错变量、间隙调整符合要求后；对上塔的垂直度重新进行精确调整，并通过塔体顶部 0°、90°两个方向钢丝线坠测量塔体的垂直度偏差，确保上段塔器垂直度、上下段塔器复合后在总高范围内垂直度精度均符合设计要求。

(3) 基于 BIM 的塔器连接管道安装技术

空分装置冷箱塔器间连接管道主要采用铝镁合金材质和不锈钢材质，布置密集复杂，立体高空受限空间内作业，安装难度大，且需充分保证管道低温运行状态下变化，安装质量要求高。传统方法预制管段分割的合理性、准确性较差，效率较低；无法形象、直观地模拟预制管段安装过程，在施工中不易提前发现可能存在的碰撞问题。通过 BIM 技术应用，建立空分装置冷箱内塔器及管道三维立体模型，通过模型和单线图合理快速分割管线，快速确定预制管段安装的顺序及位置，提高管道预制率，优化安装顺序，减少施工平台搭设数量。

具体实施过程如下：

1）根据空分冷箱内塔器设备、工艺管道设计图纸，完成塔器及管道模型建立（如图5.6-7）。

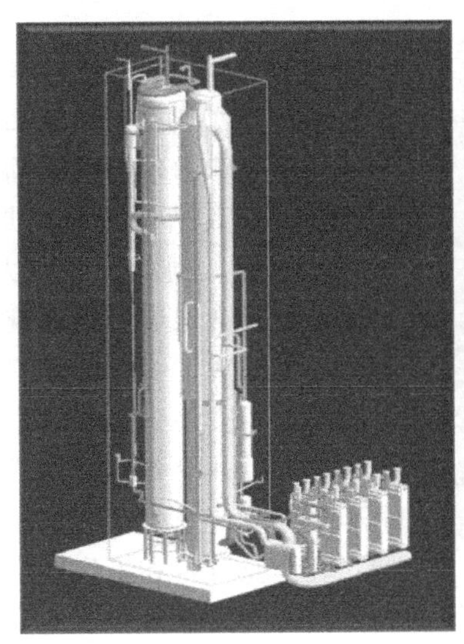
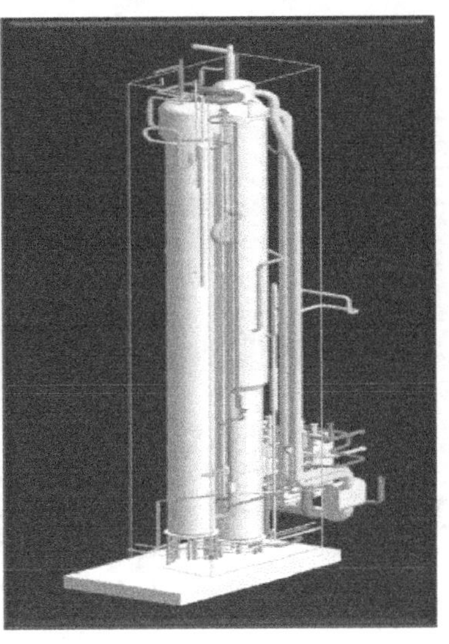

图5.6-7 塔器及管道模型图

2）依据模型和导出的单线图，结合现场管道预制的难易程度、吊车的吊装高度及塔内管道安装操作平台设置等实际情况，快速、合理分割断点，形成立体预制管段模型。

3）依据模型清楚识别空间管线的布置，遵循冷箱内管道安装“先里后外，先下后上，先大后小”的总体原则从而快速确定各条管线预制管段放入冷箱的顺序、位置并模拟其在冷箱内安装过程。

4）管道建模过程中进行碰撞检查，发现碰撞，查找原因，进行整改，直至符合要求，主要包括：管道间碰、管道和容器间、管道与冷箱壳体间的冲突检查。

5.6.2 技术指标

《空分制氧设备安装工程施工与质量验收规范》GB 50677、《制冷设备、空气分离设备安装工程施工及验收规范》GB 50274、《机械设备安装工程施工及验收通用规范》GB 50231、《工业金属管道工程施工规范》GB 50235、《工业金属管道工程施工质量验收规范》GB 50184。

5.6.3 适用范围

适用于冶金、化工等领域所有在建及扩建的空分工程及类似工业安装工程中大型箱体受限空间内塔器类设备安装。

5.6.4 工程案例

宝钢湛江钢铁基地1-3号制氧机搬迁工程、烟台万华林德气体一期工程、神华宁煤

400 万吨/年煤炭液化项目空分装置工程、大连恒力石化煤制氢配套空分工程等。

（提供单位：上海二十冶建设有限公司。编写人员：马永春、郑永恒、程威）

5.7 大型转炉线外组装整体安装技术

图 5.7-1 大型氧气顶吹炼钢转炉

宝钢工程一期引进的 300t 大型氧气顶吹炼钢转炉为我国当前最大的转炉，为三点支承球面带销螺栓固定式的氧气顶吹转炉，其结构形式由炉体、托圈、支承轴承座、倾动装置四大部分组成，炉体外形为锥球形炉底和锥形炉帽以及圆柱炉身组成。引进转炉工艺设备的同时也引进了安装工艺和技术，主要是转炉本体“专用台架移送法”安装工艺。由于升级改造及生产工艺的要求，为降低安装作业风险和工作效率，在以往安装工艺的基础上创新了的安装工艺，即线外组装整体安装的施工工艺。

5.7.1 技术内容

（1）技术特点

在厂房结构设计没有考虑转炉安装的情况下，利用炉前平台框架自行设置轨道梁并铺设轨道组装转炉全部部件，实现炉壳分段或整体组装工艺，达到整体滑移，一次就位安装转炉的目标。

在转炉整体滑移的同时，完成了转炉倾动装置的安装，解决了以往在转炉就位后转炉跨无起重设备的情况下安装倾动装置的难题，减少了作业人员的劳动强度和风险。

（2）施工工艺

1）根据已施工完成的转炉基础、转炉整体设备重量等参数及钢渣小车轨道基础的施工情况设计、核验转炉线外组装整体滑移的支撑框架系统装置。

2）根据支撑框架系统装置的设计图纸制作并现场组装就位，为转炉的组装创造条件。

3）组装时，首先在滑移梁上铺设轨道，使滑移梁的上表面与转炉轴承座支座的上表面平或略高于支座的上表面，便于轴承座滑移时就位。

4）完成炉壳的组装、炉壳焊接及无损检测工作，检验合格后与托圈进行组装。

5）在轨道上组装托圈、炉壳及三点连接装置组装完成，紧固力满足设计要求。

6）利用钢水接受跨的行车将将倾动装置安装在耳轴上。

7）采用液压千斤顶顶推轴承座，保持两侧轴承座同步，推移至转炉中心位置。

8）再顶升炉壳抽出滑移板后落位在支承座上，完成炉壳及倾动装置的就位及安装工序。

5.7.2 技术指标

《钢结构工程施工规范》GB 50755、《钢结构焊接规范》GB 50661、《钢结构工程施工质量验收规范》GB 50205、《机械设备安装工程施工及验收通用规范》GB 50231、《炼钢机械设备工程安装验收规范》GB 50403、《炼钢机械设备安装规范》GB 50742。

5.7.3 适用范围

适用于厂房结构设计不满足安装情况下的大型转炉安装工程。

5.7.4 工程案例

广东阳春钢铁有限公司一期炼钢项目转炉安装工程、宁波建龙钢厂二期炼钢项目转炉安装工程、越南河静钢铁有限公司转炉安装工程等。

(提供单位：上海宝冶集团有限公司。编写人员：张啸风、杨俊、张德林)

5.8 大型轧机吊装技术

5.8.1 技术内容

大型轧机吊装技术主要包括“基础预留法”吊装技术、“牛腿旋转法”吊装技术、“专用吊具”吊装技术和立辊轧机吊装技术等，主要解决生产车间内行车吊装能力不足、吊装高度不够和环境受限的三大难题，具有操作性好、安全性高、经济效益显著等优点。

(1)“基础预留法”吊装技术

“基础预留法”吊装技术主要采用预留部分基础先不施工，降低轧机牌坊吊装旋转直立时旋转点的标高，大大降低了起吊时对行车提升高度的要求，为轧机牌坊吊装提供了足够的吊装空间，待轧机牌坊吊装完成后再进行预留基础的施工。

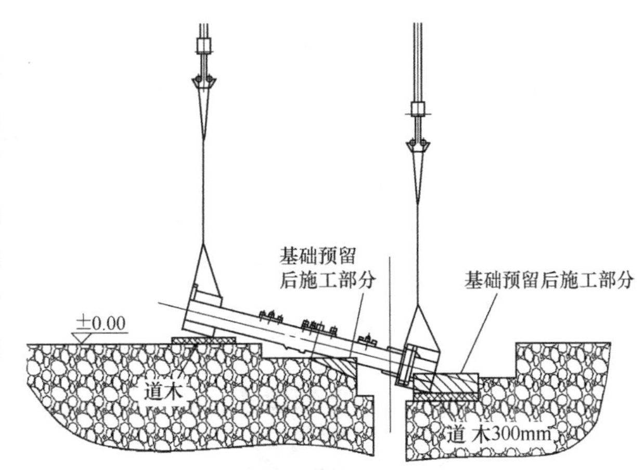

图 5.8-1 基础预留法实施示意图

(2)“牛腿旋转法”吊装技术

“牛腿旋转法”吊装技术利用临时支撑结构，把轧机牌坊放置在临时支撑结构上，轧机牌坊吊装时以轧机牌坊的牛腿为旋转点进行旋转吊装。由于旋转中心由轧机牌坊底部改为轧机牌坊中下部的牛腿处，旋转时牛腿以下部分在临时支撑结构内部，大大降低了起吊时对行车提升高度的要求，为轧机牌坊吊装提供了足够的吊装空间。

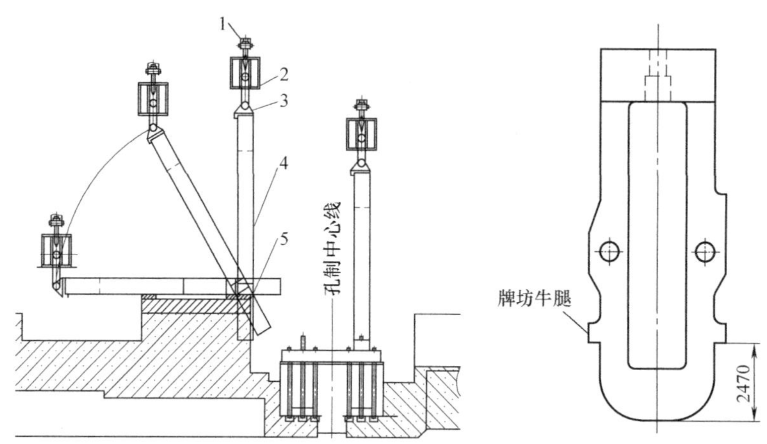

图 5.8-2　牛腿旋转法实施示意图

1—行车主钩；2—扁担梁；3—吊具；4—轧机机架；5—木垫板临时支撑

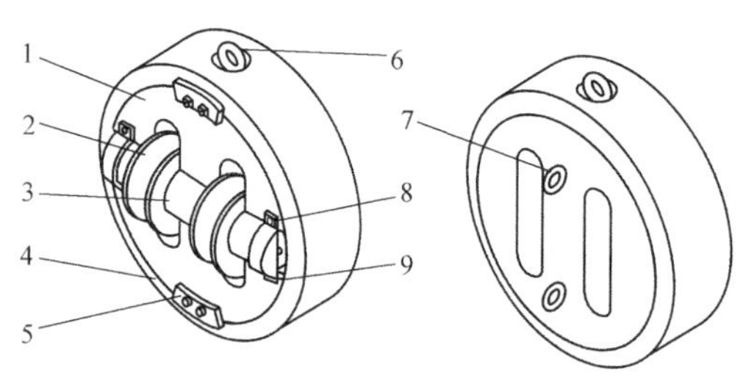

图 5.8-3　大型热轧粗轧机牌坊吊装专用吊具示意图

1—底座；2—滑轮；3—轴；4—外圈；5—托板；
6—吊环；7—吊环；8—托座；9—螺栓

(3)“专用吊具”吊装技术

1）粗轧机吊具为内嵌式，可有效降低对起升高度的要求，吊具与牌坊的配合面加工精度高，有利于对牌坊加工面的保护；吊具完全内置于牌坊内部，更适合高度方向空间狭小情况下使用；适用于轧机牌坊顶部设有压下螺母孔的轧机牌坊的吊装；外圈的直径可以调整改变，适用于压下螺母孔直径不同轧机牌坊的吊装，通用性强。

2）大型热轧精轧机牌坊吊装专用吊具

精轧机吊具为外露式，适用于精轧机牌坊顶部设有螺栓孔的牌坊吊装，使用时钢丝绳可通过滑轮进行自动调整。

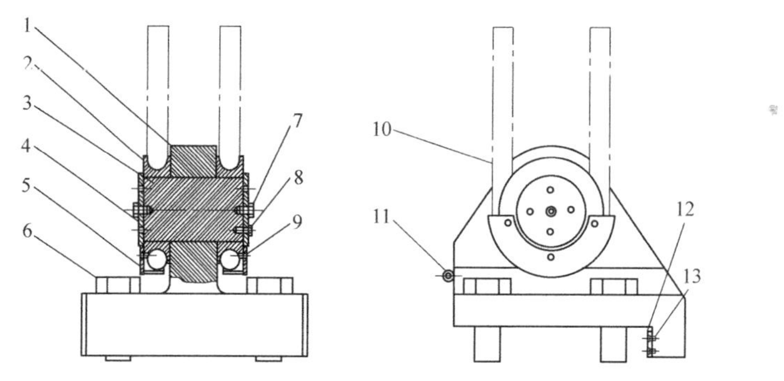

图 5.8-4　大型热轧精轧机牌坊吊装专用吊具示意图

1—底座；2—滑轮；3—轴；4—轴端挡板；5—钢丝绳挡板；6—高强螺栓；7—螺栓；
8—螺栓；9—螺栓；10—钢丝绳；11—吊环螺栓；12—垫板；13—内六角螺栓

3）大型轧机牌坊卸车专用吊具

大型轧机牌坊卸车专用吊具使用时由行车把卸车吊具吊至轧机牌坊上方，使卸车吊具底座长度方向与轧机牌坊长度方向平行，放置到轧机牌坊底部，然后把卸车吊具旋转 90°，使卸车吊具长度方向与轧机牌坊长度方向垂直，然后提升卸车，把轧机牌坊放置到指定位置。

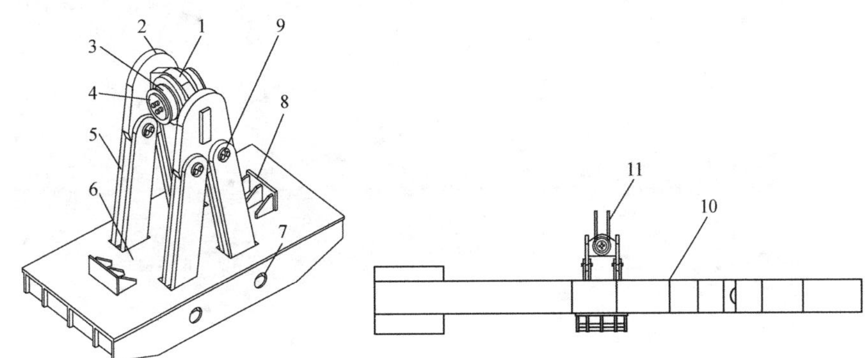

图 5.8-5　大型轧机牌坊卸车专用吊具示意图

1—短梁；2—连接板；3—滑轮；4—轴端挡板；5—拉杆；6—底座；7—手孔；8—止挡板；9—轴端挡板；10—轧机牌坊；11—钢丝绳

4）旋转式联合吊具

可旋转联合吊具主要由承重梁、可调挂钩装置、旋转吊钩组成，具有挂钩调整和吊钩旋转的功能，满足不同规格行车的悬挂和不同方向位置的起吊，解决了生产车间内行车起重量不够和吊装旋转方向的难题。

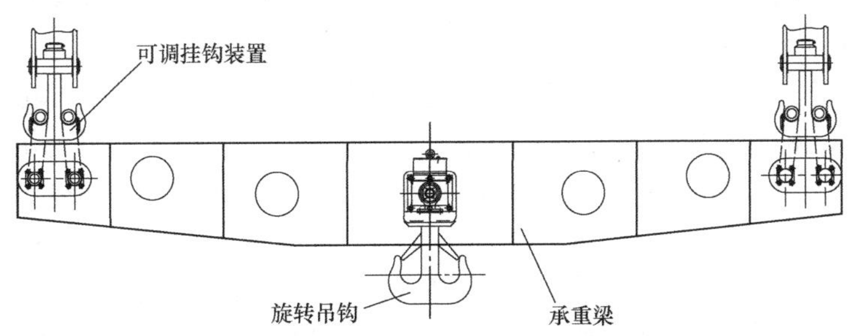

图 5.8-6　旋转联合专用吊具示意图

(4) 横向滑移垂直液压顶升特大型轧机技术

1）横向滑移技术

横向滑移技术主要是完成轧机牌坊的横向滑移，使之移动到轧机牌坊顶升位置。首先将轨道铺设好，并找正固定；随后将夹轨器、后部滑移小车、滑移液压缸和前部滑移小车就位到轨道上，根据轧机牌坊的高度确定后部滑移小车和前部滑移小车间的距离；而后将轧机牌坊就位在后部滑移小车和前部滑移小车上。

2）垂直液压顶升技术

全自动液压顶升装置主要由底座、滑移立柱、框架顶梁、滑移横梁、顶升梁及吊具等组成；并配备液压执行机构、监测系统和气动控制系统。利用双作用大吨位液压缸升降原理，使重物在顶升装置的带动下，沿立柱做间歇式升降运动，达到吊装特大型轧机的目的。

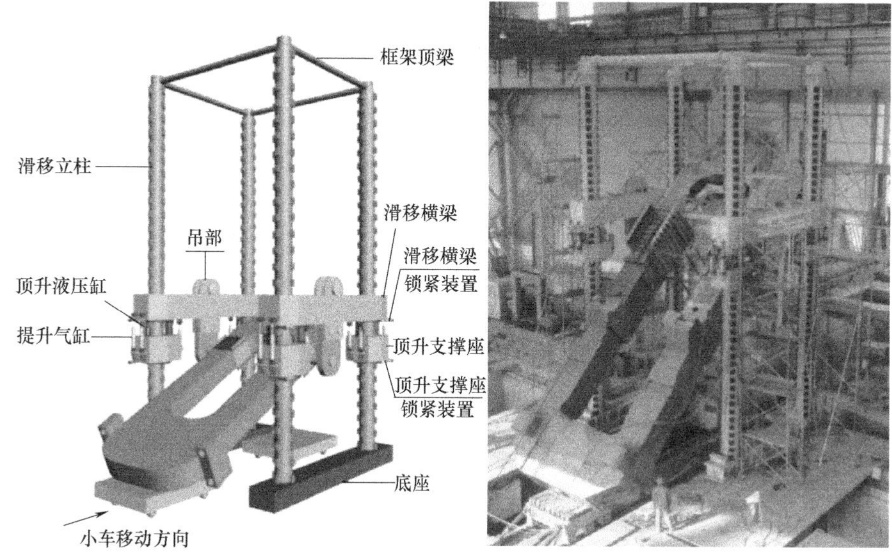

图 5.8-7　全自动液压顶升装置示意图

（5）防止特大型轧机吊装直立时发生摆动技术

对于特大型轧机的吊装通常采用以轧机牌坊底部和滑移小车的接触点为旋转点进行旋转的方法吊装，而当轧机牌坊进入铅垂位置前，轧机牌坊与滑移小车的接触点与吊装点处于同一铅垂面上时，轧机牌坊底部刚好与滑移小车脱离，此时滑移小车对轧机牌坊的支反力为零，轧机牌坊将在重力力矩的作用下，将绕吊装点进行自由摆动，轧机牌坊的自由摆动会严重影响液压顶升装置的稳定性，从而降低了特大型轧机吊装的安全性。

该技术分两个阶段实施，具体实施如下：

第一阶段：计算轧机牌坊底部与滑移小车之间的临界距离 A，即当轧机牌坊以初始旋转点旋转时，轧机牌坊底部刚好与滑移小车脱离，此时轧机牌坊底部与滑移小车之间的距离则为轧机牌坊底部与滑移小车之间的临界距离 A。具体做法为利用 CAD 计算机软件按 1∶1 的比例绘制滑移小车、轧机牌坊、吊装点、轧机牌坊重心、初始旋转点，并以初始旋转点旋转轧机牌坊，使初始旋转点与吊装点处于同一铅垂面上，量取轧机中心线处轧机牌坊底部与滑移小车之间的距离，即为轧机牌坊底部与滑移小车之间的临界距离 A，如图 5.8-9 所示。

第二阶段：完成轧机牌坊的直立。首先在滑移小车上铺设一排道木。其中，道木的长度 L 为轧机中心线距离滑移小车尾部的距离，道木的高度 B 应比轧机牌坊底部与滑移小车之间的临界距离 A 大至少 50～100mm，便于轧机牌坊在直立过程中，能够顺利完成由初始旋转点向最终旋转点的过渡，确保特大型轧机牌坊吊装直立时不发生自由摆动。其次，在滑移小车的尾部焊接槽钢，防止道木的窜动。吊装轧机牌坊以初始旋转点旋转到如图 5.8-10 所示位置。接着继续吊装轧机牌坊以初始旋转点旋转，使轧机牌坊与道木接触，如图 5.8-11 所示。随后吊装轧机牌坊时，则轧机牌坊将以最终旋转点进行旋转，如图 5.8-12 所示。再次，以最终旋转点进行轧机牌坊旋转吊装直至直立，如图 5.8-13 所示。轧机牌坊以最终旋转点旋转吊装，在轧机牌坊进入铅垂位置时，轧机牌坊的吊装点、轧机牌坊重心和最终旋转点处于同一铅垂面上，重力力矩为零，轧机牌坊平稳完成直立，保证了轧机牌坊吊装安全性，如图 5.8-14 所示。（说明：图 5.8-8～图 5.8-14 中数字注释如下：1—滑移小车；2—轧机牌坊；3—液压顶升装置；4—道木；5—槽钢；6—吊装点；7—轧机牌坊重心；8—初始旋转点；9—最终旋转点）。

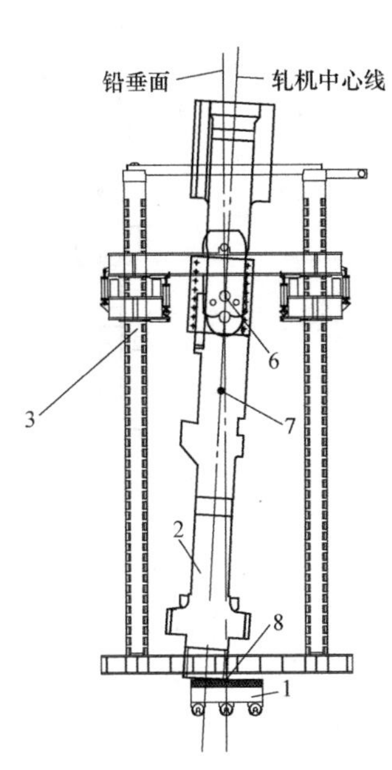

图 5.8-8　特大型轧机吊装直立时发生摆动临界状态示意图

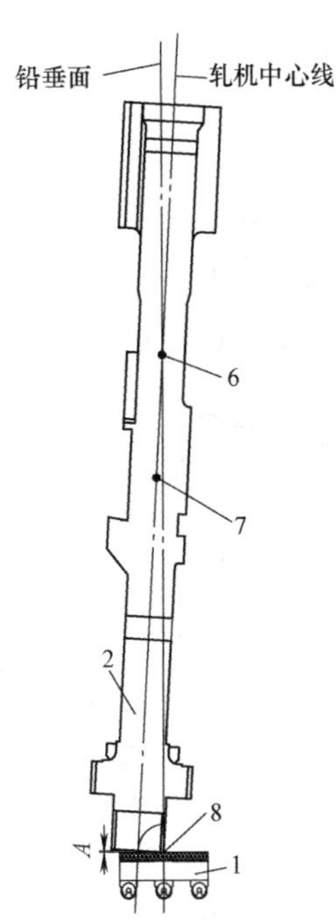

图 5.8-9　特大型轧机吊装直立时发生摆动临界距离计算示意图 1

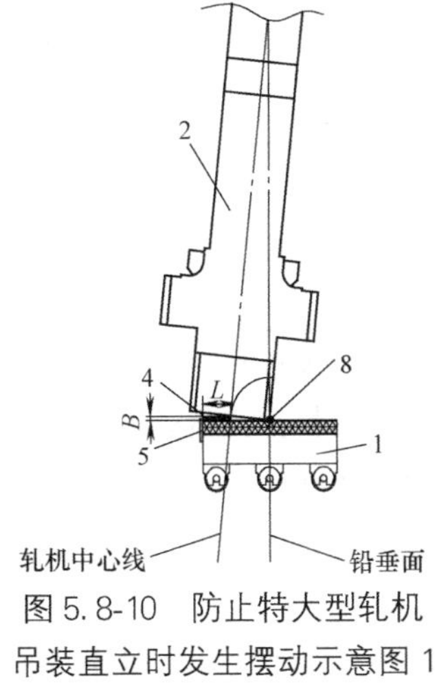

图 5.8-10　防止特大型轧机吊装直立时发生摆动示意图 1

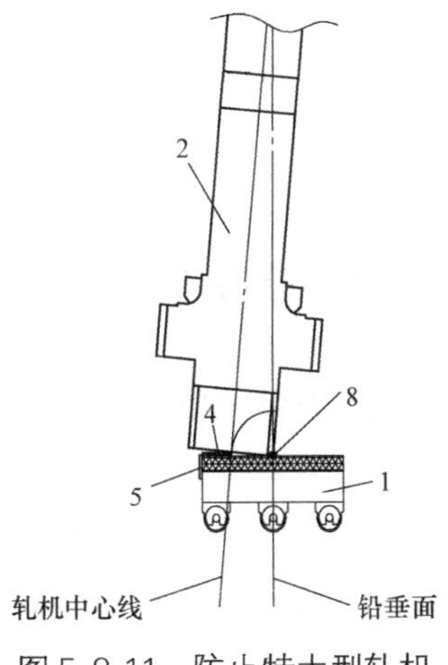

图 5.8-11　防止特大型轧机吊装直立时发生摆动示意图 2

5.8.2　技术指标

《轧机机械设备安装规范》GB/T 50744、《轧机机械设备工程安装验收规范》GB 50386。

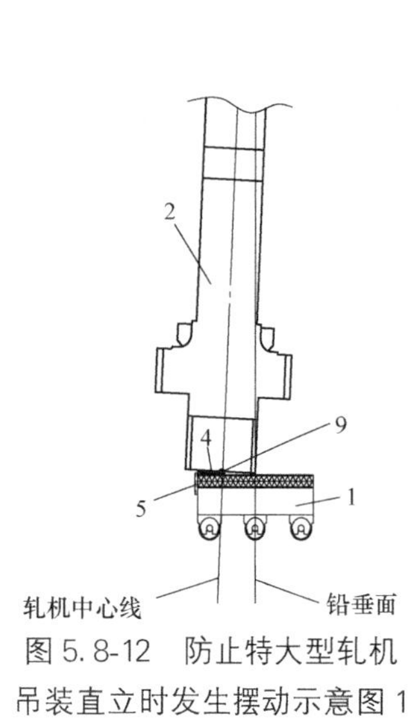

图 5.8-12　防止特大型轧机吊装直立时发生摆动示意图 1

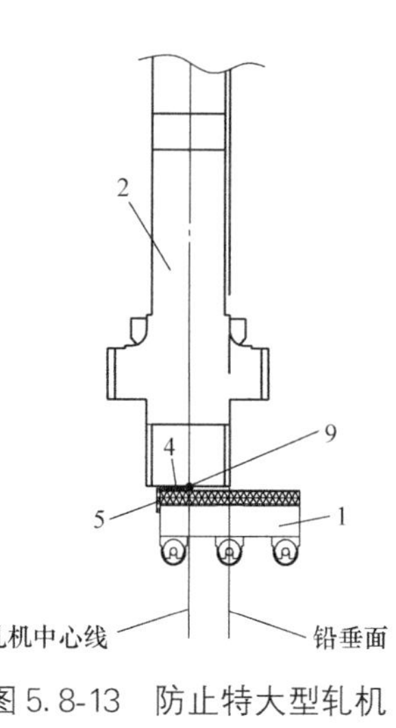

图 5.8-13　防止特大型轧机吊装直立时发生摆动示意图 2

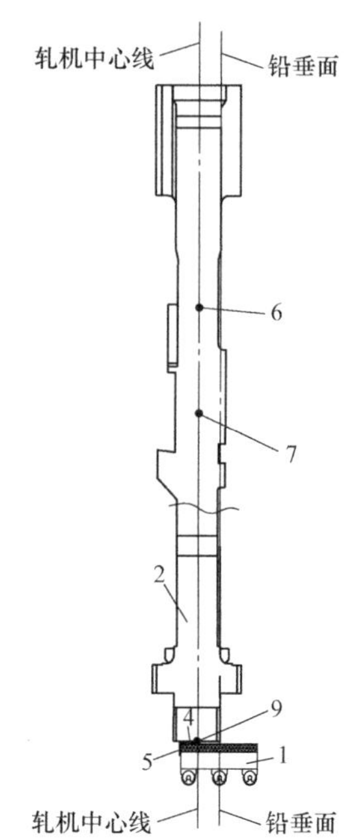

图 5.8-14　防止特大型轧机吊装直立时发生摆动示意图 3

5.8.3　适用范围

适用于新建、搬迁等冶金工程中轧机设备的吊装等。

5.8.4　工程案例

宝钢 1880mm 热轧工程、攀钢 2050mm 热轧工程、燕钢 1780mm 热轧工程、马钢 1580mm 热轧工程、福建鼎信 1780mm 热轧工程和南钢 4700mm 宽厚板工程等。

（提供单位：中国二十冶集团有限公司。编写人员：魏尚起、孙剑、包佳）

5.9　大型步进式加热炉施工技术

大型步进式加热炉是热轧领域的主要炉型，炉型基本不受板坯尺寸的限制，且具有生产能力大、钢的加热质量好，不产生拱钢、粘钢现象和能使钢料推出等优点。其主要用于加热来自连铸生产线生产的连铸坯，为轧制生产线提供热轧坯料。

5.9.1　技术内容

大型步进式加热炉施工技术主要包括设备精准安装技术、工业管道施工技术和电气配套设施施工技术，该技术大幅度提高工作效率，降低施工成本，经济效益显著。

（1）加热炉设备精准安装技术

1）炉底设备施工技术

步进式加热炉斜轨底座是一种工作面处于非水平或垂直状态的倾斜式设备底座，利用与倾斜式设备配套的模板，模板与设备贴合紧密，保证模板和设备间的组合高度和倾斜作业面的相对夹角，模板的上表面基本水平，通过将测量点转移至与之相匹配的模板上，来测量模具顶部的纵横向水平度、顶部标高，以及模具中心到参考轴线的纵横向水平偏差，确定设备的安装位置。

在倾斜式设备就位后，将模具与设备相互组合之后，仅对模具（或模具相互之间）进行找平、找正、找标高等多项几何尺寸经过调整、复测，最终使倾斜式设备达到设计及规范要求，由于制作模具所采用的板材厚度较薄，重量较轻，可由人工自由搬运，不受大型吊装设备的限制，且模具可重复利用，有利于多台设备的同时调整。

2）加热炉炉体结构建造技术

使用加热炉侧烧嘴安装用踏脚支架、侧墙板防脱钩吊装夹具以及炉顶钢结构横梁倒运卡具，解决了步进式加热炉烧嘴安装位置高，焊接作业无临时平台，施工困难；侧墙板吊装过程中，脱钩、造成构件脱落的吊装、安装难题，该套专用工具制作简单、使用方便，重复利用率高且安全可靠提高了施工效率。

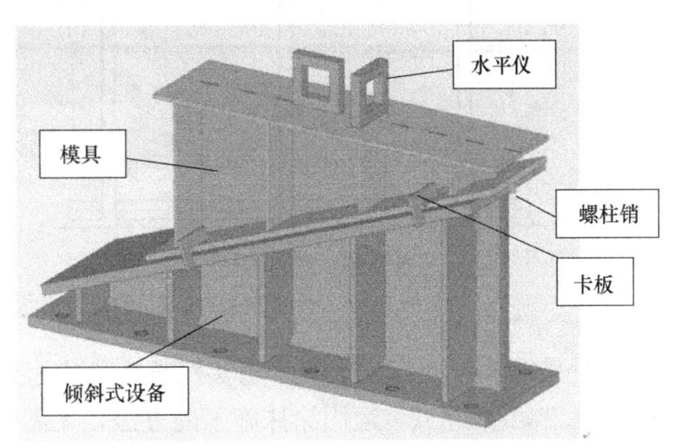

图 5.9-1 加热炉斜面调整模具

通过使用多用途施工模板系统采用工字钢和脚手管混合支撑，增大了工人操作空间，提高了工作效率；减小了工字钢的总体使用量的同时，提升了支模速度，缩短了工期；设置对拉螺栓，有效减小工字钢和脚手管使用量的同时，减小了胀模现象的发生，降低了材料损耗，保证了墙衬平整度、垂直度等尺寸要求，提高了施工质量；根据不同材质浇注料和可塑料选用木模板和钢模板，提高了墙衬工作面平整度等表面质量；支撑结构不变的情况下，木质和钢制模板均可搭配使用，适用于多种用途施工，有效地提高了支护结构的使用和周转率，减小了损耗，提高了经济和环境效益解决了施工过程中的胀模现象，降低了材料损耗，提高了施工质量。

（2）工业管道施工技术

1）非标管道模块化安装技术

利用 BIM 对加热炉非标准管道建立三维模型进行模拟安装，并根据设计图纸、安装部位以及管道的形状进行合理的模块单元划分，模块单元中包括管线中的阀门、流量孔板及膨胀节等管道元件，该模块单元在场外制作组装，现场快速安装。

2）热空气管道内衬安装技术

浇注料结构形式内衬，施工时圆形模板的制作难度大，模板安装和拆除操作程序复杂速度慢，为便于浇注需要在沿着管道长度方向的壳体上部开设浇注口，浇注完成后再将浇注口的壳体恢复封闭，施工全过程工序多速度慢；而轻质砖与隔热层的混合结构形式，施工时先进行隔热层的纤维毯和纤维板的铺设，然后进行工作层轻质黏土砖砌筑，操作相对简便速度快，但由于轻质砖强度较低，管道三通及弯头处由于气流冲刷容易造成内衬轻质黏土砖磨损严重和脱落，生产中经常需要进行维修。

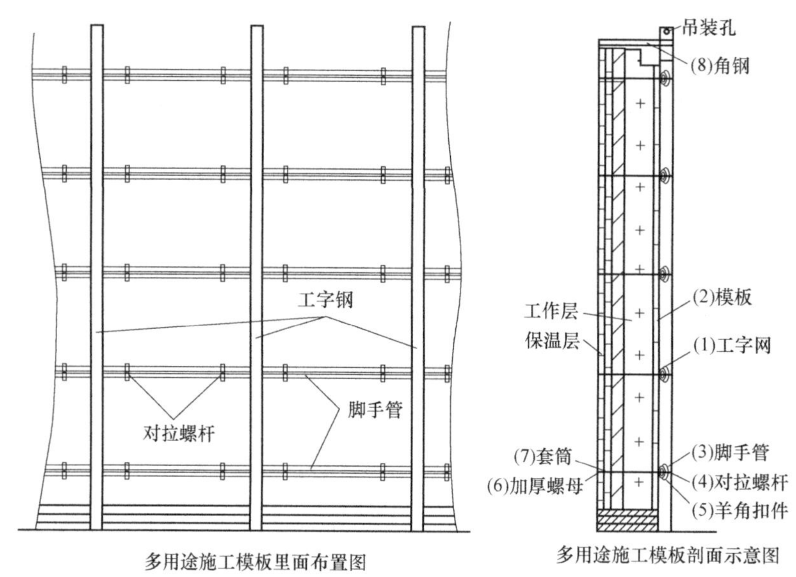

图 5.9-2　多用途施工模板体系图

直管处采用隔热层轻质砖结构，弯头三通处采用浇注料的混合内衬结构形式（见图 5.9-3），采用轻质浇注料结构形式，运用涂抹施工的方法，无需模板支护，更重要的是作为易受气流冲刷的部位，采用此技术施工，显著提升了内衬质量，有效延长了使用寿命。

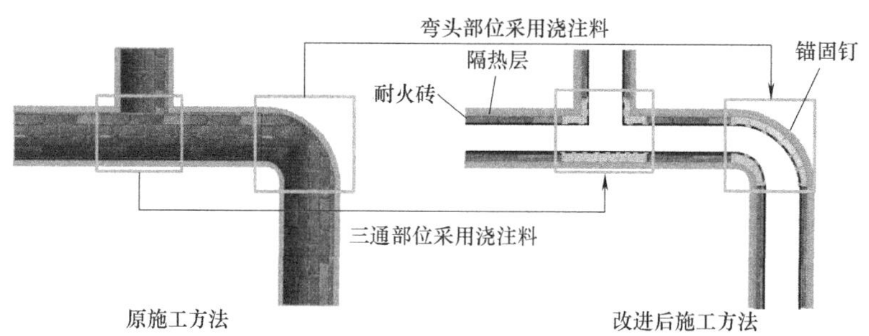

图 5.9-3　空气管道内衬施工图

（3）加热炉电气配套设施施工技术

1）加热炉区电气小管径钢管弯制技术

利用小管径钢管弯制施工模具，解决了小管径钢管弯制各类异形弯的难题，提高了钢管的安装效率，保证了钢管弯制安装。通过两个滑轮组进行辅助施工，避免了钢管两处圆弧不在同一直线上的弊病，提高了弯管精确度，提高了施工效率。

2）加热炉电气设备运输技术

针对小体积盘柜运输及安装，采用单提升架及两侧带顶升装置，将装置移动至盘柜两端，利用装置单横梁上四个吊装点，采用吊具与设备上的吊装环连接，然后利用装置上的顶升装置，将盘柜升起，然后推移装置带动盘柜，进行运输及安装。能够减少大型吊具的使用，同时节约施工成本。

针对大型盘柜或成组盘柜运输及安装，采用双横梁提升架及两侧顶升装置，在装置顶端设置双档支撑，其多个部位可根据大型设备的吊装点，进行调整间距。方法为在盘柜安装坐落在其基础框架上时，采用两端顶升装置进行控制盘柜的就位位置，避免传统施工工艺在盘柜就位时，能够大量的解决人力物力的投入，采用人力或大锤撬杠等工具，易对设备进行损伤。

5.9.2 技术指标

《钢铁厂加热炉工程质量验收规范》GB 50825、《轧机机械设备安装规范》GB/T 50744、《轧机机械设备工程安装验收规范》GB 50386。

5.9.3 适用范围

适用于新建、技改和搬迁等工程的大型步进式加热炉施工。

5.9.4 工程案例

浦钢宽厚板 4200mm 热轧搬迁工程、南京梅山 1780mm 热轧技改工程、宝钢 1580mm 热轧加热炉改造、日照 2050mm 热轧工程等。

(提供单位：中国二十冶集团有限公司。编写人员：周建敏、刘威、朱华)

5.10 铸造起重机柔性钢绞线液压同步提升技术

5.10.1 技术内容

(1) 技术特点

大型铸造起重机安装是冶炼项目安装中的重要施工步骤，为后续的设备安装创造条件，此种类型的起重机安装方法有多种，如在新建项目上可以使用大型汽车吊或履带式起重机进行安装，但这些方法对现场的场地条件、厂房结构要求都有一定的限制，甚至在需要的时候还可能需要对安装区域的屋面进行拆除，给施工组织带来诸多的不便，尤其在已生产的冶炼工厂改造新增或更换铸造起重机等施工时，极大地影响了工厂生产，施工条件协调难度非常大，同时作业风险的管控增大难度。

大型铸造起重机液压同步提升安装技术就是解决在一些受限制特殊条件下利用厂房结构解决冶炼工厂中大型铸造起重机安装的问题，由于该技术的场地适应性、操控的远程性及施工的快捷性缩短了施工总体周期、降低了作业人员的作业风险，减少了大型施工机械的成本。

(2) 施工工艺

1) 安装参数

一般冶炼工厂使用 450t、320t 等大型铸造起重机，现以某钢厂钢水接受跨的 320t 大型铸造起重机的安装工程为例介绍相关参数：

① 320t 铸造桥式起重机跨度 27m，轨面标高 29.02m，主要由主、副梁和端梁以及主副小车、司机室、吊具等主要部件组成。

② 主梁长度 27m，司机室侧主梁重量（包括大车运行机构等部件）135t；

③ 主小车长度 15m，宽度为 8.4m，重量 155t。

2）安装流程（图 5.10-1 所示）

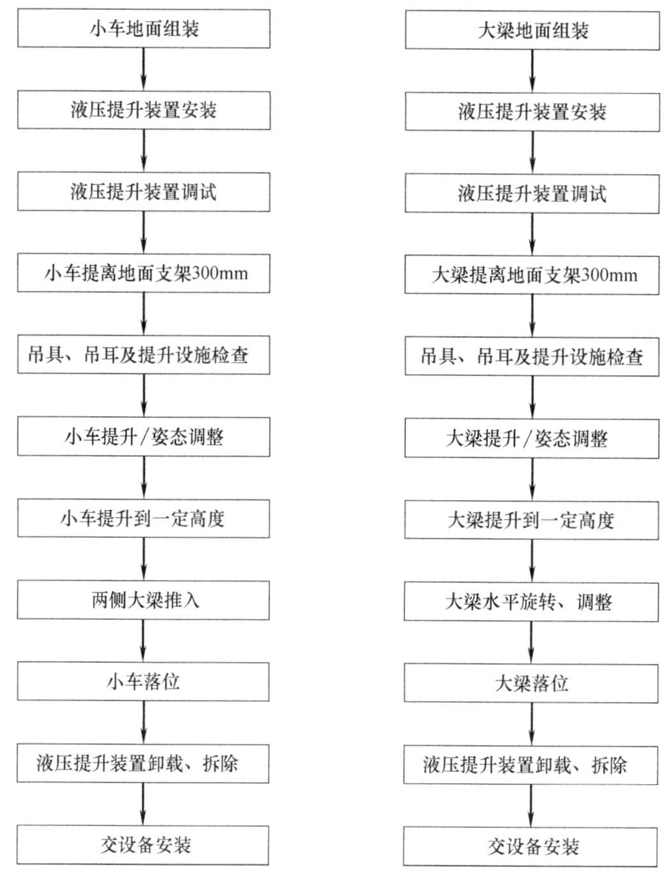

图 5.10-1　安装流程图

3）施工步骤

① 根据设备进场路线、设备堆放组装的平面布置图，准备设备吊装所使用的场地，道路要畅通，保证机电设备和施工材料有进场道路，确保行车安装工作的顺利进行。

② 液压提升设备前期施工准备：提升器液压泵站的检查与调试、泵站耐压实验、泄漏检查、可靠性检查；液压提升器主油缸及锚具缸的耐压和泄漏试验、液压锁的可靠性试验；计算机控制系统检测与试验；控制柜、启动柜及各种传感器的检查与调试；钢绞线质量检查

③ 屋面结构加固措施：根据吊点设置在屋面梁上的位置，结合提升器安装所需要的节点形式进行强度和稳定性核验，首先建立模型，如图整体模型图并进行受力分析，如图 5.10-2 所示，根据分析结果选择加固方案和措施，并最终加固。

④ 利用屋面大梁及搭设操作平台；悬挂安装提升吊架及液压提升器（共两套），安装钢绞线及提升专用吊具，如图 5.10-3 所示。

⑤ 行车大梁或上、下小车在地面上分别组装；提升专用吊具与行车大梁或上下小车上的吊耳通过销轴连接，张紧钢绞线；整体提升大梁或小车，如图 5.10-4 所示。至

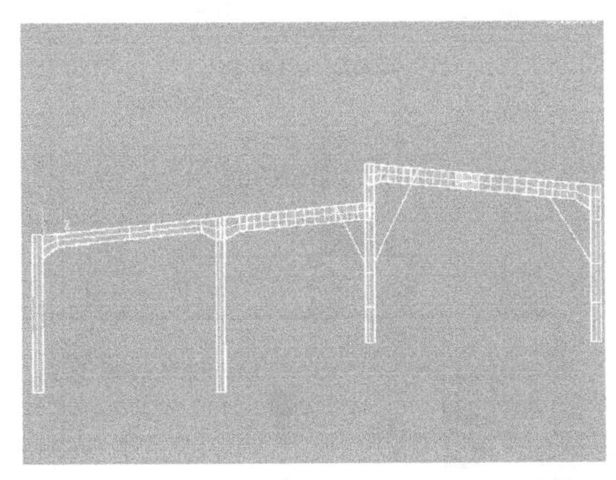

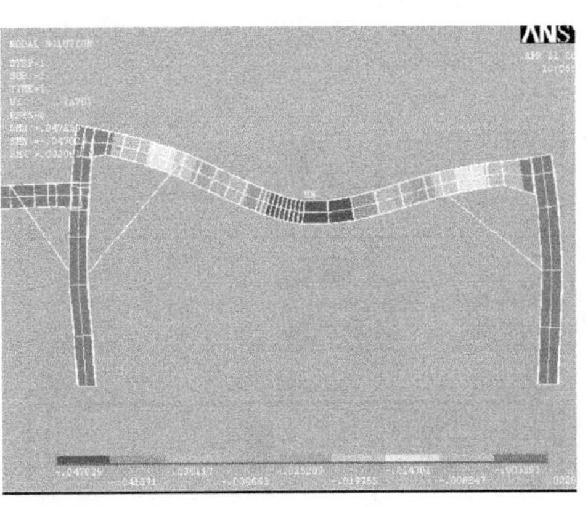

图 5.10-2 厂房柱及屋面梁整体受力模型

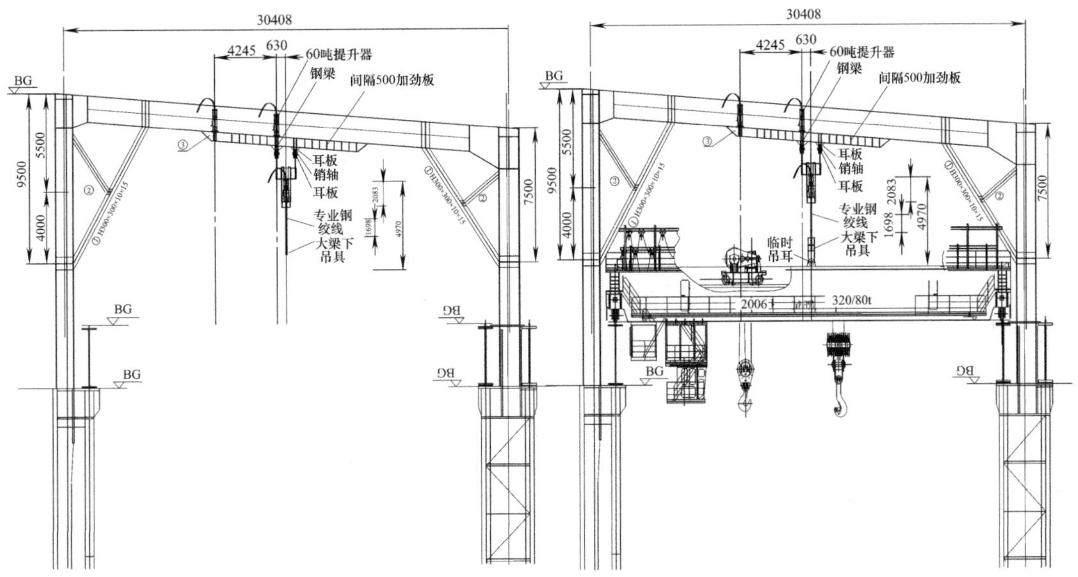

图 5.10-3 吊装立面示意图

离开支承面约 200mm 后，液压提升器暂停提升作业，检查提升设施、吊具及吊耳等，确认各部分工作情况正常。并调整行车大梁或小车的空中姿态；检查、调整完毕后，液压提升器提升行车大梁或小车至超出大车/小车轨道一定高度。高度以方便进行下道安装工序为准。

⑥ 液压提升器暂时处于停止工作状态，依靠系统自锁能力和临时固定措施保持设备空中姿态。水平旋转行车大梁/或将两侧行车大梁推入；液压提升器进行下降作业，设备落位、固定。

⑦ 液压提升器卸载，拆除，交后续设备安装。

5.10.2 技术指标

《起重设备安装工程施工及验收规范》GB 50278、《钢结构工程施工规范》GB 50755、《钢结构焊接规范》GB 50661、《钢结构工程施工质量验收规范》GB 50205、《机械设备安

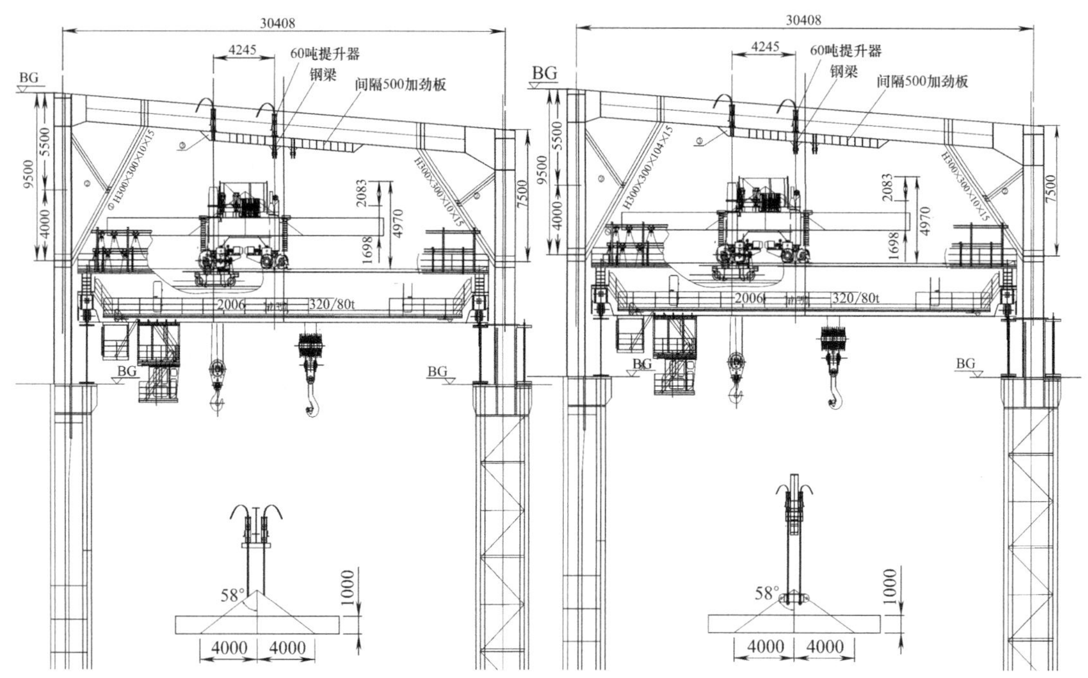

图 5.10-4　设备就位示意图

装工程施工及验收通用规范》GB 50231、《大型设备吊装工程施工工艺标准》SHT 3515、《重要用途钢丝绳》GB 8918。

5.10.3　适用范围

适用于大型钢厂的厂房内等受限条件下，利用屋面梁进行大型设备吊装以及工业安装项目上超大、超高或超重等大型设备、罐体等吊装就位。

5.10.4　工程案例

宁波钢铁公司炼钢项目改造工程、宝钢宽厚板连铸项目等。

（提供单位：上海宝冶集团有限公司。编写人员：王敏、张兆龙、崔晓东）

5.11　基于 BIM 的工业管道安装技术

现代工业厂房中动能管线实用性和视觉的美观性已经日益为人们所重视，建筑物中各种介质管道、通风暖通系统管道、电力系统路由、消防系统及智能控制系统更为合理的空间布局规划、便捷的实施显得尤为重要，因此，通过 BIM 技术实现了工业管道的空间深化设计的可视化，是解决此类问题的途径。

5.11.1　技术内容

（1）技术特点

通过 BIM 技术建立管道模型具有可视化直观效果、优化设计、可与多种软件结合深化设计等特点，极大提升工业管道尤其是大型工业设施的综合管道安装技术。

1）将二维转化三维，具有可视化直观效果

利用BIM建立的三维模型，产生极强的视觉效果：简单、清晰、即可微观又可宏观又可全方位观察。

2）多专业BIM模型闭合，确定优化设计方案

常规的工业管道的平面设计总会存在这样那样问题：管道自身及其与机电、建筑、结构专业干涉，缺少预留洞口，缺少支架或预埋件，占用安全通道等，通过与建筑、结构、机电专业的BIM模型闭合，暴露出上述问题，提供解决问题方案或优化设计。

3）与多种软件结合深化设计

① 基于BIM的数字化管道深化设计

在满足查碰撞的模型基础上，将管材直径、管壁厚度、管件规格、阀门类型等建立三维模型库模型库，将不同的管材数据参数输入的模型当中创建管线的三维模型图纸，形成可导出的加工图纸及材料清单。

② 移动式管道生产线装备集成技术

“管道焊接管理＋BIM协同平台＋构件成品追踪管理平台＋PDSOFT”软件实现了管道预制、现场集成式设备生产、管道出库、条形码发货、信息资源云平台共享等全流程、全方位可控，智能化、集成化程度极高，实现设计、管道加工、现场安装互动平台。

③ 对预制或安装完成管道进行信息标记

利用Revit插件对预制管道进行分段，同时生成数字化模型信息，其中包括管段长度、焊缝标注、分段标注、标高等信息，极大方便压力管道管理。

④ 试压管道的有限元数值计算模拟

采用三维软件构建各部件的3D模型，而后导入有限元分析软件中，设置边界条件和试压工况，而后开展静应力分析，获得各个部件的应力云图，分析压力管道、左右法兰、盲板、连接螺栓等元件的应力分布状况和应变状态，快速发现危险截面、薄弱部位及最大应力应变位置，验证理论分析结果的合理性，同时可为合适的压力管道参数和材料的选取提供依据。

⑤ 应用BIM技术实施相关的计划与跟踪检查

空间检查、施工进度检查、安装检查等。

（2）实施流程

合同技术交底 → 施工图会审 → 施工图设计交底 → 确定BIM设计内容及模型的细致程度 → 制定BIM模型构建标准及出图细则 → 制定各专业 管线优化原则 → 制定BIM深化设计计划 → BIM深化图纸联合审核 → BIM深化设计交底 → 设计、加工或安装互动

5.11.2 技术指标

《民用建筑信息模型设计标准》DB11/T 1069、《房屋建筑制图统一标准》GB/T 50001、《总图制图标准》GB/T 50103、《建筑制图标准》GB/T 50104、《建筑结构制图标准》GB/T 50105、《给水排水制图标准》GB/T 50106、《暖通空调制图标准》GB/T 50114、《建筑电气制图标准》GB/T 50786；综合管线布置与技术应符合国家现行标准

《建筑给水排水设计规范》GB 50015、《采暖通风与空气调节设计规范》GB 50019、《民用建筑电气设计规范》JGJ 16、《建筑通风和排烟系统用防火阀门》GB 15930、《自动喷水灭火系统设计规范》GB 50084、《工业金属管道工程施工及验收规范》GB 50235、《工业金属管道设计规范》GB 50316、《压力管道施工规范》GB/T 20801。

5.11.3 适用范围

适用于大型冶金、石油化工、发电等工业项目在建及扩建工程。

5.11.4 工程案例

台塑越南河静炼钢连铸工程、天津忠旺1号热轧工程、本溪钢厂三冷轧1870热镀锌机组工程、宝钢湛江1号高炉工程等。

（提供单位：上海宝冶集团有限公司。编写人员：马广明、王雪珍）

5.12 液压管道酸洗、冲洗技术

5.12.1 液压、润滑气液混合冲洗技术

1. 技术内容

液压、润滑气液混合冲洗技术包括气液环保型油冲洗新技术、智能化高效节能油冲洗新技术、液压系统管道整体试压新技术，主要解决液压管道油冲洗、油品净化和整体压力试验的难题，具有冲洗效率高、冲洗质量高、节能环保、安全可靠性、施工成本低等优点，适应现代冶金工程的发展方向，并满足社会节能减排、低碳环保的要求。

（1）气液环保型油冲洗新技术

1）管道高效清洁技术

采用压缩空气推动高密度的聚亚氨酯泡沫体在管道内部高速旋转前进，摩擦、吸收管道内壁的杂质，达到清洁管道的目的，改变管道内部清洗由化学过程为物理过程，实现管道在线清洗过程中盐酸等化学物质的零使用、零排放，避免了环境污染。

2）紊流油冲洗及在线快速检测技术

在管径、冲洗液和环境温度一定时，雷诺数值主要由液体流量决定，流量越大雷诺数越大，油分子窜动越剧烈，冲洗效果愈佳。采用液压系统油冲洗装置，包括油箱、油泵、过滤器、加热冷却装置、清洁人孔等，根据不同的管径选择不同规格的软管与要冲洗的管段用法兰相连接。供回油的软管都连接以后，再把泵的供油口与冲洗油的供油点相连接，并确认冲洗供回油的阀门都处于关闭状态，以上准备工作做好后就可以开始冲洗。按下试压装置的电源开关，然后打开试压装置的供油阀门，管道内开始充油，保证管道内的油液达到紊流状态，根据取样分析仪显示屏所显示的冲洗油等级报告来判断是否还需要进一步的冲洗。冲洗合格后的管段应及时复位，并作好标记，以免混淆。同时可以准备继续进行下一路管道的冲洗工作。流量大且集试压、冲洗和检测为一体，机动灵活、冲洗过程可与管道敷设同步进行，适合流水作业。采用在线检测技术替代油样试验室检测，实现了冲洗环路的智能切换，提高了冲洗效率，达到了小管径液压管道（*DN*40）快速油冲洗的

目的。

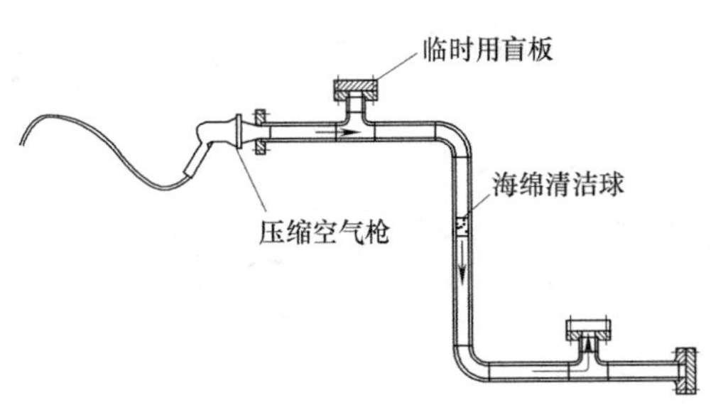

图 5.12-1 通球示意图

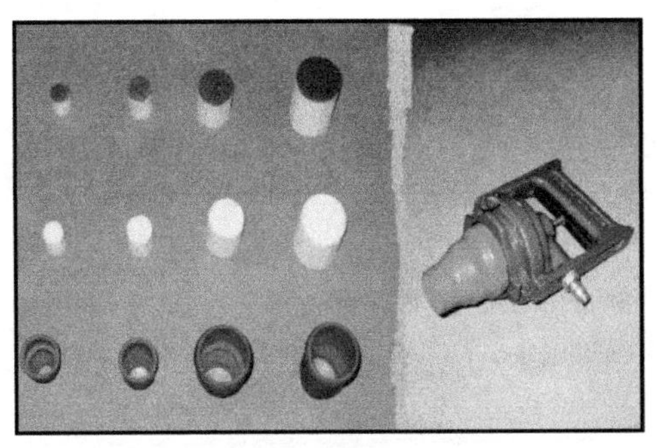

图 5.12-2 海绵清洁球和通球气枪

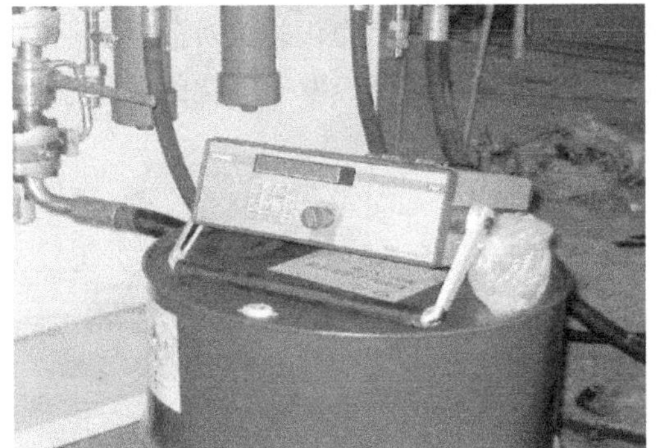

图 5.12-3 紊流油冲洗装置及在线检测仪

(2) 智能化高效节能油冲洗新技术

1) 智能化高效节能双向油冲洗技术

使用智能化高效节能环保型管道在线油冲洗装置，该装置具有智能多模式冲洗功能，可根据需要选择调试模式、手动模式、智能冲洗模式。本装置通过自动化控制系统，对冲洗中的参数：冲洗压力、流量、油温、液位、过滤器压差进行连锁及实时监控，动态调整各项参数，自动进行检测和回路切换，使管道系统保持最有效的冲洗状态，实现智能化高效冲洗。

利用双向油冲洗装置，通过控制阀门出入口阀门的开闭来实现正反双向冲洗。正向冲洗时，冲洗油由大管径流向小管径管道，这时大管径管道冲洗压力大，流速快，利于大管径管道的冲洗；反向冲洗时，冲洗油由小管径流向大管径管道，这时小管径管道冲洗压力大，流速快，有利于小管径管道的冲洗。

2) 管道环路快速连接技术

采用管道环路快速连接技术，能实现临时环路的快速成型，且安全可靠、可重复使用。研制了设备与管道快速连接装置和阀台处管路快速连接装置，实现了设备与待冲洗管道主管、主管与阀台后支管之间的快速连接，施工效率提高。快速连接装置制作简单、连接快速、通用性强、可重复利用，节约环路制作费用。

3) 管道在线油冲洗防乳化技术

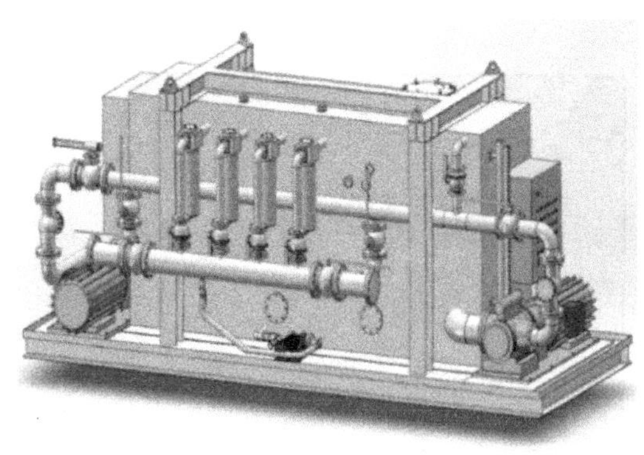

图 5.12-4　智能环保双向油冲洗装置

利用串联式两级油品净化装置，集精密油品过滤和高效油水分离两种功能于一体。冲洗过程中，外接油品净化装置对油箱内油品进行持续循环净化，有效避免冲洗时发生油品乳化，同时还可对已经发生乳化的油品进行净化，实现油品的再生利用。

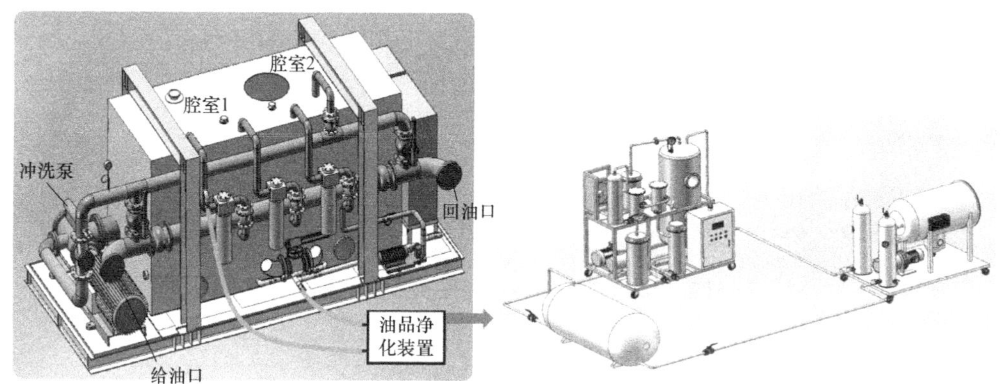

图 5.12-5　管道在线油冲洗防乳化示意图

（3）液压系统管道整体试压新技术

通过引入外置高压泵作为动力源，用高压集管和高压阀门制作临时环路替代阀台，解决了大规模、复杂的液压管道阀台后 A、B 管道系统压力试验的难题，真正实现了阀台前后液压管道压力试验的全覆盖，保证了试运行和生产期间管线运行的可靠性。

2. 技术指标

《冶金机械液压、润滑和气动设备工程安装验收规范》GB/T 50387、《冶金机械液压、润滑和气动设备工程施工规范》GB 50730。

3. 适用范围

适用于液压、润滑管道的在线冲洗。

4. 工程案例

宝钢湛江钢铁基地 2250mm 热轧工程、武钢防城港钢铁基地项目 2030mm 冷轧酸轧工程、燕钢 1580mm 热轧工程、宝钢德胜 1780mm 工程、宁钢连铸工程、湖南华菱汽车板工程和宁钢烧结机工程等。

（提供单位：中国二十冶集团有限公司。编写人员：魏尚起、徐冰、杨春福）

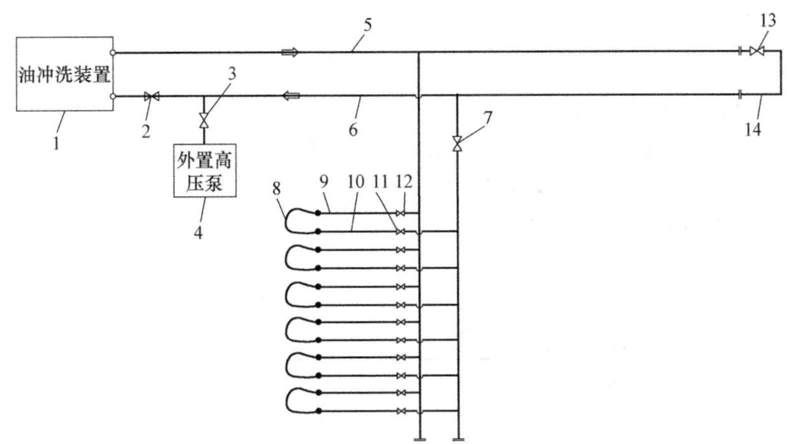

图 5.12-6　液压管道在线打压原理图

1—油冲洗装置；2—高压球阀；3—高压球阀；4—外置高压泵；5—回油管道 T 管（低压管）；6—给油管道 P 管（高压管）；7—高压球阀；8—高压软管；9—A 管（阀台后）；10—B 管（阀台后）；11～13 高压球阀；14—连接 P、T 管末端的临时管

5.12.2　液压管道酸洗冲洗装置二合一技术

1. 技术内容

随着氟塑料衬里离心泵代替不锈钢离心泵作为酸洗泵的使用，且耐酸耐碱耐油密封材料出现，原来作为酸洗泵的装置只在其回液管路上增加预留过滤器的接口，酸洗前过滤器位置用管道短接连接，在冲洗前将过滤器装上，可实现酸洗冲洗装置合二为一。液压管道在线循环酸洗结束后，继续利用酸洗装置冲洗液压管路，冲洗达到 NAS7 级，完成液压管道的初次冲洗。

(1) 技术特点

1）可实现大流量冲洗：冲洗流量近 1900L/min。

2）轻巧实用：槽体容积一般 4000L，占地面积小，使用率高。

3）减少管路二次污染：酸洗管路冲洗管路为同一回路。

(2) 施工工艺

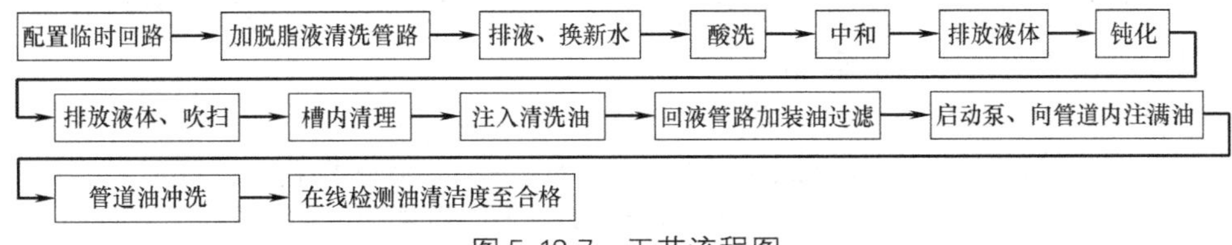

图 5.12-7　工艺流程图

钝化后液体排放要彻底，吹扫可采用分段进行，确保每根管道无雾状液体，否则后续冲洗油会乳化。

当管路容积大于油槽时，启动泵时，及时向油槽内补油，避免泵吸入空气，引起气蚀，需始终保持油槽内油面高于泵吸口上部至少 200mm。

2. 技术指标

1）泵选型：氟塑料衬里离心泵，流量 $Q \approx 1900$L/min，扬程 $H \approx 80$m（例如＃＃＃

IHF100-65-250）。

2）酸洗钝化结束与油冲洗开始时间间隔不宜超过 4h。

3）酸洗冲洗液体流向应从回油 T 管进，从供油 P 管回。

4）《冶金机械设备安装工程及规范—液压、气动和润滑篇》YBJ 207、《冶金机械液压、润滑和气动设备工程安装验收规范》GB/T 50387。

5）二合一装置原理图如图 5.12-8：

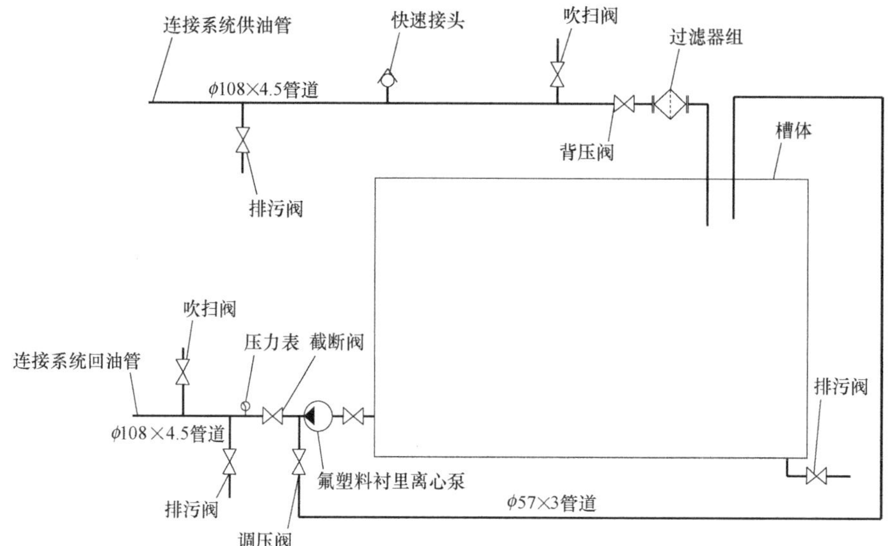

图 5.12-8　酸洗冲洗装置二合一原理图

阀门功能说明：

调压阀：控制泵出口压力，保证泵处在允许压力下运转。

快速接头：通过快速接头接入液压油清洁度在线检测仪。

背压阀：通过手动调节阀门，保证在线监测仪入口压力在 0.1～0.2MPa

过滤器组：通过过滤器组，使得过滤器接口截面积不小于管道截面积，在酸洗钝化排油期间过滤器不参与，需用短管联通。

3. 适用范围

适用于口径 $DN\leqslant150$、单根管线长 $L\leqslant80$m、高程差 $H\leqslant15$m 的液压系统管道，且酸洗冲洗装置附近有水源及压缩气源。

4. 工程案例

合肥公司连续镀锌线工程、马钢小 H 型钢工程、马钢 2250 热轧工程等。

（提供单位：上海宝冶集团有限公司。编写人员：刘昌芝、周勤、梅伟）

5.13　轧线主传动电机施工技术

5.13.1　技术内容

（1）技术特点

轧线主传动电机安装技术主要包括：受限环境下 T 形螺栓安装技术、C 形梁吊装穿芯技术、空气间隙测量技术等，解决了厂房行车吊装能力不能满足电机整体吊装需求、电机结构庞大安装位置设计紧凑的问题，实现了安装工艺合理、工效高、工程质量和施工安全高、施工成本低。

(2) T形螺栓安装技术

电机底座是电机安装的基础平台，主电机的稳定性来源于底座基础平台的牢固程度。传统施工工艺是首先将螺栓放入套筒中，再将电机底座吊装就位后提升旋转螺栓并用螺帽固定后对螺栓套筒进行密封，存在工效低、施工空间太狭小、视角有限，不能准确快速密封等问题。

该技术先将T形地脚螺栓投入套筒内，将大圆环钢板焊接在套筒内壁，使用倒链将T形地脚螺栓旋转并提升，再把橡塑圆环套进T形地脚螺栓，将两个半圆环钢板放置圆环上，使用螺栓通过螺母进行紧固。两个大小圆环及固定装置的组合，利用两个圆环重叠部分可调整移动地脚螺栓中心位置及依靠橡塑海绵的弹力密封套筒，新技术在电机底座就位时不需要人员固定每一颗地脚螺栓，减少大量施工人员，提高工作效率，施工空间大、视角好，施工简便、密封效果好，准确率达100%，增强了主电机投入运行工作稳定性。

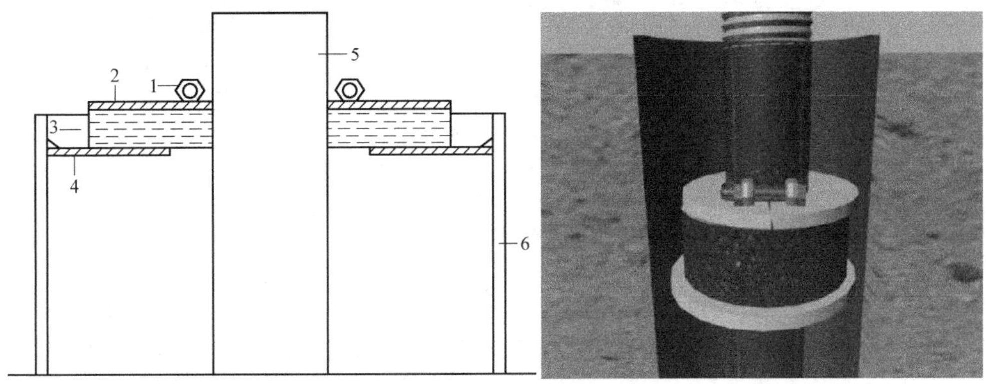

图5.13-1　T形螺栓安装示意图

1—M16螺母；2—半圆形钢板；3—橡塑海绵圆环；4—圆环钢板；5—T形地脚螺栓；6—套筒

(3) C形梁吊装穿芯技术

该技术主要针对行车吊装能力受限，设计工艺为上后下前粗轧主传动电机穿芯。这种工艺布置在下电机安装时受上电机基础限制及厂房宽度使行车横向吊装受限，不能满足穿芯吊装的空间要求。C形梁穿芯步骤如下（见图5.13-2）：

1）将下电机底座及轴承座安装完成，将轴承座定位后移除，在轴承座下垫滚杠；

2）转子进场后，采用吊梁卸车，并清洗吹扫转子；

3）将转子吊装到底座上，并垫好支撑块；

4）将定子进场，清洗吹扫后吊装至底座上；

5）使用C形梁将延伸轴安装在转子上；

6）采用吊梁将转子吊起并移动到安装中心位置；

7）支撑转子将定子吊装到中心位置；

8）将转子采用吊梁吊起，将支撑块移除。将轴承座移回安装位置。

(4) 空气间隙测量技术

空气间隙是指定子铁心与转子磁极铁心之间的最小距离，现在轧线使用的大型同步电动机一般都是采用凸极式，极数为16～24极，由于原有的测量工具及测量方法（塞尺法）

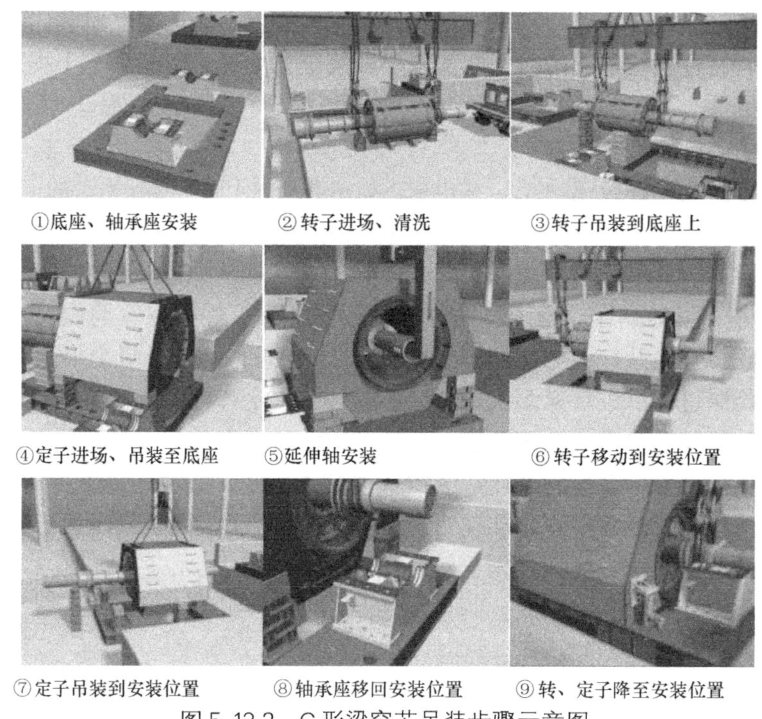

图 5.13-2　C 形梁穿芯吊装步骤示意图

费时费力且精度不高，造成定子调整需要大量时间且精度不高。空气间隙测量技术采用两块拥有斜面完全吻合两块板材，沿斜面方面运动时两块厚度重合同时发生改变的原理，根据主电机内部环境情况，研制出专用空气间隙的测量工具，检测精度在 0.1mm 以内。

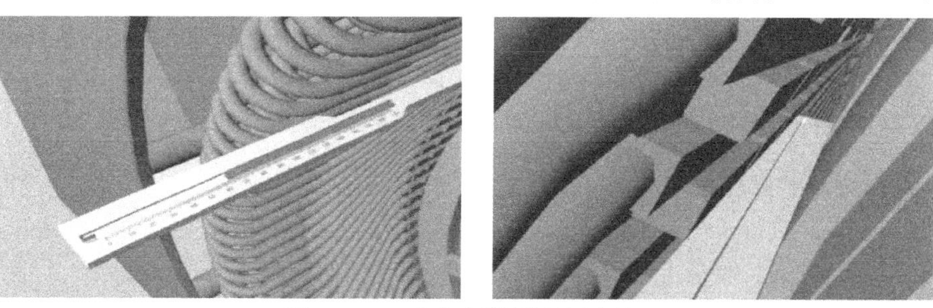

图 5.13-3　空气间隙测量示意图

5.13.2　技术指标

《电气装置安装工程旋转电机施工及验收规范》GB 50170、《冶金电气设备工程安装验收规范》GB 50397。

5.13.3　适用范围

适用于热轧、厚板、宽厚板及冷轧工程等。

5.13.4　工程案例

梅钢 1780mm 热轧工程、南钢宽厚板工程、湛江钢铁基地 2250mm 热轧工程、湛江钢铁基地 4200mm 宽厚板工程、燕钢 1780mm 热轧工程、山钢日照钢铁 2050mm 热连轧工程等。

（提供单位：中国二十冶集团有限公司。编写人员：金辽东、赵军）

5.14 大型变压器就位安装技术

大型电力变压器是冶金工业生产线高压供配电系统核心设备，为输电、配电及电力能源使用提供基本保障。冶金工程大型变压器通常供电电压为 35～110kV 变压器，容量在 2500kVA 及以上，其容量大、体积大、重量重，部分变压器重量达百吨以上，此类变压器通常采用油浸式冷却，冶金工程大型变压器安装质量是确保高压供配电系统稳定、高质量、低故障率运营必要条件。（见图 5.14-1）。

图 5.14-1 某钢厂热轧总降（110/10kV，63MVA）大型电力变压器

5.14.1 技术内容

（1）技术特点

大型变压器就位安装技术主要包括：高度可调大型变压器安装移动平台技术和大型变压器移动平台及液压助力安装技术，可显著提高工程施工质量，增强工程施工的安全性，加快工程施工进度。

（2）高度可调大型变压器安装移动平台技术

采用可无级升降、自由移动的移动平台装置（见图 5.14-2）主要由平台主体框架、手动液压千斤顶、万向移动轮及升降柱组成，实现了变压器就位安装的方便快捷，确保了大型变压器在移动过程中的安全性，减少施工成本，提高施工效率。平台制作用钢材快速查询表见表 5.14-1。

平台制作用钢材快速查询表　　表 5.14-1

变压器重量(t)	转动惯量(cm^3)	选用型材
5～10	49	10 号工字钢
15～20	141	16 号工字钢
21～48	145～220	16 号工字钢
50～100	250	20 号工字钢
100～150	692	20 号工字钢

（3）大型变压器移动平台及液压助力安装技术

利用液压移位技术取代人工牵引变压器就位方式及变压器机械吊装移位方式，采用平台技术同电动液压技术组合（见图 5.14-3），将变压器推进就位，新技术可大幅减轻工程临时工作量，显著提高施工效率，节省大量人工和材料，不需将大型变压器起吊即可将变压器平稳送进变压器室，保障了施工安全性。

具体实施工艺流程如下：

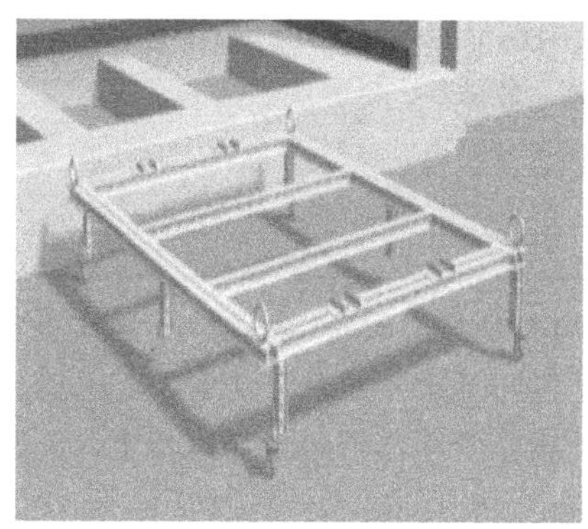
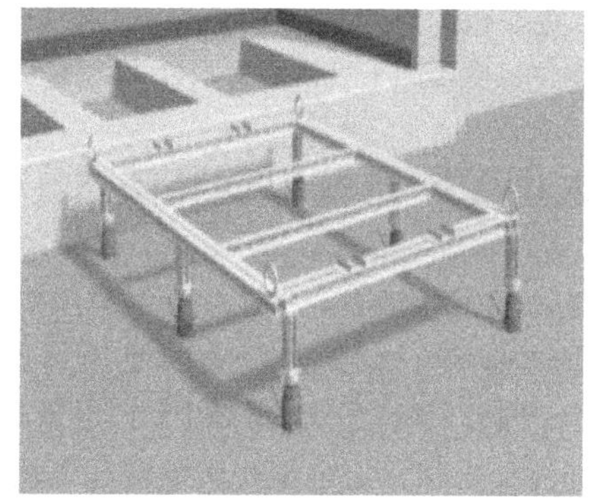

图 5.14-2　移动平台移动轮与液压千斤顶柱脚置换图

1）自升降平台移至变压器室和变压器运输车之间，为变压器卸车及液压输送至变压器安装位置做准备；

2）平台升至车板平面高度置；

3）千斤顶抬起变压器；

4）钢轨铺设及液压推移装置安装；

5）将变压器推至自升降平台中心；

6）拆除板车上钢轨并移走板车；

7）自升降平台调至变压器室地坪高度；

8）钢轨铺设至变压器安装位置；

9）运行液压推移装置将变压器推至变压器安装位置；

10）安装位置变压器调整、附件安装及结束。

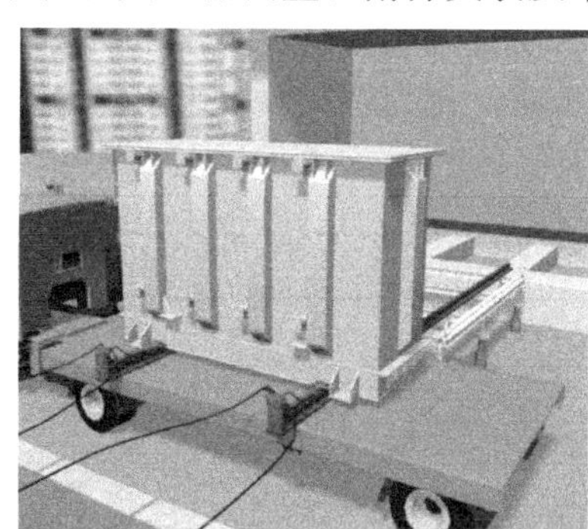
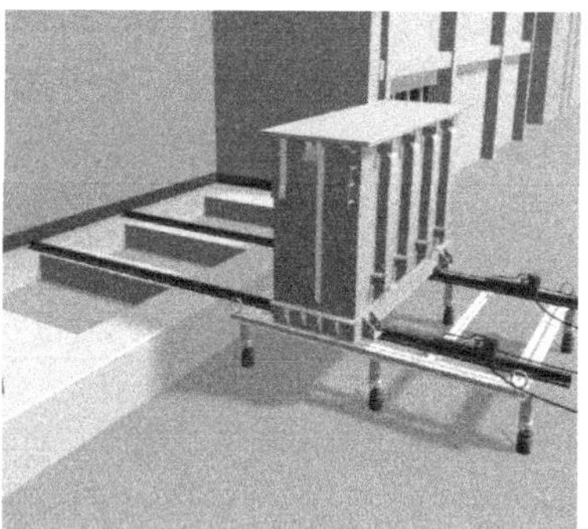

图 5.14-3　超大型变压器移动平台及液压助力施工图

5.14.2　技术指标

《冶金电气设备工程安装验收规范》GB 50397、《电气装置安装工程电气设备交接试验标准》GB 50150、《电气装置安装工程电力变压器、油浸电抗器、互感器施工及验收规范》GB 50148。

5.14.3　适用范围

适用于工业工程、市政建设、建筑、电站等高压供配电系统工程。

5.14.4 工程案例

首钢京唐冷轧、首钢迁钢冷轧、梅钢热轧、攀西热轧、南钢、宝钢湛江钢铁有限公司2250mm热轧、宝钢湛江钢铁4200mm宽厚板、山东日照钢铁2050mm热轧、山东日照钢铁2030mm冷轧工程等。

（提供单位：中国二十冶集团有限公司。编写人员：陈雷、张婷）

5.15 现场总线智能仪表集成系统施工技术

5.15.1 技术内容

随着现场总线控制系统的出现，以数字式、网络化为核心技术的总线智能仪表应运而生。现场总线智能仪表与现场总线控制系统有着不可分割的密切关系，采用现场总线控制系统必须有现场总线智能仪表与之相匹配，在现场总线控制系统下，总线智能仪表替代了传统集散控制系统中的模拟现场仪表，把传感测量、补偿计算、工程量处理与控制等功能分散到现场仪表中完成。

（1）现场总线设备安装

1）现场总线设备安装应具备下列条件

① 设计施工图纸、有关技术文件及必要的仪表安装使用说明书已齐全。

② 施工图纸已经过会审；已经过技术交底和必要的技术培训等技术准备工作。

③ 施工现场已具备仪表工程的施工条件。

④ 现场总线设备安装前应外观完整、附件齐全，并按设计规定检查其型号、规格及材质。

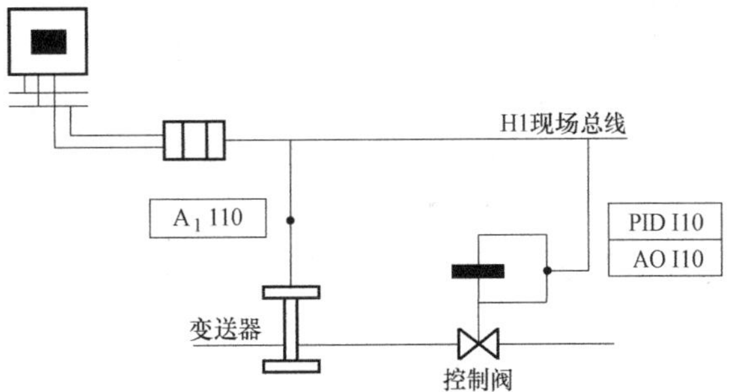

图5.15-1 功能模块构成的现场总线控制回路

⑤ 现场总线设备安装时不应撞击及振动，安装后应牢固、平整。

⑥ 设备的接线应符合下列规定：

a. 剥绝缘层时不应损伤线芯和屏蔽层；

b. 连接处应均匀牢固、导电良好；

c. 锡焊时应使用无腐蚀性焊药；

d. 电缆（线）与端子的连接处应固定牢固，并留有适当的余度；

e. 接线应正确，布置应美观。

2）现场总线仪表安装

① 现场总线仪表应综合考虑网段划分、地理位置和电缆敷设距离进行安装。

② 现场总线仪表的安装应尽量避开静电干扰和电磁干扰，当无法避开时，应采取可靠的抗静电干扰、电磁干扰的措施。

③ 现场总线仪表的安装应采取适应现场环境的防护措施。

④ 安装位置应符合下列规定：

a. 照明充足，操作和维修方便；不宜安装在振动、潮湿、易受机械损伤、有强磁场干扰、高温温度变化剧烈和有腐蚀性气体的地方。

b. 仪表的中心距地面的高度宜为 1.2～1.5m。带有就地显示屏的仪表应安装在手动操作阀门时便于观察仪表示值的位置。

3）现场总线执行设备安装

① 变频器

a. 变频器应是符合国际、国内电磁兼容标准的、技术成熟、谐波抑制措施完善的设备，并具备现场总线通信接口。

b. 现场总线相关通信柜应远离变频器柜。

c. 变频器动力电源与现场总线控制电源应由不同电源系统供电。

d. 变频器前后应设置感性滤波装置。

e. 变频器至电机的电缆应采用变频专用电缆。

f. 接地电阻应符合变频器产品要求。

g. DP 电缆屏蔽层应连接至屏蔽地。

② 执行机构和电磁阀

a. 执行机构和电磁阀应是符合国际、国内电气标准的、技术成熟的设备，并具备现场总线通信接口。

b. 液动执行机构的安装位置应低于调节器。当必须高于调节器时，两者间最大的高度差不应超过 10m，且管路的集气处应有排气阀，靠近调节器处应有逆止阀或自动切断阀。

c. 电磁阀在安装前应按安装使用说明书的规定检查线圈与阀体间的绝缘电阻。

③ 智能马达驱动器

a. 智能马达驱动器应是符合国际、国内电气标准的、技术成熟的设备，并具备现场总线通信接口。

b. 智能马达驱动器应能提供保护模式、直接启动模式、双向启动模式、星三角启动模式、与断路器配合的保护模式、与断路器配合的直接启动模式等控制模式。

c. 智能马达驱动器安装在 MCC 柜内应固定牢固，通信电缆与供电线缆不宜捆扎在一起。通信电缆应符合距离要求。

d. 总线地址需要通过就地按钮进行设置时，应确保智能马达驱动器先带电。

④ 现场总线通信组件及连接件

a. 现场总线通信组件不宜安装在高温、潮湿、多尘、有爆炸及火灾危险、有腐蚀作用、振动及可能干扰附近仪表通信等场所。当不可避免时，应采取相应的防护措施。

b. 现场总线通信组件安装前应检查设备的外观和技术性能并应符合下列规定：

(a) 各组件接触应紧密可靠，无锈蚀、损坏。

(b) 固定和接线用的紧固件、接线应完好无损。

(c) 防爆设备、密封设备的密封垫、填料函，应完整、密封。

(d) 附件应齐全，不应缺损。

(e) 通信接头、中继器、终端电阻等安装接线可靠。

c. 现场通信箱内的通信电缆弯曲半径应不小于生产厂商规定的值，电缆没有扭结和凹坑。

d. 厂房内布置的现场通信箱宜安装在环境温度 0～40℃，相对湿度 10%～95%（不结露）的环境中。

⑤ 现场 I/O 站（包括通信卡、组件等）安装要求：

a. 安装环境的温度、湿度、粉尘、振动、冲击等条件应满足设计或产品说明书的要求。不宜安装在高温、潮湿、多尘、有爆炸及火灾危险、有腐蚀作用及可能干扰附近仪表通信等场所。

b. 现场 I/O 应安装在保护箱内。

⑥ 现场通信箱的安装位置应远离大型电力设备、高电压强电流设备等干扰源（如变频器、大功率电机等）。

⑦ 通信连接件安装要求：

a. 通信总线分支专用 T 形接口、多口分支器应布置在便于查找和检修的地方，宜接近相关现场总线设备，如图 5.15-2。

b. 接头应接触良好、牢固，不承受机械拉力并保证原有的绝缘水平。

图 5.15-2 T 形接口、多口分支器

c. 现场总线网段终端电阻宜装设在系统机柜或现场总线就地接线箱内，不宜安装在就地的现场总线设备内。PROFIBUS DP 总线宜采用有源终端电阻。

d. 为了便于调试，在每个 PROFIBUS DP 网段上宜装带有扩展接口的总线连接器。

e. 应提供冗余电源模块为 PROFIBUS PA、FF H1 总线网段供电。

f. 现场通信机箱安装在混凝土墙、柱或基础上时，宜采用膨胀螺栓固定，并应符合下列规定：

(a) 箱体中心离地面的高度宜为 1.3～1.5m。

(b) 成排安装的供电箱，应排列整齐、美观。

(c) 现场通信机箱应有明显的接地标记；接地线连接应牢固可靠。

(2) 基于 PROFIBUS 现场总线安装技术

1) 选择标准 PROFIBUS 通信电缆

标准 PROFIBUS 电缆为双层屏蔽双绞电缆，其中数据线有两根：A-绿色和 B-红色，分别连接 DP 接口的管脚 3（B）和 8（A），电缆的外部包裹着编织网和铝箔两层屏蔽，最外面是紫色的外皮（见图 5.15-3）。

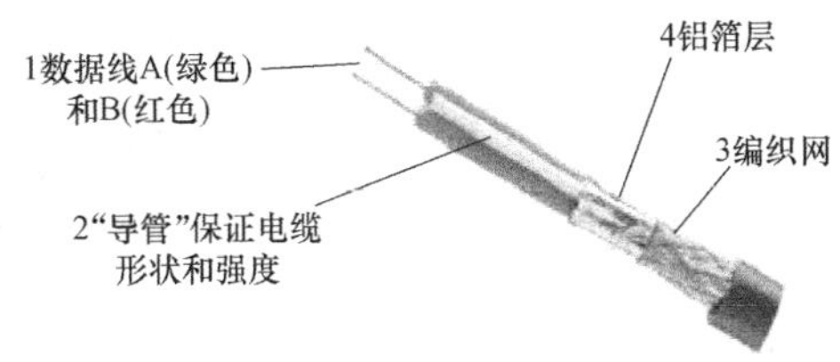

图 5.15-3 标准 PROFIBUS 电缆及 PROFIBUS 总线接口

2）屏蔽层多点接地

PROFIBUS 电缆在插头内接线时，须将屏蔽层剥开，与插头内的金属部分压在一起，该金属部分应当与 Sub-D 插头外部的金属部分相连。当插头插在 CPU 或者 ET200M 等设备的 DP 口上时，则通过设备连接到了安装底板，而安装底板一般是连接在柜壳上并接地的，从而实现了屏蔽层的接地（如图 5.15-4）。由于接地有利于保护 PLC 设备以及 DP 通信口，因此对于所有的 PROFIBUS 站点都要求进行接地处理，即“多点接地”。

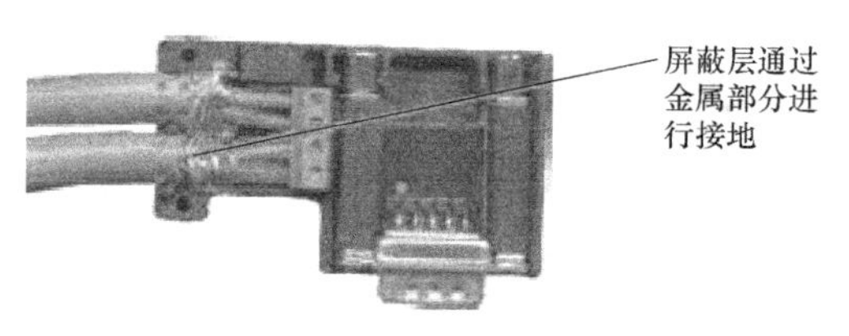

图 5.15-4　PROFIBUS 插头内部接线即屏蔽层的处理

3）布线规则

① 不同电压等级的电缆应分线槽布线，并应加盖板；如果现场无法分线槽布线，则将两类电缆尽量远离，中间加金属隔板进行隔离，同时金属线槽要做接地处理。

② 通信电缆单独在线槽外布线时，可根据情况采用穿金属管的方式，但外部的金属管需要接地。

③ 通信电缆与动力电缆避免长距离平行布线，可以交叉布线，不会因为容性耦合而产生干扰。

4）通信电缆过长时，不应形成环状，此时如果有磁力线从环中间穿过时，根据“右手定律”，容易产生干扰信号。

5）通信线连接的设备应做等电势连接，即采用等势线将两个设备的“地”进行连接，等势线的规格为：铜 6mm^2，铝 16mm^2，钢 50mm^2。

6）通信线在电柜内的布线，应该遵循远离干扰源的原则。在柜内的走线应当进行精心的设计，尽量避免与高电压、大电流的电缆在同一线槽内走线，同时，不应在柜内形成“环”，特别时避免将变频器等干扰源包围在“环”内。

7）通信电缆的屏蔽层在电柜内的处理

① 首先是 PROFIBUS 插头，需要将屏蔽层压在插头的金属部分外，还需要注意屏蔽层不要剥开的太长，否则会暴露在空间，成为容易受干扰的“天线”，如图 5.15-5。

② 通信电缆的屏蔽层在进/出电气柜时，都应该进行屏蔽层接地处理，屏蔽层应该保证与接地铜排进行大面积的接触，如图 5.15-6。

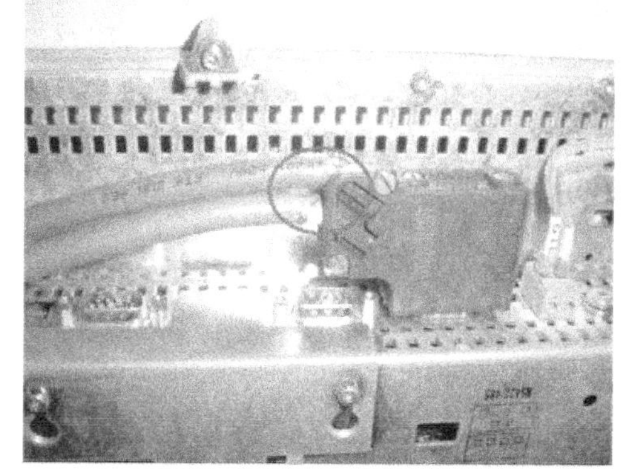

图 5.15-5　屏蔽层暴露在空间容易接收干扰

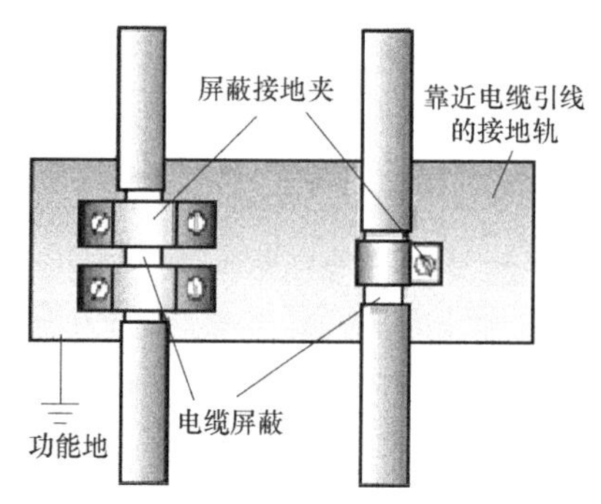

图 5.15-6　屏蔽层的接地

③ 为方便将 PROFIBUS 的外皮以及屏蔽层按照固定的长度进行切除，减少剥线的时间和剥线过程中将电缆破坏或者造成短路的可能，应使用 PROFIBUS 专用快速剥线工具。

5.15.2 技术指标

《测量和控制数字数据通信工业控制系统用现场总线 类型 3：PROFIBUS 规范》GB/T 20540、《电气装置安装工程低压电器施工及验收规范》GB 50254、《工业通信网络—现场总线规范》GB/T 33537.1、《建筑电气工程—施工质量验收规范》GB 50303、《电气装置安装工程 电缆线路施工及验收规范》GB 50168、《电气装置安装工程 接地装置施工及验收规范》GB 50169、《电气装置安装工程 盘、柜及二次回路接线施工及验收规范》GB 50171、《冶金电气工程通讯、网络施工及验收规范》YB/T 4386、《自动化仪表工程施工及验收规范》GB 50093。

5.15.3 适用范围

适用于冶金在建、扩建工程的网络智能仪表安装。

5.15.4 工程案例

舞阳钢厂方坯连铸机改造工程、上海电气凯士比核电泵阀有限公司核电主泵制造基地技术改造项目等。

(提供单位：上海宝冶集团有限公司。编写人员：董广义、沈炯、周建刚)

5.16 大型双膛窑建造技术

5.16.1 技术内容

(1) 技术特点

600T/D 双膛窑是目前技术最先进、最大的高品质石灰煅烧装置之一，相比于传统的竖窑、梁窑和回转窑具有更大产量、更低能耗、更环保、出产产品品质更高的特点。该石灰窑工程主要包含原料储运系统、焙烧系统、成品处理系统、能源动力公辅系统等，建设期工期短，工序衔接非常紧凑。基于 EPC 总承包平台上的资源一体化优势，应用模块化建造、设备供应商系统集成、BIM 技术进行建造，优化设计、合理采购，提高效率和质量，项目效益显著。

(2) 窑本体模块化建造

石灰窑工程是以石灰窑本体为核心，配套各能源介质和动力公辅装置的系统工程。基于 EPC 总成的平台的设计优势，方案设计阶段就充分考虑模块化制作、安装的因素，即将石灰窑工艺钢结构（如图 5.16-1）设备和系统按照功能和层次分解成若干有接口关系的相对独立单元，再按照标准化的流程制作，最后组合成完整单体的建造方法。双膛石灰窑全高 55m，主体为两个窑膛，基本组成为窑底部灰仓、卸料斗，窑壳体、窑顶小房几个部分。窑壳主要为 10mm 钢板，高空散拼，存在焊接难度大、变形控制难，是占主线工期最长的建筑单体。

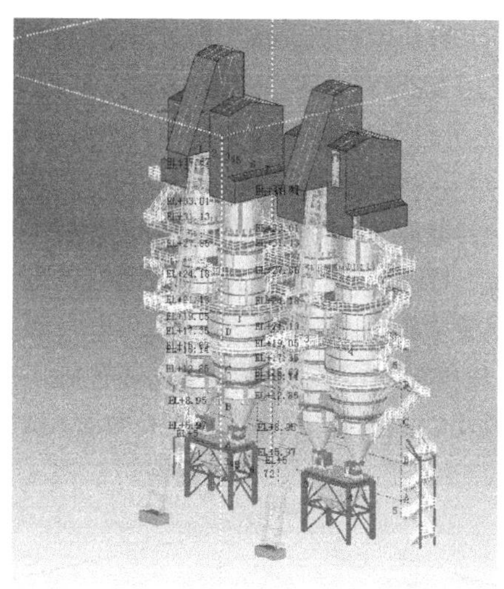
图 5.16-1　窑本体工艺钢结构

双膛石灰窑与其他套筒窑外形区别在与直径不规则，石灰窑本体结构模块化建造即窑本体钢结构以每层平台的环形圈梁下翼板为节点沿高度方向分为五段，壳体第一部分由三段扇形钢板圈（δ=10mm）组成，钢板圈高度为 3800m；窑壳第三部分窑壳壁厚 10mm，高度为 6.21m，直径变化为 5390mm，相对于第二部分变化很大；窑壳第四部分窑壳壁厚 12mm，高度为 2.65 米，直径变化为 5070mm；窑壳第五部分窑壳壁厚 10mm，高度为 4.14m，直径变化为 4320mm。窑壳制作安装流程（如图 5.16-2）：

每段均进行工厂化制作，制作中要对壳体进行周长、椭圆度、同心度进行测量（见表 5.16-1），直到调整后所测数据符合规范要求，然后使用带弧形钢板圈的十字撑点焊和定位板固定。

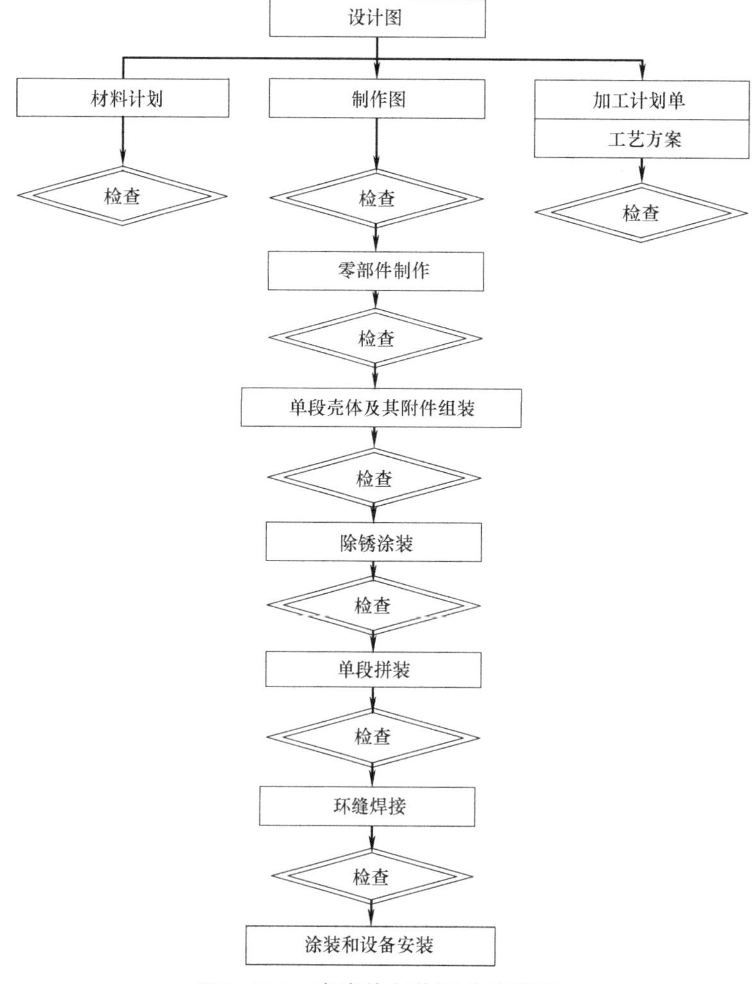

图 5.16-2　窑壳体制作工艺流程图

气割的允许偏差（mm） 表 5.16-1

壳体椭圆度	壳体同心度	壳体钢板对口错边量	壳体钢板圈上口水平度
≤2/1000D	≤1/1000H 且不大于 30mm	≤1/10t 且不大于 3mm	≤4mm

然后在地面组装平台上安装平台、栏杆、环管、桥架等附件以及开设工艺孔洞，每段最大重量约为 15～21t，组装完后环形圈梁和平台以及栏杆形成一个稳定的整体即可拆除十字撑和固定板。组装完倒运至吊装场地，由 150t 履带起重机进行整体吊装（如图 5.16-3）。高空拼接中仅需在已安装平台上校正、对接待安装段下部的水平环缝（如图 5.16-4），待安装段窑壳下口无固定支撑且板薄易于校正，环缝对接简单。根据组装平台面积可以多段同步制作、组装，集中高空拼装，焊接质量以及安全性大大提高，且能确保焊缝检测一次合格率，同时节省约 50%工期。

场地紧凑工地中，对于体量小单体和局部高耸结构可直接设计为全钢结构模块，异地制作好后整体吊装拼接到位，缩短主线工期。如常规吊装上料斜桥需在窑前仓结构完成后逐节安装，但根据其狭小安装位置和重量，起重机无处站位，采用倒装法可很好解决此问题。上料斜桥顶部弯轨与斜桥上段在地面进行组装，从上至下进行拼装，下段暂预留。

图 5.16-3 壳体第二段吊装

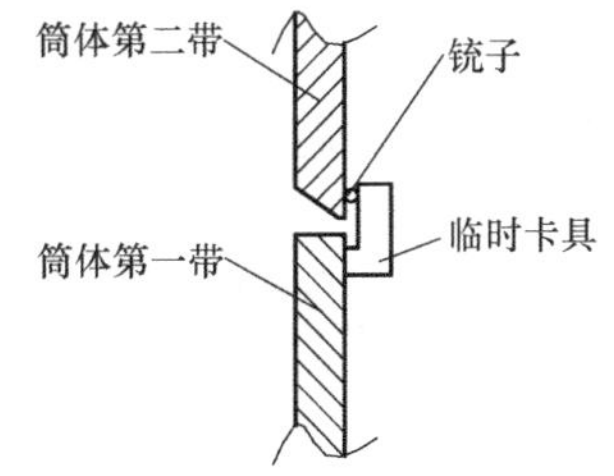

图 5.16-4 窑壳水平环缝对接示意图

（3）耐材专业化砌筑

双膛窑耐材砌筑的主要关键部位为牛腿的砌筑和连接通道的砌筑。

牛腿砌筑过程需要向内退台施工，砖结构的径向膨胀由 2mm 陶瓷纤维板和 3mm 陶瓷纤维垫来吸收：

每个窑有 窑膛，每个窑膛冷却带有 12 座牛腿支撑整个窑膛上部耐材。24 座牛腿柱耐材从六边形托砖圈开始砌筑，最大的难度在于砌筑至 124 层必须保证 24 座牛腿顶部累计高差<5mm。砌筑中用水准仪检查耐火窑衬的水平底板，看看是否有可能的不平整。在前 10～15 层砌筑砖中，可用灰泥补偿累积最大 15mm 的标高差异。如果存在较大的底板变形，可用耐火泥捣打料进行找平，最小厚度为 20mm。注意两个窑体从相同水平开始砌筑。

连接通道柱砌砖时，应该注意标准砖和异型砖混合砌筑。先砌筑柱子的角部砖，这些砖应该与下部砖层重叠 1/2 块砖。应该在外环形通道墙方向上大约 1～1.5m 处放置端部的砖。另窑膛内墙体与通道内墙体砌筑同时进行，并用水准仪把同层耐火砖的标高写在砖上，做好标记保证通道内墙体处于同一水平面。两侧特殊高铝砖斜度退台后支拱胎，在主拱砖上用侧面砖作找平层并加工斜面，保证其侧立面的倾斜角度，可用专用样板（或木模）进行控制；同时同侧的顶层砖顶面应在一个面上（顶部高差<5mm）。

（4）BIM 应用建造技术

针对石灰窑 EPC 项目普遍存在边设计、边施工、边变更的“三边”工程特点，重点在于解决工艺方案和施工图设计返工问题。引入 BIM 技术进行设计方案可视化、非标设备深化出图、工厂预制、辅助方案策划，在施工期利用 BIM 模型进行技术交流、方案模拟，大大提高了 EPC 工程沟通效率，降低返工率，提高设计和施工质量。

5.16.2 技术指标

《工业金属管道工程施工质量验收规范》GB 50184、《质量管理体系要求》GB/T 19001、《职业健康安全管理体系规范》GB/T 28001、《环境管理体系要求及使用指南》GB/T 24001。

5.16.3 适用范围

适用于冶金、化工、建材等在建以及扩建的多专业双膛石灰窑 EPC 工程。

5.16.4 工程案例

鄂尔多斯君正 60 万吨/年气烧石灰窑 EPC 总承包工程、衢州元立 2×600TPD 悬挂缸式麦尔兹窑系统 EPC 总承包工程、连云港兴鑫钢铁 2×600TPD 煤烧双膛窑系统 EPC 总承包工程等。

（提供单位：上海宝冶冶金工程有限公司。编写人员：刘军、刘林）

5.17 大型水泥熟料生产线施工技术

5.17.1 技术内容

随着水泥熟料生产技术发展，以及环境保护、节约能源的需要，目前我国水泥熟料生产线新建、改建项目中，生产规模均为不低于 5000t/d 及以上，其中最大达到 12000t/d。

单线生产能力的提高，是因为整个生产线各生产设备由于产能提高，设备提高运行效率的同时，设备重量、外形尺寸都增大，大、重设备多，其中 12000t/d 生产线设备安装总量超过 14000t，结构及非标制作安装量接近 10000t，各类电气线缆达到 60 万 m。水泥熟料生产线其主要设备包括回转窑、篦冷机、电收尘器、预热器、生料立磨等。

（1）回转窑安装

回转窑施工工艺流程：

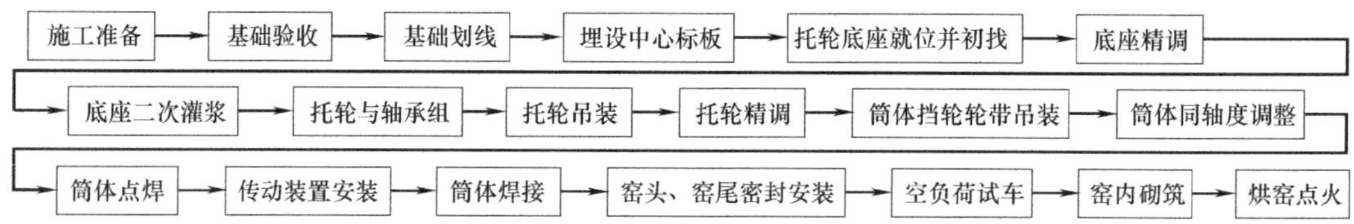

回转窑筒体吊装是该设备安装的主要难点，通过总结其他吊装方法，在回转窑安装时采用临时支撑架的辅助方式进行吊装，有效地避免了多台大型吊车抬吊方案，降低了意外事故的发生概率，并节省了一台大型履带吊的费用。吊装前，根据现场位置及最重物体选择吊车的型号。如图 5.17-1。

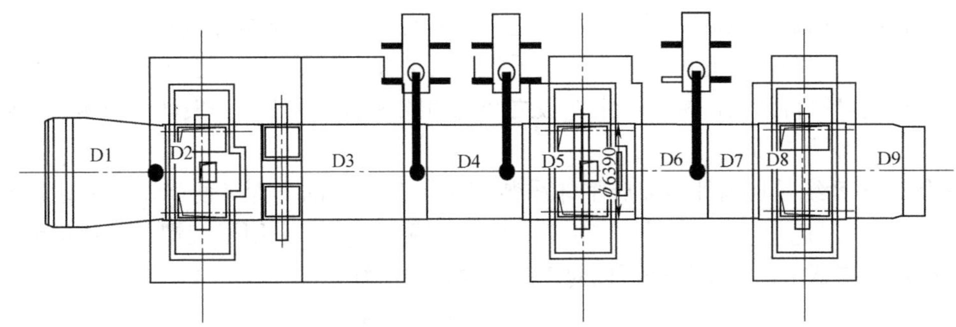

图 5.17-1 回转窑筒体吊装吊车站位示意图

回转窑关键技术点托轮底座及主电机底座安装采用无垫铁安装，调整时采用顶丝调节。由于回转窑的窑体与水平呈 4%的倾斜，设备底座外形尺寸大，此调整过程中因接触面小稳定性差，所以采用顶丝与垫铁同时调整。此法适用于大型水泥回转窑的安装，特别适用于在同一项目上有多台水泥回转窑的情况。

回转窑吊装调节后，应达到下列要求才可进行焊接：

1）大齿圈及轮带处直线度偏差不大于 2mm。

2）窑头、窑尾处直线度偏差不大于 5mm，齿圈处不得大于 2mm，其余部分不大于 6mm。

3）轮带与托轮接触面长度不应小于其工作面 70%。

4）轮带宽度中心线与托轮宽度中心线距离偏差为±5mm。

回转窑焊接一般采用手弧焊或半自动焊，焊接过程中完成两层焊缝应对筒体直线度进行检查，并根据变形情况更改焊接顺序和调整支撑、垫片等方法进行调节，焊缝焊接完成后对焊缝进行 UT 检查，焊缝质量应达到 NT47013《承压设备无损检测》2 级以上。

(2) 篦冷机安装

目前篦冷机技术开发至第四代，第四代与第三代相比，功能性未作明显提升，主要是模块化设计方面进行了优化。在我国，目前熟料线大部分仍采用第三代空气梁可控气流篦冷机。

篦冷机安装工艺流程：施工准备→基础验收→落灰斗安装→LPS 旋摆装置安装→传动装置安装→下壳体及破碎系统安装→KIDS 系统安装及篦板安装→上壳体及附件安装→砌筑→试运转。

由于篦冷机安装过程是模块拼安过程，除破碎机重量较重外，其他构件都在 1t 以内，除了 LPS 系统精度要求较高外，其他部件易于组装；但由于篦冷机位置一般在建筑内，构件就位、运输较困难，壳体及驱动轴安装时，在建筑结构顶部沿篦冷机两壁面装两根 ϕ20 钢丝绳（俗称“钢丝绳天线”），挂滑轮、导链牵引物体到安装位置，使得狭小场地的设备吊装变得简单易行。

1）摆动支撑系统（简称 LPS 系统）安装

新改进的 LPS 系统体积非常小（如图 5.17-2），很容易放到篦冷机的风室里面，而在外面不需要任何支撑。该系统采用两级摆动，首先是中间支撑装置固定在支腿上，其前后左右位置都可以调整，以保证其摆动起来能成一条直线，活动梁的摆动装置则是通过一组弹簧板的摆动装置支撑在中间支撑上。活动梁的支撑则是通过两组弹簧板固定在这个钟摆架子的支架上。在篦床运动过程中．两组弹簧片同时摆动，形成一个复合运动，基本保证了活动篦板的运动是直线的，而且，运动过程中只有这几组弹簧板在做极小的摆动，不存在运动副之间的摩擦，因此可以认为这套系统是无磨损支撑系统．不会随运行时间增加而改变，这样就可以将活动篦板与固定篦板之间的间隙减小到很小，一般活动篦板上间隙为0.5mm，下间隙为1mm 。

整个 LPS 系统是在场外组装成整体吊装到设备基础上的。为了便于调整固定用角钢制作几个简易的调整工具（如图 5.17-3），由于此调整工具上采用了大螺杆，使得调节更加方便简洁。支腿上面的小丝杆可以对 LPS 支撑进行微调。

图 5.17-2　安装好的 LPS 系统

图 5.17-3　LPS 支腿调整固定

LPS 系统的调整通过一组棱镜进行（如图 5.17-4），3 个棱镜为一组拧到 LPS 支撑架上面，通过经纬仪可以将其调整到合适的位置，校准的误差范围在±1mm。

图 5.17-4　用棱镜在调整 LPS 系统

2）试运转要求

运转时仔细检查传动是否平稳，无异常声响；篦床运行平稳，无卡碰、跑偏现象，篦缝均匀；篦床传动的液压系统工作正常；各部位轴承不允许有过热现象，温度应小于40℃；润滑系统工作良好，各润滑点满足润滑和密封要求，管路无渗漏情况；各监测设备、控制装置及报警装置工作正常。各风机工作正常。

(3) 电收尘器安装

电收尘的安装工艺流程：基础验收及划线→支座安装→底梁安装→灰斗及内部走道安装→立柱、顶梁安装→风撑、侧板安装→进出风口安装→悬挂框架及支承安装→放电极、沉淀板安装→振打传动装置安装→顶盖板及楼梯平台安装→单机试运转。

电收尘由于零部件较多，属于搭积木式组装，每一步要严格控制组装公差。特别是振打机构，按图纸要求安装布置振打锤轴和轴承，振打锤轴应安装在同一水平线上，其水平度不应大于0.2mm/m，同轴度不应大于是1mm，全长为3mm。安装振打锤轴时，振打轴是安装在轴承内的，先找好轴承位置，并将位置固定，然后在轴承底部与轴承支架之插入调整垫片来调节全部轴承的高度，用水平尺测量，将锤轴调整到同一高度，调整高度时，每个轴承利用不同的调整垫片进行调节。

安装振打锤，旋转振打轴，检查振打锤的承击点，其偏差在垂直和水平方向均不应大于±3mm。安装提升机构和传动装置，调整振打锤提升角度和上、下降拉杆尺寸，确认满足振打锤承击点的要求后，锁紧提升杆的螺母，并焊接振打锤轴轴承座的限位挡块。传动装置及传动支架应固定牢固，传动轴与振打锤轴轴心线应在同一直线上，同轴度为2mm。

放电极和沉淀极都是极易变形的部件，现场搬运和堆放时应注意搬运方式和场地平整。为了防止放电极和沉淀极在吊装过程中的变形，应用型钢制作一副吊装架和地面滑道装置（如图5.17-5）。

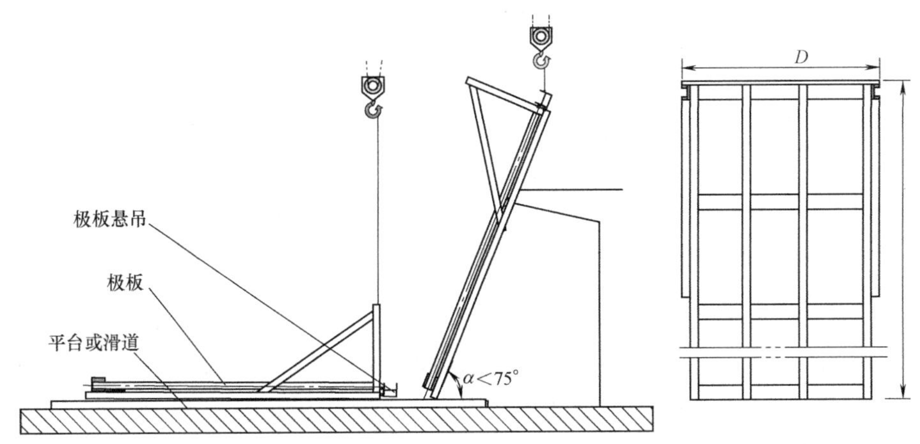

图5.17-5 极板吊装架和滑道装置示意图

注：

1. 极板吊装架可用槽钢制成。
2. 极板组对好后，借助吊装架，吊至$\alpha<75°$后，再吊装极板。

(4) 窑尾塔架及预热器安装

安装工艺流程：

测量设桩 → 塔吊安装 → 柱基础施工 → 柱脚安装 → 立柱安装 → 主梁安装 → 钢柱混凝土灌浆 → 次梁平台安装 → 预热器安装（分层）→ 上层钢结构安装（重复下层安装工序）→ 预热器安装（焊接）→ 预热器内砌筑、灌浆 → 设备验收

预热器及塔架为高空、多层，钢结构框架，预热器的安装必须按一定顺序自下而上逐层进行。设备组对安装、钢结构框架组对安装和砌筑等多工种施工，务必构成立体交叉作业，形成施工作业面窄小、立体作业层多、工种交错、施工工期长等水泥行业安装施工的独自特点。为此在施工计划安排中要周密考虑施工工期和工程安全措施，确保工程质量和工程进度的实施。

窑尾预热器钢结构塔架属高层工业建筑，属于独立高层，重载荷，钢制构件拼装组合式建筑，对材料、制造工艺、喷砂除锈、涂装工艺、包装运输等技术标准要求较高，在水泥厂干法生产工艺中占有相当重要位置，其制作质量将直接影响项目投资的经济效益。

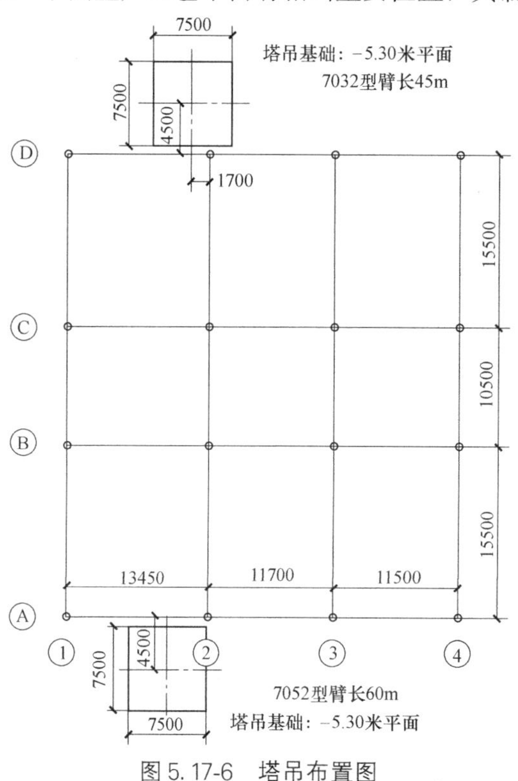

图 5.17-6　塔吊布置图

在预热器安装过程中，选用双抬吊塔式起重机，在吊装方法上要详细考虑与计算，其中部分立柱需要两台塔吊配合抬吊，保证预热器塔架的顺利安装。塔吊安装位置如图 5.17-6。

为保证钢柱内部灌浆密实，采用塔吊将灌浆筒吊至钢柱口上空 4m 左右，打开放料口将混凝土抛入钢柱内，利用混凝土下落冲击力使柱内混凝土密实，并在柱口插入式振捣，一次振捣时间约 30s。

预热器分段安装，首先要进行地面预拼，要求筒体内同一断面上，最大直径与最小直径之差不大于 3/1000×D（D——筒体内表面直径）。筒体圆周周长公差±10mm。钢板对接焊缝（环、纵向）错边量应小于 2mm。筒体母线直线度，用 800～1000mm 直尺来检查，其公差不大于长度的 2/1000。

（5）生料立磨安装

生料立磨是水泥熟料线中的重要设备之一，在 5000t/d 以上生产线中，生料立磨产能一般在 400～500t/h，其主要结构基本相同。主要由外壳、主电机、主减速机、磨盘、磨辊、高压油站、低压油站、选粉机、液压站、喷水冷却等部分组成。

立磨安装流程：

设备安装前的准备工作 → 设备验收 → 设备基础验收、放线 → 磨辊支撑架底座拼焊及安装 → 电机底座拼焊及安装 → 磨辊支撑架安装 → 减速机底板安装 → 基础孔一次灌浆 → 基础底板精调 → 基础二次灌浆 → 减速机安装 → 立磨下壳体拼焊、安装 → 磨盘安装 → 磨盘衬板、挡料环、刮板、喷环安装 → 磨辊总成的安装 → 立磨中部壳体拼焊、安装 → 楼梯栏杆的安装 → 选粉机壳体拼焊、安装 → 选粉装置安装 → 选粉机电机及其联轴节安装 → 液压站及磨辊润滑油站安装

→密封风机及风管安装→喷水系统及其管道安装→主电机安装→单机无负荷试车

由于立磨是从下向上分多节个部件组装，为保证各部件中心偏差小于 1mm，在施工基础施工前，地面按要求放线定位后，在轴线上、中心点预埋标板，并作好标识，另用圆管制作三脚架，在立磨上方制作中心线标板（如图 5.17-7）。其中用临时支架制作的上方中心标板，因为吊装部件过程中需要不断拆装，每次重装时要用铅垂线重新找中。

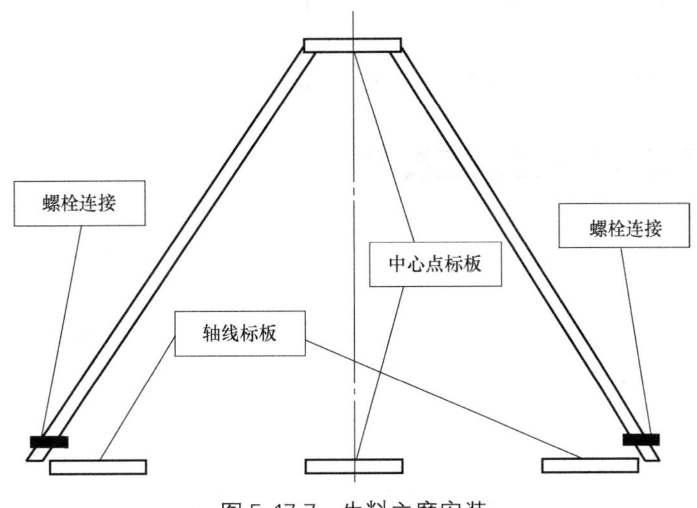

图 5.17-7 生料立磨安装

减速机重量仅次于磨盘，安装在设备基础支座上。采用钢板与滚杠法吊装减速机。将减速机放置在四根 $\phi30$ 的圆钢上，圆钢下平铺 $\delta=30$ 的钢板上钢，用两台 10t 手拉葫芦牵动减速机，使减速机顺利完成就位。

减速机就位后，用四台 50t 液压千斤顶顶起，将减速机底座在运输及安装过程中表面生产的毛刺进行打磨干净，同时在减速机底座上表面涂上油脂方便调整。调整减速机的横向、纵向中心线与底座横向、纵向中心线相重合，重合后安装减速机与底座连接螺栓，拧紧后要求底座与减速机结合面间隙≤0.1mm，同时安装减速机定位销。

磨盘是立磨最重的部件，重量 100t 左右，将磨盘和减速机相接触表面清洗，涂上少量的油脂，检查圆柱键与键槽之间的配合，根据吊装位置，选用 350～450t 汽车吊（或履带吊）利用磨盘上三个安装吊环吊装磨盘，将磨盘和减速机上法兰相联。找正磨盘使磨盘和减速机的中心相重合，检查磨盘水平度找正偏差 0.05/1000，达到要求后连接减速机和磨盘的连接螺栓，使用液压扳手将螺栓拧紧，螺栓拧紧后用塞尺检查结合面间隙不得大于 0.1mm。将磨盘盖板安装到位并拧紧。

5.17.2 技术指标

大型水泥熟料生产线安装应符合《水泥机械设备安装工程施工及验收规范》JCJ/T 3；《自动化仪表工程施工及验收规范》GB 50093；《电气装置安装工程接地装置施工及验收规范》GB 50169；《电气装置安装工程电气设备交接试验规范》GB 50150；《电气装置安装工程低压电器施工及验收规范》GB 50254；《钢结构工程施工质量验收规范》GB 50205；《工业炉砌筑工程施工与验收规范》GB 50211；《工业设备及管道绝热工程施工质量验收规范》GB 50185。

5.17.3 适用范围

适用于 12000 t/d 水泥熟料生产线机电设备安装及扩建工程。

5.17.4 工程案例

芜湖海螺水泥有限公司三期 2×12000t/d 水泥熟料生产线（B 线）、泰国 TPIPL 集团 12000t/d 水泥熟料生产线等工程。

（提供单位：中国机械工业第五建设有限公司。编写人员：李享清）

5.18 多层管架内部管道施工技术

5.18.1 技术内容

工业建筑中工艺管线繁多，管架一般为多层管架，导致管件内部空间狭小，不能为施工人员提供一个良好的施工环境；为确保施工安全，在管架周围搭设满堂脚手架，这样使管道送达到指定位置非常困难，吊装设备的效率低下。

通过设计滚动支架，提高施工机械设备、人员的工作效率，使管架内部管道安装只需要将管道用设备吊装至管架内部的操作平台附近就可以逐段焊接，利用滚动支架逐段输送就可以到达安装位置，避免了管道在滑动过程中对结构表面油漆和管道本身的损坏。

图 5.18-1 现场管架脚手架搭设图

（1）滚动支架组成

滚动支架主要由 U 形管卡、滚筒、中心轴、心轴支撑板 1、心轴支撑板 2、管道限位支架撑板、管道限位支架、滚动支架底座、滚动支架限位横杆、滚动支架限位立杆组成，其结构如图 5.18-2、图 5.18-3、图 5.18-4。

（2）管架内部管道安装流程

施工准备→滚动支架加工制作→滚动支架安装→管道焊接或熔接→管道牵引→管道就位→管道固定→试压清洗→调试及试运行→交工验收

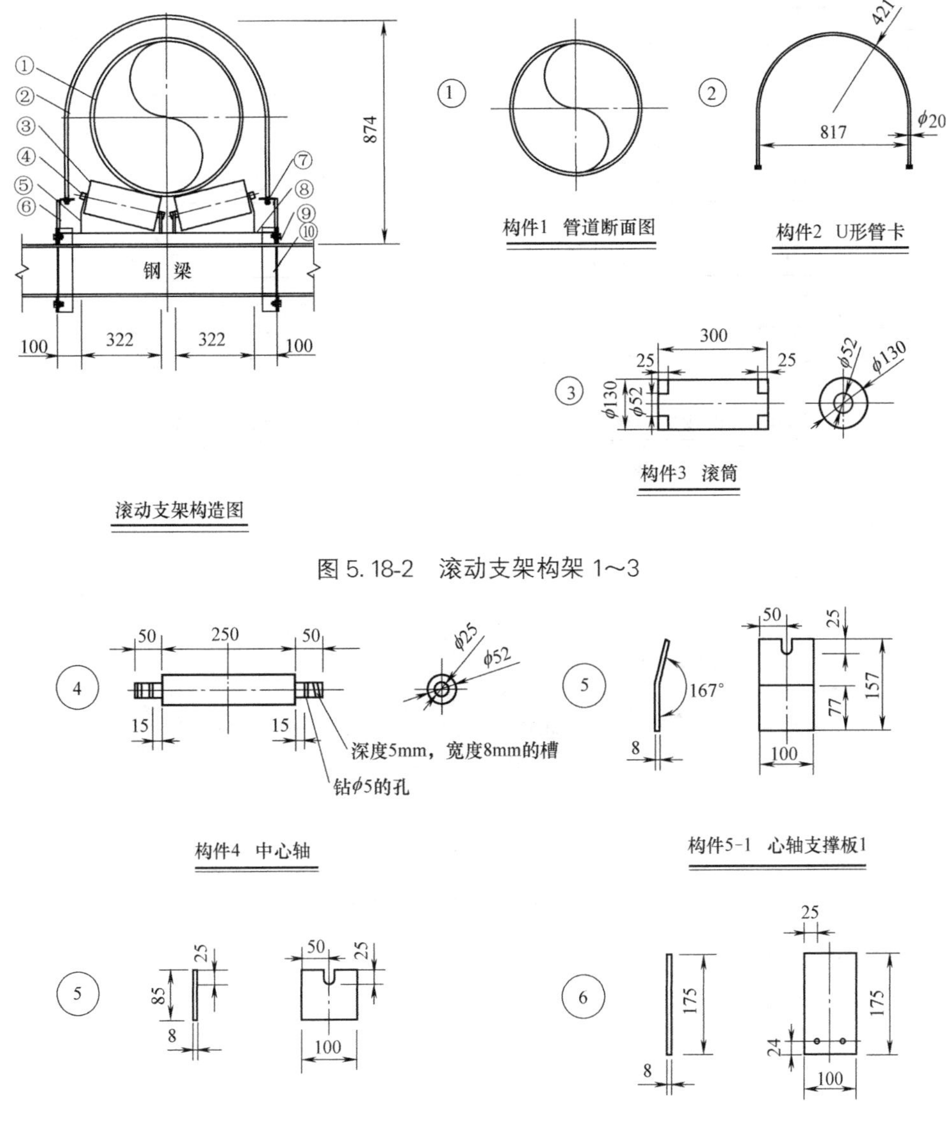

图 5.18-2 滚动支架构架 1～3

图 5.18-3 滚动支架构架 4～6

(3) 滚动支架加工制作

1）固定部分与连接部分的施工程序：

槽钢底座下料→端板下料→限位顶托扩孔→支撑板、限位顶托焊接

2）限位部分施工程序：

构件下料→构件扩孔→构件打磨

3）支架组装及刷漆：漆料、涂装遍数、涂层厚度均应符合设计要求。涂层干漆膜总厚度：室外应为 15μm，室内应为 125μm，其允许偏差－25μm。每遍涂层干漆膜厚度的允许偏差－5μm。

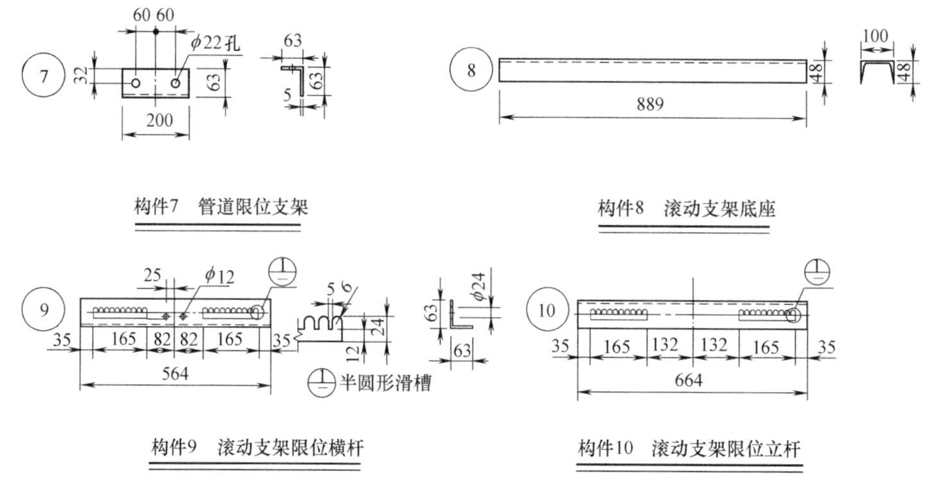

图 5.18-4 滚动支架构架 7～10

4）成品展示：

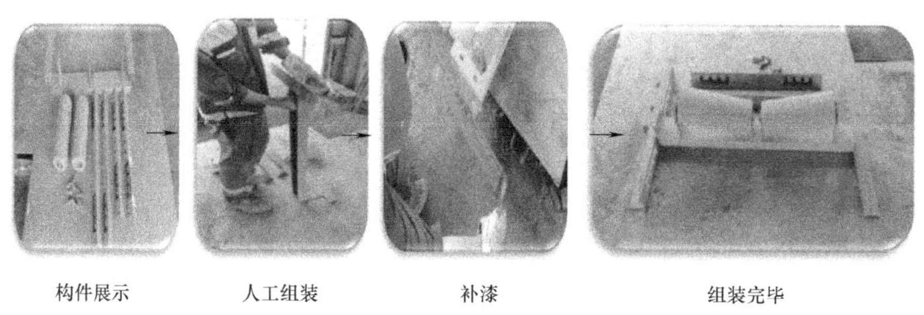

图 5.18-5 滚动支架组装图

(4) 滚动支架操作要点

1）把滚动支架安装在管架的钢梁上，检查滚动支架成一条直线。滚动支架的滚动面应洁净平整，不得有歪斜和卡涩现象。

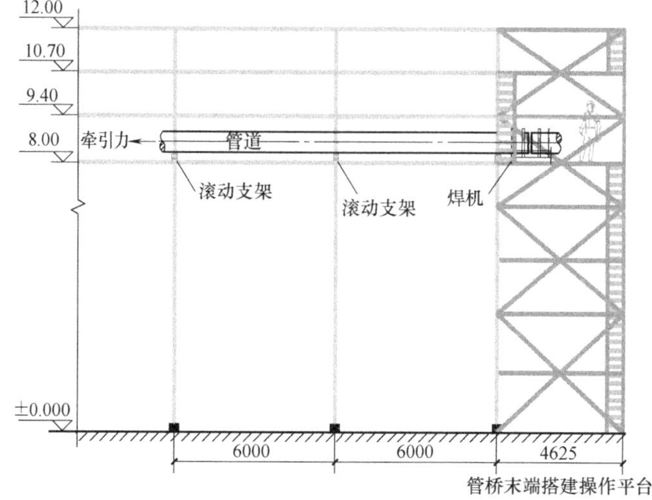

图 5.18-6 管架内部使用滚动支架示意图

2）把管道放置在滚动支架上，安装U形管卡，使管道能在管道支架上自由滑动。滚筒滚动部分加注润滑油，减少摩擦力。

3）钢管焊接完毕后，使用牵引设备牵引管道。以此往复循环，直至完成该管线。

4）把该管线安装到指定位置，再开始下一条管线施工。一层管架只需固定一次滚动支架。

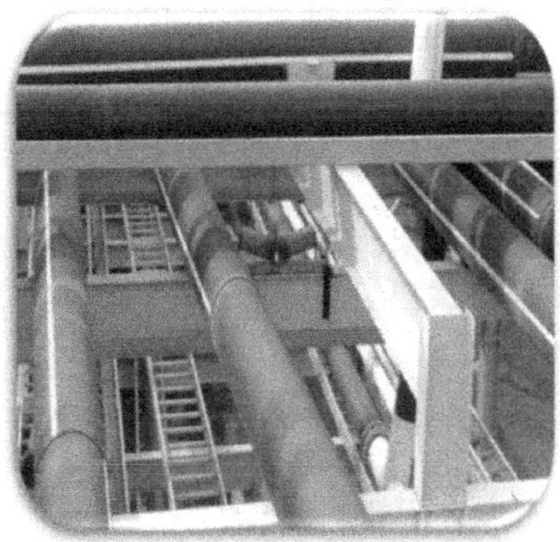

图5.18-7 管架内部使用滚动支架安装管道

5.18.2 技术指标

（1）当钢材的表面有锈蚀、麻点或划痕等缺陷时，其深度不得大于该钢材厚度负允许偏差值的1/2。

（2）钢材表面的锈蚀等级应符合现有国家标准《涂装前钢材表面锈蚀等级和除锈等级》GB 8923规定的C级及C级以上。

（3）螺栓紧固应牢固、可靠、外露丝扣不应少于2扣。

（4）现场采用气割允许偏差应符合表5.18-1气割的允许偏差的规定。

气割的允许偏差（mm） **表5.18-1**

项目	允许偏差
零件宽度、长度	±3.0
切割面平面度	$0.05t$，且不应大于2.0
割纹深度	0.3
局部缺口深度	1.0

注：t 为切割面厚度。

（5）滚动支架的制孔应符合C级螺栓孔（Ⅱ类孔），孔壁表面粗糙度应大于25μm，其允许偏差应符合表5.18-2的规定。

C级螺栓孔的允许偏差（mm） **表5.18-2**

项目	允许偏差
直径	$^{+1.0}_{0.0}$
圆度	2.0
垂直度	$0.03t$，且不应大于2.0（t 为切割面厚度）

（6）螺栓孔孔距的允许偏差应符合表 5.18-3 的规定。

螺栓孔孔距允许偏差（mm） **表 5.18-3**

螺栓孔孔距范围	≤500	501～1200	1201～3000	>3000
同一组内任意两孔间距离	±1.0	±1.5	—	—
相邻两组的端孔间距离	±1.5	±2.0	±2.5	±3.0

注：1. 在节点中连接板与一根杆件相连的所有螺栓孔为一组；
2. 对接接头在拼接板一侧的螺栓孔为一组；
3. 在两相邻节点或接头间的螺栓孔为一组，但不包括上述两款所规定的螺栓孔；
4. 受弯构件翼缘上的连接螺栓孔，每米长度范围内的螺栓孔为一组。

5.18.3 适用范围

适用于工业与民用建筑多层管架内部管道施工，尤其适用于管架内部受限空间作业。

5.18.4 工程案例

刚果（金）RTR 尾矿回收一期、刚果（金）SICOMINES 铜钴矿工程等。

（提供单位：中国十五冶金建设集团有限公司。编写人员：黄开武、徐少臣、刘锐）

5.19 大型溢流型球磨机施工技术

5.19.1 技术内容

大型溢流型球磨机安装技术是在原球磨机安装技术基础上，结合工程情况、构件重量及运输、安装等要求进行优化的安装技术，本体安装在室外，采用副底板调平方式，现场加工、提前安装调平，在地面将每节筒体、端盖拼装成整体后集中吊装组对，同时采用汽车吊进行主电机转子、定子的穿插与吊装工作。

（1）球磨机组成

大型溢流型球磨机主要由给料小车、主轴承、筒体部、衬板部、大齿轮、小齿轮轴组、齿轮罩、气动离合器、主电机、出料筒筛、慢速驱动装置、主轴承和小齿轮轴承润滑站、喷射润滑装置等部分组成，其结构如图 5.19-1 所示，大型溢流型球磨机筒体直径大于 6m，重量大于 800t，厂家分体加工，现场组装，大部分设备部件单件重量 50t 左右，最重的达到 80t 左右。

（2）安装流程

施工准备→副底板安装→主轴承底板安装→轴承座、主轴承安装就位→筒体、出料端盖、进料端盖及中空轴、主电机安装→润滑系统安装→大齿圈安装→小齿轮安装→慢速驱动装置安装→气动离合器安装→其他机械部件安装→电气设备安装→调试

（3）安装要点

1）施工准备

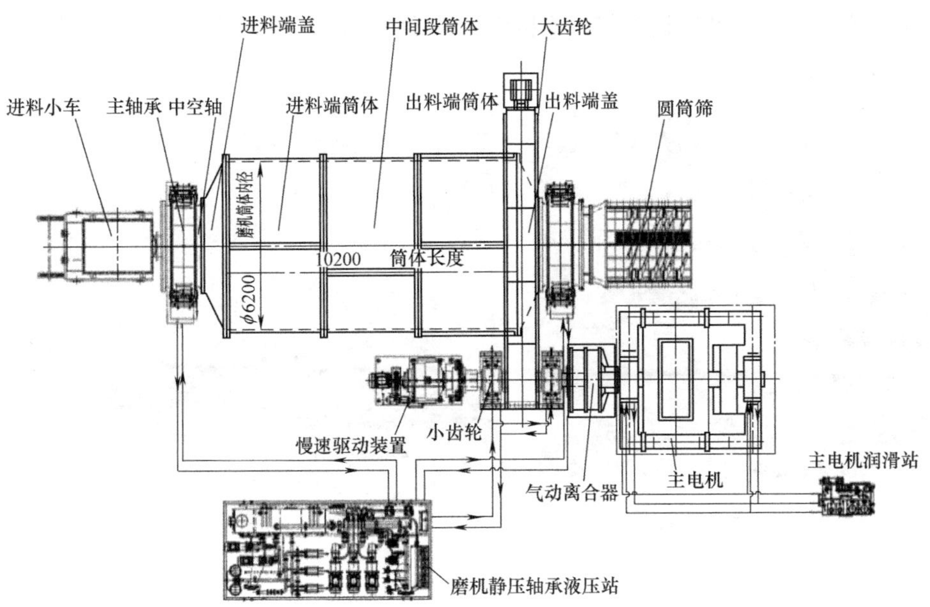

图 5.19-1 球磨机主要部件

① 基础处理

对设备及混凝土基础验收，验收合格后结合设备部件数据、图纸进行放线。按图 5.19-2 所示埋设中心标板及基准点。在混凝土基础的两侧面安装沉降观测点，并按要求进行观测。

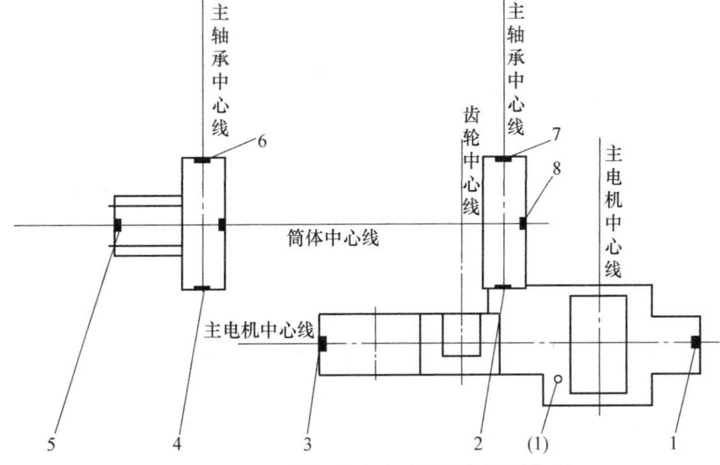

图 5.19-2 磨机中心标板埋设布置位置

1、2、3、4、5、6、7、8—中心标板

② 连接面清理

彻底清洗筒体、端盖、齿轮、中空轴等部件的法兰与配合表面，去掉油污和毛刺，清理法兰面、连接孔内的防锈油，检查法兰和止口配合表面的平整度，对不合格的地方进行处理，如图 5.19-3 所示。

③ 单节构件拼装

检查确定装配标记，在地面上将单片筒体或者端盖按照装配图正确装配，如图 5.19-4

所示。调整交叉方式，副底板安装、连接面清洗、单节组对拼装可以同时进行施工，后期大吊车进场后统一吊装。

图 5.19-3 连接法兰面清洗

图 5.19-4 构件地面拼装成段

2）副底板安装

底板采用副底板调平，所有副底板应在指定位置浇注（具体安装位置见图 5.19-5），副底板在现场制作加工或由厂家提供。调整好后的副底板上表面应比要求标高略低。副底板的顶面必须在两个方向水平，调整到单个副底板的水平度在 0.1mm 以内。

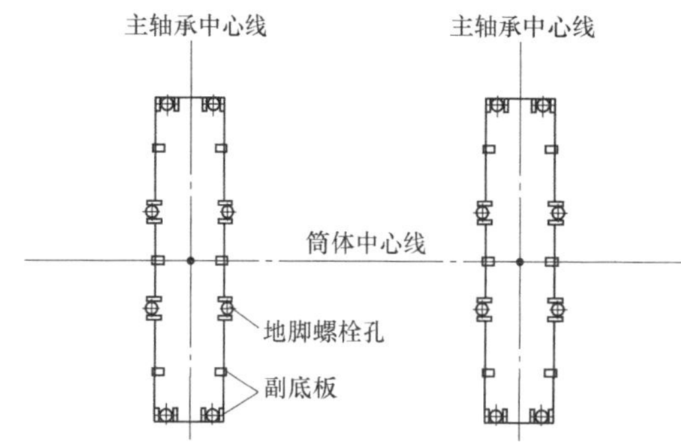

图 5.19-5 磨机副底板布置位置

3）主轴承安装

① 主底板安装

主底板安装前要清洗各加工面防锈油和铁锈，去除毛刺，彻底清理。将主轴承底板吊装就位并调整其平整度与平面位置。

以图 5.19-2 中 5 号和 8 号中心标板为依据，可用在线架上挂钢线、钢线上垂线坠的办法找正主底板的纵向中心，使两个主底板上的两个中心点和标板上的两个点在一条直线上，其偏差不超过±1.0mm。横向中心线以 6 号和 4 号、2 号和 7 号四个中心标板为依据，仍以线架上挂钢线垂线坠的办法找正，其偏差不超过±1.0mm。为验证两个主底板横向中心线的平行性，可在每个主底板横向中心相同尺寸处量取两点，以冲子打上小而清晰的印坑，然后量取此四点的对角线进行比较。

② 主轴承座安装

彻底清洗主轴承底板顶面和轴承座底面，去除毛刺和油污，清洗完后利用汽车吊将轴承座吊装至主底板上。调整轴承座使两轴承座达到相同高度，同时轴承座与轴承底板的接触面沿其四周应均匀接触。

4）筒体安装

① 安装前彻底清洗筒体法兰及端盖的配合表面，检查法兰和止口配合表面的平整度，不允许有局部突出部分存在。

② 根据安装标记将分瓣筒体分段组装，然后将组装好的一段筒体吊装至磨机基础上并与顶起装置固定好。接着进行第二段筒体吊装就位，并与第一段筒体对接；安装合格后

进行第三段筒体的吊装就位且与前面已安装合格的筒体对接。组装与对接应控制法兰间隙、螺栓紧固度和筒体同轴度，并对其检查，如图 5.19-6 所示。

5）端盖及中空轴安装

将端盖和中空轴在地面组装完毕后进行整体吊装，按照装配标记，将组装完的整片端盖与中空轴连接起来；安装出料端盖时，连接螺栓应避开大齿轮连接孔，安装过程中严格控制间隙和螺栓紧固度。端盖与中空轴吊装如图 5.19-7 所示。

图 5.19-6 球磨机筒体法兰同轴度检查

图 5.19-7 球磨机端盖及中空轴吊装

6）把筒体和端盖组件装入主轴承

筒体和端盖组件就位前，轴承座必须已调整符合要求，顶升装置已调整至比工作状态低 3～5mm。对端盖和筒体组件进行复检，检查无误后，缓慢将顶升装置降至正常工作位置，筒体和端盖组件落入主轴承。

7）主电机安装

球磨机主电机吊装前需将定子、转子组装好。采用汽车吊在室外进行转子穿插和主电机吊装。

① 利用汽车吊将主电机定子放置在已调平的基座上，并在主电机定子线圈下部铺上 3mm 厚的橡胶皮，防止转子穿插过程中转子与定子摩擦对绝缘漆造成损伤。

② 利用汽车吊将转子吊起缓慢穿过定子；当转子一端穿过定子后，利用另外一台汽车吊在转子两端重新设置吊点，两台汽车吊配合继续穿插转子。

图 5.19-8 球磨机定子内圈底部保护垫铺设

图 5.19-9 球磨机主电机定子、转子穿芯

③ 转子穿插完成后，利用无缝钢管作为扁担，钢丝绳、手拉葫芦垂直方向交替连接，控制转子、定子间间隙和平衡，通过放样计算，确定方案的可行性，合理组织吊装作业。

图 5.19-10　球磨机主电机吊装

8）润滑系统安装

轴承润滑站在安装之前用面粉团将油箱内的杂质清理干净。现场配管在一次安装之后，拆除所有润滑油管进行酸洗。润滑系统装配完成后进行试压，然后注入冲洗油进行油循环。

9）大齿轮安装

在安装之前，所有齿面和安装表面必须彻底清洗，同时按照配对标记进行安装。

① 安装第一个 1/4 齿轮

1/4 齿轮起吊时以两根等长的吊绳从两边套穿在齿轮轮辐的空档内，为防止吊绳损伤齿轮，在吊绳与大齿圈之间加防护垫。第一个 1/4 齿轮起吊后扣在筒体上方，第一个 1/4 齿轮安装固定完成后用卷扬旋转筒体进行盘车，使安装好的第一个 1/4 齿轮慢慢下转到磨机中心线以下的位置。如图 5.19-11 所示。

② 剩余 1/4 齿轮安装及找正

按装配标记及同样的方法安装第 2、3、4 个 1/4 齿轮。四个 1/4 齿轮把合好后，拧上全部大齿轮和筒体、端盖的连接螺栓，调整大齿轮径向跳动与轴向摆动。

10）小齿轮安装

① 小齿轮安装前彻底清洗底座、轴承箱等零件。拆开小齿轮轴，彻底清理轴承和轴承座、轴承盖内润滑脂。参考主轴承底板安装方法调整小齿轮组底座。

② 小齿轮安装完成后，调整齿侧隙，检查齿轮齿面的接触情况。

11）慢速驱动装置安装

慢驱吊装就位后，找正慢驱和小齿轮中心，控制慢驱轴和小齿轮轴上离合器间的径向位移，两轴线倾斜偏差，两轴头间隙按图纸要求调整。

图 5.19-11　大齿轮安装

12）气动离合器安装

在准备安装空气离合器前，小齿轮轴必须最终校准位置，电机必须安装完毕且检查合格。控制主电机轴与小齿轮轴上离合器径向跳动和轴向摆动。

13）其他机械部件安装

按要求进行衬板、给料小车、圆筒筛等其他部件的安装。

5.19.2　技术指标

（1）应符合下列标准规范的相关规定：

《机械设备安装工程施工及验收通用规范》GB 50231、《选矿机械设备工程安装验收规范》GB 50377、《破碎、粉磨设备安装工程施工及验收规范》GB 50276。

（2）主轴承主底板的水平度误差不超过 0.08mm/m；两底板的相对高度差不大于 0.08mm/m；两底板纵向中心线偏差不超过±1mm；两底板横向中心线平行度偏差不应大于

0.08mm/m；两底板对角线偏差不超过±1mm。主轴承座与轴承底板的接触面局部间隙不得大于0.1mm，不接触的边缘长不超过100mm，累计总长度不超过四周总长的1/4。

(3) 筒体、端盖与中空轴法兰同心度要求为0.25mm以内，所有法兰之间用0.03mm塞尺检查间隙不得插入。

(4) 大齿轮径向跳动不超过0.6mm，轴向摆动不超过0.8mm，两个测点间的允许误差不超过0.27mm。

(5) 小齿轮齿面的接触沿齿高方向不少于60%，沿齿长方向不少于80%，齿侧隙符合设计要求。

(6) 慢驱轴和小齿轮轴上离合器间的径向位移不超过0.3mm，两轴线倾斜偏差不超过0.5mm/m。

(7) 主电机轴与小齿轮轴上离合器径向跳动不超过0.20mm，轴向摆动不超过0.15mm。

5.19.3 适用范围

适用于工业设备安装工程中球磨机、半自磨机安装工程。

5.19.4 工程案例

刚果（金）SICOMINES铜钴矿工程，刚果（金）SOMIDEZ铜钴矿项目安装工程等。

（提供单位：中国十五冶金建设集团有限公司。编写人员：陈维、刘锐、王润）

5.20 大型工业模块化施工技术

模块化建造最早应用于造船工业、海洋工程。随着模块化建造理念的成熟，施工技术的发展，国内外更多的工程建造项目接受和应用模块化建造理念。模块化建造技术有着可充分利用和整合全球资源的优势，得到了越来越广泛的应用，近年来已经发展应用于大型陆地工厂的建造中，如液化天然气工厂、矿山冶炼工厂等。

5.20.1 技术内容

大型工业模块具有超大、超高、超重的特点，其施工技术是指，先将一个需要建设的大型工艺系统，先按照系统功能进行集成，至少一个工艺功能集成在一个装置中，形成功能模块；其次，选择一个工艺条件及生产环境较好的场地，完成各功能模块的异地建造；接着，将建造好的所有功能模块运至安装现场；最后，完成各功能模块的安装，形成一个所需的、完整的工艺系统。大型模块施工技术包括：模块建造技术、模块搬运技术、模块海运技术、模块装（卸）船技术、模块起重技术、全站仪测量定位技术。

(1) 模块建造技术

模块建造采用一层甲板片（平台）、一层层间立柱的组装大流程和多立柱同时对接的专利技术。

1) 构件的预制

① 立柱的预制

为配合模块结构的组装流程，每根立柱分为甲板立柱和层间立柱两大部分预制。甲板立柱再同甲板片预制成为一体，每根立柱上甲板立柱的数量与其上的甲板片数量相同。

② 甲板片的预制

每层甲板片连同其上的甲板立柱预制成一个整体。每一甲板片上甲板立柱的与支承甲板片的立柱数量相同，实际上形成了带有甲板立柱的多立柱甲板片。

③ 附属构件的预制

附属结构件（柱间支承等）根据模块结构的组装要求进行预制。

2）模块的组立与设备安装

① 设置模块垫架

垫架设置在底层甲板片下，高度大于自行式模块运输车（SPMT）的高度，小于其调整高度。

② 安放底层甲板片

底层甲板片安放在垫架上，找平后固定。

③ 组装层间立柱

各层间立柱与相应的甲板立柱对口找正，完成焊接。

④ 组装上层甲板片

上层甲板片采用多立柱同时对接的专利技术完成组装。大型起重机械仅起搬运作用，专利技术完成甲板片的承接与组装过程，实现了多立柱间的相互独立调整。

⑤ 附属构件及设备的安装

上层甲板片组装完成后，在上下两甲板片之间形成了隔离的安全空间，适时完成层间的附属构件及设备的安装，至模块建造完成。

（2）模块搬运技术

大型工业模块的搬运采用由驱动模块、6 轴承重模块或四轴承重模块组成（如图 5.20-1）的自行式模块运输车（SPMT）。该运输车辆可以沿行驶轴线的纵向和横向自由拼接，形成更大的运输台车。也可以根据需要选择承重平台的升降功能和直行、斜行、横行、八字转向、前轴转向、后轴转向、中心回转，7 种行走模式，以实现原地调头、横向平移、绕中心点旋转等动作。

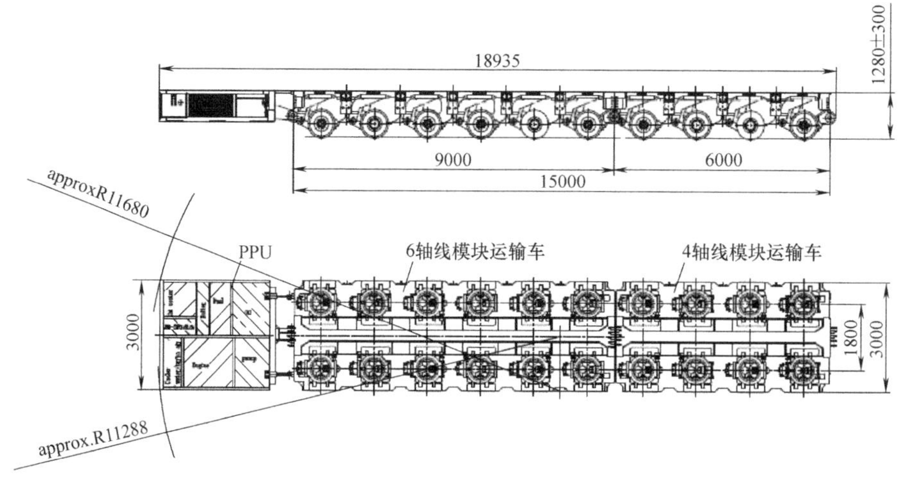

图 5.20-1　自行式模块运输车（SPMT）

悬挂系统是承重模块上最有特色的一个系统。主要功能是：通过液压油缸控制承重平台的升降、完成各种转向动作、自主控制车轮的浮动，在行驶中保持承重平台的水平姿态。

(3) 模块海运技术

模块的海运采用自航式半潜运输船。半潜船在工作时，会像潜水艇一样，通过调整船身压载水量，能够平稳的将船身甲板潜入 10～30m 深的水下，只露出船楼建筑，然后等待需要装运的货物（如游艇、潜艇、驳船、海洋平台等）拖拽到已经潜入水下的装货甲板上方时，启动大型空气压缩机或调载泵，将半潜船身压载水排出船体，使船身连同甲板上的承载货物一起浮出水面，然后进行连接固定、就可以跨海远洋运输了。

(4) 模块装（卸）船技术

模块装（卸）船技术是联合利用了自航式半潜运输船压仓水的荷载调节控制功能与自行式模块运输车车轮的自主浮动功能，从而实现模块装（卸）船过程。

(5) 模块起重技术

1）底层模块就位技术

应用模块搬运技术将模块运至安装位置后，根据高精度定位测量技术得到的测量结果，再利用 SPMT 的承重平台的升降功能和 7 种行走模式，微调模块至正确的位置上。

2）上层模块顶升技术

上层模块的顶升采用刚性支撑的四柱导架式井字液压顶升架完成。模块顶升前先放置在两副门架顶升大梁上，顶升时跟随顶升大梁到达就位高度。图 5.20-2 是模块顶升照片，图 5.20-3 是四柱导架式井字液压顶升架平面布置图，图 5.20-4 是升四柱导架式井字液压顶升架立面图。

3）上层模块滑移技术

模块跟随顶升大字梁到达预定高度后，利用在两副门架间顶升大梁上的液压自锁推动系统推运装置，缓慢推运模块滑移。滑移前应在模块支墩下方和顶升大梁接触的部分用四氟乙烯板粘接好，便于减少钢材之间的摩擦力。

在滑移时为防止模块移动偏离顶升大梁，需在顶升大梁上方设置导向挡块。模块滑移到位后利用全站仪测量模块对接立柱的位置和对口间隙，并调整到位。液压自锁推动系统采用计算机控制，移动速度慢，有效地控制了模块立柱对接的尺寸偏差。

图 5.20-2　模块顶升照片

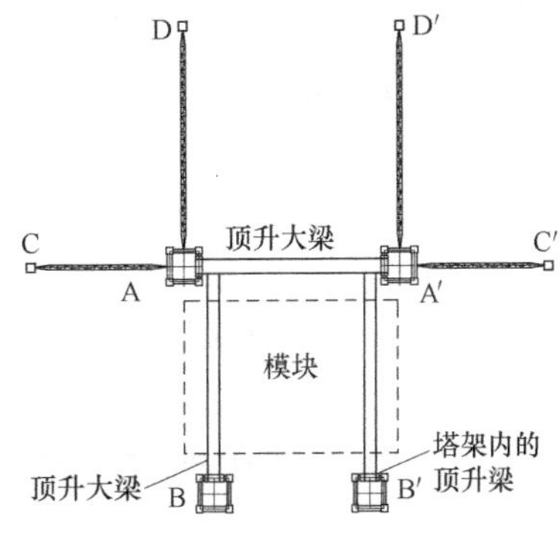

图 5.20-3　模块顶升四柱导架式井字液压顶升架平面布置图

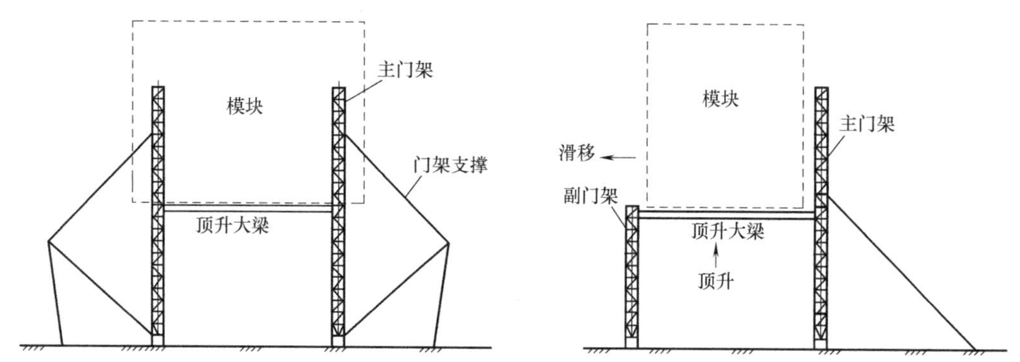

图 5.20-4　模块顶升四柱导架式井字液压顶升架立面图

（6）全站仪测量定位技术

1）模块安装过程中，采用全站仪进行数据采集和坐标放样，实现精确定位，模块定位控制点的坐标要求控制在与理论坐标值偏差不超 3mm。

2）模块在地面预处理时，利用原模块建造时测量定位基准标记复测模块相对尺寸数据，根据模块就位到安装位置时的定位要求修正标记点，以方便全站仪打点测量。

3）根据模块设计图纸，将模块的钢柱中心线与钢梁的结构上表面的交点换算成相对坐标到钢柱外表面易于测量的位置，作为测量控制点，利用全站仪测量其相对坐标，与设计的理论坐标 X、Y、Z 三个方向比较偏差值，据此，对模块的空间 6 个自由度进行调整和微调，使其位置符合设计的规定。

5.20.2　技术指标

《钢结构工程施工质量验收规范》GB 50205、《现场设备、工业管道焊接工程施工及验收规范》GB 50236、《电气装置安装工程电缆线路施工及验收规范》GB 50236、《建筑机械使用安全技术规程》JGJ 33、《施工现场临时用电安全技术规程》JGJ 46。

5.20.3　适用范围

适用于模块化建设的大型工业工程。

5.20.4　工程案例

Koniambo 镍矿项目的冶炼 1 号线模块安装和冶炼 2 号线模块安装、煤场模块安装等。

（提供单位：中国机械工业机械工程有限公司。编写人员：时龙彬、王清训、杜世民）

5.21　铜母线熔化极氩弧焊焊接施工技术

采用熔化极氩弧焊焊接技术进行铜母线的焊接，可有效的满足铜母线焊接的特殊要求，从经济上节约成本，减少资源浪费。

5.21.1　技术内容

（1）由于铜的导热系数特别大，焊接时热量迅速从加热区传导出去，使母材与填充金属难以融合，因此焊接时须预热母材，在大功率热源的作用下不仅会使焊接影响区增宽，还会引起较大的变形，预热温度达不到焊接要求会引起热裂纹。采用乙炔焊枪加热是比较合适的，预热温度一般为 400～450℃，加热时间为 12～15min；焊缝应采用窄焊道，组对间隙宜为 3mm 左右，预热后间隙宜为 1～2mm，组对完成后对焊口进行点固，检查无缺陷后方可施焊。

（2）母材焊接采用熔化极氩弧焊，直流正极性焊接工艺。这种焊接方式资源消耗量少，人员操作方便可在原地实现双面、四面焊接，电弧热量集中，熔池小、电弧线性好、焊接速度快；焊接发热影响面积小、焊件不易变形，并且抗震裂能力强、焊缝质量好。

5.21.2　技术指标

（1）熔化极氩弧焊工艺参数详见表 5.21-1。

焊接工艺参数　　　　表 5.21-1

焊件厚度（mm）	焊丝直径（mm）	焊接电流（A）	电弧电压（V）	氩气流量（L/min）	层数	预热温度（℃）
3	1.6	300～350	25～30	16～20	1	—
5	1.6	350～400	25～30	16～20	1	100
6	2.5	450～480	25～30	20～25	1	250
8	2.5	460～480	32～35	25～30	2	250～300
10	2.5～3	480～500	32～35	25～30	2	400～500
12	2.5～3	550～650	28～32	25～30	2	450～500

（2）焊机选用

主机 NB-630P 焊机，送丝机 WF-630 框式，气冷焊枪 YJ-50CS3VTA。

主要参数：输入电压 3～380V，50Hz；额定输入电流：51A；额定输入功率：37kVA；额定暂载率 60%，送丝速度：0.3～13m/min。

（3）对口接触面不得有氧化膜，加工必须平整，截面减少不得超过原截面的 5%；焊件切口应平整和垂直，坡口表面应光滑、均匀、无毛刺；坡口为单面 V 形，角度为 45°左右，钝边 1～2mm；焊接组对时焊件应垫置牢固，预施焊母材对口应平直，其弯折偏移不大于 0.2%，中心线偏移不大于 0.5mm。

（4）单面 V 形对接焊口采用打底焊、盖面焊，打底焊的参数：电流 280～300A，电压 35V，氩气保护气体流量 30L/min；盖面焊的参数：电流 240～260A，电压 30V，氩气保护气体流量 30L/min；焊接过程中焊枪应均匀、平稳的向前做直线运动，并保持恒定的电弧长度，当填充或盖面时，焊丝应做轻微的横向摆，在接头填满后，逐渐拉长电弧灭弧。

（5）符合《电气装置安装工程母线装置施工及验收规范》GB 50149、《铜及铜合金焊接及钎焊技术规程》HG/T 20223 等相关要求。

5.21.3　适用范围

适用于焊接易氧化的有色金属和合金钢（目前主要用于 Al、Mg、Ti 及其合金和不锈钢的焊接），可采用单面焊双面成形。

5.21.4　工程案例

垣曲冶炼厂处理 50 万 t/a 多金属矿综合捕集回收技术改造工程电解车间、阳极泥车间及净液车间等。

（提供单位：山西省工业设备安装集团有限公司。编写人员：王向波、雷平飞、朱红满）

5.22　大功率同步直流电机施工技术

大功率同步直流电机一般是冶金和电力行业传动装置的核心设备，其功率都在 5000kW 以上，其安装的质量和工期，对全线设备的安装影响至关重要。因此，对此类大型设备的安装过程进行全面的优化控制，将成为全线设备安装的重中之重。

5.22.1　技术内容

（1）技术特点

1）本技涉及大型分体式电机安装、调整、吊装及计算、检测等方面的施工方法及要求，施工效率高，操作简单方便；

2）各部件的安装、吊装、调整、检测等工序连续进行，可实现专业化一次施工，大大提高了施工效率；

3）采用自行设计的专用平衡梁吊装转子，从而达到安全高效的目的。

（2）工艺原理

以系统的工作方式处理系列工序，对各台、各工序之间的交叉和衔接接口进行优化。本技术由电机的安装、检测调整和定、转子的吊装及专用吊具设计核算两部分组成。

（3）安装工艺流程（见图 5.22-1）

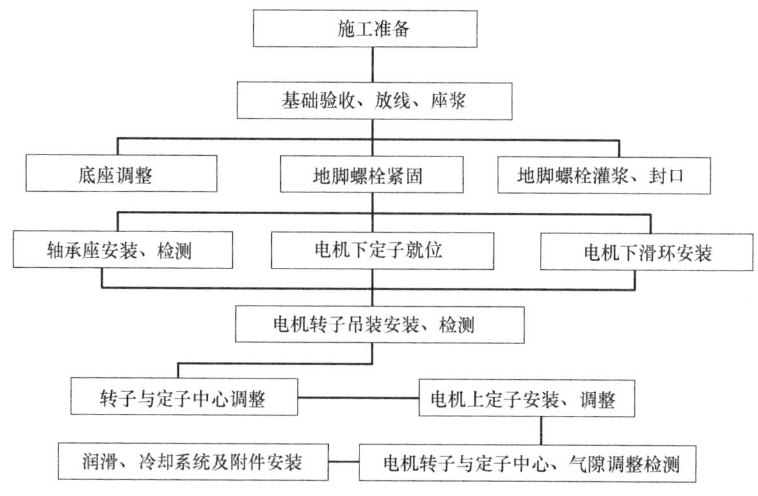

图 5.22-1　电机安装工艺流程

(4) 安装调整操作要点

1）在安装过程中除了按工艺流程严格执行各工序操作要求外，在轴承座和转子精调完成后，才能对轴瓦进行检查刮研。

2）轴颈与轴瓦的配合间隙检查调整：采用压铅法检测轴瓦顶间隙和轴瓦与瓦盖的顶间隙，侧间隙用塞尺法检查；用塞尺法检测轴向间隙。

3）转子与定子中心调整

当轴承刮研完成后，以转子的纵横向中心为基准来调整下定子与转子的相对中心位置。在调整转子与定子的相对中心线时，用定子移动调整螺栓来调整，直到纵横中心线误差小于±0.5mm为止。在调整过程中且不可用榔头敲击、撬杠和千斤顶来调整，以防滑动损坏绝缘漆。转子与定子的相对中心线调好后，用吊具将上定子吊装就位，将上下定子间的锥销连接定位，然后拧紧连接螺栓。

4）气隙调整及检测

电机气隙的调整应该与定子的调整同步进行，在电机两端分别对称取8个点，用楔型探尺检查定子和转子间的气隙，气隙的调整通过调整电机定子下的垫片厚度和左右中心反复进行。气隙的调整标准如下表：

电机定、转子空气间隙 **表 5.22-1**

电机种类	气隙最大值、最小值与平均值的差，同平均值的比值（%）
同步机（快速）	±5
同步机（慢速）	±10
直流机气隙小于3mm时	±20
直流机气隙大于3mm时	±10

注：1. 调整气隙时，下部气隙应比上部气隙大5%；
2. 电机两端气隙之差不得超过平均气隙的5%。

(5) 定、转子的吊装及专用吊具设计核算

1）吊装工艺流程（见图5.22-2）

2）专用吊具（见图5.22-3）设计要点

① 根据选定的吊装工艺和需要的吊具功能，确定吊具的结构形式和实现功能的方式；

② 根据工程各转子的吊点及重心，确定吊具上吊点的位置，找出调整范围，确定吊具的有效长度；

③ 根据吊具的形式确定各转子的受力模型，进行吊具的内力分析；

④ 根据吊具的最大受力状态，完成吊具的结构设计；

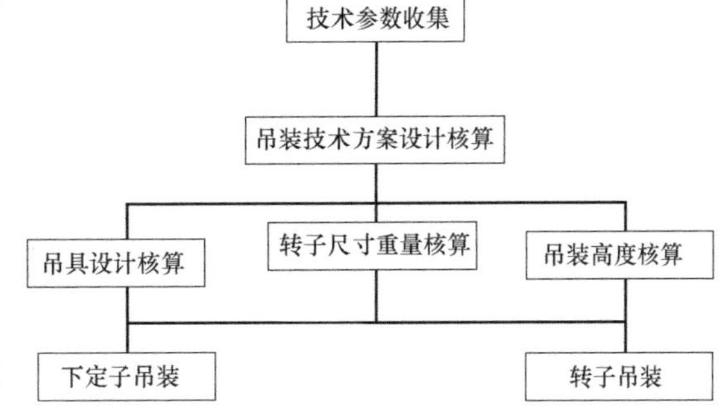

图5.22-2 电机安装工艺流程

⑤ 根据吊具的最大受力状态，完成吊具各功能装置的设计；

⑥ 校核设计计算的结果，确保吊具的安全及所需功能的实现。

3）专用吊具使用要点

① 根据转子的吊点及重心，通过设在吊具两端的手链、链轮、螺杆、螺母调定吊具

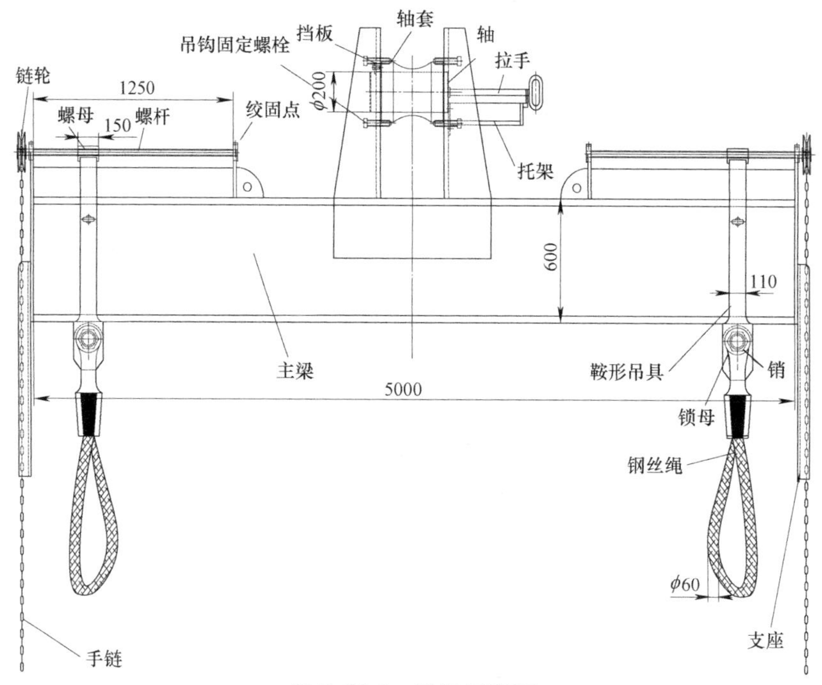

图 5.22-3　吊具示意图

上吊点的位置；

② 用设计好的、与所吊转子吊点相配的钢丝绳，在转子吊点和吊具吊点间挂好，以确保转子与吊具的基本平行；

③ 进行试吊，以确认转子是否能处于所需的水平状态；

④ 如果吊具的水平状态，不能满足吊装要求，可在吊具的低端与吊车的吊钩间挂上一个倒链进行调整；

⑤ 将转子调整到正式吊装所需的要求后，即可固定所有可调部件，开始正式吊装（见图 5.22-4）。

⑥ 完成转子的吊装。

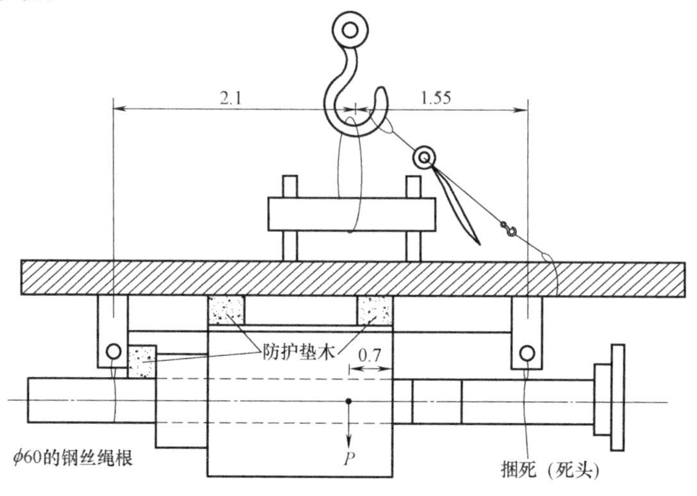

图 5.22-4　转子吊装示意图

5.22.2 技术指标

《机械设备安装工程施工及验收通用规范》GB 50231、《电气装置安装工程 旋转电机施工及验收标准》GB 50170、《电气装置安装工程质量检验及评定规程 第7部分：旋转电机施工质量检验》DL/T 5161.7。

5.22.3 适用范围

适用于大功率同步直流分体式电机的安装、拆解、检修工程。

5.22.4 工程案例

沙钢集团300万吨热轧项目、马来西亚金狮集团MEGA钢厂冷轧线拆迁安装项目、新疆八一钢铁股份有限公司安装1750热轧板生产线安装工程等。

（提供单位：中国三安建设集团有限公司。编写人员：姚宏晅、张锦元）